算法分析与设计

微课视频版

李恒武　编著

清華大学出版社
北京

内 容 简 介

本书是中国大学 MOOC、智慧树和学银在线一流课程配套教材，也是工科联盟和一流专业课程配套教材。

本书以问题求解为主线，全面介绍问题求解的方法与优化技巧，分为算法与问题、算法分析、算法设计、问题复杂性与求解、图算法 6 部分。算法与问题着重介绍问题求解过程和问题变换；算法分析主要介绍算法复杂度、复杂度分析与比较方法、时空均衡；算法设计主要介绍枚举算法、贪心算法、递推算法、分治算法、动态规划算法、回溯算法、分支限界、网络流算法策略与优化方法；问题复杂性与求解主要介绍问题复杂性分类、NP 完全问题证明与求解策略、随机算法、近似算法等；图算法介绍和总结图的可图性、连通性、可行遍性和平面图问题。

本书提供了大量热点问题、应用实例和常用算法，每章均附有 POJ 配套编程实践题、思考题和习题。全书配套微课视频、PPT、知识梳理、章节测验、实践作业、在线题库和文档资源。

本书适合作为高等院校计算机科学与技术、软件工程、人工智能、信息安全、信息与计算、金融信息化、金融大数据、数字媒体与技术类专业高年级本科生、研究生的教材，也可作为 ACM 竞赛培训和成人教育自学教材，同时可供程序设计开发人员、广大科技工作者和研究人员参考。

图书在版编目（CIP）数据

算法分析与设计：微课视频版/李恒武编著. —北京：清华大学出版社，2022.1（2024.7 重印）
ISBN 978-7-302-58509-1

Ⅰ. ①算… Ⅱ. ①李… Ⅲ. ①电子计算机－算法分析－高等学校－教材 ②电子计算机－算法设计－高等学校－教材 Ⅳ. ①TP301.6

中国版本图书馆 CIP 数据核字（2021）第 121977 号

责任编辑：刘向威　常晓敏
封面设计：文　静
责任校对：焦丽丽
责任印制：沈　露

出版发行：清华大学出版社
网　　址：https://www.tup.com.cn，https://www.wqxuetang.com
地　　址：北京清华大学学研大厦 A 座　　**邮　　编**：100084
社 总 机：010-83470000　　**邮　　购**：010-62786544
投稿与读者服务：010-62776969，c-service@tup.tsinghua.edu.cn
质量反馈：010-62772015，zhiliang@tup.tsinghua.edu.cn
课件下载：https://www.tup.com.cn，010-83470236
印 装 者：三河市龙大印装有限公司
经　　销：全国新华书店
开　　本：185mm×260mm　　**印　张**：21　　**字　　数**：510 千字
版　　次：2022 年 1 月第 1 版　　**印　　次**：2024 年 7 月第 4 次印刷
印　　数：4001～5000
定　　价：69.00 元

产品编号：090284-01

PREFACE

智能时代的今天，互联网是道开胃菜，人工智能是主菜。但不管是 AlphaGo 打遍天下无敌手，还是红客与黑客网络大战，程序设计都是必要的元技能。“如果你控制了代码，那就控制了世界。”这是未来学家 Marc Goodman 的预言，现在正在慢慢成为现实。

“Pascal 之父”Nicklaus Wirth 提出的公式“算法＋数据结构＝程序”展示了程序的本质。算法不但是程序，也是计算机科学的核心和灵魂。David Berlinski 更是认为算法成就了现代世界。

“科学殿堂里陈列着两颗熠熠生辉的宝石：一颗是微积分；另一颗就是算法。微积分成就了现代科学，而算法成就了现代世界。”

面对各个应用领域的大量复杂问题，最重要的是建立数学模型并设计高效的求解算法。在当今复杂、海量信息的大数据处理中，好算法往往是一锤定音的利器。

本书从解决问题和应用实例入手，按照提出问题、分析问题、解决问题、总结问题的步骤，培养学生分析问题和解决问题的能力。以实践和能力为导向，线上开放与线下实践相结合，自动评测和互动交流相结合，专题案例与思考讨论相结合，聚集和重组课程内容，适应探究性和碎片化学习，适应自主性和多样化学习，适应多元化和个性化需求，培养学生主动学习、研究和创新意识。

本书共 14 章，主要内容包括算法与问题、算法分析、枚举算法、贪心算法、递推算法、分治算法、动态规划算法、回溯算法、分支限界、网络流算法、随机算法、计算复杂性、近似算法和图算法。

本书适合作为高等院校计算机相关专业高年级本科生和研究生的教材，也可作为 ACM 竞赛培训和成人教育自学教材，还可作为电子工程技术人员的参考用书。

本书由李恒武老师编写。特别感谢耿蕾蕾老师和张琦乾同学的审核和建议，张琦乾同学给出全书算法示例和 POJ 编程习题的标准模板。在本书的编写过程中，得到了许多老师和学生的支持与帮助，在此表示诚挚的感谢！

本书是中国大学 MOOC、智慧树和学银在线一流课程配套教材，也是工科联盟和一流专业课程配套教材，提供完整的视频、电子教案、知识梳理、章节测验、实践作业、思考讨论、在线题库和文档资源，便于教学和学生实践。

最后，衷心祝愿读者能够从此书中获益，从而实现自己的编程梦想。由于本书的内容较多、牵涉的技术较广，书中疏漏之处在所难免，欢迎读者在使用过程中提出宝贵意见。

李恒武
2021 年 4 月

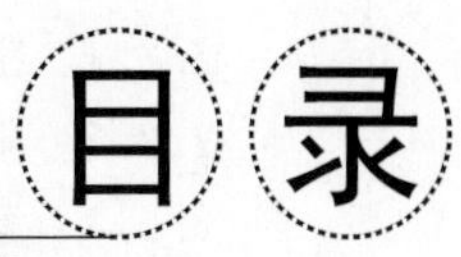

CONTENTS

第1章　算法与问题 …… 1

1.1　稳定匹配问题 …… 1

1.1.1　问题分析 …… 1

1.1.2　稳定匹配算法 …… 2

1.1.3　正确性证明 …… 3

1.1.4　算法实现 …… 4

1.1.5　算法总结 …… 5

本节思考题 …… 6

1.2　算法概述 …… 6

1.2.1　算法的概念 …… 6

1.2.2　算法的性质 …… 6

1.2.3　算法与程序 …… 7

1.2.4　算法与问题 …… 7

1.2.5　问题求解 …… 7

本节思考题 …… 9

1.3　问题变换 …… 9

1.3.1　大学入学申请 …… 9

1.3.2　问题变换 …… 10

本节思考题 …… 12

本章习题 …… 13

第2章　算法分析 …… 15

2.1　算法分析概述 …… 15

2.1.1　算法选择 …… 15

2.1.2　分析方法 …… 16

2.1.3　有效算法 …… 18

2.1.4　事后统计 …… 19

2.1.5　算法分析总结 …… 20

2.2　渐近复杂度 …… 20

2.2.1 上界 …… 20
2.2.2 下界 …… 21
2.2.3 紧界 …… 22
2.2.4 高阶和低阶 …… 22
2.2.5 性质 …… 23
2.3 复杂度比较 …… 23
2.3.1 阶的高低 …… 23
2.3.2 比较方法 …… 24
2.4 实例分析 …… 26
2.4.1 非递归算法分析 …… 26
2.4.2 分析实例 …… 26
本节思考题 …… 32
2.5 时空均衡 …… 32
2.5.1 空间复杂度 …… 32
2.5.2 预处理 …… 32
2.5.3 预构造 …… 33
2.5.4 图的遍历 …… 34
本节思考题 …… 36
本章习题 …… 36

第3章 枚举算法 …… 40

3.1 枚举与优化 …… 40
3.1.1 蛮力算法 …… 40
3.1.2 枚举算法概述 …… 42
3.1.3 枚举优化 …… 44
本节思考题 …… 46
3.2 组合与排列 …… 46
3.2.1 排列 …… 46
3.2.2 子集 …… 48
本节思考题 …… 49
本章习题 …… 50

第4章 贪心算法 …… 51

4.1 概述 …… 51
4.1.1 部分背包问题 …… 51
4.1.2 贪心算法概述 …… 53
本节思考题 …… 53
4.2 基本要素 …… 53
4.2.1 性质 …… 53

4.2.2 最优解证明 …… 55
4.2.3 预处理技巧 …… 55
本节思考题 …… 56
4.3 区间问题 …… 56
4.3.1 区间调度问题 …… 56
4.3.2 区间划分问题 …… 58
4.3.3 区间选点问题 …… 59
4.3.4 区间覆盖问题 …… 59
4.4 MST 问题 …… 60
4.4.1 MST 特性 …… 60
4.4.2 Prim 算法 …… 61
4.4.3 Kruskal 算法 …… 63
4.4.4 逆删除算法 …… 64
4.4.5 MST 唯一性 …… 64
本节思考题 …… 65
4.5 哈夫曼编码 …… 65
4.5.1 哈夫曼算法 …… 65
4.5.2 木板问题 …… 67
本节思考题 …… 67
本章习题 …… 68

第5章 递推算法 …… 71

5.1 递推算法概述 …… 71
5.1.1 递推 …… 71
5.1.2 递推与递归 …… 72
5.1.3 递推与循环 …… 73
5.1.4 递归与非递归 …… 75
5.1.5 切分问题 …… 76
5.1.6 狱吏问题 …… 77
本节思考题 …… 78
5.2 倒推算法 …… 78
5.2.1 倒推与应用 …… 78
5.2.2 约瑟夫问题 …… 80
本节思考题 …… 80
5.3 递推求解 …… 81
5.3.1 快速排序 …… 81
5.3.2 递推方程求解 …… 82
本节思考题 …… 86
本章习题 …… 87

第6章 分治算法 …… 89

6.1 分治算法概述 …… 89

6.1.1 设计思想 …… 89

6.1.2 合并排序 …… 90

6.1.3 基本特点 …… 93

本节思考题 …… 94

6.2 分治类型 …… 94

6.2.1 不相似分治 …… 94

6.2.2 不独立分治 …… 96

6.2.3 三分法 …… 98

6.2.4 减治法 …… 100

6.2.5 排序算法 …… 101

本节思考题 …… 104

6.3 减少子问题个数 …… 104

6.3.1 二分搜索 …… 104

6.3.2 大整数乘法 …… 105

6.3.3 Strassen 矩阵乘法 …… 107

6.4 改进分治均衡度 …… 109

6.4.1 随机快速排序 …… 109

6.4.2 线性时间选择 …… 110

本节思考题 …… 112

6.5 减少分解合并时间 …… 112

6.5.1 最接近点对问题 …… 112

6.5.2 计数逆序问题 …… 115

本节思考题 …… 117

本章习题 …… 117

第7章 动态规划算法 …… 120

7.1 动态规划 …… 120

7.1.1 兔子序列 …… 120

7.1.2 赋权区间调度问题 …… 122

7.1.3 基本性质 …… 125

7.1.4 求解步骤 …… 126

本节思考题 …… 126

7.2 决策与递推关系 …… 126

7.2.1 数字三角形 …… 126

7.2.2 多阶段决策与递推关系 …… 128

本节思考题 …… 129

7.3 背包问题 …… 129
7.3.1 0-1 背包问题 …… 129
7.3.2 恰好装满背包 …… 133
7.3.3 完全背包 …… 134
7.3.4 多重背包 …… 134
7.3.5 混合背包 …… 135
本节思考题 …… 135
7.4 区间动态规划 …… 135
7.4.1 矩阵相乘 …… 136
7.4.2 矩阵连乘 …… 136
7.5 DAG 动态规划 …… 139
7.5.1 拓扑排序 …… 139
7.5.2 嵌套矩形 …… 141
7.5.3 最长不降子序列 …… 142
7.5.4 硬币问题 …… 143
7.6 树图动态规划 …… 144
7.6.1 最短路径问题 …… 144
7.6.2 Floyd-Warshall 算法 …… 148
7.6.3 树状动态规划 …… 150
本节思考题 …… 152
7.7 序列相似度 …… 152
7.7.1 LCS 问题 …… 152
7.7.2 序列比对 …… 155
7.7.3 动态规划复杂度 …… 157
本节思考题 …… 157
本章习题 …… 157

第 8 章 回溯算法 …… 162

8.1 装载问题 …… 162
8.1.1 装载问题分析 …… 162
8.1.2 装载问题的回溯算法 …… 163
8.2 旅行商问题 …… 165
8.2.1 旅行商问题分析 …… 165
8.2.2 旅行商问题的回溯算法 …… 166
本节思考题 …… 167
8.3 基本特征 …… 167
8.3.1 解题步骤 …… 167
8.3.2 回溯方式 …… 167
8.3.3 解空间结构 …… 168

8.3.4 算法效率 …… 169
8.4 0-1 背包问题 …… 169
8.4.1 0-1 背包问题的回溯算法 …… 170
8.4.2 改进上界函数 …… 171
8.5 *n* 皇后问题 …… 173
8.5.1 *n* 皇后问题分析 …… 173
8.5.2 *n* 皇后问题的回溯算法 …… 173
8.6 效率改进与估计 …… 174
8.6.1 效率估计 …… 174
8.6.2 效率改进 …… 175
8.6.3 适用条件 …… 176
本章习题 …… 176

第 9 章 分支限界 …… 178

9.1 0-1 背包问题 …… 178
9.1.1 0-1 背包问题的队列式分支限界 …… 179
9.1.2 0-1 背包问题的优先队列式分支限界 …… 182
9.1.3 0-1 背包问题的优先级改进 …… 184
9.2 旅行商问题 …… 186
9.2.1 旅行商问题的优先队列式分支限界 …… 186
9.2.2 旅行商问题的优先级改进 …… 187
本节思考题 …… 189
9.3 分支限界 …… 190
9.3.1 分支限界方式 …… 190
9.3.2 分支限界与回溯算法 …… 190
9.3.3 剪枝函数 …… 191
9.3.4 双向广度搜索 …… 191
9.4 算法总结 …… 191
本章习题 …… 192

第 10 章 网络流算法 …… 195

10.1 最大流和最小割 …… 195
10.1.1 最大流 …… 195
10.1.2 最小割 …… 196
10.1.3 最大流算法 …… 197
10.2 最大流算法改进 …… 200
10.2.1 容量缩放算法 …… 200
10.2.2 最短增广路算法 …… 202
本节思考题 …… 205

10.3 预流推进算法 …… 205
10.4 最大流算法推广 …… 209
10.4.1 多源点多汇点问题 …… 209
10.4.2 无向图的最大流问题 …… 210
10.4.3 顶点容量限制问题 …… 210
10.4.4 带需求的流通问题 …… 210
10.4.5 带需求和下界的流通 …… 212
10.4.6 调查设计 …… 213
10.5 最小费用流 …… 213
10.5.1 最小费用路算法 …… 214
10.5.2 最小逃逸问题 …… 215
10.6 二分测试与二分匹配 …… 216
10.6.1 二分测试 …… 216
10.6.2 二分匹配 …… 217
10.6.3 网络流算法 …… 218
10.6.4 匈牙利算法 …… 218
10.7 应用实例 …… 221
10.7.1 二分匹配公式 …… 221
10.7.2 二分匹配应用 …… 222
本节思考题 …… 223
10.8 二分图最佳匹配 …… 223
本章习题 …… 227

第 11 章 随机算法 …… 230

11.1 随机算法概述 …… 230
11.1.1 确定性算法和随机算法 …… 230
11.1.2 随机算法分类 …… 230
11.1.3 伪随机数 …… 231
11.1.4 模运算 …… 232
11.2 数值随机算法 …… 232
11.2.1 计算 π 值 …… 232
11.2.2 计算定积分 …… 233
11.3 舍伍德算法 …… 234
11.3.1 随机快速排序算法 …… 234
11.3.2 随机选择算法 …… 235
11.3.3 随机洗牌算法 …… 235
11.3.4 搜索有序表 …… 235
11.4 拉斯维加斯算法 …… 236
11.5 蒙特卡罗算法 …… 237

11.5.1 主元素问题 …… 238
11.5.2 素数检测 …… 239
本节思考题 …… 241
本章习题 …… 241

第 12 章 计算复杂性 …… 243

12.1 P 与 NP …… 243
12.1.1 易解与难解问题 …… 243
12.1.2 判定与优化问题 …… 243
12.1.3 计算模型 …… 244
12.1.4 P 类 …… 246
12.1.5 NP 类 …… 247
12.1.6 COOK 归约与 KARP 归约 …… 249
12.1.7 多项式时间变换 …… 249
本节思考题 …… 251
12.2 NP 完全问题 …… 251
12.2.1 NP 完全 …… 251
12.2.2 COOK 定理 …… 252
12.3 NP 完全问题证明 …… 253
12.3.1 局部替换 …… 253
12.3.2 分支设计技术 …… 254
12.3.3 限制技术 …… 257
本节思考题 …… 257
12.4 NP 完全问题求解 …… 258
12.4.1 求解策略 …… 258
12.4.2 子问题求解 …… 258
12.4.3 参数化算法 …… 259
12.4.4 图着色问题 …… 260
12.5 co-NP 和 PSPACE …… 262
12.5.1 co-NP …… 262
12.5.2 PSPACE …… 263
本章习题 …… 264

第 13 章 近似算法 …… 266

13.1 绝对近似算法 …… 266
13.2 相对近似算法 …… 268
13.2.1 相对近似算法概述 …… 268
13.2.2 贪心近似 …… 268
13.2.3 组合技术 …… 271

13.2.4　定价法 ………… 274
13.2.5　线性规划与舍入 ………… 275
本节思考题 ………… 276
13.3　多项式时间近似方案 ………… 276
13.3.1　0-1 背包问题的近似算法 ………… 277
13.3.2　0-1 背包问题的多项式时间近似方案 ………… 277
13.3.3　0-1 背包问题的完全多项式时间近似方案 ………… 278
本节思考题 ………… 280
本章习题 ………… 280

第 14 章　图算法 ………… 281

14.1　基本概念 ………… 281
14.1.1　无向图与有向图 ………… 281
14.1.2　握手定理 ………… 283
14.1.3　图的表示 ………… 283
14.1.4　路径 ………… 284
14.1.5　赋权图 ………… 284
14.2　可图性 ………… 285
14.2.1　可图性概述 ………… 285
14.2.2　图的同构 ………… 286
14.3　图的遍历 ………… 287
14.3.1　深度优先搜索 ………… 287
14.3.2　广度优先搜索 ………… 288
14.4　无向连通图 ………… 290
14.4.1　无向连通图概述 ………… 290
14.4.2　生成树 ………… 291
14.4.3　图的连通度 ………… 292
14.4.4　割点与桥 ………… 294
14.4.5　双连通分量 ………… 296
14.4.6　点连通度 ………… 298
14.4.7　边连通度 ………… 299
14.5　有向连通图 ………… 300
14.5.1　有向连通图概述 ………… 300
14.5.2　强连通分量 ………… 301
14.5.3　拓扑排序 ………… 305
14.5.4　传递闭包 ………… 306
14.6　可行遍性 ………… 307
14.6.1　无向欧拉图 ………… 308
14.6.2　有向欧拉图 ………… 309

14.6.3 欧拉图判定 …… 309
14.6.4 欧拉回路 …… 310
14.6.5 哈密顿图 …… 312
本节思考题 …… 312
14.7 平面图 …… 313
14.7.1 平面图概述 …… 313
14.7.2 图着色问题 …… 315
14.7.3 图着色算法 …… 316
14.7.4 图的转化 …… 316
本节思考题 …… 316
本章习题 …… 317

参考文献 …… 318

第1章

算法与问题

1.1 稳定匹配问题

小波的爸爸 GS 开了一个婚姻介绍所，会员有 n 个单身男孩和 n 个单身女孩。爸爸想让小波设计一个程序，快速配对 n 对新人，并且使男孩和女孩都比较满意，并比较稳定。小波与大李老师进行探讨。

1.1.1 问题分析

小波：大李老师，这个问题怎么解决？

大李老师：这个问题比较复杂，也比较模糊，需要你有火眼金睛，透过现象看本质。用计算机处理问题，需要分析输入和输出的关系，建立数学模型，然后设计算法来解决问题。计算机处理问题常常是对现实的模拟，小波，你爸爸平时是怎么做的呢？

小波：每个人心中都有一杆秤。爸爸让男孩给女孩打分并进行排序，女孩给男孩打分也进行排序，然后安排他们约会。

大李老师：对，这就是输入，输入就是 2 张喜欢列表，如表 1-1 和表 1-2 所示。X 喜欢 A 甚于 B 甚于 C，A 喜欢 Y 甚于 X 甚于 Z……

表 1-1 男孩的喜欢列表

喜欢次序	1st	2nd	3rd
X	A	B	C
Y	B	A	C
Z	A	B	C

表 1-2 女孩的喜欢列表

喜欢次序	1st	2nd	3rd
A	Y	X	Z
B	X	Y	Z
C	X	Y	Z

小波：我知道了，输出是 n 对新人。现代社会一夫一妻制，每个男孩正好和一个女孩是一对。例如，X 和 A、Y 和 B、Z 和 C。因此，这是一个完美匹配。

大李老师：对。关键是怎么保证比较满意和比较稳定呢？

X-C、Y-B、Z-A 是否稳定？Y 和 Z 找到最喜欢的女孩，满意了，但是 X 肯定不满意。如果 X 和 B 呢？这样组合的话，X 喜欢 B 甚于现在的女朋友 C，B 喜欢 X 甚于现在的男朋友 Y，双方都对现在的组合不满意，也不稳定，因此称 X 和 B 为不稳定配对。

X-A、Y-B、Z-C 是否稳定呢？X 和 Y 找到自己最喜欢的女孩，满意了，但是 Z 肯定不满意。但是，Z-B 和 Z-A 时，B 和 A 都喜欢现在的男朋友甚于 Z，因此情况不会发生改变。所以，称 X-A、Y-B、Z-C 为稳定匹配。

因此，程序最终的输出应该是一个稳定匹配：没有不稳定配对的完美匹配。这就是问题分析。

1.1.2 稳定匹配算法

大李老师：现在怎样找出这个稳定匹配呢？小波，你爸爸是怎样处理的？

小波：让男孩根据喜欢列表约会女孩，从中撮合。

大李老师：现在用表 1-3 和表 1-4 作为示例模拟约会过程。

表 1-3 男孩的喜欢列表

喜欢次序	1st	2nd	3rd	4th
W	D	B	A	C
X	B	C	D	A
Y	A	D	C	B
Z	B	D	A	C

表 1-4 女孩的喜欢列表

喜欢次序	1st	2nd	3rd	4th
A	Z	X	Y	W
B	X	W	Y	Z
C	W	X	Y	Z
D	Z	Y	X	W

初始时，所有人单身。W 首先约会最喜欢的女孩 D，D 单身，同意相处看看，他们临时成为一对。同理，X 约会最喜欢的女孩 B，B 单身，他们临时成为一对。Y 约会最喜欢的女孩 A，A 单身，他们临时成为一对。随后 Z 约会最喜欢的女孩 B，B 喜欢男朋友 X 甚于 Z，因此拒绝了 Z。Z 再约会 D，D 是 Z 还没约会过的女孩中最喜欢的。然而，D 喜欢 Z 甚于现在

的男朋友W,因此Z和D临时成为一对,W成为单身。W再约会B,B更喜欢现在的男朋友X,因此W被拒绝。W再约会A,A更喜欢现在的男朋友Y,W再次被拒绝。W再约会C,C单身,因此Z和C成为一对。这样就形成了4对:C-W、B-X、A-Y和D-Z。小波,这是一个稳定匹配吗?

小波:女孩B、C和D找到最喜欢的男朋友,肯定满意。只有A可能不满意。A和Z行吗?Z更喜欢现在的女朋友D,不同意。A和X行吗?X更喜欢现在的女朋友B,也不同意。因此,这是一个稳定匹配。

大李老师:这个算法是GS(Gale-Shapley)稳定匹配算法,由数理经济学家David Gale和Lloyd Shapley于1962年设计。算法描述如下。

GS算法:

```
1.  初始化,每个人单身
2.  while (某个男孩 m 单身,并且他有没约会过的女孩) do
3.       选择男孩 m 没约会过的女孩中最喜欢的 w
4.       if (w 单身) then m 和 w 成为一对
5.       else if (w 喜欢 m 甚于现在的男朋友 m') then
6.                    m 和 w 成为一对,并且 m'成为单身
7.            else w 拒绝 m
8.  return 稳定匹配
```

1.1.3　正确性证明

大李老师:上面的例子求得一个稳定匹配,是否对于任意两个喜欢列表都能得到一个稳定匹配?这需要证明以下两点。

(1) GS算法在有限时间结束,得到结果。

(2) GS算法的结果是一个稳定匹配:一个完美匹配,并且没有不稳定配对。

小波,你能证明吗?

小波:每个男孩至多约会n次,因此至多n^2次循环算法会终止。实际上,最后一个单身女孩接受约会,算法就会终止。因此,GS算法会在有限时间结束。

大李老师:证明稳定匹配的结果之前,先看下面两个规律。

(1) 男孩按照喜欢列表从高到低约会女孩。

(2) 一旦一个女孩有男朋友,她将一直有男朋友。女孩对于新约会的男孩要么拒绝,要么接受,结果还是有男朋友。

首先证明结果是一个完美匹配:所有的男孩和女孩最终都一一配对。使用反证法,假设Z最后没有女朋友,肯定有个女孩没有男朋友,假设是A。算法终止时,Z单身。Z肯定向所有女孩发过约会邀请,否则算法不会终止。Z向A发出约会邀请,根据规律(2),A不管接受或拒绝,A都应该有男朋友。这与假设矛盾。因此,结果肯定是一个完美匹配。

再证明结果中没有不稳定配对。使用反证法,假设A-Z是不稳定配对,有如下两种情况。

(1) Z从来没向A发出约会邀请。

根据规律(1),Z按照喜欢列表从高到低约会。

⇒　Z喜欢目前的女朋友甚于A。

⇒ A 和 Z 是稳定的。

(2) Z 向 A 发出过约会邀请。

⇒ A 拒绝 Z(约会时或以后)。

⇒ A 喜欢目前的男朋友甚于 Z。

⇒ A 和 Z 是稳定的。

只有上述 2 种情况,并且都与假设相矛盾。因此,最后结果是一个稳定匹配,一个没有不稳定配对的完美匹配。小波,给定喜欢列表会有几个稳定匹配?通过 GS 算法找到的是哪个?

小波:利用表 1-5 和表 1-6,可有 2 个稳定匹配。X-A 和 Y-B,这个匹配中男孩都找到最喜欢的。X-B 和 Y-A,这个匹配中女孩找到最喜欢的。这 2 个都是稳定匹配,GS 算法找到的是第 1 个匹配。

表 1-5 男孩的喜欢列表

喜欢次序	1st	2nd
X	A	B
Y	B	A

表 1-6 女孩的喜欢列表

喜欢次序	1st	2nd
A	Y	X
B	X	Y

大李老师:对,GS 算法找到的是对男孩来说最好的匹配,对女孩来说最差的匹配。因此,积极主动会有好的结果。

1.1.4 算法实现

大李老师:小波,有了 GS 算法,你能结合数据结构实现吗?

小波:没问题。

Step1:初始化,每个人单身。

n 个单身男孩和 n 个单身女孩,使用 1 到 n 表示,2 张喜欢列表用二维数组 boy 和 girl 表示。单身和配对使用数组 wife 和 husband 表示。其中,wife[1]=0 表示 1 号男孩单身;wife[1]=3 表示 1 号男孩的女朋友是 3 号女孩。

Step2:while(某个男孩 m 单身,并且他有没约会过的女孩)。

如果从前面的数组 wife 中搜索取值为 0 的男孩,最坏情况下需要 n 次。可以单独建一个数组 free 存储单身男孩,但数组不利于维护动态变化的元素,因此使用栈或队列实现,便于随时插入或随时删除。初始化时栈 free 存放所有男孩,每次循环在栈顶插入或删除。

Step3:选择男孩 m 没有约会过的女孩中最喜欢的 w。

可以使用计数数组 count 存放约会次数,boy[m][count[m]+1]就是男孩 m 下一个要约会的女孩 w。

Step4:if (w 单身) then m 和 w 成为一对。

即 wife[m]=w,husband[w]=m。

Step5：else if (w 喜欢 m 甚于现在的男朋友 m')。

可以查 girl[w]表(表 1-7)比较喜欢程度。

Step6：then m 和 w 成为一对,并且 m'成为单身。

即 wife[m]=w,husband[w]=m,wife[m']=0,m'入栈。

Step7：else w 拒绝 m。

即 wife[m]=0,m 入栈。

Step8：return 稳定匹配。

即返回数组 wife 或数组 husband。

大李老师：查表 girl[w]可以比较女孩 w 对 2 个男孩的喜欢程度,如表 1-7 所示,最坏情况下需要比较 n 次。程序循环次数为 n^2,这样比较次数总共需要 n^3 数量级。算法能不能改进呢?

把数组 girl[w]变换为 inverse_girl[w],由 i^{th} 喜欢的某个男孩,变为对 i 号男孩的喜欢程度,分别如表 1-7 和表 1-8 所示。例如,girl[w]表中第 2 喜欢的是 3 号男孩,第 7 喜欢的是 6 号男孩。在 inverse_girl[w]表中,对 3 号男孩的喜欢程度为 2nd,对 6 号男孩的喜欢程度为 7th,这样直接查找 2 次,进行比较即可。

表 1-7 girl[w]

女孩 w 的喜欢程度	1st	2nd	3rd	4th	5th	6th	7th	8th
男孩	8	3	7	1	4	5	6	2

表 1-8 inverse_girl[w]

男孩	1	2	3	4	5	6	7	8
女孩 w 的喜欢程度	4th	8th	2nd	5th	6th	7th	3rd	1st

Inverse 变换算法：

```
1.  for j = 1 to n do
2.          for i = 1 to n do
3.                inverse_girl[girl[j]][girl[j][i]] = i
```

使用 Inverse 变换算法,girl[w]表变换为 inverse_girl[w]表,变换的计算次数不超过 n^2 的数量级。这样,GS 算法计算的数量级为 n^2,否则为 n^3。因此,算法需要结合良好的数据结构以减少计算量。

1.1.5 算法总结

稳定匹配问题：给定 n 个男孩和 n 个女孩的喜欢列表,是否存在一个稳定匹配? 如果存在,则求解该稳定匹配。

Gale-Shapley 算法：对于稳定匹配问题的任意实例,n^2 次数量级计算保证找到一个稳定匹配。这个匹配对男孩来说是最优的。

问题求解过程：问题给出后首先要分析问题,稳定匹配问题的输入是 2 张喜欢列表,输出是稳定匹配。然后设计 GS 算法，证明算法的正确性，证明算法在有限时间终止并且结果正确。随后，结合数据结构分析算法的性能和特点，结合编程语言实现算法。

本节思考题

作弊问题：如果某个人得到 2 张喜欢列表，是否可以改变自己的喜欢次序，从而在最后稳定匹配结果中匹配更喜欢的异性？

视频讲解

1.2 算法概述

1.2.1 算法的概念

算法是一步一步正确解决问题的方法和策略。对计算机算法来说，任何问题使用计算机求解，最终要设计程序，然后转为机器指令，运行指令序列得到结果。因此，计算机算法是由若干条指令组成的有穷序列，规定了解决某个特定类型问题的一系列运算步骤，具有分步、有序、有穷、有目的、可操作的特点。

例 1：使用数字 2，得到数值 8。

可以使用加法、乘法、幂乘以及移位操作等实现。一般情况下，基本运算的时间排序为幂乘＞除法＞乘法＞加减＞移位，因此使用移位操作更快。

例 2：计算 a^{10}。

可以使用连乘、乘法、乘方实现，有如下 3 种算法。

(1) $a^{10}=a\times a\times a\times a\times a\times a\times a\times a\times a\times a$。

(2) $y=a\times a, z=y\times y, w=z\times z, a^{10}=y\times w$。

(3) $a^{10}=[(a\times a)^2\times a]^2$。

显然，方法(2)使用 4 次乘法更快，但增加了 4 个变量，通过以空间换时间来减少计算。实际上，关注的重点是如何求 a^n 这类特定问题的通用算法。a^{10} 仅是 $n=10$ 的一个特例。当 n 很大时，方法(2)需要增加的变量太多，并不适合作通用算法。

Q：为什么要研究算法呢？

A：计算同一问题，不同算法的计算时间不一样。对于百万次计算机，当 $n=50$ 时，n^2 算法不到 1 秒可以完成，2^n 算法则需要 30 多年，如表 1-9 所示。即使计算机的速度提高 1000 倍，2^n 算法计算同样的工作量，n 至多等于 60。因此如果算法需要的计算量太大，单纯提高计算机的速度难以解决，必须研究同一问题的不同算法，找出好的有效的算法。

表 1-9 百万次计算机需要的时间

n	50	60
n^2	0.0025 秒	0.0036 秒
2^n	35.7 年	36 558 年

1.2.2 算法的性质

算法具有如下 4 个性质。

(1) 输入：算法有 0 个或多个输入。

(2) 输出：算法产生 1 个或多个输出，与输入有某种特定关系。

(3) 确定性：算法的每条指令(步骤)必须要有确切的含义，必须是清楚的、无歧义的。

(4) 有穷性：算法中的指令有限，每条指令的执行次数有限，执行时间也有限，因此算法总是在有限时间终止。也就是说算法步骤有限，每步都可以通过基本运算得以实现，基本运算的次数和时间有限，因此算法总是在有限时间终止。

算法有 0 个或多个输入，有 1 个或多个输出。例如，计算机智能吗？这个问题没有输入，至少要输出 1 个是或否的结果，因此至少有 1 个输出。

同一算法可以使用不同的形式描述。算法可以使用流程图、程序、自然语言、伪代码等描述，但要保证确定性。使用自然语言进行描述，容易产生歧义、不严密，复杂算法难以表达。使用流程图进行描述，不方便，不易表示数据结构。使用伪代码进行描述，方便、精确，但不简洁。因此，一般使用自然语言和伪代码的混合结构进行描述。

1.2.3　算法与程序

Q：算法和程序有什么区别？

A：程序是算法用某种程序设计语言的具体实现。算法与程序的主要区别是有穷性，程序可以不满足算法的性质(4)。程序使用 C、Java 等计算机可以理解的语言实现，不能使用自然语言实现。而算法可以使用自然语言描述，但要保证确定性。

Q：操作系统是不是一个算法？

A：操作系统是一个无限循环执行的程序，不是一个算法。操作系统中的各项任务由各子程序通过特定的算法来实现。子程序得到输出结果后便终止，满足算法的 4 个性质，因此子程序是算法。

1.2.4　算法与问题

问题是一个要求给出解答的一般性提问。问题的两个要素是输入和输出，且要有严格的描述。输入描述问题的所有参量，又称为实例；输出描述问题所求解的格式和应满足的性质，又称为询问。例如，稳定匹配问题的输入是 2 个喜欢列表，输出是 1 个稳定匹配，稳定是需要满足的性质，匹配是求解的格式。

用计算机求解问题，要有符合规范的输入，在有限时间获得要求的输出。求解问题的方法或策略是算法，算法的目的是求解问题。同一问题可能有几种不同的算法，解题思路和解题速度也会显著不同。例如，排序问题有插入、冒泡、选择、堆、快速排序等算法。

输入：n 个元素的序列$<a_1, a_2, \cdots, a_n>$。

输出：对输入序列排序为$<a'_1, a'_2, \cdots, a'_n>$，使当 $i<j$ 时 $a'_i \leqslant a'_j$。

实际计算机的输入是一个序列，如$<5,4,2,10,7>$，是输入参数的一组赋值，称为实例。计算机每次求解只是针对问题的一个实例求解，问题的描述针对该问题的所有实例，是通用的描述。如果一个算法能应用于问题的任意实例，并保证得到正确解答，才能称这个算法解答了该问题。

1.2.5　问题求解

问题的求解是提出问题、分析问题、解决问题的过程，如图 1-1 所示。

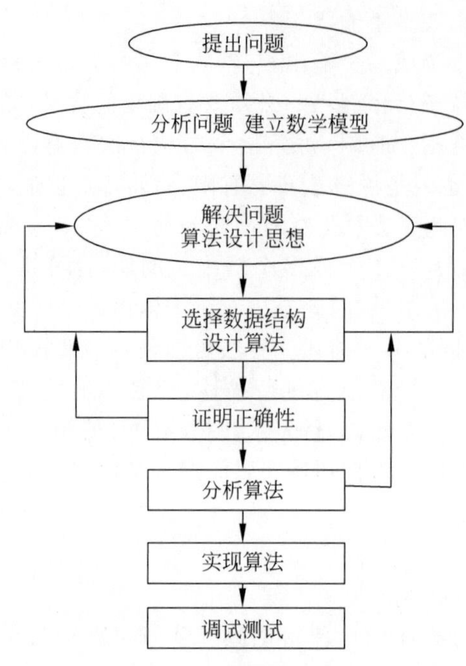

图 1-1　问题求解过程

提出问题，科学上需要对问题的领域融会贯通，才能高屋建瓴地提出新问题。

提出问题以后要对问题进行分析。现实中的问题往往错综复杂，模糊不清，需要透过现象看本质，弄清问题的输入和输出、输入和输出之间的隐含关系。通过分析给出其描述，为了使描述更清晰明白，需要使用最准确的数学语言来描述，并在此基础上建立该问题的数学模型。对于同一问题可以使用不同的数学工具建立不同的数学模型，因此还需要对模型进行分析、比较和优化，选出最有效的模型。

有了数学模型之后，再寻找求解问题的方法，这就是算法设计。设计出求解问题的步骤，这是解决问题的核心。一开始这种方法可能比较粗略，仅是一种算法思想。需要结合数据结构，进一步细化，才能设计出有效的算法。可以使用结构化的自顶向下、逐步求精的方法，也可以使用面向对象的方法。同一模型使用不同的数据结构会有不同的算法，其有效性差别很大，因此需要对数据结构进行优化。

设计算法后需要证明算法的正确性，分析算法的性能。算法正确性需要证明两点：算法在有穷步终止，并且对一切合法的输入都能得出正确的结果。算法的正确性一般使用数学归纳法或反证法证明。证明算法不正确更简单，只需给出一个反例，说明算法不能正确处理即可。

同一问题，使用不同模型、不同数据结构，会存在多种算法，需要分析、比较其性能和特点，进行方案选择。需要分析算法所耗费的时间和空间资源，分析算法的最好、最坏和平均情况，分析算法的健壮性、适应性等指标。算法设计与分析是一个不断反复的过程，这几个步骤可能会有多次反复。

确定方案后，使用高级语言实现算法。算法的实现方式对运算速度和所需存储容量也有很大影响。最后对程序进行调试、测试和结果分析。

本节思考题

玻璃瓶样品测试：给定 n 级台阶，找最高安全台阶（样品下落而不摔碎的最高台阶）。如果给定 1 个瓶子、2 个瓶子或 k 个瓶子，将如何测试？

1.3 问题变换

1.3.1 大学入学申请

视频讲解

许多大学录取实行申请制，学生提出申请，大学发录取通知。如果 W 大学发了录取通知给 A，A 又收到了 X 大学的录取通知，A 更喜欢 X 大学，A 会拒绝 W 大学。W 大学再发录取通知给 B，B 又收到了 Y 大学的录取通知，B 更喜欢 Y 大学，拒绝了 W 大学。W 大学又向 C 发出录取通知……这样的过程会反复不断地进行，如何设计一个程序，自动完成匹配，使学校和学生都满意？

问题形式化描述：n 个申请者向 m 所大学递交申请，每所大学有招生计划，求一个稳定匹配。

大学入学申请问题的输入和输出与稳定匹配问题非常类似，输入是 2 个喜欢列表，输出是 1 个稳定匹配。这 2 个问题的不同如表 1-10 所示。

表 1-10 稳定匹配问题与大学入学申请问题的不同点

不 同 点	稳定匹配问题	大学入学申请问题
参与者	n 男 n 女	n 校 m 生
匹配	一对一	一对多
参与者不喜欢	未涉及	不申请或不录取

因此，大学入学申请问题当 $n=m$ 且一校只录取一个学生时，变换为稳定匹配问题。稳定匹配问题是大学入学申请问题的核心问题。

Q：能不能利用稳定匹配算法解决大学入学申请问题？

A：分析不同的 3 种情况。

1）校生数不同

假设 $n<m$，运行稳定匹配算法，学校发出录取通知，学生接受或拒绝，最多执行 nm 次循环算法会终止，存在 $m-n$ 个没收到录取通知的学生，因为学生一旦收到录取通知，会一直有录取通知。最后，收到录取通知的 n 个学生是稳定匹配，因为学校喜欢已录取的学生胜过没有收到录取通知的学生。

2）一校多生

当 $n<m$ 且一校多生时，每所学校录取的学生不超过招生计划。运行稳定匹配算法，学校根据招生计划发出录取通知，学生接受或拒绝，当所有学校的招生计划完成时终止算法。最后，收到录取通知的学生是稳定匹配，因为学校喜欢已录取的学生胜过没有收到录取通知的学生。

3）不申请（录取）

当有人坚决不申请某些学校或学校不录取某些学生时，直接在"girl"和"boy"表中标记，算法执行过程中遇到标记则不进行匹配，稳定匹配算法仍然可以运行。

综合上述3种情况，可以解决大学入学申请问题。这样稳定匹配问题变换为大学入学申请问题。稳定匹配问题是大学入学申请问题 $n=m$ 且一校一生的特殊情况，也是大学入学问题简化的核心问题。所以，解决问题的一个思路就是首先要把一个实际问题表述为尽可能简单的但又能抓住问题本质的核心问题和模型，然后设计求解这一核心问题的算法，进而分析算法的正确性与有效性。在核心问题的算法基础上进一步扩展用于解决实际问题。

问题求解是一个不断螺旋式上升的过程，不断解决旧问题，且不断产生新问题。掌握的问题越多，则掌握同一问题的不同算法越多，越有利于求解新问题。这也是学习算法的一个目的，熟悉旧问题和算法，用于解决新问题。

1.3.2 问题变换

问题变换是求解新问题的常用方法，问题变换可以将复杂的问题转化为简单的问题，将难解的问题转化为易解的问题，将隐式的问题转化为显式的问题，将未知的问题转化为已知的问题。

1. 复杂的问题转化为简单的问题

可以通过实例化简，将问题变为同一问题的更简单、更便利的实例。例如，使用预排序将无序数组变为有序数组，多次查找时使用折半查找更简单。求解线性方程组，将系数矩阵变为更简单的上三角矩阵，便于求解。

元素唯一性问题：判断 n 个元素的数组中每个元素是否都是唯一的。

如果使用蛮力法，a_1 与 $a_2,a_3,\cdots,a_n$ 分别比较，需要比较 $n-1$ 次；a_2 与 $a_3,a_4,\cdots,a_n$ 分别比较，需要比较 $n-2$ 次，……这样总的比较次数为 $\sum_{i=1}^{n-1}(n-i)=n(n-1)/2$。如果首先进行预排序，然后遍历查看相邻元素是否相同，则只需比较 $n-1$ 次。

2. 难解的问题转化为易解的问题

如大学入学申请问题，将问题限制为 n 生 n 校且一生一校，就转变为稳定匹配问题。然后，在稳定匹配算法的基础上进行扩展，两者不同的3种情况都得到了解决，也就解决了大学入学申请问题。

可以通过表达变换，把问题变为同一实例的不同表示。例如，使用堆排序和合并排序的时间复杂度相同，但空间复杂度由 $O(n)$ 降为 $O(1)$；二叉查找树的时间复杂度，平均情况为 $O(\log n)$，但最坏情况是退化为 $O(n)$ 时间的单边树，可以变换为AVL树和红黑树限制左右子树的高度差，也可以变换为2-3树、2-3-4树和B树允许一个节点包含多个元素，这样既保留二叉查找树的特性，又避免退化到最差的情况。

求解多项式 $P_n(x)=a_nx^n+a_{n-1}x^{n-1}+\cdots+a_1x+a_0$。

如果从左向右进行计算，需要计算 $n+(n-1)+\cdots+1+n=n(n+3)/2$ 次。可以运用霍纳法则进行变换，从内向外计算，只需要计算 $2n$ 次。

霍纳法则：$P_n(x)=((\cdots(((a_nx+a_{n-1})x+a_{n-2})x+a_{n-3})\cdots)x+a_1)x+a_0$。

霍纳法则多项式时间算法 $P(A,x)$：

```
1.  p = a[n]
2.  for i = n - 1 to 0 do
3.      p = p * x + a[i]
4.  return p
```

3. 隐式的问题转化为显式的问题

许多复杂问题可以约简到树或图，可使用图算法求解，如渡河问题。

渡河问题：有 3 个传教士和 3 个野人来到河边准备渡河，河岸有一条船，每次最多可乘坐 2 个人。在任何时刻，河的两岸以及船上传教士人数不能少于野人的人数，则传教士应如何规划摆渡方案？

使用三元组表示左岸的传教士、野人和船的数量。每个三元组表示一个状态，开始状态(3,3,1)表示左岸有 3 个传教士、3 个野人、1 条船，终止状态(0,0,0)表示左岸没有传教士、没有野人、没有船。去掉不合理的状态，只有 16 个状态。一个状态可以变换为另一个状态，如从开始状态到一个传教士和一个野人上船渡河，则(3,3,1)变换为(2,2,0)。

将每个状态变为图中的一个顶点，若一个状态可以转换为另一个状态，则在相应顶点间增加双向边，这种图称为状态空间图，如图 1-2 所示。最终，渡河问题变为在图中搜索从起点到终点的路径问题。迷宫和皇后等二维表格上的问题，五子棋和象棋等博弈问题，都可以将隐式图转化为显式图进行求解。

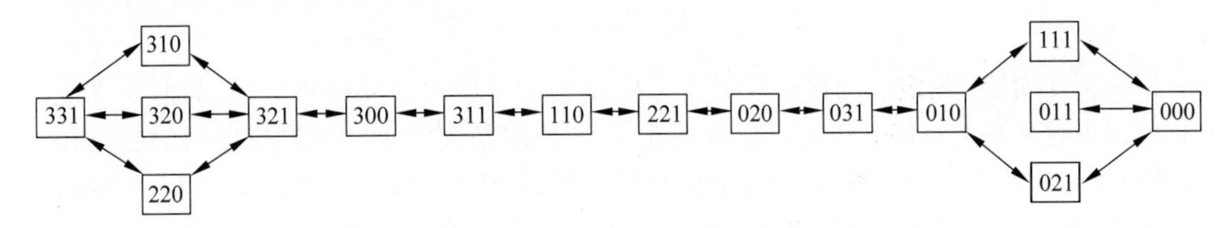

图 1-2　状态空间图

4. 未知的问题转化为已知的问题

可以使用问题化简，将一个未知问题转化为另一个问题的实例，且转化后问题的求解算法是已知的，因此得以求解原问题。可以利用等价转化为另一问题求解，也可以将特殊问题转化为一般问题求解，还可以在最大化问题和最小化问题间进行变换求解。例如，可以将最小公倍数问题变换为最大公约数问题求解。由于(m,n)的最小公倍数$=(m\times n)/(m,n)$的最大公约数，而已知欧几里得算法可以求最大公约数，因此最小公倍数问题可以被求解。

欧几里得算法：

输入：正整数 m 和 n。

输出：m 和 n 的最大公约数。

```
1. r = m mod n                    //求余数
2. if (r == 0) then return n
3. m = n, n = r, goto Step1       //互换
```

最大独立集问题：给定无向图 $G=(V,E)$，$V^*\subseteq V$，若 V^* 中任何两个顶点均不相邻接(没有边相连)，则称 V^* 为 G 的独立集。顶点数最多的独立集，就是最大独立集，如图 1-3 所示，$\{1,6,4,5\}$是最大独立集。

最小顶点覆盖问题：给定无向图 $G=(V,E)$，$V'\subseteq V$，若对于 $\forall e\in E$，$\exists v\in V'$，使得 v

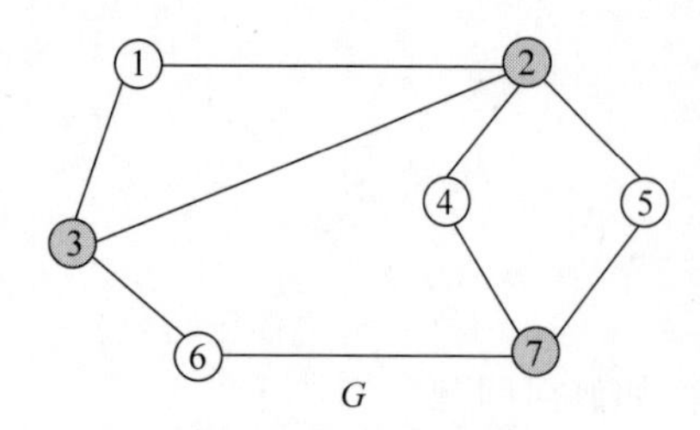

图 1-3 最大独立集和最小顶点覆盖示例

与 e 相关联，则称 v 覆盖 e，并称 V' 为 G 的顶点覆盖。顶点数最少的顶点覆盖，就是最小顶点覆盖，如图 1-3 所示，$\{2,3,7\}$ 是最小顶点覆盖。实际上 $V'=V-V^*$，如果 V^* 是最大独立集，则 V' 是最小顶点覆盖，因此两者是等价问题。

最大团问题：给定无向图 $G'=(V,E')$，$(u,v)\in E'$ 当且仅当 $(u,v)\notin E$，则 G' 是 G 的补图。无向图 G 中 $V^*\subseteq V$，若 V^* 中任何两个顶点都相邻接（有边相连），则 G 中 V^* 是一个团。顶点数最多的团，就是最大团。V^* 是 G' 的最大独立集，则 G 中 V^* 是最大团，因此二者同样是等价问题，如图 1-4 所示 G 中 $\{1,2,4\}$ 是最大团，G' 中 $\{1,2,4\}$ 是最大独立集。

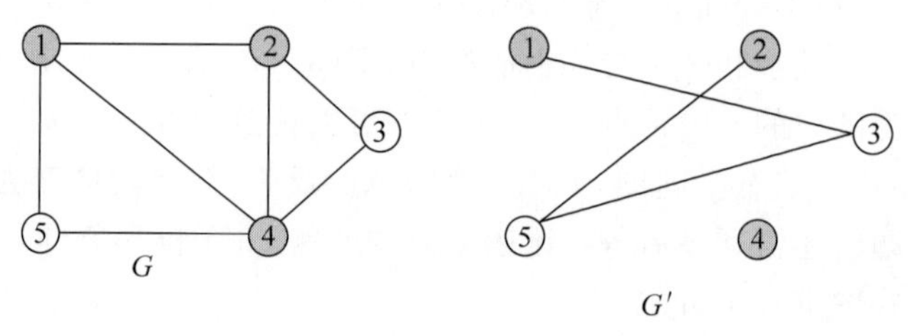

图 1-4 最大团和最大独立集示例

区间调度问题：给定一间报告厅以及 n 个报告的开始时间和结束时间，如何安排使被安排的报告数量最大？每个报告对应一个区间，开始时间和结束时间对应区间的起点和终点，区间调度问题就是最大相容区间问题。将每个区间变为图中的一个点，不相容的区间使用边相连，则最大相容区间问题转化为图中最大独立集问题。如图 1-5 所示，区间调度中最大相容区间为 $\{2,5,8\}$，转化后变为图的最大独立集。

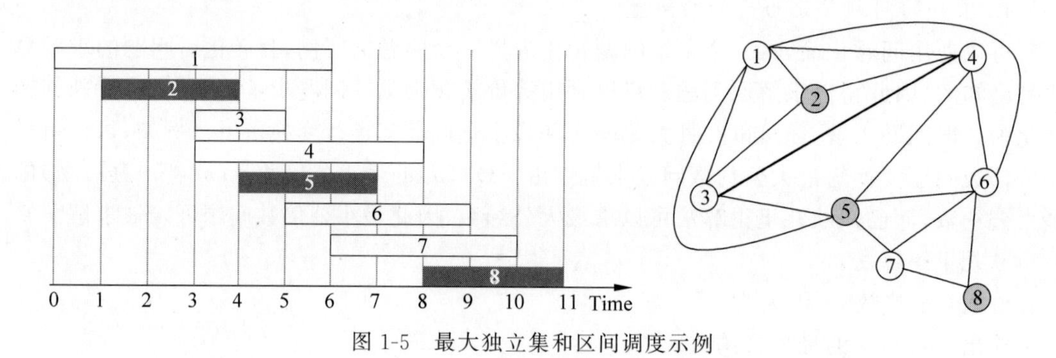

图 1-5 最大独立集和区间调度示例

本节思考题

一个猎人带着一只狼、一头羊和一筐青菜欲乘一条独木舟渡河，因独木舟太小，猎人一次至多只能带狼、羊或青菜中的一种渡河，但当它们与猎人不在河的同一边时，狼会吃掉羊、羊会吃掉青菜。试设计一个算法，帮猎人寻找一种渡河的次序，让其不受损失地将狼、羊和青菜带过河去。

本章习题

1. 编程实现最小公倍数问题（POJ 3970）。
2. 编程实现稳定匹配问题（POJ 3487）。
3. 解决问题的基本步骤是(　　)。
   A. 算法设计　　B. 算法实现
   C. 数学建模　　D. 算法分析
   E. 正确性证明
4. 问题变换的目的有(　　)。
   A. 复杂变简单　　B. 未知变已知
   C. 隐式变显式　　D. 难解变易解
   E. 以上都是
5. 简述算法与程序的区别。
6. 简述算法与问题的关系。
7. 下面关于程序和算法的说法正确的是(　　)。
   A. 算法的每一个步骤必须要有确切的含义，必须是清楚的、无二义的
   B. 程序是算法用某种程序设计语言的具体实现
   C. 如果一个算法能应用于问题的任意实例，并保证得到正确解答，则称这个算法解答了该问题
   D. 算法是一个过程，计算机每次求解是针对问题的一个实例求解
8. 下面关于算法的说法错误的是(　　)。
   A. 同一数学模型使用不同的数据结构会有不同的算法，有效性有很大差别
   B. 证明算法不正确，只需给出一个反例，说明算法不能正确处理即可
   C. 算法是一个语句集合，按照顺序执行语句，处理实例，得到正确答案
   D. 同一算法只有一种形式描述

9. 元素唯一性问题(重复元素问题)：n 个元素数组中的每个元素是否都是唯一的？是否存在数量级为 n 的算法？试设计该问题。

10. 稳定室友问题：$2n$ 个男孩，n 间宿舍，每个房间只能安排 2 个人，每个男孩对于其他人有一个喜欢列表。如何得到稳定的安排使关系好的在一起？

11. 给定稳定匹配问题的实例 I，存在男孩 w 和女孩 m，m 在 w 的喜欢列表中排第一，w 在 m 的喜欢列表中排第一，那么(m，w)肯定在任何稳定匹配中都是一对。该命题是否成立？请给出解释。

12. 给定无向图 $G=(V,E)$，图中任意两个顶点 u 和 v 都存在一条从 u 到 v 的路径，则称 G 为连通图。试设计算法判定 G 是否是连通图。

13. 给定有向图 $G=(V,E)$，图中任意两个顶点都相互可达，则称 G 为强连通图。试设计算法判定 G 是否是强连通图。

14. 扩展欧几里得算法：求正整数 m 和 n 的最大公约数 d，满足 $mx+ny=d$，x 和 y

为整数。

15. 欧几里得游戏：黑板上给定两个不相等的正整数，两个玩家轮流在黑板上写数字，写的数字必须是黑板上任意两个数的差，并且不是黑板上已有的数字。轮到哪个玩家写不出数字则为输方，则应该选择先行动，还是后行动？

16. 图着色问题：给定图 $G=(V,E)$，使用最少的颜色给顶点着色，使任何相邻顶点着不同色。边着色问题：给定图 $G=(V,E)$，使用最少的颜色给边着色，使任何有共同端点的边着不同色。如何将边着色问题转化为图着色问题？

17. 如何将最小化问题转化为最大化问题？

18. 给定图 $G=(V,E)$，计算任意两点间的路径数量。如何将该问题转化为矩阵问题？

19. 弹性碰撞问题：n 只蚂蚁在长度为 $p$cm 的水平杆上爬行，速度恒定为 1cm/s。当一只蚂蚁到达杆的一端时就会掉落。当两只蚂蚁相遇时，它们会转身并开始向相反方向爬行。给定 n 只蚂蚁在杆上的原始位置 $x_i(i=1,2,\cdots,n)$，但不知道蚂蚁爬行的方向。请计算所有蚂蚁从杆上掉下来的最早和最晚时间。

20. 尺取法：给定长度为 n 的整数数列 $\{a_0,a_1,\cdots,a_n\}$ 和整数 S，求连续子序列的最小长度 p，使子序列的和大于或等于 S。

21. 矩阵快速幂问题：给定矩阵 $\boldsymbol{A}_{n\times n}$，求矩阵 $\boldsymbol{A}$ 的幂之和 $\boldsymbol{S}=\boldsymbol{A}+\boldsymbol{A}^2+\cdots+\boldsymbol{A}^n$。

第2章

算法分析

对算法质量的分析研究称为算法分析。算法分析与算法设计是计算机科学的核心基础。本章介绍算法分析的方法和阶段,时间复杂度、空间复杂度和时空均衡,复杂度比较方法和常用算法的复杂度。

2.1 算法分析概述

Q:同一个问题有多个模型、多个算法,如何选择一个有效的算法?如何分析算法的性能,进行方案的比较?

2.1.1 算法选择

选择算法的主要指标如下。

(1) 时间复杂度 $T(n)$,是算法效率的度量。

(2) 空间复杂度 $S(n)$,是算法空间的度量。

(3) 简单性,即易于理解、易于编码、易于调试。

例如,$a=a+b$、$b=a-b$、$a=a-b$ 与 $x=a$、$a=b$、$b=x$ 都是交换变量 a 和 b 的值,但前者难以理解。

程序的其他主要指标如下。

(1) 健壮性,对于非法输入等异常情况,算法能恰当处理。但是,不是简单将程序中断,而是返回错误值,以便用户处理。

(2) 适用范围广,包含通用性、可重用性、可扩充性等。

计算机的资源,最重要的是时间和空间资源。算法所需的时间资源量,称为时间复杂度,用 $T(n)$表示。算法所需的空间资源量,包括输入输出、程序和辅助(额外)的存储空间。辅助的存储空间称为空间复杂度,用 $S(n)$表示。目前,计算机的速度和存储容量提高了几个数量级,算法需要的额外空间已经不是关注的重点,因此主要考虑算法的时间复杂度。时间复杂度就是算法运行的时间,用来衡量算法的效率。

占用存储空间小、运行时间短、其他性能也好的算法很难被设计出来，需要具体情况具体分析。例如，从 n 个数中找出某个数。如果是单次查找，使用次数少，力求简明易懂，因为复杂算法的实现和调试时间更长。如果是多次查找，需要反复使用，则力求算法的计算速度快。例如，排序后使用折半查找。如果数据量大，则力求节省空间。

2.1.2 分析方法

Q：如何分析算法的效率？什么算法是有效的？

观点 1：首先实现算法，然后输入真实的实例，计量算法的运行时间。如果算法运行的时间很快，则该算法是有效的。

观点 1 涉及算法分析的如下两种方法。

(1) 事后统计：实现算法，利用计算机的计时功能，使用多组输入，统计运行时间。

(2) 事前分析：不实现算法，直接分析算法的运行时间。

如果使用事后统计的方法，首先需要实现算法，需要大量时间和人力资源，并且存在如下问题。

(1) 同一个算法，不同的人编写、不同的语言编写、不同的编译程序编译、在不同的计算机上运行，效率都可能不同。

(2) 输入实例的全部范围和频率未知。如果一些实例容易被求解，则运行时间可能很快；如果一些实例比较难解，则运行时间可能很慢。因此，难以准确统计实现算法的时间。例如插入排序，输入正序时计算量的数量级是 n，输入反序时计算量的数量级是 n^2。

(3) 即使非最优算法对于小实例的处理也很快。如果代码实现草率，即使最优算法运行得也很慢。

因此，事后统计的方法依赖于程序、平台环境和实例等因素，使用绝对时间单位衡量算法效率不合适，只能作为辅助手段。对于问题算法的选择，一般使用事前分析的方法，撇开硬件与软件的相关因素，假定算法在抽象的随机存取计算机（RAM 计算模型见本书第 12 章）上运行，逐条运行指令，每次执行一步操作，计量算法的运行时间。

设此抽象的计算机提供的基本运算有 k 种，它们分别记为 $O_1, O_2, \cdots, O_k$；再假设这些基本运算每执行一次所需要的时间分别为 $t_1, t_2, \cdots, t_k$。给定算法 A，统计 A 中每种基本运算 O_i 的次数为 e_i，则算法的运行时间为 $\sum e_i t_i, 1 \leqslant i \leqslant k$。

例 1：求幂问题。

输入：实数 a 和正整数 $n=10$。

输出：a^n。

算法 A：$a\times a\times a\times a\times a\times a\times a\times a\times a\times a$　　$k=1$　$e_1=9$

算法 B：$((a\times a)^2\times a)^2$　　$k=2$　$e_1=2$　$e_2=2$

算法 C：$y=a\times a, z=y\times y, w=z\times z, t=y\times w$　　$k=1$　$e_1=4$

一般情况下，基本运算的时间排序为幂乘＞除法＞乘法＞加减＞移位。因此，算法 C 的运算时间最少，但需要的存储空间多，实际上是通过增加空间复杂度减少了时间复杂度。但每种基本运算的时间 t_i 是多少？不同计算机的 t_i 是不同的。这涉及算法分析的两个阶段。

（1）粗粒度比较：如果求解同一问题，两个算法的数量级不同，则只需要粗粒度比较算法的数量级。

（2）细粒度比较：如果求解同一问题，两个算法的数量级相同，则需要细粒度比较算法的各种情况。

既然是比较算法的数量级，则可进行如下简化。

（1）将每种基本运算都简化为单位时间1，这样 $\sum e_i t_i = \sum e_i$，算法运行时间变为每种基本运算的次数之和。

（2）只选取关键操作，即最影响运行时间的操作。统计关键操作对应的基本运算次数作为算法运行时间，没必要统计每种基本运算的次数。

（3）只选取算法中最复杂的部分，计算最复杂部分的基本运算次数作为算法运行时间，没必要统计每个部分的运行时间。

例2：插入排序。

插入排序的关键操作是比较和交换操作。

插入排序算法 InsertionSort：

输入：数组 A，数组大小 n。

输出：数组 A，使 $i<j$ 时 $a_i \leqslant a_j$，$1 \leqslant i < j \leqslant n$。

	语句时间	语句频度(执行次数)
1. for i = 2 to n do	c1	n
2. key = A[i]	1	$n-1$
3. j = i - 1	1	$n-1$
4. while (j > 0) and (A[j]> key) do	c2	$(n-1) \sim \sum_{i=2}^{n} i$
5. A[j + 1] = A[j]	1	$0 \sim \sum_{i=2}^{n}(i-1)$
6. j = j - 1	1	$0 \sim \sum_{i=2}^{n}(i-1)$
7. A[j + 1] = key	1	$n-1$
8. return A		

输入为正序时，比较操作为 $n-1$ 次，交换操作为 $2(n-1)$ 次。

输入为反序时，比较操作为 $\sum_{i=2}^{n} i = ((n-1)(n+2))/2$ 次，交换操作为 $\sum_{i=2}^{n}(i-1) + 2(n-1) = ((n-1)(n+4))/2$ 次。

平均情况时，比较次数为 $\sum_{i=2}^{n}(2+3+\cdots+i)/i \approx (n^2+n)/4 - \ln n$（每个位置出现的概率是 $1/i$）。

n 是求解问题的输入量，称为问题的规模。算法的时间复杂度与输入 n 有关，是输入 n 的函数，因此可以按照数学方法分析其运行时间。常用问题的规模和关键操作如表2-1所示。对于数论和密码学问题，更经常使用输入的二进制编码长度 $k = \lceil \log(n+1) \rceil$ 作为问题的规模。

表 2-1 常见问题的规模和关键操作

常见问题	问题规模 n	关键操作
n 项中搜索关键字	项数 n	关键字比较
一个数表的排序	数表中的项数 n	比较和交换
两个浮点矩阵相乘	矩阵维数	浮点数相乘
a^n	n	浮点数或整数相乘
遍历一棵二叉树	二叉树中的节点数	节点的操作
图问题	顶点数或边数	顶点或边的操作
拼写检查	字符数量—检查字符	比较
	单词数量—检查词	

插入排序在正序、反序和平均情况下的算法运行时间都不相同，哪种情况下的时间代表算法的运行时间？在粗粒度比较时，一般选取最坏情况的运行时间作为算法的运行时间。在细粒度比较时，需要分析算法的各种情况，以精确刻画算法性能。

最坏情况的运行时间给出算法最大运行时间的界，一般代表了算法的实际性能。但是，有的算法大多数情况下运行良好，最坏情况很少出现。如果使用平均情况的运行时间代表算法的时间复杂度，则需要给出输入 n 的分布函数计算运行时间的界。但随机分布难以精确建模真实的输入实例，算法对于某些分布可能运行得很快，但对于其他分布也可能运行得很慢。另外，许多问题不知道输入实例的全部范围，一些实例可能比较难解。因此，使用最坏情况的运行时间衡量算法的时间复杂度并不严格，但也很难找出更好的替代方法。

综上所述，选取算法最复杂部分或关键操作，计算最坏情况下基本运算的次数，然后对函数消去低阶和常数因子，得到算法最坏情况下运行时间的数量级，就是算法的时间复杂度。例如，对于插入排序，选择比较和交换为关键操作，计算反序情况下的比较次数，得到 n^2 的数量级，就是插入排序的时间复杂度。

多数情况下，选择最深层循环体的基本运算×频度（重复执行次数）作为算法的运行时间。对步进循环语句只需考虑循环体中语句的执行次数，忽略该语句中步长加 1、终值判别、控制转移等成分。因此，例 2 的伪代码中选取最复杂部分 while 循环体，计数语句 5 和 6 最坏情况的运行次数，得到 n^2 的数量级。

2.1.3 有效算法

Q：什么算法是有效的？根据什么合理的基准来衡量？

观点 2：如果一个算法在最坏情况下的运行时间优于蛮力搜索，则该算法是有效的。

如果一个问题进行蛮力搜索的时间为 $T(n)=3^n$，另一个算法的运行时间为 $T(n)=2^n$，虽然要优于蛮力搜索，但实际上当 $n>60$ 时，一般计算机需要运行 30 多年，仍然不可行。因此，需要一个合理时间作为基准。

在实践中，人们发现有效算法应该具有如下特性：当输入规模加倍时，算法耗费的时间增大 C 倍，C 为常数。对于指数时间算法，如 $T(n)=k2^n$，$k>0$，则 $T(2n)=k2^{2n}=k(2^n)2^n=(2^n)T(n)$，显然不满足有效算法的特性。对于多项式时间算法，如 $T(n)=kn^d$，$k>0$，$d>0$，则 $T(2n)=k(2n)^d=2^dkn^d$。设 $C=2^d$，则 $T(2n)=Ckn^d=CT(n)$，满足算法的有效性。

定义：如果一个算法是多项式时间算法，则该算法是有效的，是好算法。

表 2-2 给出了不同算法在百万次计算机上，随着规模增长的运行时间。从中可以看到，大多数情况下，多项式时间算法在现实中可以运行并在合理时间内得到结果。这个数学定义和实际观察的算法效率和易解性惊人地一致，它突破指数时间的界，揭示了问题的内在结构特性。

表 2-2 不同算法的运行时间

算法	n	$n\log n$	n^2	n^3	1.5^n	2^n	$n!$
$n=10$	<1 秒	<1 秒	<1 秒	<1 秒	<1 秒	<1 秒	4 秒
$n=30$	<1 秒	<1 秒	<1 秒	<1 秒	<1 秒	18 分钟	10^{25} 年
$n=50$	<1 秒	<1 秒	<1 秒	<1 秒	11 分钟	36 年	$>10^{25}$ 年
$n=100$	<1 秒	<1 秒	<1 秒	1 秒	12 892 年	10^{17} 年	$>10^{25}$ 年
$n=1000$	<1 秒	<1 秒	1 秒	18 分钟	$>10^{25}$ 年	$>10^{25}$ 年	$>10^{25}$ 年
$n=10\ 000$	<1 秒	<1 秒	2 分钟	12 天	$>10^{25}$ 年	$>10^{25}$ 年	$>10^{25}$ 年
$n=100\ 000$	<1 秒	2 秒	3 小时	32 年	$>10^{25}$ 年	$>10^{25}$ 年	$>10^{25}$ 年
$n=1\ 000\ 000$	1 秒	20 秒	12 天	31 710 年	$>10^{25}$ 年	$>10^{25}$ 年	$>10^{25}$ 年

但也有如下例外情况。

(1) 一些多项式时间算法有高的系数或指数，例如，$T(n)=6.02\times10^{23}\times n^{20}$，是多项式时间算法，但实际上不可行。事实上，多项式时间算法几乎总是有低的系数和指数。因此，有效算法是具有低的系数和指数的多项式时间算法。

(2) 由于最坏的实例基本不出现，因此一些指数时间算法被广泛使用。这种情况下的指数时间算法本质上是多项式时间算法。

如果时间限制为 1 秒(s)，目前计算机可以解决的最大问题规模如表 2-3 所示。$T(n)=n$ 的算法，$n\leqslant10^8$ 时 1s 可解决。$T(n)=n^2$ 的算法，$n\leqslant10\ 000$ 时 1s 可解决。对于低效的算法，计算速度成倍增长基本不带来求解规模的增长，如 2^n 和 $n!$。因此，应该把着眼点放在算法的改进上。

表 2-3 PC 在 1s 可以解决的问题规模

$T(n)$	n	$n\log n$	n^2	n^3	2^n	$n!$
最大规模	10^8	4.5×10^6	10 000	464	26	11
两倍速度	2×10^8	8.6×10^6	14 142	584	27	11

2.1.4 事后统计

对于事后统计方法，提高统计准确率的常用方法如下。

(1) 重复测试，选取平均值。

(2) 增加问题的规模进行测试。

(3) 选取典型实例进行测试。

另外，要注意使用计算机计时功能进行测试时，计算机计时的时钟周期数，需要除以 CPU 每秒的时钟周期数才是算法的运行时间。例如，使用 C++测试算法 A 的运行时间，示例如下：

```
clock_t time_start = clock();
/* 中间运行算法 A 的代码 */
clock_t time_end = clock();
cout <<"time use:"<< (time_end - time_start)/(double)CLOCKS_PER_SEC <<" s"<< endl;
```

clock()函数返回从程序启动开始，处理器时钟经过的时钟周期数。CLOCKS_PER_SEC 是标准 C 语言的 time.h 头函数中宏定义的一个常数，表示一秒内 CPU 运行的时钟周期数。因此，两者相除得到实际运行的时间(单位为秒)。

2.1.5 算法分析总结

(1) 算法分析有事前分析和事后统计两种方法。

(2) 算法分析分为粗粒度比较和细粒度比较两个阶段。

(3) 算法分析一般使用 3 个简化：每个基本运算的时间简化为 1；一般选取最坏情况下关键操作运算次数的数量级，作为算法的时间复杂度；一般选取程序最复杂部分基本运算次数的数量级，作为算法的时间复杂度。

(4) 问题的规模 n 是求解问题的输入量，时间复杂度是规模 n 的函数，多项式时间算法是有效算法。

视频讲解

2.2 渐近复杂度

为便于粗粒度比较算法的数量级，引入渐近复杂度的概念。

设 $T(n)$是算法的时间复杂度。一般说来，当 n 单调增加且趋于∞时，$T(n)$也将单调增加趋于∞。对于 $T(n)$，如果存在 $T'(n)$，使得当 $n\to\infty$时有$(T(n)-T'(n))/T(n)\to 0$，则 $T'(n)$是 $T(n)$当 $n\to\infty$时的渐近性态，或渐近复杂度。例如，$T(n)=3n^2+4n\log n+7$，$T'(n)=3n^2$。当 $n\to\infty$时有$(T(n)-T'(n))/T(n)\to 0$，因此 $T'(n)=3n^2$ 是 $T(n)$的渐近性态。

$T'(n)$和 $T(n)$的数量级相同，但 $T'(n)$比较简单，所以使用 $T'(n)$替代 $T(n)$作为算法在 $n\to\infty$时的复杂性度量。$T'(n)$的实质是忽略低阶分量，只关注高阶分量。

为了与此简化的复杂性分析方法相配套，引入 5 个渐近意义下的记号：O(上界)、Ω(下界)、Θ(紧界)、o(低阶)、ω(高阶)。

2.2.1 上界

设 $g(n)$、$f(n)$是自然数集上的正函数，存在正常数 C 和自然数 n_0，使对于任意的 $n\geqslant n_0$，总是满足 $f(n)\leqslant Cg(n)$，则称 $g(n)$为 $f(n)$的渐近上界，记为 $f(n)=O(g(n))$，如图 2-1 所示。例如，$f(n)=3n^2+4n\log n+7$，$g(n)=n^2$，当 $n\geqslant 2$ 时 $f(n)<7g(n)$，因此 $f(n)=O(n^2)$。

例 3：求 $3n+1$、$e^{n/(n+1)}$ 和 n^2 的上界。

$n\geqslant 1$ 时，$3n+1\leqslant 4n$，则 $3n+1=O(n)$。

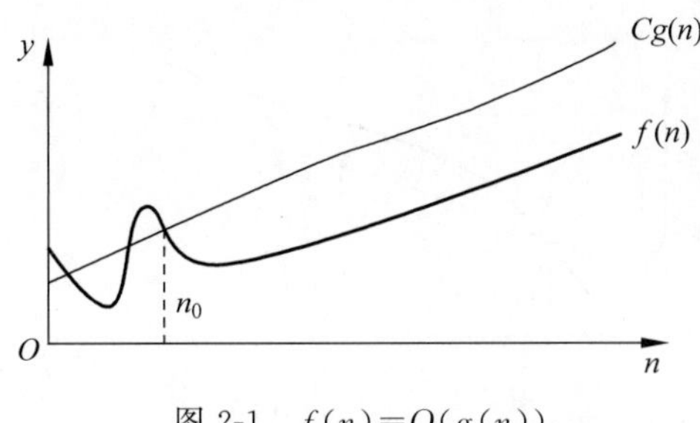

图 2-1　$f(n)=O(g(n))$

$n\geqslant 3$ 时，$e^{n/(n+1)}<1$，则 $e^{n/(n+1)}=O(1)$。

$n\geqslant 1$ 时，$n^2\leqslant n^2$，则 $n^2=O(n^2)$；$n^2\leqslant n^3$，则 $n^2=O(n^3)$；但 $n^3\neq O(n^2)$。

按照上述定义，$n^2=O(n^2)$ 和 $n^2=O(n^3)$ 都成立。一般使用的是最小上界。上界的阶越低，评估越准确，结果越有价值。

例 4：同一问题的两个算法 A_1 和 A_2，时间复杂度分别是 $T_1(n)=100n^2$，$T_2(n)=5n^3$，比较两个算法的效率。

当 $n<20$ 时，$T_1(n)>T_2(n)$，因此当 n 较小时，A_2 比 A_1 有效。

当 $n\geqslant 20$ 时，$T_1(n)/T_2(n)=100n^2/5n^3=20/n$，因此当 n 较大时，A_1 比 A_2 有效。

$T_1(n)=O(n^2)$、$T_2(n)=O(n^3)$ 从宏观上评价了两个算法时间方面的质量。

$O(n)$ 的性质如下。

(1) $O(f)+O(g)=O(\max(f,g))$。因此，算法最复杂部分的运行时间就是算法的时间复杂度。

(2) $O(f)+O(g)=O(f+g)$。因此，并行语句的时间复杂度是各个语句运行时间之和。

(3) $O(f)\times O(g)=O(f\times g)$。因此，循环的时间复杂度是循环体的运行时间与循环次数的乘积。

(4) $O(C\times f(n))=O(f(n))$，$C\in Z^+$。因此，算法的时间复杂度是运行时间的数量级。

(5) 若 $g(n)=O(f(n))$，则 $O(f)+O(g)=O(f)$。因此，算法的时间复杂度是算法运行时间函数的最高阶。

(6) $f=O(f)$。

2.2.2　下界

设 $g(n)$、$f(n)$ 是自然数集上的正函数，存在正常数 C 和自然数 n_0，使对于任意的 $n\geqslant n_0$，满足 $f(n)\geqslant Cg(n)$，则称 $g(n)$ 为 $f(n)$ 的渐近下界，记为 $f(n)=\Omega(g(n))$，如图 2-2 所示。例如，$f(n)=3n^2+4n\log n+7$，$g(n)=n^2$，当 $n\geqslant 1$ 时 $f(n)\geqslant 3g(n)$，因此 $f(n)=\Omega(n^2)$。

例 5：求 $3n+1$、$f(n)$ 和 n^2 的下界。

当 $n\geqslant 1$ 时，$3n+1\geqslant 3n$，则 $3n+1=\Omega(n)$。

$f(n)=\begin{cases}6n^2, & n\text{ 为正偶数}\\ 100, & n\text{ 为正奇数}\end{cases}$，当 $n\geqslant 5$ 时，$f(n)\geqslant 100$，则 $f(n)=\Omega(1)$。

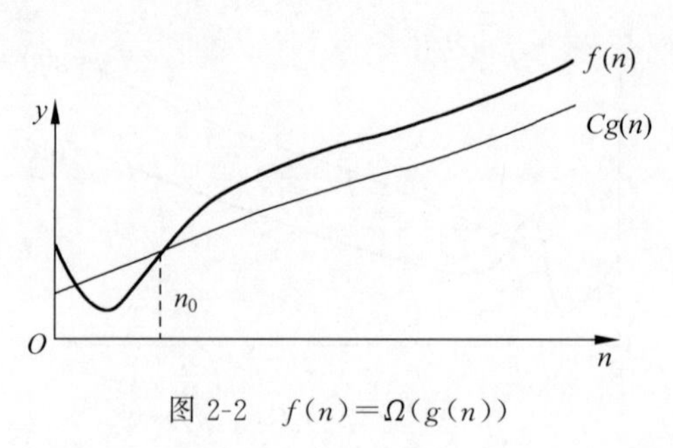

图 2-2 $f(n)=\Omega(g(n))$

当 $n\geqslant 1$ 时，$n^2\geqslant Cn^2$，则 $n^2=\Omega(n^2)$；$n^2\geqslant n$，则 $n^2=\Omega(n)$；但 $n\neq\Omega(n^2)$。

根据上述定义，$n^2=\Omega(n^2)$和 $n^2=\Omega(n)$都成立，一般使用的是最大下界。下界的阶越高，评估越准确，结果越有价值。Ω 也常用于表示某一特定问题的下界，也就是求解该问题的最好算法的复杂度。

2.2.3 紧界

设 $g(n)$、$f(n)$是自然数集上的正函数，存在正常数 C_1、C_2 和自然数 n_0，使对于任意的 $n\geqslant n_0$，有 $0\leqslant C_1g(n)\leqslant f(n)\leqslant C_2g(n)$，则称 $g(n)$是 $f(n)$的渐近紧界，记为 $f(n)=\Theta(g(n))$，如图 2-3 所示。若 $f(n)=\Theta(g(n))$，则当且仅当 $f(n)=O(g(n))$且 $f(n)=\Omega(g(n))$。

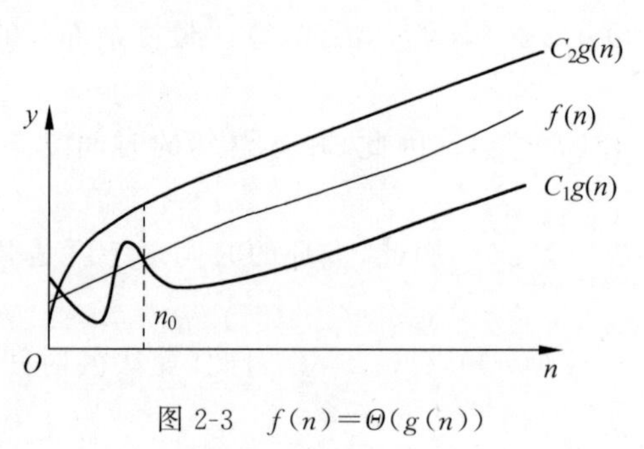

图 2-3 $f(n)=\Theta(g(n))$

例如，$f(n)=3n^2+4n\log n+7$，$f(n)=\Omega(n^2)$且 $f(n)=O(n^2)$，因此 $f(n)=\Theta(n^2)$。$f(n)=O(n^2)$、$f(n)=O(n^3)$，但 $f(n)\neq O(n)$。$f(n)=\Omega(n^2)$、$f(n)=\Omega(n)$，但 $f(n)\neq\Omega(n^3)$。$f(n)=\Theta(n^2)$但 $f(n)\neq\Theta(n^3)$、$f(n)\neq\Theta(n)$。

上界是最坏情况下的时间复杂度，下界是最好情况下的时间复杂度，上界和下界数量级相同才是紧界。前面学习过的插入排序，输入为正序时需要 $n-1$ 次比较，输入为反序时需要$(n-1)(n+2)/2$ 次比较，因此 $T(n)=O(n^2)$，$T(n)=\Omega(n)$，但 $T(n)\neq\Theta(n^2)$，$T(n)\neq\Theta(n)$。

2.2.4 高阶和低阶

设 $g(n)$、$f(n)$是自然数集上的正函数，对于任意的正常数 $C>0$，存在自然数 n_0，使对于任意的 $n\geqslant n_0$，总是满足 $f(n)<Cg(n)$，则 $f(n)$的阶低于 $g(n)$，记为 $f(n)=o(g(n))$。例如，$f(n)=3n^2+4n\log n+7$，$g(n)=n^3$，当 $n\geqslant 2$ 时 $f(n)<7g(n)$，因此 $f(n)=o(n^3)$。

设 $g(n)$、$f(n)$ 是自然数集上的正函数，对于任意的正常数 $C>0$，存在自然数 n_0，使对于任意的 $n \geqslant n_0$，总是满足 $f(n)>Cg(n)$，则 $f(n)$ 的阶高于 $g(n)$，记为 $f(n)=\omega(g(n))$。例如，$f(n)=3n^2+4n\log n+7$，$g(n)=n$，当 $n \geqslant 1$ 时 $f(n)>3g(n)$，因此 $f(n)=\omega(n)$。

2.2.5　性质

1. 传递性

(1) $f=O(g)$ 且 $g=O(h)$，则 $f=O(h)$。

(2) $f=\Omega(g)$ 且 $g=\Omega(h)$，则 $f=\Omega(h)$。

(3) $f=\Theta(g)$ 且 $g=\Theta(h)$，则 $f=\Theta(h)$。

(4) $f=o(g)$ 且 $g=o(h)$，则 $f=o(h)$。

(5) $f=\omega(g)$ 且 $g=\omega(h)$，则 $f=\omega(h)$。

2. 自反性

(1) $f=O(f)$。

(2) $f=\Omega(f)$。

(3) $f=\Theta(f)$。

3. (互)对称性

(1) $f(n)=\Theta(g(n))$ 当且仅当 $g(n)=\Theta(f(n))$。

(2) $f=O(g)$ 当且仅当 $g=\Omega(f)$。

(3) $f=o(g)$ 当且仅当 $g=\omega(f)$。

4. 注意事项

(1) 渐近复杂度低阶的算法比高阶的算法有效，在问题的规模充分大时才成立。

(2) 算法的运行时间与实例有关。例如，快速排序的时间复杂度为 $O(n^2)$，但是在一般情况(非正序和非反序)时实际运行很快。

(3) 小规模问题不要盲目选用复杂度的阶比较低的算法，规模小时复杂度可能正好相反。规模小时，决定工作效率的可能不是算法的效率而是算法的简单性。

(4) 渐近复杂度的阶相同时，必须进一步考察渐近复杂度表达式中的常数因子才能判别其好坏。

2.3　复杂度比较

视频讲解

2.3.1　阶的高低

1. 对数特性

对于任意 $x>0$，$\log n=o(n^x)$，即对数阶低于多项式阶。

$\log_a n=\log_b n/\log_b a=C\log_b n$，$C=1/\log_b a$。因此，$\log_a n=\theta(\log_b n)$，常数 $a,b>0$。所以，对数阶直接使用 $\log n$ 表示。

对于所有实数 $a>0$，$b>0$，$c>0$ 和 n，有 $\log_b a^n=n\log_b a$，$\log^k n=(\log n)^k$，$\log\log n=\log(\log n)$，$a^{\log_b c}=c^{\log_b a}$。

2. 多项式特性

多项式 $f(n)=a_0+a_1n+\cdots+a_dn^d$。如果 $a_i>0, n\geqslant 1, f(n)\leqslant \sum_{i=0}^{n} a_in^d=O(n^d)$，且 $f(n)\geqslant a_dn^d=\Omega(n^d)$，因此 $f(n)=\Theta(n^d)$。d 与 n 无关，d 可以不是整数，如 $n^{1.59}$ 和 $n^{1/2}$。

由于 $e^x=1+x+x^2/2!+x^3/3!+\cdots=\sum_{i=0}^{\infty} x^i/i!$，对所有实数 x，有 $e^x\geqslant 1+x$，因此 $e^x=\Omega(1+x)$。当 $|x|\leqslant 1$ 时，$1+x\leqslant e^x\leqslant 1+x+x^2$，此时 $e^x=O(1+x+x^2)$。

3. 指数特性

对于所有实数 $r>1$ 和 $d>0$，$n^d=o(r^n)$，即多项式阶低于指数阶。

2.3.2 比较方法

常用的复杂度比较方法有：对数法、积分法、极限法和放大法。

1. 对数法

若 $f(n)=O(h(n))$，$f(n)>0$，$h(n)>0$，则 $\log f(n)=O(\log h(n))$。因此，两个复杂度比较可以求取两者的对数进行比较。

例 6：比较下列函数的时间复杂度。

$f_1=10n$，　$f_2=n^{1/3}$，　$f_3=n^n$，　$f_4=\log_2 n$，　$f_5=2^{\sqrt{\log_2 n}}$。

首先按照对数阶、多项式阶和指数阶，从小到大排序得到 $f_4<f_2<f_1<f_3$。

又 $f_5<n<f_1, n>0$，再对 f_5、f_4 和 f_2 取，以 z 为底的对数，有 $\log(f_2)=(1/3)\log n=z/3$，$\log(f_4)=\log(\log n)=\log z$，$\log(f_5)=\sqrt{\log_2 n}=\sqrt{z}$，$z=\log n$。因此，最后的结果为 $f_4<f_5<f_2<f_1<f_3$。

2. 积分法

例 7：求 $\log n!$ 的时间复杂度。

$\log n!=\sum_{k=1}^{n}\log k\geqslant\int_1^n \log x\,\mathrm{d}x=n\log n-n+1=\Omega(n\log n)$，如图 2-4 所示，$\log n!=(\log 2+\log 3+\cdots+\log n)\times 1$ 是图中阴影面积，大于 $\log x$ 对应的面积，因此其下界是 $n\log n$。

又 $\log n!=\sum_{k=1}^{n}\log k\leqslant\int_2^{n+1}\log x\,\mathrm{d}x=O(n\log n)$，如图 2-5 所示，$\log n!$ 对应图中阴影面积，小于 $\log x$ 对应的面积，因此上界是 $n\log n$。所以 $\log n!=\Theta(n\log n)$。

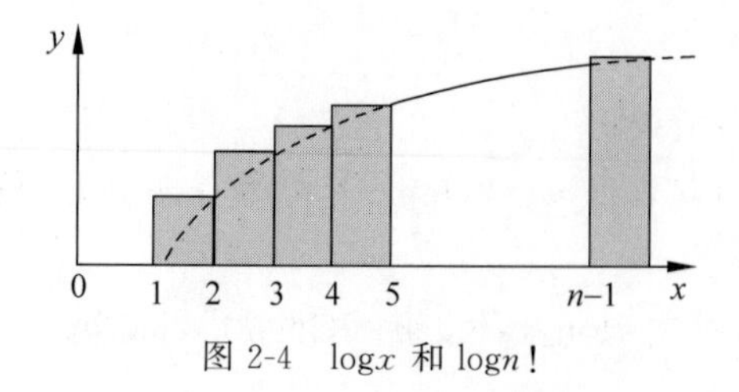

图 2-4　$\log x$ 和 $\log n!$

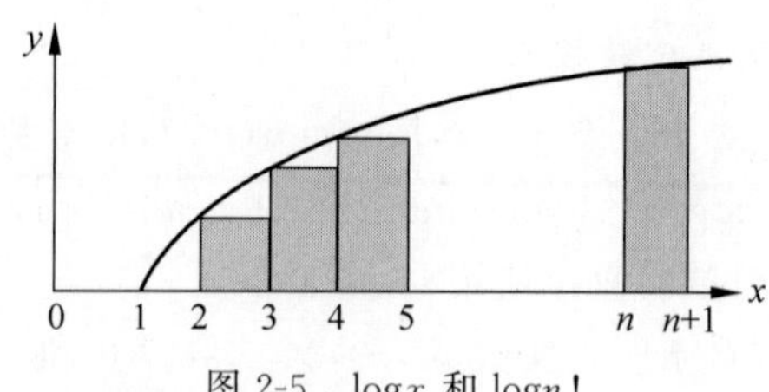

图 2-5　$\log x$ 和 $\log n!$

例 8：求 $\sum_{k=1}^{n}\frac{1}{k}$ 的时间复杂度。

$$\sum_{k=1}^{n}\frac{1}{k}\geqslant\int_{1}^{n+1}\frac{\mathrm{d}x}{x}=\ln(n+1)$$

又

$$\sum_{k=1}^{n}\frac{1}{k}=1+\sum_{k=2}^{n}\frac{1}{k}\leqslant 1+\int_{1}^{n}\frac{\mathrm{d}x}{x}=1+\ln n$$

因此，$\sum_{k=1}^{n}\frac{1}{k}=\Theta(\ln n)$。

3. 极限法

如下数学表达式：

$$\lim_{n\to\infty}\frac{f(n)}{g(n)}=\begin{cases}0, & f(n)=o(g(n))\\ c>0, & f(n)=\Theta(g(n))\\ \infty, & f(n)=\omega(g(n))\end{cases}$$

表示求 $f(n)/g(n)$的极限。如果结果等于 0，则表示 $f(n)$的阶小于 $g(n)$的阶；如果结果等于常数，则表示两者的阶相等；如果结果等于无穷大，则表示 $f(n)$的阶大于 $g(n)$的阶。

例如，$\forall a>1$，$\lim_{n\to\infty}n^b/(a)^n=0$，即多项式阶小于指数阶，则有 $\lim_{n\to\infty}\log^b n/(2^a)^{\log n}=\lim_{n\to\infty}\log^b n/n^a=0$，因此 $\forall a>0$，$\log^b n=o(n^a)$，即对数阶小于多项式阶。

例 9：比较$(n(n-1))/2$ 和 n^2 的时间复杂度。

$$\lim_{n\to\infty}\frac{\frac{n(n-1)}{2}}{n^2}=\frac{1}{2}$$

$$\lim_{n\to\infty}\left(1-\frac{1}{n}\right)=\frac{1}{2}$$

因此，$\frac{n(n-1)}{2}=\theta(n^2)$。

例 10：比较 $\log n$ 和 $n^{1/2}$ 的时间复杂度。

根据洛必达法则，$\lim_{n\to\infty}\frac{\log n}{\sqrt{n}}=\lim_{n\to\infty}\frac{(\log n)'}{(\sqrt{n})'}=\lim_{n\to\infty}\frac{\log e/n}{\frac{1}{2\sqrt{n}}}=2\log e\lim_{n\to\infty}\sqrt{n}/n=0$。因此，$\log n=o(\sqrt{n})$。

4. 放大法

假设存在常数 $r<1$，使得对于一切 k 有 $a_{k+1}/a_k\leqslant r$，求 $a_0+a_1+\cdots+a_n$ 的时间复杂度。

$$\sum_{k=0}^{n}a_k\leqslant\sum_{k=0}^{\infty}a_0r^k=a_0\sum_{k=0}^{\infty}r^k=\frac{a_0}{1-r}$$

例 11：比较下列函数的复杂度。$\log^2 n$，1，$n!$，$n2^n$，$n^{1/\log n}$，$(3/2)^n$，$\sqrt{\log n}$，2^{2^n}，$(\log n)^{\log n}$，$n^{\log\log n}$，n^3，$\log\log n$，$n\log n$，n，$2^{\log n}$，$\log n$，$\log(n!)$。

首先按照常数阶、对数阶、多项式阶和指数阶进行划分，然后逐个分析。

常数阶：$1=n^{1/\log n}$。因为 $n^{1/\log n}$，取对数，有$(1/\log n)\log n=1$，因此 $n^{1/\log n}=\Theta(1)$。

对数阶：$\log^2 n > \log n > \sqrt{\log n} > \log\log n$。设 $z=\log n$，则有 $\log^2 n=(\log n)^2=z^2>z>\sqrt{z}>\log z>1$。

多项式阶：$n^3>\log(n!)=\theta(n\log n)>n=\theta(2^{\log n})$。

指数阶：$2^{2^n}>n!>n2^n>(3/2)^n>(\log n)^{\log n}=n^{\log\log n}$。

因为 $a^{\log_b n}=n^{\log_b a}$，所以 $(\log n)^{\log n}=n^{\log\log n}$。

根据 Stirling 公式，$n!=\sqrt{2\pi n}(n/\mathrm{e})^n(1+\theta(1/n))$，故 $n!=o(n^n)$，且 $n!=\omega(2^n)$。

指数阶取对数有，$2^n>n\log n>n+\log n>n\log(3/2)>\log n\log\log n$。

因此，最终结果从低到高为：$1=n^{1/\log n}$，$\log\log n$，$\sqrt{\log n}$，$\log n$，$\log^2 n$，$n=\theta(2^{\log n})$，$\log(n!)=\theta(n\log n)$，n^3，$(\log n)^{\log n}=n^{\log\log n}$，$(3/2)^n$，$n2^n$，$n!$，$2^{2^n}$。

视频讲解

2.4 实例分析

2.4.1 非递归算法分析

非递归算法的时间复杂度分析的基本步骤如下。

(1) 确定输入规模 n。

(2) 确定算法的关键操作。

(3) 确定最坏、最好和平均情况。

(4) 计数关键操作次数(特别是循环结构)。

(5) 使用简化公式，确定复杂度。

对于复杂的算法，分隔成容易估算的几个部分，然后再利用“O”(上界)的求和原则得到整个算法的时间复杂度。对于并列语句，进行复杂度相加。

$T_1(n)=O(f(n))$，$T_2(n)=O(g(n))$，则 $T(n)=T_1(n)+T_2(n)=O(\max(f(n),g(n)))$。各个部分的复杂度不同阶时，选取其最复杂部分的阶。

对于循环语句，时间复杂度等于循环体的运行时间×循环次数。有若干循环语句时，算法的时间复杂度一般是由嵌套层数最多的循环体的运行时间×循环次数决定的。

对于子程序，$T(n)$=子程序的复杂度×调用次数。但要注意，调用子程序的复杂度可能与参数有关。

对于存在递推方程的递归、递推、分治、动态规划等算法，其复杂度需要根据递推方程进行计算，详见本书第 5 章递推方程求解部分。

2.4.2 分析实例

例 12：分析下列程序的时间复杂度。

```
1.    temp = i
2.    i = j
3.    j = temp
```

3 个语句都是赋值操作，语句频度均为 1，故 $T(n)=3=O(1)$，程序段的执行时间与问

题规模 n 无关，为常数阶。

如果算法的执行时间不随问题规模 n 的增加而增长，即使算法中有上千条语句，其执行时间也不过是一个较大的常数。此类算法的时间复杂度是 $O(1)$，为常数阶。

例 13：分析下列程序的时间复杂度。

输入：数组 A，数组大小 n。

输出：A 中最大数。

```
1.  max = a[1]
2.  for i = 2 to n do
3.       if (a[i] > max) then max = a[i]
4.  return max
```

程序为从 n 个数($a_1,a_2,\cdots,a_n$)中查找最大数。循环体中，一次比较操作和一次赋值操作为常数时间，循环运行 $n-1$ 次，依赖于规模 n。故 $T(n)=2(n-1)=O(n)$，时间复杂度是输入的常数倍，为线性阶。

例 14：分析顺序查找的时间复杂度。

输入：数组 A，数组大小 n，查找目标 key。

输出：位置 i。

```
1.  a[0] = key
2.  i = n
3.  whlie(a[i]<> key) do
4.       i = i - 1
5.  return i
```

代码中最复杂的是 while 循环，循环体运行时间为 $O(1)$，循环次数与输入 key 有关，最多运行 $n+1$ 次。顺序查找的比较次数如表 2-4 所示。因此，最坏情况的时间复杂度为 $T(n)=n+1=O(n)$，为线性阶。

表 2-4 顺序查找的比较次数

比较为关键操作	比较次数	比较为关键操作	比较次数
查找第 n 个元素	1	查找第 i 个元素	$n+1-i$
查找第 $n-1$ 个元素	2	…	…
…	…	查找第 1 个元素	n
		查找失败	$n+1$

设搜索成功的概率为 $p(0\leqslant p\leqslant 1)$，数组的每个位置 $i(0<i\leqslant n)$ 的搜索成功的概率均为 p/n，则平均情况的时间复杂度为

$$T_{\text{avg}}(n)=\left(1\times\frac{p}{n}+2\times\frac{p}{n}+\cdots+n\times\frac{p}{n}\right)+(n+1)(1-p)$$

$$=\frac{p}{n}\sum_{i=1}^{n}i+(n+1)(1-p)=(n+1)\left(1-\frac{p}{2}\right)$$

如果肯定查找成功，则 $p=1$，$T_{\text{avg}}=(n+1)/2=O(n)$。这个结论在后面会经常用到。

例 15：分析折半查找的时间复杂度。

输入：数组 A，数组大小 n，查找目标 key。

输出：位置 i。

```
1.  low = 0
2.  high = n - 1
3.  while (low <=  high) do
4.       mid = (low + high)/2
5.       if (key < A[mid]) then
6.            high = mid - 1
7.       else if (key > A[mid]) then
8.                 low = mid + 1
9.            else return mid
10. return -1
```

折半查找又称二分搜索，适用于有序表和顺序存储。折半查找的过程可以使用判定树(决策树)表示，如图 2-6 所示。

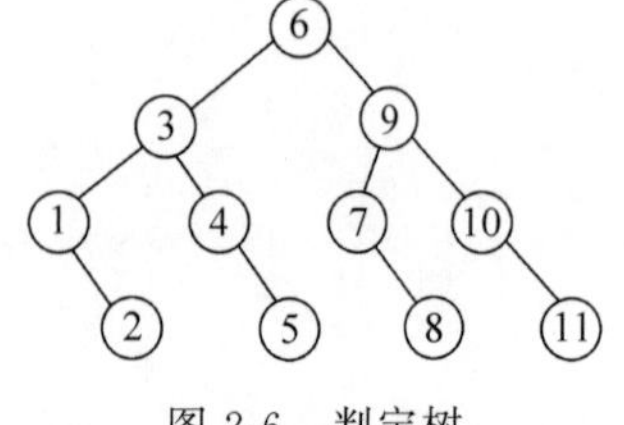

图 2-6　判定树

判定树的每个节点对应数组的一个位置，因此一共有 n 个节点。每个节点的左子树节点都小于该节点，右子树节点都大于该节点。对于深度为 h 的完全二叉树，节点数为 $2^0 + 2^1 + \cdots + 2^{h-1} = 2^h - 1 = n$，因此深度 $h = \log_2(n+1) = \lfloor \log_2 n \rfloor + 1$。折半查找的比较次数不超过其判定树的深度，故 $T(n) = \lfloor \log_2 n \rfloor + 1 = O(\log n)$，为对数阶。

设搜索成功的概率为 $p(0 \leqslant p \leqslant 1)$，数组的每个位置 $i(0 \leqslant i < n)$ 的搜索成功的概率均为 p/n，则平均情况的时间复杂度为

$$T_{\text{avg}}(n) = \left(1 \times 1 \times \frac{p}{n} + 2 \times 2 \times \frac{p}{n} + 3 \times 4 \times \frac{p}{n} + \cdots + h \times (2^{h-1}) \times \frac{p}{n}\right) + n(1-p)$$

如果肯定查找成功，则 $p = 1$，$T_{\text{avg}} = O(\log n)$。这个结论在后面会经常用到。

例 16：分析分块查找的时间复杂度。

分块查找将表分成几块，块内无序，块间有序；索引表中保存块的起始地址和块内的最大值或者最小值；且要保证前一个块中的最大元素小于后一个块中的所有元素；先确定待查记录的所在块，再在块内查找。如图 2-7 所示，索引表分为 3 块，第 1 块的起始地址是 1，最大值是 22；第 2 块的起始地址是 7，最大值是 48；第 3 块的起始地址是 13，最大值是 86。查找 38 时，首先在索引表中查找到 22＜38＜48，然后在第二块中顺序查找而得到。

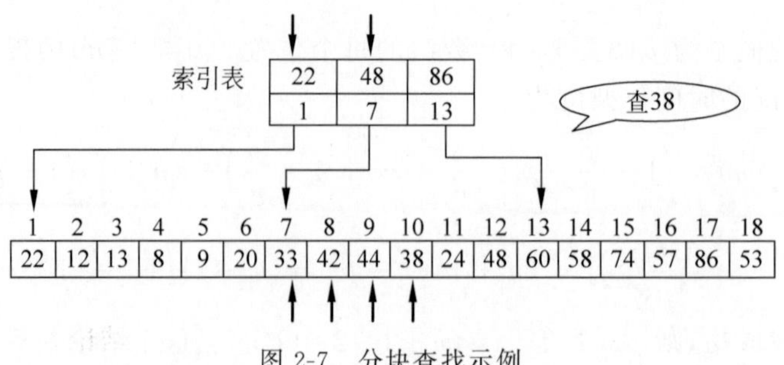

图 2-7　分块查找示例

设块长为 s。如果查找索引表使用顺序查找，则 $T(n)$=索引表的长度+块长=$n/s+s$，$T_{avg}(n)$=索引表的平均查找长度+块的平均查找长度=$(n/s+1)/2+(s+1)/2$。索引表是有序表，如果查找索引表使用折半查找，则 $T(n)$=log(索引表的长度)+块长=$\log(n/s)+s$，$T_{avg}(n)=\log(n/s)+(s+1)/2$。

表 2-5 给出了查找方法的比较情况。从时间角度来说，顺序查找的时间复杂度最高，折半查找的时间复杂度最低。另外，折半查找要求使用有序表且顺序存储，分块查找则要求分块有序。

表 2-5 查找方法比较

	顺 序 查 找	折 半 查 找	分 块 查 找
$T(n)$	$O(n)$	$O(\log n)$	$O(\log(n/s)+s)$
表结构	有序或无序	有序	分块有序
存储结构	顺序存储或线性链表	顺序存储	顺序存储或线性链表

例 17：分析快速幂求 x^n 的时间复杂度。

快速幂的计算原理如下所示，实际使用分治的思想进行计算。

$$x^n=(x^{\lfloor \frac{n}{2} \rfloor})^2 x^{n \bmod 2}$$

例如，$x^{11}=(x^5)^2x=(((x^2)^2)x)^2x=((x^2)^2)^2\times(x)^2x=y\times r$。

对于 x^{11} 的计算过程，从内向外计算，其伪代码如下。

输入：x，n。

输出：x^n。

```
1.  r = 1
2.  y = x
3.  while (n <> 0) do
4.      if (n mod 2) then r = r * y
5.      y = y * y
6.      n = n/2
7.  return r
```

如果 n 使用二进制表示，如 $x^{11}=x^{(1011)_2}=x^{2^3+0\times 2^2+2^1+2^0}$，计算 x^n 的另一种计算过程和伪代码如下。

输入：x，b。

输出：x^n。

```
1.  r = 1
2.  y = x
3.  while (b) do
4.      if (b and 1) then r = r * y
5.      y = y * y
6.      b >> 1
7.  return r
```

计算 x^n，蛮力计算需要 $n-1$ 次乘法。设 n 化为 m 位二进制，$n=b_{m-1}2^{m-1}+b_{m-2}2^{m-2}+\cdots+b_1 2^1+b_0 2^0$，最高位系数 $b_{m-1}=1$。

若 $n=100\cdots0=2^{m-1}$，则 $m=\log n+1$。

若 $n=111\cdots1=2^m-1$，则 $m=\log(n+1)$。

因此，快速幂算法的时间复杂度为 $T(m)=\Theta(\log n)$，为对数阶。

例 18：分析下面程序的时间复杂度。

```
1.  i = 1
2.  while(i <= n) do
3.      i = i * 2
4.  return i
```

算法的时间取决于 while 循环。设循环次数为 k，则 $(n/2)<2^k\leqslant n$，故 $(\log n)-1<$ 循环次数 $\leqslant\log n$。循环体的运行时间为 $O(1)$，因此算法的时间复杂度为 $\Theta(\log n)$。

例 19：一个机场调度员，需要观察屏幕上 n 架飞机中哪两架飞机碰撞的可能性最大。试设计并分析算法的时间复杂度。

每架飞机对应屏幕上的一个点，首先计算任意两点间的距离，然后比较这些距离并找到最小距离，具有最小距离的两架飞机碰撞的可能性最大。

最接近点对问题蛮力算法：

输入：$(x_i, y_i), n, 1\leqslant i\leqslant n$。

输出：$\min_i, \min_j$。　　//碰撞可能性最大的两架飞机的位置

```
1.  min = (x1 - x2)^2 + (y1 - y2)^2              //不必开根号
2.  for i = 1 to n do
3.      for j = i + 1 to n do
4.          d = (xi - xj)^2 + (yi - yj)^2
5.          if (d < min) then
6.              min = d
7.              mini = i
8.              minj = j
```

计算的距离有 $\binom{n}{2}$ 个，时间为 $\Theta(n^2)$。从 $\binom{n}{2}$ 个距离中找最小距离，需要的时间为 $\Theta(n^2)$，因此总的时间为 $\Theta(n^2)$。或者伪代码中循环体的运行时间为 $\Theta(1)$，循环次数为 $n-1+n-2+\cdots+1=(n(n-1))/2=\Theta(n^2)$，因此算法的运行时间为 $\Theta(n^2)$，为平方阶。

例 20：分析矩阵加法和乘法的时间复杂度。

设矩阵 $\boldsymbol{A}_{n\times n}$ 和 $\boldsymbol{B}_{n\times n}$ 相加，新矩阵有 n^2 个元素。计算新矩阵的每个元素需要一次加法，计算新矩阵需要 n^2 次加法。因此，矩阵加法的时间复杂度是 $\Theta(n^2)$，为平方阶。

设矩阵 $\boldsymbol{A}_{n\times n}$ 和 $\boldsymbol{B}_{n\times n}$ 相乘，新矩阵有 n^2 个元素。计算新矩阵的每个元素需要一行乘一列，需要 n 次乘法、$n-1$ 次加法。因此，矩阵相乘的时间复杂度是 $\Theta(n^3)$，为立方阶。

例 21：分析下面程序的时间复杂度。

```
1.  x = 1
2.  for i = 1 to n do
3.      for j = 1 to i do                //循环 i 次
4.          for k = 1 to j do            //循环 j 次
5.              x++
```

程序中频度最大的语句是语句 5，其时间复杂度为 $\Theta(1)$，循环次数为

$$\sum_{i=1}^{n}\sum_{j=1}^{i}j=\sum_{i=1}^{n}\frac{i(i+1)}{2}=\frac{\frac{n(n+1)(2n+1)}{6}+\frac{n(n+1)}{2}}{2}$$

因此，程序的时间复杂度为 $\Theta(n^3)$，为立方阶。

例 22：给定集合 $S=\{1,2,\cdots,n\}$ 的 n 个子集 S_i，$1\leqslant i\leqslant n$。这些子集是否存在不交子集？试设计并分析算法的时间复杂度。

不交子集问题算法：

输入：S 和 S_i，$1\leqslant i\leqslant n$。

输出：是否存在不交子集。

```
1.  for 每个集合 Si do
2.       for 其他集合 Sj do
3.            for Si 每个元素 p do
4.                 if(p 属于 Sj) then break
5.            if (Si 没有元素属于 Sj) then return Si 和 Sj是不交集合
6.  return false
```

判断 p 是否属于 S_j，需要比较 $|S_j|=O(n)$ 次，循环次数为 n^3，因此时间复杂度为 $O(n^4)$。但根据条件 S_i 是 S 的子集，设 $S=\{1,2,3,4,5,6,7\}$，则子集 $S_i=\{1,5,7\}$、$S_j=\{2,4,7\}$ 可以表示为$\{1000101\}$和$\{0101001\}$，对位比较，最多需要比较 n 次就可以判定 S_i 和 S_j 是否是不交子集。这样，判断 p 是否属于 S_j 需要比较 1 次，循环次数为 n^3，算法的时间复杂度降为 $O(n^3)$。这也是以牺牲空间复杂度来降低时间复杂度的例子。

例 23：给定图 G，是否存在 k 个顶点，彼此之间无边相连？试设计并分析算法的时间复杂度。

k 独立集问题算法：

输入：图 G 和 k。

输出：是否存在大小为 k 的独立集。

```
1.  for 每个 k 顶点子集 S do
2.       检查 S 是否是独立集
3.       if (S 是独立集) then return S
4.  return false
```

$|S|=k$，检查 S 是否是独立集，需要检查 k 个顶点间任意两个顶点是否有边，查找次数为$(k-1)+(k-2)+\cdots+1=O(k^2)$。$k$ 元素的子集数为 $O(n^k/k!)$。因此，算法的时间复杂度为 $O(k^2n^k/k!)=O(n^k)$，为 k 次方阶。

例 24：给定图 G，找出 G 中的最大独立集。试设计并分析算法的时间复杂度。

算法的伪代码如下。

输入：图 $G=(V,E)$。

输出：最大独立集。

```
1.  S* = ∅
2.  for 每个顶点子集 S⊆V do
```

```
3.         检查 S 是否是独立集
4.         if (S.length > S*.length) then S* = S
5.   return S*
```

$|S|\leqslant n$，检查 S 是否是独立集，需要检查 n 个顶点间任意两个顶点是否有边，查找次数为 $(n-1)+(n-2)+\cdots+1=O(n^2)$。$n$ 个元素的子集数为 $O(2^n)$。因此，算法的时间复杂度为 $O(n^2 2^n)$，为指数阶。

本节思考题

1. 改进插入排序，查找插入位置时使用折半查找代替顺序查找，给出伪代码并分析其时间复杂度。

2. 最大独立集问题：如果在 10 亿次/秒的计算机上运行，用时 100 年可以计算的图的规模估计是多大？当 $n=50$ 时，需要计算的时间估计是多少？

3. 是否存在 n 个数的排序算法，其时间复杂度为 $O(n)$，空间复杂度为 $O(1)$？如果施加合理的限制条件使之成立，请给出限制条件和算法。

4. 分块查找一般设置分块的长度是多少？分块查找 256 个元素的数组，分成几块最好？每块的最佳长度是多少？平均查找长度是多少？

视频讲解

2.5 时空均衡

2.5.1 空间复杂度

空间复杂度 $S(n)$ 是算法执行所需空间（存储器）的资源量，不包含输入所占空间和程序所占空间，是所需辅助空间的大小。因为每次写入内存都需要时间，因此 $S(n)=O(T(n))$。例如，存储 n 个字符的全排列，需要 $O(n\times n!)$ 的空间，但输出 n 个字符的全排列，只需要 $O(n)$ 的空间。

现实中，时间复杂度和空间复杂度往往是一对矛盾的概念，很难找到时间和空间都少的算法。当需要较少空间时，一般可以通过重复计算等方法，以时间换空间，或通过进行数据压缩以节省空间。当需要较少的时间时，一般需要预处理、预构造和动态规划等方法，以空间换时间。

在大数据处理中，数据占用空间比较大，读取全部数据的时间也很长，因此需要使用亚线性空间和亚线性时间算法，一般使用并行计算、众包计算、云计算、近似算法、随机算法、在线算法和外存算法进行处理，也可以通过 GPU 等面向新型体系结构的算法，以及遗传算法、蚁群算法、模拟退火、局部搜索、粒子群和神经网络等智能算法求解。

2.5.2 预处理

预处理方法对输入进行预处理，对获得的额外信息进行存储来加速求解。例如，本书 1.1 节中的 GS 算法，判断 w 更喜欢 m 还是现在的男朋友 m′。通过查表 girl[w]可以比较 w 对两个男孩的喜欢程度，需要 $O(n)$ 次查找和 1 次比较。通过预处理，将 girl[w]数组变换为 inverse_girl[w]，由 i^{th} 喜欢的某个男孩，变为对 i 号男孩的喜欢程度，直接查找两次和比较一次即可。

例 25：给定 n 个元素的数组 A，A 中元素 a_i 的取值范围为$[0,k-1]$，请排序数组 A，使 $a_1 \leqslant a_2 \leqslant \cdots \leqslant a_n$。

1954 年，Seward 提出计数排序算法，该算法示例如图 2-8 所示。

首先遍历数组 A，统计$[0,k-1]$各元素的个数，放入数组 C。然后遍历数组 C，计算 A 中不大于元素 i 的元素数。例如，$C[i]$表示 A 中取值为 i 的元素数，因此 $C[1]=C[0]+C[1]$表示计算不大于 1 的元素数并放入 $C[1]$中，同理 $C[2]=C[1]+C[2]$表示求不大于 2 的元素数并放入 $C[2]$中，以此类推。

最后从后向前遍历数组 A 将排序的元素放入数组 B 中对应的位置。例如，$A[7]=3$，查找数组 $C[3]=7$，表示不大于 3 的元素有 7 个，因此在数组 B 的第 7 个位置放入 3，同时修改 $C[3]=6$ 表示不大于 3 的元素还有 6 个。$A[6]=0$，查找数组 $C[0]=2$，表示不大于 0 的元素有 2 个，因此在数组 B 的第 2 个位置放入 0，同时修改 $C[0]=1$ 表示不大于 0 的元素还有 1 个……最后排序的结果就在数组 B 中。

计数排序算法：

输入：数组 A，n，k。

输出：数组 B，使 $b_1 \leqslant b_2 \leqslant \cdots \leqslant b_n$。

```
1.  for i = 0 to k - 1 do
2.      C[i] = 0
3.  for j = 0 to n - 1 do
4.      C[A[j]] = C[A[j]] + 1
5.  for i = 1 to k - 1 do
6.      C[i] = C[i] + C[i - 1]
7.  for j = n - 1 to 0 do
8.      B[C[A[j]]] = A[j]
9.      C[A[j]] = C[A[j]] - 1
10. return B
```

```
A  | 2 | 5 | 3 | 0 | 2 | 3 | 0 | 3 |

     0   1   2   3   4   5
C  | 2 | 0 | 2 | 3 | 0 | 1 |

C  | 2 | 2 | 4 | 7 | 7 | 8 |

B  | 0 | 0 | 0 | 0 | 0 | 0 | 3 | 0 |
C  | 2 | 2 | 4 | 6 | 7 | 8 |
              ...
B  | 0 | 0 | 2 | 2 | 3 | 3 | 3 | 5 |
```

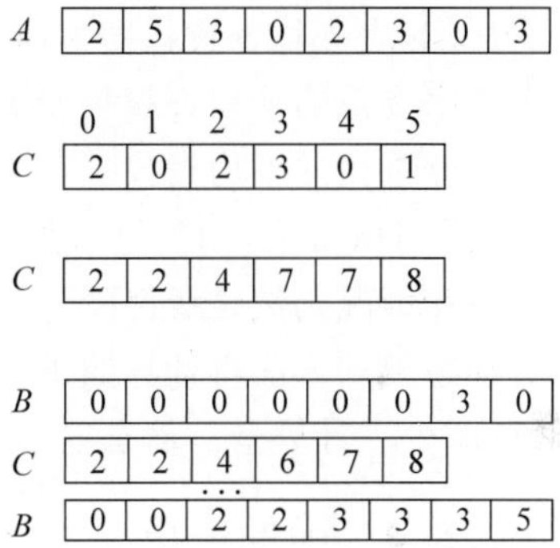

图 2-8 计数排序示例

算法有两个 $O(n)$ 和 $O(k)$ 的循环，因此时间复杂度为 $O(n+k)$。算法增加了数组 B 和 C，B 的空间复杂度为 $O(n)$，C 的空间复杂度为 $O(k)$，因此算法的空间复杂度为 $O(n+k)$。一般地，$k=O(n)$，因此 $O(n+k)=O(n)$，为线性时间。

Q：能否使用计数排序，排序 32 位整数？

A：可以，但是需要大量内存空间($2^{32} \times 4B \approx 16\text{GB}$)。

2.5.3 预构造

预构造方法使用额外空间实现更快的数据存储，以减少计算量。例如，使用数组存储元素，当多次使用 $A[i]$时，可用 $x=A[i]$代替，避免反复计算地址。

例 26：给定数组 $A=[19,14,23,1,68,20,84,27,55,11,10,79]$，查找关键字 x。

构造 Hash 表，Hash 函数为 $H(\text{key})=\text{key} \bmod 13$，用拉链法处理冲突，结果如图 2-9 所示。

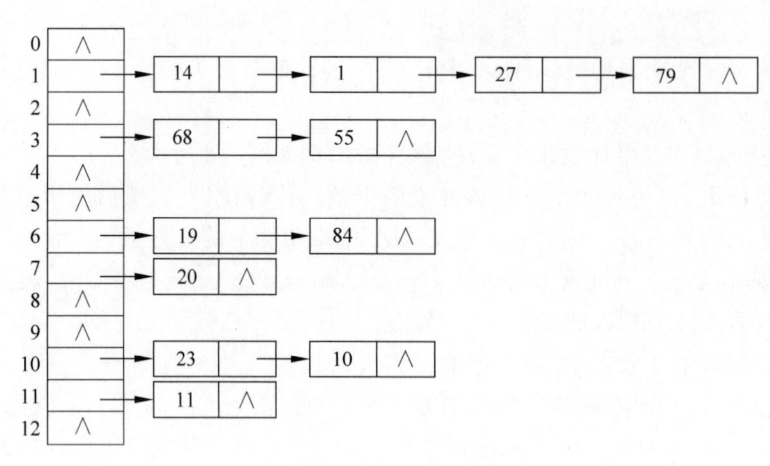

图 2-9　Hash 表示例

查找成功时：

Hash 表平均查找长度为(1×6+2×4+3+4)/12=1.75。

顺序查找的平均查找长度为$(n+1)/2=(1+12)/2=6.5$。

二分查找的平均查找长度为(1×1+2×2+3×4+4×5)/12=3.08。

查找不成功时：

Hash 表平均查找长度为(4+2+2+1+2+1)/13=0.92。

顺序查找的平均查找长度为 $n+1=13$。

二分查找的平均查找长度为 4。

对于 Hash 表，用拉链法处理冲突，平均查找长度为 $1+\alpha/2$，$\alpha=n/m$，m 为 Hash 表长度。最坏情况仍然是线性阶。

动态规划方法将计算的子问题的解存储在表中，下次使用时直接从表中查找，杜绝重复计算，减少了计算量。动态规划的例子见本书第 7 章。

2.5.4　图的遍历

使用合适的数据结构可以同时减少时间复杂度和空间复杂度，如图的遍历，可以使用深度优先搜索和广度优先搜索，这依赖于表示图的数据结构。对于稀疏图，可以使用邻接表，遍历的时间为 $O(m+n)=O(n)$；而使用邻接矩阵，无论是稀疏图还是稠密图，遍历的时间都是 $O(n^2)$；还可以利用数学知识进行推导，利用合适的结论直接计算来减少时间和空间。

图 $G=(V,E)$有如下两种数据结构表示。

(1) 邻接矩阵：图 G 的邻接矩阵是具有如下性质的 n 阶方阵。

$$A[i,j]=\begin{cases}1, & \text{如果}(v_i,v_j)\in E\text{ 或}<v_i,v_j>\in E\\ 0, & \text{如果}(v_i,v_j)\notin E\text{ 或}<v_i,v_j>\notin E\end{cases}$$

邻接矩阵的示例分别如图 2-10 和图 2-11 所示。无向图的邻接矩阵沿主对角线对称，而且主对角线一定为 0。因此，无向图的邻接矩阵仅需要存储上三角形或下三角形的数据即可，仅需要 $n(n-1)/2$ 个空间。

无向图中任一顶点 i 的度为第 i 列(或第 i 行)所有非 0 元素的个数。有向图中顶点 i

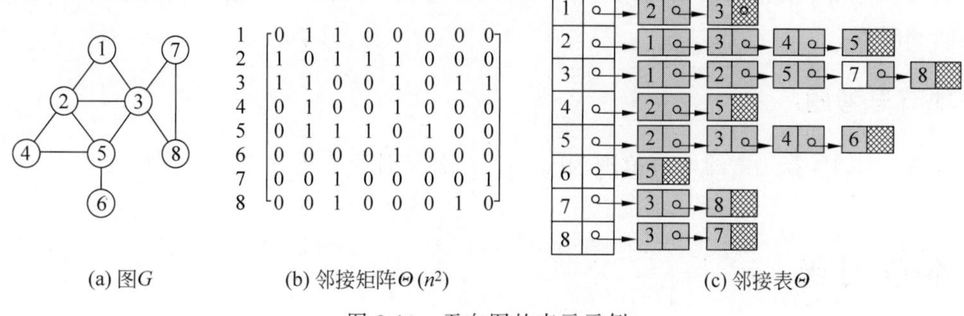

(a) 图G (b) 邻接矩阵$\Theta(n^2)$ (c) 邻接表Θ

图 2-10 无向图的表示示例

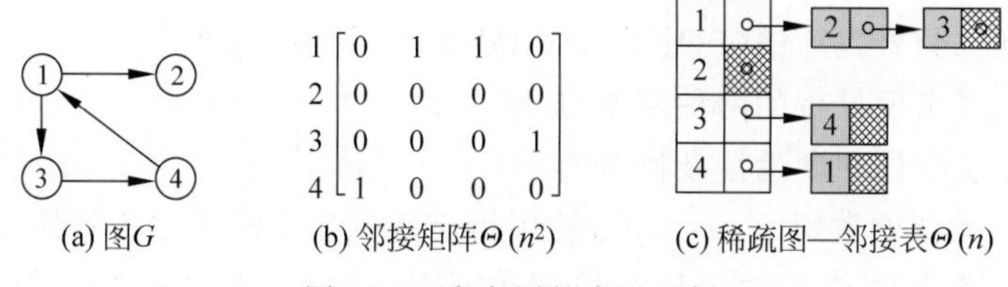

(a) 图G (b) 邻接矩阵$\Theta(n^2)$ (c) 稀疏图—邻接表$\Theta(n)$

图 2-11 有向图的表示示例

的出度为第 i 行所有非 0 元素的个数，而入度为第 i 列所有非 0 元素的个数。

图 G 使用邻接矩阵表示，需要的空间为 $O(n^2)$。检查(u,v)是否为边的时间为 $\Theta(1)$，若检查所有边需要遍历邻接矩阵，因此时间为 $\Theta(n^2)$。检查某顶点邻接的所有边的时间为 $\Theta(n)$。

注意：如果图中存在自环(连接某个顶点自身的边)和重边(多条边的起点一样，终点也一样)的情形，则不能用邻接矩阵存储。

(2) 邻接表：图 G 的邻接表由 n 个顶点的索引表和边表表示。

邻接表的示例也分别如图 2-10 和图 2-11 所示。无向图每条边在邻接表里出现 2 次，因此需要的空间为 $O(n+2m)$。有向图的边表使用入边表或出边表表示，需要的空间为 $O(n+m)$，如图 2-11 所示为出边表。使用邻接表存储图，可以表示重边和环。

无向图中，任一顶点 i 的度为从索引 i 出发的节点个数。在有向图中顶点 i 的出度为出边表中从索引 i 出发的节点个数，而入度为入边表中从索引 i 出发的节点个数。

图 G 使用邻接表表示，检查(u,v)是否为边需要沿着索引 i 出发进行查找，因此需要的时间为 $O(\deg(u))=O(n)$。检查某顶点邻接的所有边需要遍历索引 i 出发的节点，同样需要 $O(\deg(u))=O(n)$时间。检查所有边需要遍历邻接表，因此时间为 $\Theta(m+n)$。

图 G 中，如果每对顶点之间均有一条边相连，则称 G 为完全图，完全图有 $n(n-1)/2$ 条边。当一个图接近完全图时，称为稠密图。当一个图有较少的边数($m\approx O(n)\ll n(n-1)/2$)时，称为稀疏图。

对于稠密图，使用邻接矩阵表示需要 $O(n^2)$空间，遍历邻接矩阵需要 $O(n^2)$时间；使用邻接表表示需要 $O(n+m)=O(n^2)$空间，遍历邻接表需要 $O(n+m)=O(n^2)$时间。而对于稀疏图，使用邻接矩阵表示同样需要 $O(n^2)$空间，遍历邻接矩阵同样需要 $O(n^2)$时间；使用邻接表表示需要 $O(n+m)=O(n)$空间，遍历邻接表需要 $O(n+m)=O(n)$时间。因此，对于稀疏图使用邻接表表示,可以同时减少时间和空间;使用邻接矩阵存储会浪费较多的存储空间和时间。

本节思考题

计数排序中,若元素的取值范围为[a ,b],应如何计算?程序会发生哪些变化?

本章习题

1. 编程实现快速幂算法(POJ 1995)。
2. 编程实现二分查找算法(POJ 1064、POJ 2366、POJ 3273)。
3. 简述算法复杂度分析的两种基本方法。
4. 简述算法复杂性和渐近复杂性分类。
5. 给定 n 个元素的数组 A,$n=10^6$,使用折半查找比使用顺序查找快多少倍?
6. 待排序文件基本有序时,下面排序方法中,效率最高的是(　　),效率最差的是(　　)。

   A. 堆排序　　B. 快速排序　　C. 冒泡排序　　D. 归并排序
7. 假设算法 X 的计算时间为 $T(n)=2^n$,在计算机 A 上输入规模为 n 时的算法 X 的运行时间为 ts。计算机 B 的运行速度是 A 的 64 倍,在 ts 时间计算机 B 运行算法 X 的输入规模是多大?
8. A 公司的处理器速度是 B 公司的 100 倍。对于复杂度为 n^2 的算法,B 公司的计算机可以在 1 小时(h)解决输入规模为 n 的问题,A 公司的计算机在 1h 能解的问题规模是多大?
9. A 公司处理器运行速度是 B 公司的 1000 倍,对于复杂度分别为 n、n^2、n^3、$n!$的算法,若 B 公司的计算机在 1h 解决规模为 n 的问题,那么 A 公司的计算机在 1h 解决同样问题的规模是多大?
10. 比较下列函数的复杂度高低。

$\log n^2=(\quad)(n^{1/2})$

$\log n^2=(\quad)(\log n+5)$

$\log 10=(\quad)(10)$

$\log^2 n=(\quad)(\log n+5)$

$\log n!=(\quad)(n^{3/2})$

$n\log n=(\quad)(n^{1/2})$

$\log_2 n=(\quad)(\ln n)$

$\log^2 n=(\quad)(\log n^2)$

$100n^2=(\quad)(0.001n^3)$

$(n^{3/2}/2)=(\quad)(n+n\log n)$

$(\log n)^{1/2}=(\quad)(\log n^{\log n})$

$$\log n^{\log n} = (\quad)(n^{1/\log n})$$

$$2^n = (\quad)(2^{n+1})$$

$$2^{2n} = (\quad)(2^n)$$

11. 写出下列复杂性函数的偏序关系，即按照渐近阶从低到高排序。

$$2^n, 3^n, n\log n, n!, \log n, n^n, 2^n, 3^n, 10^3$$

12. 写出下列复杂性函数的偏序关系，即按照渐近阶从低到高排序。

$$n^3 + 10n\log n - 1, 20 + 1/n + 1/n^2, n\log n!, n^{1/\log n}, 21 + 1/n, \log n^3, 10\log 3^n$$

13. 写出下列复杂性函数的偏序关系，即按照渐近阶从低到高排序。

$$(n-2)!, 5\log(n+100)^{10}, 2^{2n}, 0.001n^4, \ln^2 n, n^{1/3}, 3^n$$

14. 分析下列程序的上界 O 和下界 Ω。

程序 1：

```
1.  p = 0.0
2.  for i = n down to 0 do
3.      power = 1
4.      for j = 1 to i do
5.          power = power * x
6.      p = p + a[i] * power
7.  return p
```

程序 2：

```
1.  x = 1
2.  for i = 1 to n do
3.      for j = 1 to i do
4.          for k = 1 to j do
5.              x++
```

程序 3：

```
1.  k = 0
2.  for i = 1 to n do
3.      m = ⌊n/i⌋
4.      for j = 1 to m do
5.          k = k + 1
6.  return k
```

程序 4：

```
1.  k = 0
2.  n = 2^t
3.  while n > = 1 do
4.      for i = 1 to m do
5.          k = k + 1
6.      n = n/2
7.  return k
```

程序 5：

```
1.  p = a[0]
```

```
2.  power = 1
3.  for i = 1 to n do
4.      power = power * x
5.      p = p + a[i] * power
6.  return p
```

程序 6：

```
1.  for w = 0 to W do
2.      M[0,w] = 0
3.  for i = 1 to n do
4.      for w = 0 to W do
5.          if (wi > w) then
6.              M[i,w] = M[i - 1,w]
7.          else M[i,w] = max {M[i - 1,w],vi + M[i - 1,w - wi]}
8.  return M[n,W]
```

程序 7：

```
1.  for i = 0 to m do
2.      M[0,i] = i * δ
3.  for j = 0 to n do
4.      M[j,0] = j * δ
5.  for i = 1 to m do
6.      for j = 1 to n do
7.          M[i,j] = min(α[xi,yj] + M[i - 1,j - 1],δ + M[i - 1,j],δ + M[i,j - 1])
8.  return M[m,n]
```

程序 8：

```
1.  p = 1
2.  for i = 1 to 2 * n do
3.      for j = 1 to i do
4.          s = s + i
```

程序 9：

```
1.  p = 1
2.  for i = 1 to n^2 do
3.      for j = 1 to i do
4.          s = s + i
```

15. 众数问题：给定 n 个元素的多重集合 S，每个元素在 S 中出现的次数称为该元素的重数。S 中重数最大的元素称为众数。请设计算法计算 S 的众数和重数。

16. 最大间隙问题：给定 n 个实数，求 n 个实数在实轴上相邻两个数之间的最大差值。假设对任何实数下取整函数耗时 $O(1)$，设计最大间隙问题的线性时间算法。

17. 给定 n 个数的数组 S 和 $i(i \leqslant n^{1/2})$，求 S 中最大的 i 个数。

算法 A：每次从 S 中查找最大数，输出并删除。

算法 B：排序 S，从 S 中输出后 i 个数。

求算法 A 和算法 B 的时间复杂度。是否存在最坏情况下时间复杂度阶更低的算法？若存在，给出其伪代码。

18. $3n+1$ 猜想：试分析下列程序的上界 O 和下界 Ω。

```
1.  while (n > 1)
2.      if(odd(n)) then
3.          n = 3n + 1
4.      else n = n/2
```

19. 如何利用霍纳法则计算二进制快速幂 a^n？

20. 画出下列输入的折半查找算法的判定树。

A. 12 个元素　　B. 17 个元素　　C. 26 个元素　　D. 35 个元素

21. 给定 n 个元素的数组 A，检查 A 中每个元素 x，如果 x 是偶数则跳过，如果 x 是奇数则该数等于自身乘以 2。

(1) 如果衡量检查的次数，O 和 Ω 哪一个更合适？为什么？

(2) 如果衡量乘法的次数，O 和 Ω 哪一个更合适？为什么？

22. 给定 n 个元素的正整数集合 S，n 为偶数。将 S 分为两个分别包含 $n/2$ 个元素的集合 S_1 和 S_2，并且使 S_1 的元素和与 S_2 的元素和之差最大。请给出算法的时间复杂度。

第3章

枚举算法

算法设计技术是求解问题的有效策略，也是算法解题的一般性方法，用于解决不同计算领域的多种问题。常用算法设计技术有枚举算法、递推算法、贪心算法、分治算法、动态规划算法、网络流算法、随机算法、近似算法、启发式算法。枚举算法从所有候选答案中搜索正确解，是一种暴力求解算法，也是最常想到和使用的算法。本章介绍蛮力算法和枚举算法，枚举算法的优化方法，排列和子集的生成方法。

视频讲解

3.1 枚举与优化

3.1.1 蛮力算法

蛮力算法是基于问题描述和定义，简单直接地解决问题的方法，又称暴力求解。这里的"力"指的是计算机的计算能力，而不是人的智力。蛮力算法是任何问题都有的简单算法，枚举算法、模拟算法和仿真算法是其常用的方法。例如，计算 a^n($a>0$，n 为非负整数)的蛮力算法是直接做乘法 $n-1$ 次，时间复杂度是 $O(n)$，但本书第 2 章学过时间复杂度为 $O(\log n)$ 的快速幂算法。顺序查找是查找问题的蛮力算法，更好的算法是折半查找和分块查找。矩阵相乘的时间复杂度为 $O(n^3)$ 的算法是蛮力算法，本书后面会学到时间复杂度为 $O(n^{\log 7})$ 的算法。

例 1：给定 n 个元素的序列 A，将 A 排序为$\{a_1,a_2,\cdots,a_n\}$，使 $i<j$ 时 $a_i\leqslant a_j$。

前面学过的插入排序是蛮力算法，后面的直接选择排序算法和冒泡排序算法也是蛮力算法。

直接选择排序算法 SelectSort：

输入：数组 A，n。

输出：数组 A，使 $i<j$ 时 $a_i\leqslant a_j$，$0\leqslant i<j\leqslant n-1$。

```
1.  for i = 0 to n - 2 do
2.      k = i                                   //选择具有最小排序码的对象
3.      for j = i + 1 to n - 1 do
```

```
4.          if (A[j] < A[k]) then k = j          //当前具有最小排序码的对象
5.      if ( k <> i ) then Swap (A[i],A[k])      //对换到第 i 个位置
6.  return A
```

直接选择排序的比较次数为 $\sum_{i=0}^{n-2}(n-i-1)=((1+n-1)/2)\cdot(n-1)=(n(n-1))/2$，交换次数最多为 $n-1$ 次，因此时间复杂度为 $\Theta(n^2)$。不管序列是正序还是反序，时间复杂度都为 $\Theta(n^2)$。

冒泡排序算法 BubbleSort：

输入：数组 A，n。

输出：数组 A，使 $i<j$ 时 $a_i \leqslant a_j$，$0 \leqslant i<j \leqslant n-1$。

```
1.  for i = 1 to n - 1 do
2.      for j = 1 to n - i do
3.          if ( a[j - 1] > a[j] ) then Swap ( a[j],a[j - 1] )  //交换
4.  return a
```

冒泡排序的比较次数为 $\sum_{i=1}^{n-1}(n-i)=((1+n-1)/2)\cdot(n-1)=(n(n-1))/2$，交换次数最多为 $\sum_{i=1}^{n-1}(n-i)=((1+n-1)/2)\cdot(n-1)=(n(n-1))/2$，因此时间复杂度为 $\Theta(n^2)$。但如果序列为正序，实际上不需要交换。据此进行改进，设置 exchange 变量，如果没有交换，则说明已经排好序，算法终止。

改进的冒泡排序算法：

输入：数组 A，n。

输出：数组 A，使 $i<j$ 时 $a_i \leqslant a_j$，$0 \leqslant i<j \leqslant n-1$。

```
1.  i = 1
2.  exchange = 1
3.  while(exchange and i < n) do
4.      exchange = 0
5.      for j = 1 to n - i do
6.          if (A[j - 1] > A[j]) then
7.              Swap (A[j],A[j - 1])            //元素交换
8.              exchange = 1
9.      i = i + 1
10. return A
```

当序列为正序时，需进行 1 次循环，$n-1$ 次比较，不用交换，算法结束，因此时间复杂度为 $\Omega(n)$。当序列为反序时，算法的时间复杂度为 $O(n^2)$。

例 2：给定长度为 n 的字符串 A，在其中查找是否有长度为 m 的字符串 B。

字符串匹配算法：

输入：字符串 A 和 B。

输出：true or false。

```
1.  for s  = 0 to n - m do
```

```
2.       if (B[1:m] == A[s+1:s+m])              //子串相等,B[1:m] = B
3.           then return true
4.   return false
```

算法循环 $n-m+1$ 次,每次循环需要比较 m 次,因此蛮力算法的时间复杂度为 $(n-m+1)m=O(nm)$。而字符串匹配的 KMP(由 D. E. Knuth、J. H. Morris 和 V. R. Pratt 同时发现,因此以其名字首字母命名)算法的时间复杂度为 $O(n+m)$。

蛮力算法的优点是:简单、应用广泛;对于一些重要问题具有实用性,且不必限制实例规模;对于规模较小的实例,比实现复杂算法的代价低;一般用于解决小规模实例。其缺点是:很少有高效的算法,不像其他算法设计得那么巧妙、有效。

3.1.2 枚举算法概述

枚举(穷举)算法属于简单的蛮力方法,从问题所有可能的解集中一一枚举各元素,用题目中给定的约束条件判断是否符合条件,查找具有特殊属性(目标函数最优)的元素。满足约束条件的解称为问题的可行解,所有可行解构成问题的解空间,使目标函数最优的可行解称为问题的最优解。枚举算法一般涉及排列、组合或子集等对象。

枚举算法的一般步骤如下。

(1) 找出解的表示形式,构造问题的所有可能解(解空间)。

(2) 逐个评价解,选出满足约束条件的元素。

(3) 查找具有特殊属性的元素。

例 3:旅行商问题,给定 n 个城市相互间的距离,设置一条经过所有城市一次且仅有一次,然后回到起始城市的最短路径。

问题分析:如图 3-1 所示,从城市 a 出发,经过 b、c、d 这 3 个城市再回到 a 的回路,如表 3-1 所示。$n=4$,枚举 6 条路径,得到最短路程为 a→b→c→d→a 和 a→d→c→b→a,路径长度为 17。

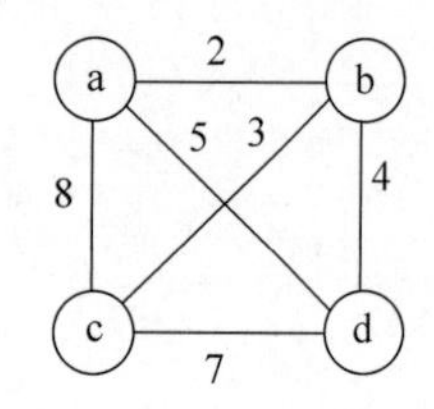

图 3-1 旅行商问题实例

实际上每条回路,除了起点和终点,刚好是 b、c、d 这 3 个城市的一个排列。因此,n 个城市的解空间有 $(n-1)!$ 条回路。算法首先找出 $(n-1)!$ 条回路,然后计算每条回路的长度和,从这些长度和中选取具有最小长度和的路径。

表 3-1 旅行商问题求解示例

回 路	路 程	回 路	路 程
a→b→c→d→a	2+3+7+5=17	a→c→d→b→a	8+7+4+2=21
a→b→d→c→a	2+4+7+8=21	a→d→b→c→a	5+4+3+8=20
a→c→b→d→a	8+3+4+5=20	a→d→c→b→a	5+7+3+2=17

旅行商问题枚举算法:

输入:图 G 的权值矩阵,n。

输出:最短路径长度。

```
1.   L = 0
2.   for 每条回路 do
```

```
3.        计算回路的长度和 p
4.        if (p < L) then L = p
5.   return L
```

计算每条回路的长度和需要 n 次加法，共有 $(n-1)!$ 条回路，因此算法的时间复杂度为 $O(n(n-1)!)=O(n!)$。

枚举算法从本质上说是一种搜索算法，需要确定枚举变量及范围，确定约束条件，不要漏项或枚举不必要的项。如果问题的解为 $(A_1,A_2,\cdots,A_n)$，解变量 A_i 为枚举变量，$\{a_{i1},a_{i2},\cdots,a_{iK}\}$ 为 A_i 的取值范围，则问题的解空间为 $\Pi|A_i|$。旅行商实例中解变量为 (A_1,A_2,A_3)，$|A_1|=3$，$|A_2|=2$，$|A_3|=1$，因此问题有 6 种可能解，最小的解元素即为问题的解。

例 4：0-1 背包问题。给定 n 个物品和 1 个背包，物品 i 有重量 w_i 和价值 v_i，背包容量为 W。如果物品不允许切分，求装入背包物品的最大价值和。问题的实例如表 3-2 所示。

表 3-2　0-1 背包问题实例($W=16$)

物　品	重　量	价值/元
1	2	20
2	5	30
3	10	50
4	5	10

背包中装入的物品是 n 个物品的 1 个子集，因此解空间为 2^n 个子集。算法首先找出 2^n 个子集；然后计算每个子集的价值和，并检查其重量和是否超过背包容量；最后在符合约束条件的价值和中找出最大值。$n=4$，除空集外 15 个子集的结果如表 3-3 所示，最大价值为 80，对应物品 2 和 3。

表 3-3　0-1 背包问题求解结果

子集	{1}	{2}	{3}	{4}	{1,2}	{1,3}	{1,4}	{2,3}	{2,4}	{3,4}	{1,2,3}	{1,2,4}	{1,3,4}	{2,3,4}	{1,2,3,4}
总重量	2	5	10	5	7	12	7	15	10	15	17	12	17	20	22
总价值	20	30	50	10	50	70	30	80	40	60	不可行	60	不可行	不可行	不可行

0-1 背包问题枚举算法：

输入：n 个物品的重量 w_i 和价值 v_i，$1\leqslant i\leqslant n$，背包容量 W。

输出：最大价值和。

```
1.   V = 0
2.   for n 个物品的每个子集 do
3.        if(子集的重量和< = W)then
4.             if (子集的价值和 v > V) then V = v
5.   return V
```

算法计算每个子集的总重量和总价值的时间复杂度为 $O(n)$，共有 2^n 个子集，因此算法的时间复杂度为 $O(n2^n)$。

3.1.3　枚举优化

常用的枚举优化方法如下。

(1) 减少枚举变量。使用枚举算法前,首先考虑解元素之间的关联,将一些非枚举不可的解元素列为枚举变量,其他元素通过计算得出解元素的可能值。

(2) 减少枚举变量的值域(取值范围)。

(3) 优化算法的模型和数据结构。

例 5:巧妙填数。将 1~9 这 9 个数字填入 9 个空格中,每一横行的 3 个数字组成一个三位数。如果要使第 2 行的三位数是第 1 行的 2 倍,第 3 行的三位数是第 1 行的 3 倍,应怎样填数?算法实例如表 3-4 所示。

表 3-4　巧妙填数实例

1	9	2
3	8	4
5	7	6

问题分析:问题的解是每格 1 个数字,可以设置 9 个变量:$A_1 \sim A_9$,第 1 个格有 9 个数字可选,$|A_1|=9$;第 2 格有 8 个数字可选,$|A_2|=8$;…;第 9 格只有 1 个数字可选,$|A_9|=1$。共有 $9!=362\,880$ 种方案,在这些方案中符合条件的即为问题的解。

考虑最后一行最大为 987,显然第 1 行的三位数不会超过 987/3,因此第 1 格只有{1,2,3}3 个数字可选。实际上只要确定第 1 行的数就可以根据倍数条件计算出其他两行的数,然后检查是否 9 个数字都不重复,如果满足则得到问题的解。这样仅需设置 3 个枚举变量,$|A_1|=3$、$|A_2|=8$、$|A_2|=7$,共有 168 个方案。算法通过减少枚举变量和枚举变量的值域,减少了计算量。

例 6:中国古代数学家张丘建在他的《算经》中提出了著名的“百钱百鸡问题”。鸡翁一,值钱五;鸡母一,值钱三;鸡雏三,值钱一;百钱买百鸡,翁、母、雏各几何?

问题分析:设 x,y,z 分别为公鸡、母鸡、小鸡的数量,则 $x+y+z=100$ 且 $5x+3y+z/3=100$。x 的取值范围为 1~20;y 的取值范围为 1~34,z 的取值范围为 1~100,因此,最多共有 $20\times34\times100$ 种方案。

实际上,公鸡 x 和母鸡 y 确定后,小鸡 $z=100-x-y$,则共有 $20\times34=680$ 种方案。约束条件为:$5x+3y+z/3=100$,$z \bmod 3=0$。这样,算法通过减少枚举变量,减少了计算量。

百钱百鸡问题枚举算法:

```
1.  for x = 1 to 20 do
2.      for y = 1 to 34 do
3.          z = 100 - x - y
4.          if (z mod 3 == 0 and 100 == 5 * x + 3 * y + z/3) then
5.              print x,y,z
```

例 7:输入正整数 n,顺序输出形如 $abcde/fghij=n$ 的表达式。$a \sim j$ 为 0~9 的一个

排列。例如，79 546/01 283=62。

问题分析：设置 10 个变量 $a\sim j$，$a\sim j$ 为 0～9 的一个排列，所有排列数为 10!=3 628 800。

实际上，n 是给定的，通过枚举分母 $fg\,hij$，可以算出 $ab\,cde$，然后判断所有数字是否不同，这样减少了枚举变量，方案数减少为 10×9×8×7×6。另外，还可以减少枚举变量取值范围，如果 $62\times fg\,hij>100\,000$(超出 5 位数)，可以直接删除，减少计算。

例 8：分数拆分。输入正整数 k，找所有正整数 $x\geqslant y$，使 $1/k=1/x+1/y$。例如，1/2=1/6+1/3，1/2=1/4+1/4。

问题分析：因为 $x\geqslant y$，所以 $1/k=1/x+1/y\leqslant 2/y$，$y\leqslant 2k$。在 $2k$ 范围内枚举 y，通过 $1/k=1/x+1/y$，可以计算 x，这样减少了枚举变量 x 和 y 的取值范围。

例 9：约瑟夫问题。现在有 $2k$ 个人围坐成一个圈，其中前 k 个人是好人，后 k 个人是坏人。从第 1 个人开始循环报数，报数为 m 的人被处决，之后的人接着从 1 开始报数。设计一个最小的 m，使 k 轮处决之后留下的 k 个人都是好人。

问题分析：第 1 种方法可以使用模拟法，根据问题的描述进行求解。使用 now$+m-1$ 模拟每次报数为 m 被处决人的编号。now$+m-1$ mod bad 通过模运算，保证编号≤总人数。如果报数 m 的编号$>k$，则是坏人，算法继续运行；否则是好人，算法终止，开始 $m+1$ 的测试。最终 bad$=k$，处决了 k 个坏人，得到问题的解。

约瑟夫问题模拟算法：

输入：k。

输出：m。

```
1.   m = 0
2.   while (1) do
3.        m ++                                   //枚举 m
4.        bad = 2 * k                            //总人数
5.        now = 0                                //起始编号
6.        while(1) do
7.             now = (now + m - 1) % bad + 1     //编号
8.             if(now > k) then bad -- now --    //坏人报数为 m 被处决,总人数减少
9.             else break
10.       if(bad == k) then
11.            sign[k] = m
12.            break
```

第 1 个 while 循环 m 次，第 2 个 while 最多循环 k 次，且 $n=2k$，因此算法的时间复杂度为 $O(nm)$。问题还可以通过循环链表模拟实现。

第 2 种方法使用枚举算法。考虑最后处决的坏人，如果倒数第 2 个处决的坏人在其后面，则 $m=x(k+1)$ 报数为最后处决的坏人；如果倒数第 2 个处决的坏人在其前面，则 $m=1+x(k+1)$报数为最后处决的坏人。x 表示转过 x 圈回到最后删除的坏人，如图 3-2 所示。这样操作优化了枚举变量的取值范围，枚举次数大大减少。

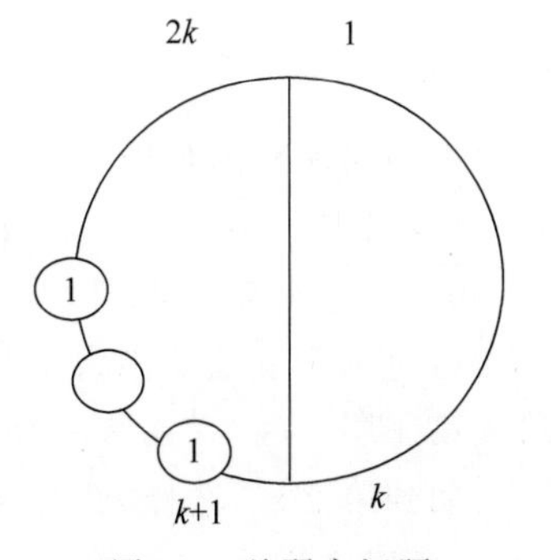

图 3-2　约瑟夫问题

枚举算法虽然简单、容易编程、容易分析复杂度和证明正确性，但速度慢，仅对很小的实例有合理的运行时间，在许多规模较大的实例中有更好的替代算法。枚举算法要求所解问题的可能解是有限的、固定的，不会产生组合爆炸、容易枚举的。在某些实例中，枚举算法是唯一的解决方法。枚举算法多用于决策类问题，因为这类问题不易进行问题的分解，只能整体来求解。

本节思考题

计算 $a^n \bmod m$，正整数 $a>1$，正整数 $n>0$。当 n 很大时，如何处理 a^n 的巨大的数量级问题？

视频讲解

3.2 组合与排列

枚举算法一般涉及排列、组合或子集等对象。本节主要讲述子集与排列的生成方法。

3.2.1 排列

给定 n 个元素的数组 P，生成 P 的全排列，可以按字典序、最小变化等要求输出全排列。

1. 按字典序输出全排列

字典序输出全排列算法：

输入：P，n。

输出：按字典序输出 P 的所有排列。

```
call permutation (n,A,0,P)
permutation (n,A,cur,P) {
1.  if(cur == n) then                                //递归边界,输出排列
2.      print A
3.  else for i = 0 to n - 1 do
4.          ok = 1                                   //初值未使用过
5.          for j = 0 to cur - 1 do                  //选择前面没有使用过的元素
6.              if (A[j] == P[i]) then ok = 0        //i在前面使用过,不能再使用
7.          if(ok) then
8.              A[cur] = P[i]
9.              permutation (n,A,cur + 1,P)
10. }
```

按字典序输出全排列的示例如图 3-3 所示。首先 cur=0，$A[0]=P[0]=1$，然后 cur=1 进入第 1 层。因为 $A[0]=P[0]=1$，1 已经被使用过，所以这里选择 $A[1]=P[1]=3$，然后 cur=2 进入第 2 层。因为 1 和 3 已经被使用过，所以这里选择 $A[2]=P[2]=5$，然后 cur=3 进入第 3 层。因为 1、3 和 5 已经被使用过，所以选择 $A[3]=P[3]=9$，然后 cur=4 进入第 4 层。因为 cur=n，所以输出排列 1359。

回到第 2 层，选择 $A[2]=P[3]=9$，然后 cur=3 进入第 3 层。因为 1、3 和 9 已经被使用过，所以选择 $A[3]=P[2]=5$，然后 cur=4 进入第 4 层。因为 cur=n，所以输出排

列 1395。

回到第 1 层，选择 $A[1]=P[2]=5$，然后 cur=2 进入第 2 层。因为 1 和 5 已经被使用过，所以选择 $A[2]=P[1]=3$，然后 cur=3 进入第 3 层。因为 1、3 和 5 已经被使用过，所以选择 $A[3]=P[3]=9$，然后 cur=4 进入第 4 层。因为 cur=n，输出排列 1539。回到第 2 层，选择 $A[2]=P[3]=9$，第 3 层选择 $A[3]=P[1]=3$，第 4 层输出 1593。同理输出 1935 和 1953。

回到第 0 层，cur=0，选择 $A[0]=P[1]=3$，进入第 1 层选择 $A[1]=P[0]=1$，进入第 2 层选择 $A[2]=P[2]=5$，进入第 3 层选择 $A[3]=P[3]=9$，进入第 4 层输出 3159……

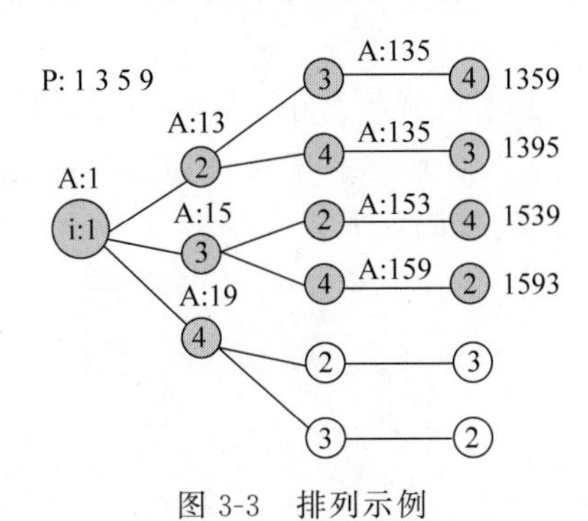

图 3-3　排列示例

计算排列的每位元素时，需要检查该元素是否已经被使用过，因此每个排列的检查量是 $1+2+\cdots+n-1=O(n^2)$。n 个元素的排列数为 $n!$，因此算法的时间复杂度为 $O((n+2)!)$。

2. 按照最小变化输出全排列

Johnson-Trotter 算法引入可移动元素的概念，按照最小变化输出全排列。设排列 $p=\overleftarrow{p}_1\overleftarrow{p}_2\overleftarrow{p}_3\cdots\overleftarrow{p}_n$，元素 p_k 的箭头指向的相邻元素小于 p_k，则 p_k 是可移动元素。

Johnson-Trotter 算法：

输入：n。

输出：按最小变化输出$\{1,2,\cdots,n\}$的所有排列。

```
1.  初始化排列 p = ←1 ←2 ←3 … ←n
2.  while 存在移动元素 k do
3.      求 p 中最大的可移动元素 k
4.      p = p 中元素 k 和箭头指向的相邻元素互换
5.      p = p 中调转所有大于 k 的元素的方向
6.      print p
```

当 $n=3$ 时，从初始排列 $p=\overleftarrow{1}\,\overleftarrow{2}\,\overleftarrow{3}$ 开始，查找到可移动元素 2 和 3，选择最大可移动元素 3 和箭头指向的相邻元素 2 互换，得到 $\overleftarrow{1}\,\overleftarrow{3}\,\overleftarrow{2}$。同理，下一步得到 $\overleftarrow{3}\,\overleftarrow{1}\,\overleftarrow{2}$。然后选择可移动元素 2 和 1 互换，并将 3 反向，得到 $\overrightarrow{3}\,\overleftarrow{2}\,\overleftarrow{1}$……最后输出的全排列为$\{\overleftarrow{1}\,\overleftarrow{2}\,\overleftarrow{3},\overleftarrow{1}\,\overleftarrow{3}\,\overleftarrow{2},\overleftarrow{3}\,\overleftarrow{1}\,\overleftarrow{2},\overrightarrow{3}\,\overleftarrow{2}\,\overleftarrow{1},\overleftarrow{2}\,\overrightarrow{3}\,\overleftarrow{1},\overleftarrow{2}\,\overleftarrow{1}\,\overrightarrow{3}\}$。

语句 3、4 和 5 的时间复杂度为 $O(n)$，n 个元素的排列数为 $n!$，需要循环 $n!$ 次，因此算法的时间复杂度为 $O((n+1)!)$。

3. 库函数输出全排列

C++的 STL 中提供库函数 next_permutation，可以使用下面代码实现全排列。

```
1.  int a[n];
2.  /* 输入数组 a */
3.  sort(a,a+n);                                    //必须先排序
4.  do
5.      {//在这里进行相应操作}
6.  while(next_permutation(a,a+n));
```

3.2.2 子集

给定一个集合，枚举其所有子集，常用的方法有增量构造法、位向量法和二进制法。

1. 增量构造法

增量构造法一次选出一个元素放到集合中。$A=\{1,5,9\}$，其子集构造过程如图 3-4 所示。增量构造前需要定序，使集合中元素编号从小到大排序，避免同一集合输出两次。例如，$\{1,2\}$和$\{2,1\}$。增量构造法伪代码如下。

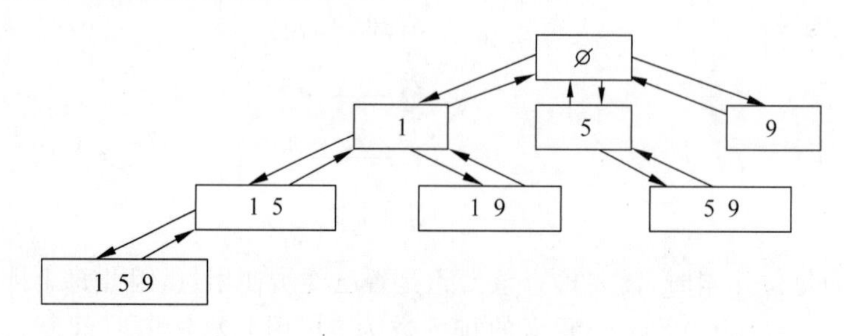

图 3-4 增量构造法示例

输入：A,n。

输出：A 的所有子集。

```
call subset (n,B,0)
subset(n,B,cur) {
1.  for i = 0 to cur - 1 do
2.      print  A[B[i]]                              //打印当前集合
3.  if (cur > 0) then s = B[cur - 1] + 1
4.  else s = 0
5.  for i = s to n - 1 do                           //向下递归
6.      B[cur] = i
7.      subset(n,B,cur + 1)
8. }
```

n 个元素的集合有 2^n 个子集，每次调用的时间为 $O(n)$，因此算法的时间复杂度为 $O(n2^n)$。

2. 位向量法

位向量法构造一个位向量 $\boldsymbol{b}$，而不是直接构造子集 A 本身。向量 $\boldsymbol{b}$ 有 0 和 1 两种选择，代表子集中是否选择该元素，当所有元素是否被选择确定后构成一个子集。位向量法伪代码如下。

输入：A,n。

输出：A 的所有子集。

```
call subset(n,B,0)     A = {1,5,9}      B = {0,0, 0)
subset(n,B,cur) {
1.  if(cur == n) then
2.      for i = 0 to cur - 1 do
3.          if(B[i]) then print A[i]                 //打印当前集合
4.  else B[cur] = 1                                  //选第 cur 个元素
5.       subset(n,B,cur + 1)
6.       B[cur] = 0                                  //不选第 cur 个元素
7.       subset(n,B,cur + 1)
8.  }
```

位向量法的判定树是一棵完全二叉树，在判定树中叶子节点为一个子集，中间节点不构成子集。生成节点数为 $O(2^{n+1})$，输出每个子集的时间为 $O(n)$，因此时间复杂度为 $O(n2^{n+1})$。位向量法的任何节点都是一个子集，因此位向量法生成的节点多，效率低。

3. 二进制法

二进制法用二进制表示一个子集，从右向左，第 i 位表示元素 i 是否在集合中。例如，给定数组 $A=\{1,5,9\}$，二进制 011 表示选择低位的 1 和 5，未选择高位的 9，因此对应子集为{1,5}。

输入：A，n。

输出：A 的所有子集。

```
1.  for j = 0 to (1 << n) - 1 do               //(1 << n) - 1 表示 2ⁿ - 1,正好是 2ⁿ 个子集
2.      call subset(n,j)                        //从小到大调用 000 001 010 011…
subset(n,s) {                                   //打印子集 S,传入一个十进制数,代表一个子集
1.  for i = 0 to n - 1 do
2.      if ( s and (1 << i) ) then              //判断 s 的第 i 位是否为 1
3.          print A[i]
4.  }
```

主程序调用子程序的次数为 $O(2^n)$，子程序的运行时间为 $O(n)$，因此二进制法的运行时间为 $O(n2^n)$。

使用二进制法可以实现如下集合的操作。

(1) 交集 $S\cap T$：位与运算 (S AND T)。

(2) 并集 $S\cup T$：位或运算(S OR T)。

(3) 对称差集$(S\cup T)-(S\cap T)$：位异或运算(S XOR T)。

例如，$A=\{1,5,9,10,11\}$，则 10110 表示{5,9,11}，01100 表示{9,10}。位与运算得到 00100 表示{9}，正好是两者的交集。位或运算得到 11110 表示{5,9,10,11}，正好是两者的并集。位异或运算得到 11010 表示{5,10,11}，正好是两者的对称差集。

本节思考题

1. 如何实现集合的操作(插入、删除和查找)？
2. 并查集的实现方式和复杂度？

本章习题

1. 编程实现排列算法(POJ 1256、POJ 1147)。

2. 编程实现尺取法算法(POJ 3061)。

3. 编程实现枚举算法(POJ 2785、3977、2549)。

4. 编程实现并查集算法(POJ 2492)。

5. 编程实现深度优先搜索(DFS)算法(POJ 1562、POJ 1753)。

6. 编程实现广度优先搜索(BFS)算法(POJ 2935、POJ 1465)。

7. 简述常用枚举算法的优化方法。

8. $O(n^2)$时间复杂度的排序算法有哪些?

9. 人有 3 个生理周期:体力周期、情感周期和智力周期。它们的周期长度分别是 23 天、28 天和 33 天。每个周期中有一天是高峰。在高峰这天,在相应的方面会表现出色。但是,3 个周期的高峰通常不会是同一天。对于每个周期,给定当年某一天是高峰期,计算当年 3 个高峰同时出现的时间。

10. 给定正整数 a,b,c,求不定方程 $ax+by=c$ 的所有非负整数解的组数。

11. 大于 1 的正整数 n 可以分解为:$n=x_1\times x_2\times\cdots\times x_m$。例如,当 $n=12$ 时,共有 8 种不同的分解式:$12=12$;$12=6\times2$;$12=4\times3$;$12=3\times4$;$12=3\times2\times2$;$12=2\times6$;$12=2\times3\times2$;$12=2\times2\times3$。对于给定的正整数 n,共有多少种不同的分解式?

12. 有重复元素的排列问题:给定 n 个元素,元素值可能相同,请列出所有不同的排列。

13. 给定 n 个物品的重量,给定常数 k,从中选择 3 个物品,使其重量之和与 k 的差最小。

14. 给定 n 个物品的重量,给定一个背包和背包的载重量,编写算法,使放入背包的物品重量之和最大。

15. 有 1000 桶酒,其中 1 桶有毒。而一旦吃了,毒性会在 1 周内发作。现在用小老鼠做实验,要在 1 周时间找出那桶毒酒,最少需要多少老鼠?

16. Latin 方问题:给定 4×4 棋盘,每个方格可填入 1、2、3 或 4,使每个数字在每行、每列恰好都出现一次,请给出安置方案。

17. 鸡兔同笼:一个笼子里有若干鸡和兔子,有 n 个头、m 只脚,则笼子里有多少只鸡,多少只兔子?

18. 完美立方:$a^3=b^3+c^3+d^3$,$1<a,b,c,d\leqslant n$。给定正整数 n,求满足要求的四元组。

19. 折半枚举:给定 n 个整数的 4 个序列 A、B、C 和 D,从 4 个序列中各取 1 个数,使其和等于 0,求这样的组合的个数。如果一个数列中有多个相同数字时,作为不同数字看待。

第4章

贪心算法

贪心算法是一种通用的算法设计技术，数据结构课程中的最短路、最小生成树和哈夫曼等算法都是贪心算法。贪心算法通过分步的局部最优达到全局最优。如果达不到全局最优，贪心算法往往也可以得到近似解。本章介绍贪心算法的基本思想、基本要素和证明方法，常用问题的贪心算法和复杂度分析。

4.1 概述

视频讲解

4.1.1 部分背包问题

森林里进行一场装包比赛，参加者有猴子、狗熊和啄木鸟。发给每个比赛者一个背包，包的载重量为20kg。给定 n 个物品的重量 w_i 和价值 v_i，$1 \leqslant i \leqslant n$。物品可切一部分放入背包，装入背包的物品的总重量不超过背包的载重量，背包里装的物品的价值之和最高者获胜。求装入背包的物品的最大价值。

部分背包问题的示例如表 4-1 所示，下面是猴子、狗熊和啄木鸟的求解策略。

表 4-1 部分背包问题示例

物品	v	w	v/w
1	25	18	1.39
2	24	15	1.6
3	15	10	1.5

狗熊掰棒子策略：价值高的优先放入。按照价值进行排序，先放入物品 1，然后放入物品 2 的 2/15，得到价值 28.2。

猴子耍小聪明策略：重量小的优先放入。按照重量进行排序，先放入物品 3，然后放入物品 2 的 10/15，得到价值 31。

啄木鸟算盘子策略：单位价值高的优先放入。按照单位价值（价值/重量）进行排序，先放入物品 2，再放入物品 3 的 5/10，得到价值 31.5。

啄木鸟算盘子算法：

输入：$W,n,A(v_i,w_i),1\leqslant i\leqslant n$。

输出：放入背包物品的最大价值对应的物品 x。

```
1.  sort(A)                                   //按单位价值从高到低排序
2.  for i = 1 to n do                         //初值未选
3.          x[i] = 0
4.      c = W
5.  for i = 1 to n do                         //逐个放入
6.          if (w[i]> c) then break
7.          x[i] = 1
8.          c -= w[i]
9.  if(i <= n) then x[i] = c/w[i]             //剩余部分装满
```

第 1 行预处理排序的时间为 $O(n\log n)$，第 2～8 行的循环次数为 n，时间为 $O(n)$。因此，算法的时间复杂度为 $O(n\log n)$。

设每个物品装入比例为 $x_i(0\leqslant x_i\leqslant 1)$，则啄木鸟算盘子算法得到的结果为 $V=v_2+v_3/2+0=1\times v_2+0.5\times v_3+0\times v_1=x_2v_2+x_3v_3+x_1v_1$。问题的约束条件为 $w_2+0.5\times w_3+0=w_2x_2+w_3x_3+w_1x_1=\sum w_ix_i\leqslant W$，目标函数为 $\max(x_1v_1+x_2v_2+x_3v_3)=\max(\sum v_ix_i),1\leqslant i\leqslant n$。这是部分背包问题的形式化描述。

下面证明啄木鸟算盘子算法的解为最优解。

证明：

第 1 步证明：选择单位价值最高的物品装入是正确的，肯定存在包含单位价值最高物品的最优解。使用反证法证明，假设物品已经按单位价值递减排序且 $w_1<c$，则存在最优解 $v_1x_1+v_2x_2+v_3x_3$。

如果 $x_1=1$ 显然结论成立。如果 $x_1<1$，则把其他物品的重量为 $w_1(1-x_1)$ 的部分用物品 1 代替，由于第 1 个物品的单位价值最高，则 $(1-x_1)w_1v_i/w_i<(1-x_1)w_1v_1/w_1$，这样价值增加了，与假设的最优解相矛盾。因此，最优解中肯定包含单位价值最高的物品，这样证明了第 1 步的选择是正确的。

放入单位价值最高的物品以后，原问题 $\max\left(\sum_{i=1}^{n}v_ix_i\right),\sum_{i=1}^{n}v_ix_i\leqslant W$，变为子问题 $\max\left(\sum_{i=2}^{n}v_ix_i\right),\sum_{i=2}^{n}v_ix_i\leqslant W-w_1$。第 2 步证明原问题的最优解 $A=$ 子问题的最优解 $A'+v_1$，还是使用反证法证明。

假设 A' 不等于 $A-v_1$，则存在子问题的解 $B'=A-v_1$。又 A' 为子问题的最优解，则 $A'>B'$。$A'+v_1>B'+v_1=A$，这与 A 为最优解相矛盾。因此，子问题的最优解加上第 1 个选择的物品就是原问题的最优解。

每一步选择都将问题简化为一个更小的与原问题具有相同形式的子问题，使用数学归纳法可以证明，啄木鸟算盘子算法得到的解是原问题的最优解。这种证明方法称为领先的方法：算法的每一步都领先其他算法，且算法每一步的解至少和其他算法一样好。

4.1.2　贪心算法概述

上面部分背包问题的求解过程就是贪心算法。贪心算法依据贪心准则作出决策，逐步构造最优解。贪心准则就是选择的依据，最大价值优先、最小重量优先、单位价值优先都是贪心准则。

把满足问题约束条件的解称为该问题的可行解。问题的目标是使目标函数最大(小)的可行解，即最优解。用贪心算法处理问题的核心是贪心准则的选取。部分背包问题中使用最小重量优先，可能最小重量的物品价值也不高，因此不一定得到最优解；使用目标函数最大价值优先，可能价值大的物品重量也大，并不一定得到最优解。也就是说，目标函数和约束条件作为贪心准则不一定得到最优解。对于部分背包问题，只有单位价值优先，才能得到最优解。

贪心算法的特点如下。

(1) 简单。

(2) 高效。

(3) 总能找到可行解，但未必是最优解。

(4) 适用情况少。

贪心算法又叫登山法，其根本思想是逐步到达山顶，即通过局部最优逐步达到全局最优。贪心算法通过一步一步选择得到问题的解，每一步的局部最优解都构成全局最优解的一部分。部分背包问题中选择的第1个单位价值最高的物品肯定在最优解中，子问题中选择剩余物品单位价值最高的肯定在最优解中，这样一步一步选择得到最优解。

本节思考题

1. 有 n 头牛在小明的花园吃花朵。第 i 头牛在被赶走之前每秒吃 D_i 朵花朵，小明赶它们回牛棚花的时间是 T_i，走回来的时间也是 T_i，且 $1\leqslant i\leqslant n$。在被赶走的过程中，牛不能吃花朵。把所有牛赶回牛棚，怎样安排可使被牛吃掉的花朵最少？

2. 设有 n 种面值为 $d_1\geqslant d_2\geqslant\cdots\geqslant d_n$ 的钱币，需要找零钱 M，如何选择钱币 d_k 的数目 X_k，满足 $d_1X_1+d_2X_2+\cdots d_nX_n=M$，并使得 $X_1+X_2+\cdots+X_n$ 最小。什么条件下可以使用贪心算法计算？不能使用贪心算法时，可以使用什么算法计算？

3. 如果物品不允许被切分，背包问题是否可以使用贪心算法求解？为什么？

视频讲解

4.2　基本要素

4.2.1　性质

Q：哪些问题可使用贪心算法求解？

A：能用贪心算法求解的问题一般具有3个特性：贪心选择的性质、最优子结构的性质和无后效性。这也是贪心算法的基本要素。

1. 贪心选择的性质

贪心选择的性质就是通过一系列局部最优的选择(贪心选择)达到全局最优，这是贪心算法与动态规划算法的主要区别。贪心算法通过一步一步选择得到问题的解，每一步的局部最优解都构成全局最优解的一部分。部分背包问题每一步选择的剩余物品中单位价值最高的物品构成了最优解。

2. 无后效性的性质

问题的全过程可以分为若干阶段，而且在任何一个阶段 x 后的行为仅依赖 x 的状态，而与 x 阶段之前如何达到这种状态的方式无关，这样的过程就构成了一个多阶段决策过程。未来与过去无关，当前的状态是此前历史的一个完整总结，这个性质称为无后效性。部分背包问题每选择一个物品是一个阶段，选择单位价值最高的物品后，原问题 A 变成子问题 A'，后面需求解子问题 A'，与如何由 A 变为 A' 无关。

那么，未来是否影响过去？阶段 x 后的行为会不会影响阶段 x 及其以前的状态？

单源最短路径问题：给定带权有向图 $G=(V,E)$，每条边的边权 $c[i][j]\in\mathbf{R}^+$，$1\leqslant i,j\leqslant n$。给定源点，求从源点到各顶点的最短路径长度(路径上各边权之和)。

1959 年，Dijkstra 提出单源最短路径问题的贪心算法，贪心准则是到源点路径最短优先。

Dijkstra 单源最短路算法：

输入：$G=(V,E)$，$w[i][j]$，源点 s，$1\leqslant i,j\leqslant n$。

输出：s 到其他顶点的最短距离 d。

```
1.  S = {s}
2.  d[s] = 0
3.  T = V - s
4.  for i = 1 to n - 1 do
5.       d[i] = w[s][i]
6.  for i = 1 to n - 1 do
7.       从 T 中选择到源点 s 的路径长度最短的顶点 v, S = S∪{v}, T = T - {v}
8.       for each w∈ adj[v] do                //(v,w)∈E, 松弛操作
9.            if d[v] + w[v][w]< d[w] then
10.                d[w] = d[v] + w[v][w]         //更新 d[w]
11.                pre[w] = v
12. return d
```

如果使用权值矩阵表示图 G，使用数组 $d[v]$ 存储路径长度，步骤 7 找最短路径的时间复杂度为 $O(n)$，循环 n 次的时间复杂度为 $O(n^2)$。步骤 9 和步骤 10 计算和更新 $d[v]$ 的时间为 $O(1)$，步骤 8 扫描顶点 v 所在行的次数为 $O(n)$，步骤 6 循环 $O(n)$ 次，因此更新 $d[v]$ 的时间复杂度为 $O(n^2)$。故算法的时间复杂度为 $O(n^2)$。

使用优先队列表示 $d[v]$，步骤 7 找最短路径的时间复杂度为 $O(\log n)$，循环 n 次的时间复杂度为 $O(n\log n)$。如果使用邻接表表示 G，步骤 8 的循环次数为顶点 v 的度 $\deg(v)$，由 $\sum\deg(v)=2m$，步骤 9 和步骤 10 的循环次数为 $O(m)$。步骤 10 更新 $d[v]$ 的时间复杂度为 $O(\log n)$，循环 m 次的时间复杂度为 $O(m\log n)$。因此，算法的时间复杂度为 $O((m+n)\log n)$。如果使用斐波那契堆表示 $d[v]$，步骤 10 更新 $d[v]$ 的时间复杂度为 $O(1)$，循环 m 次的时间复杂度为 $O(m)$，此时算法的时间复杂度为 $O(m+n\log n)$。

Dijkstra 算法要求边权为正数。Dijkstra 算法每次选择到源点的路径长度最短的顶点，按路径长度顺序由小到大产生最短路径，选择过的顶点的路径不再变化，符合未来不影响过

去准则。但当边权为负值时，如图 4-1 所示，按照 Dijkstra 算法，从 s 出发，从 $d(s,u)=2$ 和 $d(s,t)=1$ 中选择路径长度最小对应的顶点 t 加入，这样从 s 到 t 的最短路径为 s-t，长度等于 1。但实际上最短路径是 s-u-v-t，长度为-1，从 s 到 t 的路径受未来的影响会发生变化，从 $d(s,t)=1$ 变为 $d(s,t)=-1$，未来影响过去。未来影响过去的最短路径问题，在本书第 7 章使用动态规划算法求解。

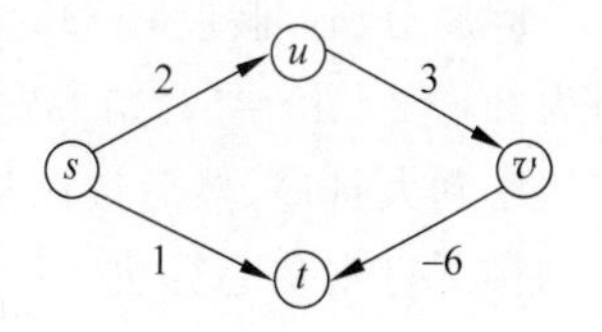

图 4-1　负权最短路径示例

3. 最优子结构的性质

原问题的最优解包含其子问题的最优解，这是该问题可用贪心算法或动态规划算法求解的关键特征。部分背包问题中证明了原问题的最优解 $A=$子问题的最优解 $A'+v_1$，是不是所有问题都具有这个性质？如图 4-2 所示的例子，求从 S 到 T 总长模 10 的最短路径。

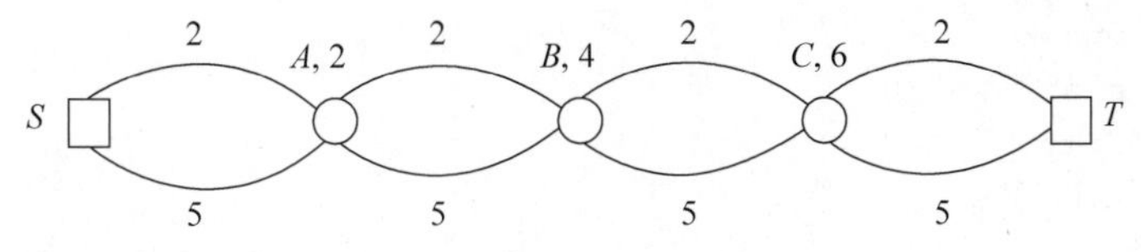

图 4-2　模最短路径示例

使用单源最短路径算法，从 S 出发，到达 A 有长度为 2 和 5 的最短路径，选择上面长度为 2 的路径。同样选择上面到 B 长度为 4 的路径，到 C 长度为 6 的路径。从 C 出发，走长度为 2 的路径，路径总长为$(2+2+2+2) \bmod 10=8$；走长度为 5 的路径，路径总长度为$(5+2+2+2) \bmod 10=1$，依据贪心准则选择该条路径。但问题的最优解为$(5+5+5+5) \bmod 10=0$，在最优解中到达 C 的路径总长为$(5+5+5) \bmod 10=5$，并不是最优解，不满足最优子结构的性质。

4.2.2　最优解证明

Q：如何证明贪心算法的解是最优解？

A：前面使用领先的方法证明了部分背包问题算盘子算法的正确性。除了领先、反证和归纳方法，后面还会介绍交换论证和界等方法。

证明部分背包问题算盘子算法的正确性，实际上利用了贪心算法的基本要素。第 1 步利用贪心算法选择的性质证明第 1 步的选择是正确的，肯定存在包含第 1 步选择的最优解；第 2 步利用最优子结构的性质，证明子问题的最优解加上第 1 步选择的物品肯定是原问题的最优解；第 3 步通过归纳方法而得证。

贪心算法处理问题的核心是贪心准则的选取，难点是最优解的证明。领先的方法证明贪心算法每一步的解至少和其他算法一样好；交换论证的方法把任意一个解逐渐变为贪心算法的解，不影响其最优性；界的方法证明贪心算法的解正好等于问题解的结构性的界。

4.2.3　预处理技巧

贪心算法一般在开始贪心选择前会进行预处理，预处理后再进行最优化选择。例如，部分背包问题首先计算各物品的单位价值，然后按照单位价值对物品进行排序。

例：排队打水问题。n 个人排队打水，有 r 个水龙头，n_i 接水的时间为 t_i，$1 \leqslant i \leqslant n$。如

何安排使所有人打水花费的总时间最少？

问题分析：假设 $r=1$，A 接水时间为 2，B 接水时间为 1。如果先安排 A，则花费的总时间为 $2+(2+1)=5$；如果先安排 B，则花费的总时间为 $1+(1+2)=4$。因此，根据接水时间从小到大排序，然后按照从小到大的顺序安排接水即可。

排队打水贪心算法：

输入：$n, r, t_i, 1 \leqslant i \leqslant n$。

输出：花费的总时间 T。

```
1.  sort(t)                                  //按 t_i 从小到大排序
2.  for i = 1 to r do                        //优先队列 Q 存放 r 个水龙头花费的时间
3.      r_i = 0
4.      Insert(Q, r_i)
5.  for i = 1 to n do                        //逐个放入
6.      x = Extract - Min(Q)
7.      x = 2x + t_i
8.      Insert(Q, x)
9.  T = 0
10. for i = 1 to r do                        //计算总的花费时间
11.      x = Extract - Min(Q)
12.      T = T + x
13. return T
```

优先队列插入和删除的时间为 $\log r$，因此算法的时间复杂度为 $n\log r = O(n\log n)$。

本节思考题

排队打水问题，如果要求平均时间最少，应该如何安排？如果要求结束时间最早，应该如何安排？

视频讲解

4.3 区间问题

4.3.1 区间调度问题

区间调度问题，又称活动安排问题，或不相交区间问题。给定 n 个活动的时间(s_i, f_i)，s_i 为起始时间，f_i 为结束时间，$s_i < f_i$，$1 \leqslant i \leqslant n$。$n$ 个活动都要求使用同一资源，并且同一时间仅一个活动可使用该资源。如何安排可使被安排的活动最多？

问题分析：若活动 i 和 j 相容，则 $s_j \geqslant f_i$ 或 $s_i \geqslant f_j$。活动安排问题变为求最大相容活动的子集问题，使尽可能多的活动兼容使用公共资源。

区间调度问题有如下贪心准则。

(1) 最早开始优先：首先按活动的起始时间 s_j 的升序排序，然后顺序安排相容活动加入。

(2) 最早结束优先：首先按活动的结束时间 f_j 的升序排序，然后顺序安排相容活动加入。

(3) 区间最短优先：首先按活动的占用时间 $f_j - s_j$ 的升序排序，然后顺序安排相容活动加入。

(4) 冲突最少优先：首先按活动的冲突数 c_j 的升序排序，然后顺序安排相容活动加入。

贪心算法使用贪心准则选择第 1 个活动，然后删除不相容的活动，继续选择相容的活动。要证明贪心算法得不到最优解，只要给出反例即可，如图 4-3 所示。最早开始优先的反例中贪心算法的解为 1，最优解为 4；区间最短优先的反例中贪心算法的解为 1，最优解为 2；冲突最少优先的反例中贪心算法的解为 3，最优解为 4。因此，选择最早结束优先的贪心准则。

图 4-3 区间调度问题反例

最早结束优先的贪心算法：

输入：$n, A(s_i, f_i), 1 \leqslant i \leqslant n$。

输出：安排的最大活动数。

```
1.  sort(A)                              //按 f_i 从小到大排序
2.  s = 1
3.  j = 1
4.  S[1] = true                          //S[i] = true 表示已被放入相容集合
5.  for i = 2 to n do                    //逐个放入
6.      if (s_i >= f_j) then
7.          j = i
8.          s = s + 1
9.          S[i] = true
10.     else S[i] = false
11. return S
```

贪心算法选择具有最早结束时间的相容活动加入，使剩余的可安排时间最长，以安排尽可能多的活动。由于输入的活动以其完成时间进行非减序排列，因此算法每次总是选择具有最早完成时间的相容活动加入集合 A 中。

定理：区间调度问题最早结束优先的贪心算法得到的解肯定是最优解。

证明：

假定最早结束优先的贪心算法得到的解不是最优解。设 $\{i_1, i_2, \cdots, i_k\}$ 表示贪心算法选择的活动集合，$\{j_1, j_2, \cdots, j_m\}$ 表示最优活动集合，r 是 $i_1 = j_1, i_2 = j_2, \cdots, i_r = j_r$ 中最大的活动编号，则 $i_{r+1} \neq j_{r+1}$，且 $f_{i_{r+1}} \leqslant f_{j_{r+1}}$，因为贪心算法选择的解是相容活动中结束时间最早的活动。

如果将活动 j_{r+1} 变为活动 i_{r+1}，活动 i_{r+1} 和最优解的其他活动相容，则最优解的活动数没有变化，如图 4-4 所示。此时 $i_{r+1} = j_{r+1}$，这样一步一步变换，有 $k = m$，最终最优解将变成贪心算法的解，最优活动数不会减少。这与假设相矛盾，因此贪心算法的解是最优的。

这种证明方法称为交换论证，把任意一个最优解逐渐变为贪心算法的解，不会影响其最优性，则贪心算法的解是最优解。

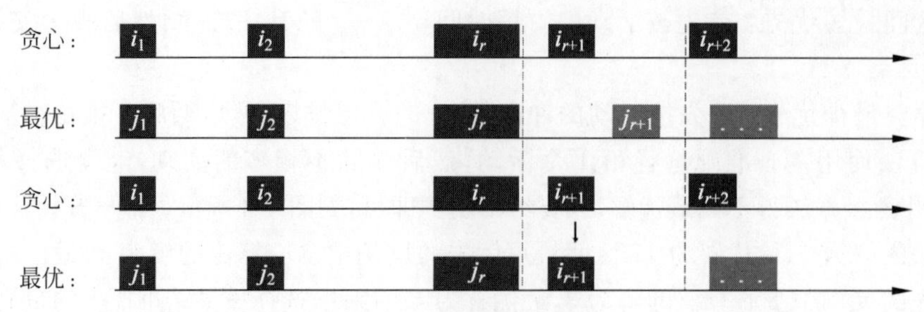

图 4-4 交换论证实例

4.3.2 区间划分问题

区间划分问题：给定 n 个活动的时间(s_i, f_i)，s_i 为起始时间，f_i 为结束时间，$s_i < f_i$，$1 \leqslant i \leqslant n$，同一时间仅一个活动可使用同一房间。如何安排使用最少的房间安排下所有活动？

贪心算法首先根据活动的开始时间排序，然后顺序选择活动安排到相容的房间。

区间划分问题的贪心算法：

输入：$n, A(s_i, f_i), 1 \leqslant i \leqslant n$。

输出：安排的最少房间数 d。

```
1.  sort(A)                                  //按开始时间 s_i 升序排列活动
2.  d = 1
3.  Insert(Q,0)                              //第 1 个空房间放入队列
4.  for j = 1 to n do
5.       k = Extract - Min(Q)                //找到结束时间最早的那个房间 k
6.       if (活动 j 和房间 k 相容) then
7.            Insert(Q,f_j)                  //活动 j 加入房间 k
8.       else d = d + 1
9.            Insert(Q,f_j)                  //安排活动 j 到新房间 d + 1
10. return d
```

如果使用优先队列存放各房间最后安排活动的结束时间，选择房间 k 需要 $\log d$ 的时间，因此算法的时间复杂度为 $n\log d = O(n\log n)$。

引理：设区间深度为任意给定时间上的活动数的最大值，则区间划分问题需要的房间数≥区间深度。

证明：

假定区间的深度为 d，则肯定在某个时间点，有 d 个活动的活动时间经过该点，每个活动需分别安排在不同的房间。因此区间划分问题至少需要 d 个房间，即区间划分问题需要的房间数≥区间的深度。

是否总是存在一个划分，其房间数等于区间深度？如果存在，则该划分就是问题的最优解。这种证明方法就是界的方法，区间的深度就是区间划分问题的结构性的界。区间划分问题给出每个解的结构性的界，贪心算法的解正好等于这个界，因此贪心算法的解是问题的最优解。

定理：区间划分的贪心算法安排的房间数正好等于区间的深度。

证明：

设 d 是贪心算法使用的房间数。算法首先按开始时间排序活动，然后顺序安排活动。所有与 j 不相容的活动的开始时间不会晚于 s_j，都会在 j 之前安排。只有前面 $d-1$ 个房间都与活动 j 不相容时，才会新开一个房间 d 安排 j。因此，在 $s_j+\varepsilon$ 时间使用 d 个房间，肯定有 d 个活动重叠，贪心算法使用的房间数 $d\leqslant$区间深度。又由于区间划分问题需要的房间数$\geqslant$区间的深度，因此 $d=$区间深度。

4.3.3 区间选点问题

雷达覆盖问题：X 轴表示海岸线，X 轴上方表示海洋，下方表示陆地，X 轴上方的 n 个点表示岛屿。现在需要在海岸线上安装几个雷达，每个雷达的覆盖半径至多为 d。给定 n、d 和岛屿的坐标，求覆盖所有岛屿所需的最少雷达数。

问题分析：以小岛为圆心，以 d 为半径画圆，与海岸线相交的两个点构成区间$[s_i,f_i]$，如图 4-5 所示。n 个点对应 n 个区间。

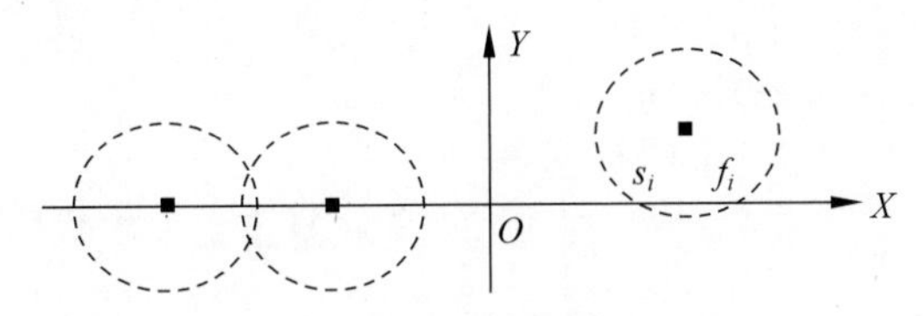

图 4-5 雷达覆盖问题示例

贪心算法首先选择第 1 个区间的终点 f_1 设置雷达，去掉包含该点的区间，再次选择剩余区间的第 1 个区间的终点 f_j，直至无区间为止。

可以使用领先的方法证明贪心算法的正确性。首先选择第 1 个区间的终点设置雷达肯定是正确的，因为该区间对应的小岛需要一个雷达覆盖，安排区间的终点可以尽可能覆盖其他小岛。去掉包含该点区间后的子问题的最优解加上该点就是原问题的最优解。

区间选点问题的贪心算法：

输入：$n, A(s_i,f_i), 1\leqslant i\leqslant n$。

输出：安排的最少雷达数 d。

```
1.  sort(A)                //按 f_i 升序排列(f_i 相同,按起始位置 s_i 降序排序,保证小区间在前)
2.  d = 1
3.  t = 1
4.  for j = 2 to n do
5.      if (s_j > f_t) then
6.          d = d + 1
7.          t = j
8.  return d
```

4.3.4 区间覆盖问题

区间覆盖问题：给定数轴上 n 个闭区间$[a_i,b_i]$，$i=1,2,\cdots,n$，选择尽量少的区间覆盖一条指定线段$[s,t]$。

贪心算法首先选择起点小于或等于 s、终点最长的区间为[start,end]；然后以终点 end

为起点，继续选择，直至覆盖$[s,t]$或无解为止。贪心算法还可以进行预处理，切掉每个区间在$[s,t]$以外的部分，简化后面的处理。

可以使用领先的方法证明贪心算法的正确性。首先选择的第1个区间肯定是正确的，因为从s出发需要一个区间进行覆盖，安排这样的区间[start,end]可以覆盖尽可能长的区间。将end作为新的起点，去掉终点小于end的区间，变成从end出发覆盖[end,t]的子问题，子问题的最优解加上该区间就是原问题的最优解。

区间覆盖问题的贪心算法：

输入：$n, A(a_i, b_i), 1 \leqslant i \leqslant n$。

输出：覆盖线段$[s,t]$的最少区间。

```
1.  sort(A)                                  //按 a[i]升序排序区间
2.  start = end = s
3.  num = index = 0
4.  while (end< t) do                        //是否覆盖[s,t]
5.      start = end
6.      for i = index to n - 1 do
7.          if (a[i]< = start) then
8.              if(b[i]> start and b[i]> end) then
9.                  end = b[i]               //选择从 start 开始,覆盖最长的区间
10.         else index = i
11.             break
12.     if (start > = end) then              //覆盖到 start 结束,没有覆盖[s,t]
13.         return false
14.     else num = num + 1                   //覆盖[start,end]区间
15. return num
```

视频讲解

4.4 MST问题

最小生成树(minimal spanning tree,MST)问题：给定无向连通赋权图$G=(V,E)$，边(v,w)的权为$c[v][w]$，求最小生成树(包含G的所有顶点的子图G'，构成一棵树，各边权之和最小)，如图4-6所示。

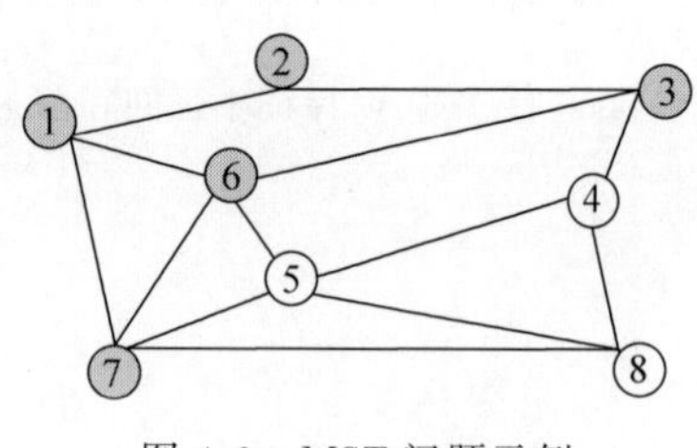

图4-6 MST问题示例

最小生成树是G的最小连通子图，包含n个顶点和$n-1$条边。若在树中任意增加一条边，将出现一条回路；若去掉一条边，将变成非连通图。最小生成树给出建立通信网络的最经济方案。

Cayley定理：无向连通赋权图$G=(V,E)$，有n^{n-2}棵生成树。因此如果采用蛮力搜索，则指数级算法难以处理大规模问题。

4.4.1 MST特性

给定无向连通赋权图$G=(V,E)$和顶点子集S，相应的割集是正好一个端点在S中的

边的集合，删除割集则 G 不再连通。如图 4-6 所示，$S=\{4,5,8\}$，割集 $D=\{5\text{-}6,5\text{-}7,3\text{-}4,7\text{-}8\}$。

一个圈是一条简单回路，圈中顶点各不相同。如图 4-6 所示，圈 $C=\{1\text{-}2,2\text{-}3,3\text{-}4,4\text{-}5,5\text{-}6,6\text{-}1\}$。

引理：圈和割集的交集是偶数。如图 4-6 所示，割集 D 与圈 C 的交集为$\{3\text{-}4,5\text{-}6\}$。

证明：

设顶点子集 S 对应的割集为 D，C 是 G 的圈。如图 4-7 所示，从 C 在 S 中的一个点出发，到达 $V\text{-}S$ 中的某个顶点，肯定要经过该顶点，回到起点，才会构成一个圈。每次进入和离开 $V\text{-}S$，都要经过割集 D 的 2 条边，如果经过 k 次，则经过割集中的边数为 $2k$。

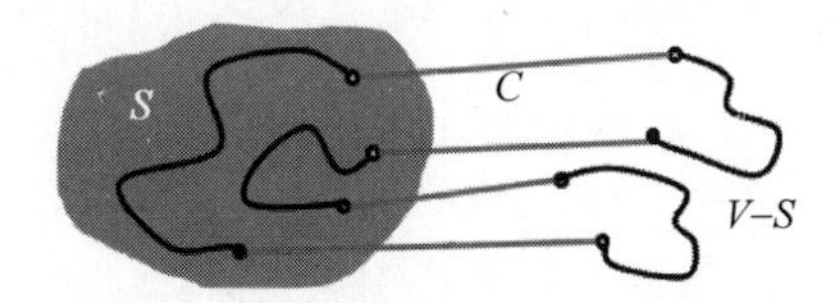

图 4-7 MST 圈与割集的交集示例

割集的特性：假设 G 所有边权 c_e 都不相同，S 是 G 的顶点子集，S 对应的割集为 D，e 是 D 的最短边，那么 G 的最小生成树 T^* 中肯定包含 e。

证明：

假定 e 不属于 T^*。将 e 加入 T^* 将产生一个圈 C。e 属于圈 C 和割集 D，根据引理，肯定存在边，假定存在的边为 f，也属于圈 C 和割集 D。$T'=T^*\cup\{e\}-\{f\}$也是生成树。因为 $c_e<c_f$，所以 $\text{cost}(T')<\text{cost}(T^*)$。这与 MST 矛盾，故 e 属于 MST。

圈的特性：假设 G 所有边权 c_e 都不相同，C 是 G 的一个圈，f 是 C 中的最大边，那么 G 的最小生成树 T^* 中肯定不包含 f。

证明：

假定 f 属于 T^*，从 T^* 中删除 f，将 G 的顶点分为两部分，相应的割集是 D。f 属于圈 C 和割集 D，根据引理，肯定存在边，假定存在的边为 e，也属于圈 C 和割集 D。$T'=T^*\cup\{e\}-\{f\}$ 也是生成树。因为 $c_e<c_f$，所以 $\text{cost}(T')<\text{cost}(T^*)$。这与 MST 相矛盾，因此 MST 不包含 f。

4.4.2 Prim 算法

1930 年，捷克数学家 Vojtech Jarnik 最先提出 Prim 算法。美国计算机科学家 Robert C. Prim 和 Edsger Wybe Dijkstra 分别于 1957 年和 1959 年再次提出了该算法。因此，Prim 算法又被称为 DJP 算法、Jarnik 算法或 Prim-Jarnik 算法。

如图 4-8 所示，初始 $S=\{0\}$。从顶点 0 出发的边(0,1)和(0,5)中取最小边(0,5)，加入 T，如图 4-8(a)所示。然后从 $S=\{0,5\}$中的顶点出发，另一端点不属于 S 的边(0,1)和(5,4)中取最小边(5,4)，加入 T，如图 4-8(b)所示。同理，加入边(4,3)、(3,2)、(2,1)、(1,6)，构成 MST，如图 4-8(f)所示。

Prim 算法伪代码如下。

输入：赋权图 G。

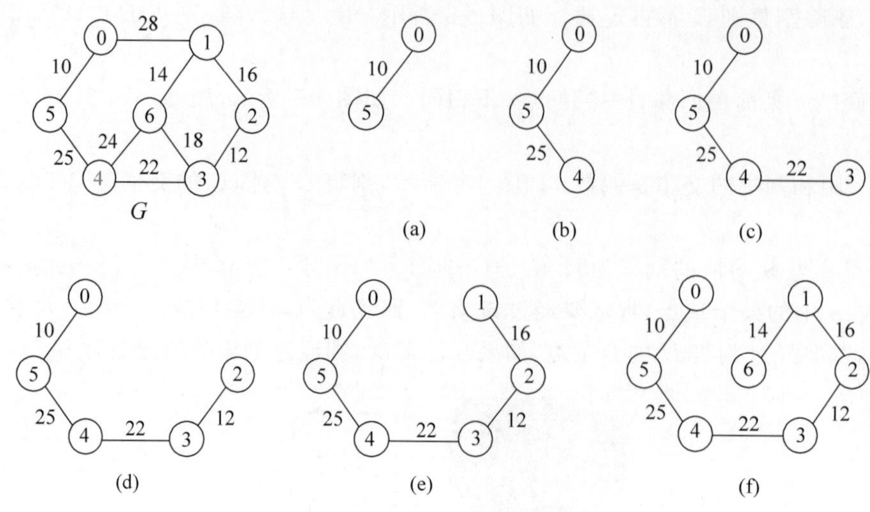

图 4-8　Prim 算法示例

输出：MST。

```
1.  T = ∅
2.  S = {0}
3.  while(S!= V) do
4.        取边(i,j),i∈S 且 j∈V - S 的最小权边
5.        T = T∪{(i,j)}
6.        S = S∪{j}
7.        更新 j 邻接顶点的权值
8.  return T
```

Prim 算法的贪心准则是选取割集中的最小权边，正好符合割集的特性。如果使用优先队列实现 Prim 算法，步骤 4 需要的时间为 $O(\log n)$，循环 n 次的时间为 $O(n\log n)$。步骤 7 更新权值需要的时间为 $\deg(v_j)\log n$，循环 n 次的时间为 $\sum \deg(v_j)\log n = O(m\log n)$。因此，算法的时间复杂度为 $O((m+n)\log n)$。不同堆的时间复杂度比较如表 4-2 所示。

表 4-2　不同堆的时间复杂度比较

操　作	链　表	二　叉　堆	Binomial 堆	斐波那契堆	Relaxed 堆
Make-Heap	1	1	1	1	1
Insert	1	$\log n$	$\log n$	1	1
Find-Min	n	1	$\log n$	1	1
Delete-Min	n	$\log n$	$\log n$	$\log n$	$\log n$
Union	1	n	$\log n$	1	1
Decrease-Key	1	$\log n$	$\log n$	1	1
Is-Empty	1	1	1	1	1
Prim/Dijkstra	$O(n^2)$	$O(m\log n)$	$O(m\log n)$	$O(m+n\log n)$	$O(m+n\log n)$

如果使用数组实现，步骤 4 从 n 个顶点到 S 的最小权边中选择最小值，需要 $O(n)$ 的时间，循环 n 次的时间为 $O(n^2)$。步骤 7 更新 n 个顶点的权值需要 $O(m)$ 的时间。因此，算法的时间复杂度为 $O(m+n^2)$，更适合稠密图。

4.4.3　Kruskal 算法

1956 年，Kruskal 提出最小生成树的 Kruskal 算法。该算法伪代码如下。

输入：赋权图 G。

输出：MST。

```
1.  sort(E)                                //按边权值进行非递减排序
2.  T = (V,φ)                              //每个顶点生成单顶点子树,初始化 Find(i) = i
3.  while (T 中所含边数< n - 1) do
4.      从 E 中选取并删除当前最短边(u,v)
5.      if (Find(u)<> Find(v)) then        //并入 T 后不产生圈
6.          将边(u,v)并入 T 中
7.          union(u,v)
8.  if(T 中所含边数 == n - 1) then return T
9.  else return false
```

Kruskal 算法的贪心准则是每次选取不构成圈的最短边。初始 n 个孤立顶点，边按权值非递减排序。顺序选取边(v,w)，使 v 和 w 分属不同的连通分支，直至剩余一个连通分支为止。

定理：Kruskal 算法的解为 MST。

证明：

边权非递减排序。

Case 1：e 加入 T，产生圈，按照圈的特性，e 不属于 MST。

Case 2：e 加入 T，不产生圈，按照割集的特性，e 属于 MST。

Kruskal 算法排序的时间为 $m\log m$，因为 $m=O(n^2)$，因此 $m\log m=O(m\log n)$。

Kruskal 算法使用并查集实现，集合的每个元素指向集合。如表 4-3 所示，使用数组表示并查集，Set 表示顶点所属集合(根节点以 0 表示)，Rank 表示集合的元素数。find(u)操作的时间复杂度为 $O(1)$，返回 u 所在的集合。union(u,v)操作将小集合合并到大集合中，小集合的每个元素指向大集合。union(u,v)的时间复杂度为 $\min(n_u,n_v)$，n_u 和 n_v 分别是所在集合所含的元素数。每次合并，集合元素数至少加倍。程序开始有 n 棵子树，每次合并将减少 1 棵子树，执行合并至多 $n-1$ 次。因此，合并操作的时间复杂度$\leqslant 1\times n/2+2\times n/4+4\times n/8+\cdots+n/2\times 1\leqslant n\log n$，故算法的时间复杂度为 $O((n+m)\log n)$。

表 4-3　并查集实现一

V	1	2	3	4	5	6	7
Set	0	1	1	0	4	1	4
Rank	4	1	1	3	1	1	1

如果使用指针表示并查集，如表 4-4 和图 4-9(a)所示，Set 指向父节点(根节点指向 0)，Rank 表示树的高度。union(u,v)操作将小集合指针直接指向大集合，需要的时间为 $O(1)$。find(u) 操作返回 u 所在的集合，由于每次将小集合合并到大集合，u 所在集合最多参与 $\log n$ 次合并(树高)，因此 find(u)的时间复杂度为 $O(\log n)$。但存在极端情况，如图 4-9(b)

所示，find(u)的时间复杂度为 $O(n)$。因此进一步改进，每次 find(u)操作后，将经过路径上的点直接指向根，如图 4-9(c)所示，这样 find(u)的时间复杂度至多为 $O(\log n)$。while 循环至多为 m 次，故算法的时间复杂度为 $O(m\log n)$，Kruskal 算法更适合稀疏图。

表 4-4 并查集实现二

V	1	2	3	4	5	6	7
Set	0	1	2	0	4	3	4
Rank	4	3	2	2	1	1	1

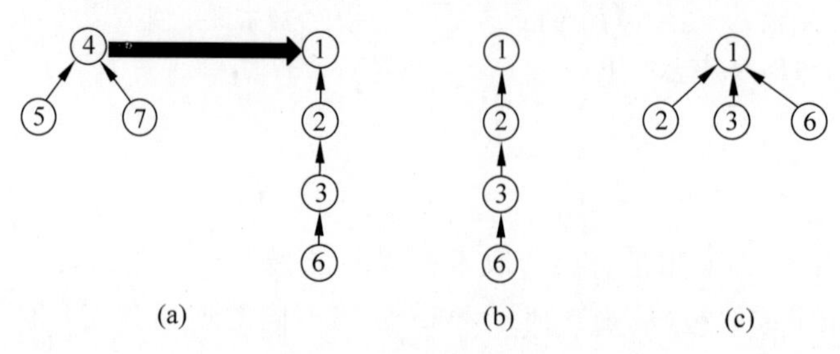

图 4-9 并查集实现二

Kruskal 算法每次选择一条边，如果每步选择多条边，则选择的多条边与 n 个顶点形成森林，变成 Solim 算法。Solim 算法的每一步为森林中每棵树选择一条边，直至剩下一棵树为止。

4.4.4 逆删除算法

逆删除算法伪代码如下。

输入：赋权图 G。

输出：MST。

```
1.  sort(E)                              //按边权值进行非递增排序
2.  T = E
3.  While (T 中所含边数> n - 1) do
4.       从 E 中选取当前最长边(u,v)
5.       从 T 和 E 中删除边(u,v),并保持 T 的连通性
6.  return T
```

逆删除算法使用圈的特性可以证明算法的正确性。

4.4.5 MST 唯一性

Q：对于给定的一个无向连通图，它的 MST 是唯一的吗？

A：MST 权值总和是唯一的，但可以选择不同的边。

MST 唯一性判定算法：

输入：赋权图 G。

输出：MST。

```
1.  扫描每条边,标记相同权值的边
```

```
2.  求 MST
3.  if (MST 中未包含标记边) then
4.       return true
5.  else 去掉这些标记边,再求 MST
6.       if(新 MST 权值和 == 旧 MST 权值和)then return false
7.       else return true
```

本节思考题

1. K 聚类问题：聚类是数据挖掘的基本问题。给定集合 $U=\{p_1,p_2,\cdots,p_n\}$ 和任意元素间的距离 $d(p_i,p_j)$，把 U 分成 k 个非空子集，定义子集间隔为不同子集任意两个元素距离的最小值，求具有最大间隔的划分。

2. 如果图 G 中每条边的权重都是互不相同的，图 G 必定只有一棵最小生成树？

视频讲解

4.5 哈夫曼编码

数据文件压缩的一种方法是根据文件中字符的出现频率，将字符用 0、1 码串表示。例如，$n=100\ 000$ 个字符，字符出现的频率如表 4-5 所示，这些字符如何存放，占用空间较小？

正常情况，每个字符存放需要使用 1B(字节)，即 8bit。因此，100 000 个字符需要 $8n=800\ 000$bit 的空间。如果使用定长码，每个字符需要使用三位编码，这样需要 $3n=300\ 000$bit 的空间。如果使用变长码 1，如表 4-5 所示，需要的空间为$(45\times1+13\times3+12\times3+16\times3+9\times4+5\times4)\times1000=224\ 000$bit。因此，字符编码的变长码是数据压缩的常用方法。

表 4-5 字符编码示例

字 符	a	b	c	d	e	f
频率/千次	45	13	12	16	9	5
定长码	000	001	010	011	100	101
变长码 1	0	101	100	111	1101	1100
变长码 2	0	01	10	1	11	100

如果文件的编码是 001011101，根据表 4-5 的变长码 1，很容易得出文件是 $aabe$；而根据变长码 2，可以得到多个文件。因此，为了避免出现这种情况，编码要求使用前缀码，任一字符的 0、1 编码都不是其他字符编码的前缀。

4.5.1 哈夫曼算法

平均码长 $\mathrm{ABL}=\sum f(i)l(i)/\sum f(i)$，$f(i)$为字符 i 出现的频率，$l(i)$为字符 i 的编码长度，$i\in$字符集 C，平均码长为每个字符编码的平均长度。平均码长最小的最优前缀码称为哈夫曼编码，由哈夫曼(Huffman)于 1952 年提出。哈夫曼编码给出现频率高的字符较短的编码，出现频率低的字符较长的编码，可以大大缩短总码长，其压缩率通常为 20%～90%。

表 4-5 示例的哈夫曼编码求解步骤如图 4-10 所示。初始每个频率为单顶点子树。首先选取频率最小的 5 和 9，构成新的子树，根节点为 5+9=14，如图 4-10(a)所示。然后选择频率最小的 12 和 13，构成新的根节点 25，如图 4-10(b)所示。再选择频率最小的 14 和 16，构成新的根节点 30，如图 4-10(c)所示。再选择频率最小的 25 和 30，构成新的根节点 55，如图 4-10(d)所示。最后选择 45 和 55，构成新的根节点 100，形成图中 4-10(e)所示的哈夫曼树。叶子对应字符，左分支编码为 0，右分支编码为 1，根到叶子对应字符的编码，则字符 5 的编码为 1100。

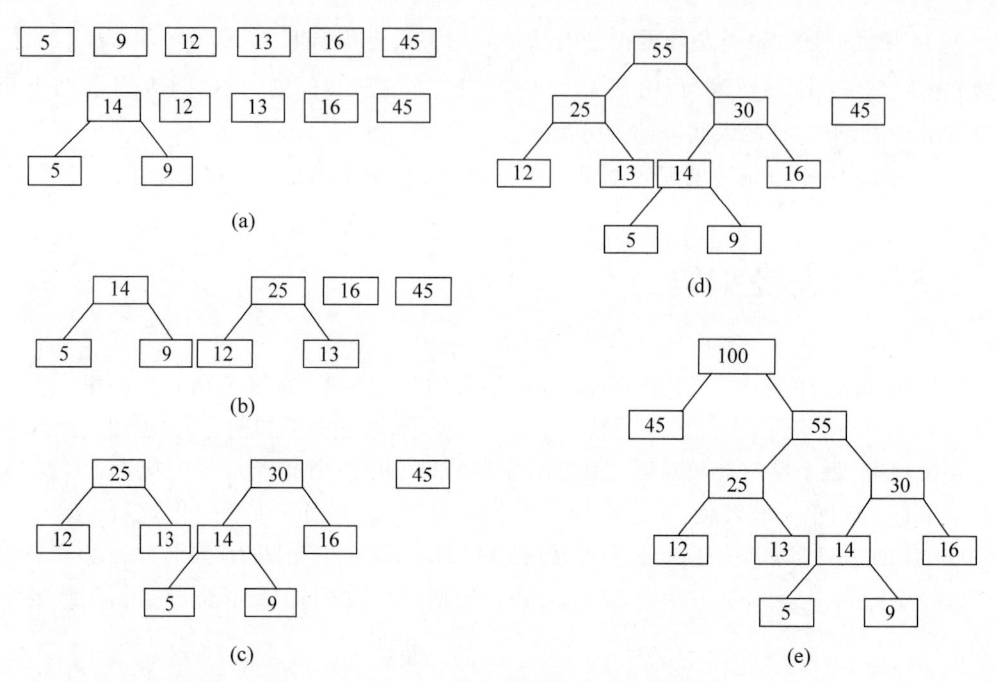

图 4-10　哈夫曼编码示例

哈夫曼编码算法：

输入：字符 C 及频率 F。

输出：Q。

```
1.  Q = C                                  //根据频率大小,构造优先队列
2.  for i = 1 to n - 1 do
3.      生成新节点 z
4.      z.left = x = Extract - Min(Q)      //从队列中删除频率最小的两个 x 和 y,构成新的根节点 z
5.      z.righ = y = Extract - Min(Q)
6.      z.f = x.f + y.f
7.      Insert(Q,z)
8.  return Q
```

步骤 4、步骤 5 和步骤 7 的操作时间复杂度为 $O(\log n)$，因此算法的时间复杂度为 $O(n\log n)$。

首先证明哈夫曼树构成的编码是前缀码。假设编码 x 是编码 y 的前缀，则在哈夫曼树上，从根到 y 需经过 x，因此 x 是中间节点，不是树叶。这与哈夫曼树的树叶对应字符编码相矛盾。因此,哈夫曼树构成的编码是前缀码。

下面证明哈夫曼算法得到的是最优前缀码。这个证明可以使用优先的方法进行证明,首先证明贪心选择的性质。

设二叉树 T 是字符集 C 的最优前缀码,b、c 是二叉树 T 的最深叶子节点且为兄弟,且 $f(b)\leqslant f(c)$。

设 x、y 是 C 中频率最小的两个字符,$f(x)\leqslant f(y)$,则有 $f(x)\leqslant f(b)$,$f(y)\leqslant f(c)$。

在二叉树 T 中交换叶子节点 b 和 x 的位置得到二叉树 T',再交换叶子节点 c 和 y 的位置,得到二叉树 T'',则有平均码长 $\mathrm{ABL}(T)-\mathrm{ABL}(T')\geqslant 0$,$\mathrm{ABL}(T')-\mathrm{ABL}(T'')\geqslant 0$,又有 T 是最优前缀码,$\mathrm{ABL}(T)-\mathrm{ABL}(T'')\geqslant 0$,因此 $\mathrm{ABL}(T'')=\mathrm{ABL}(T)$。因此,第 1 步的选择是正确的,存在哈夫曼树 T'',T''中第 1 步选择的两个字符 x 和 y 是最深叶子节点且为兄弟。

然后证明最优子结构的性质:设二叉树 T 是最优前缀码,x、y 是二叉树 T 的最深叶子节点且为兄弟。设 z 为其父,$f(z)=f(x)+f(y)$,则树 $T'=T-\{x,y\}$是字符集 $C'=C-\{x,y\}\cup\{z\}$的最优前缀码。$l(x)=l(y)=l(z)+1$,则有 $\mathrm{ABL}(T)-\mathrm{ABL}(T')=f(x)+f(y)$。

如果 $\mathrm{ABL}(T')$不是最优前缀码,则存在 T^*,$\mathrm{ABL}(T^*)<\mathrm{ABL}(T')$。$T^*$ 中节点 z 插入两个叶子节点 x 和 y,则有 $\mathrm{ABL}(T^*)+f(x)+f(y)<\mathrm{ABL}(T')+f(x)+f(y)=\mathrm{ABL}(T)$。这与 T 是最优前缀码相矛盾。因此,T'是最优前缀码。

利用哈夫曼算法构造一棵具有最小加权路径长度的二叉树,不但可以用于求解编码问题,还可以用于求解更一般的决策树应用问题。

4.5.2　木板问题

农夫约翰为了修理栅栏,将一块木板切割成 N 块,N 块木板的长度和等于原木板长度。每次切割木板时的开销为该木板的长度。如何切割可使开销最小?

假设木板长度为 21,切成长度分别为 5、8、8 的木板。如果先分成 16 和 5,16 再分成 8 和 8,开销是 $21+16=37$。如果先分成 13 和 8,13 再分成 5 和 8,开销是 $21+13=34$。如果在切分过程中使用二叉树表示,开销是中间节点的权值之和。贪心准则是中间节点开销最小。实际上,如果将切分的逆过程拼合,二叉树从叶子节点往上拼合,则这个拼合过程和哈夫曼算法相同。

再假设,木板长度为 15,切成长度分别为 1、2、3、4、5 的木板。如果分成 5 和 10,10 再分成 4 和 6,6 再分成 3 和 3,3 再发成 2 和 1,这样开销是 $15+10+6+3=34$。如果先分成 6 和 9,6 再分成 3 和 3,3 再分成 2 和 1,9 再分成 4 和 5,开销是 $15+6+9+3=33$。第 2 种切分的逆过程正好是哈夫曼算法。因此可以使用哈夫曼算法求解木板问题。

本节思考题

1. 多机调度问题:n 个作业在 m 台相同的机器上加工,作业 i 的加工时间为 t_i,$1\leqslant i\leqslant n$。任一作业可在任意机器上加工,但不允许中断,不允许拆分加工。一台机器同一时间只能加工一个作业。求一个作业调度,使加工时间尽可能短。有没有保证最优解的贪心算法?如果有,则给出伪代码。如果没有,则应该如何设计使得到的解更接近最优解?

2. 最优离线调度：内存空间大小为 k，有任务序列 $d_1, d_2, \cdots, d_m$ 需要完成，每个任务需要大小为 1 的空间。如果需要的任务正好在内存中称为 hit；否则称为 miss，需要从外存中调入，同时调出某个任务。求使 miss 数最小的调出调度。

如果是在线调度，不知道任务序列，如何求解？是否有最优解？

本章习题

1. 编程实现部分背包问题算法(POJ 3262)。

2. 编程实现最短路径算法(POJ 3268、POJ 3463、POJ 2253、POJ 2387、POJ 3013)。

3. 编程实现区间问题算法(区间调度 3069、区间选点 1328、区间覆盖 2376、区间划分 3190)。

4. 编程实现 MST 算法(POJ 1789、POJ 2349、POJ 1258、POJ 2031)。

5. 编程实现哈夫曼算法(POJ 1521、POJ 3253)。

6. 编程实现钓鱼问题(POJ 1042)。

7. 简述常用贪心算法的证明方法。

8. 简述贪心算法的基本要素和基本思想。

9. 通过键盘输入一个高精度的正整数 N，去掉其中任意 S 个数字后使剩下的数最小。例如，$N=175438$，$S=4$，可以删去 7、5、4、8，得到 13。试设计算法求解。

10. 给定有向连通赋权图 $G=(V,E)$，边 $<v,w>$ 的权为 $c[v][w]$，找各边权之和最小的有向树(从根节点到其他节点都有有向路径)。

11. 最小延迟调度：给定 n 个任务，需要在一台机器上加工。同一时间只能加工一个任务，每个任务 j 有加工时间 t_j 和任务的截止时间 d_j。如果任务 j 在时间 s_j 开始加工，完成加工的时间 $f_j=s_j+t_j$。延迟 $L=\max j, j=\max\{0, f_j-d_j\}$，$1\leqslant j\leqslant n$，求最小延迟调度使 L 最小。

12. 加油站问题：给定起点 s 和终点 f 的一段路线 L，路线上有 k 个加油站的位置为 x_i。驾驶车辆的油箱容量为 F，如何安排使加油次数最少？

13. 许可证问题：开安全公司需要 n 个许可证，但一个月至多得到一个。每个许可证目前售价 100 元，但对于每个许可证，t 个月后的花费为 $100\times r_i^t$，$r_i\neq r_j$，如何安排使花费最少？

14. 给定连通图 G，假定每条边的费用不同。给定一条特定边，给出运行时间为 $O(m+n)$ 的算法确定该边是否在 G 的一棵最小生成树中。

15. 某石油公司计划建造一条由东向西的主输油管道。该管道要穿过一个有 n 口油井的油田。从每口油井都要有一条输油管道沿最短路径(或南或北)与主管道相连。如果给定 n 口油井的位置，即它们的 x 坐标(东西向)和 y 坐标(南北向)，应如何确定主管道的最优位置，使各油井到主管道之间的输油管道长度总和最小？

16. 给定含有 n 个元素的多重集合 S，每个元素在 S 中出现的次数称为该元素的重数。多重集 S 中重数最大的元素称为众数。例如，$S=\{1,2,2,2,3,5\}$。多重集 S 的众数是 2，其重数为 3。对于给定的由 n 个自然数组成的多重集 S，计算 S 的众数及其重数。如果出现多个众数，请输出最小的众数。

17. 在一个按照东西和南北方向划分成规整街区的城市里，n 个居民点散乱地分布在不同的街区中。用 x 坐标表示东西向，用 y 坐标表示南北向。各居民点的位置可以由坐标 (x,y) 表示，街区中任意两点 (x_1,y_1) 和 (x_2,y_2) 之间的距离可以用数值 $|x_1-x_2|+|y_1-y_2|$ 度量。居民们希望在城市中选择建立邮局的最佳位置，使 n 个居民点到邮局的距离总和最小。

18. 在黑板上写 n 个正整数的数列，进行如下操作：每次擦去其中的两个数 a 和 b，然后在数列中加入一个数 $a\times b+1$，如此下去直至黑板上剩下一个数，在所有按这种操作方式最后得到的数中，最大的记作 max，最小的记作 min，则该数列的极差定义为 $M=\max-\min$。设计算法求解极差。

19. H 城是一个旅游胜地，巴士公司在各个旅游景点及宾馆、饭店等地都设置了巴士站，并开通了一些单向巴士线路。每条单向巴士线路从某个巴士站出发，依次途经若干巴士站，最终到达终点巴士站。某人最近到 H 城旅游，住在 CPU 饭店。他很想去 S 公园游玩。听人说，从 CPU 饭店到 S 公园可能有也可能没有直通巴士。如果没有，就要换乘不同线路的单向巴士，还有可能无法乘巴士到达。写一个程序，帮助他寻找一个最优乘车方案，使他在从 CPU 饭店到 S 公园的过程中换车的次数最少。

20. 设有 n 个顾客同时等待一项服务，顾客 i 所需要的服务时间为 t_i，$1\leqslant i\leqslant n$，应如何安排顾客的服务次序，才能使平均等待时间最短？平均等待时间是 n 个顾客等待服务时间的总和除以 n。

21. 设有 n 个顾客同时等待一项服务，顾客 i 需要的服务时间为 t_i，$1\leqslant i\leqslant n$，共有 s 处可以提供此项服务。应如何安排 n 个顾客的服务次序才能使平均等待时间达到最小？平均等待时间是 n 个顾客等待服务时间的总和除以 n。

22. 磁盘上有 n 个文件，$f_1,f_2,\cdots,f_n$，每个文件占磁盘上的 1 个磁道。这 n 个文件的检索概率分别是 $p_1,p_2,\cdots,p_n$，且 $p_1+p_2+\cdots+p_n=1$。磁头从当前磁道移到被检信息磁道所需的时间可用这 2 个磁道之间的径向距离来度量。如果文件 p_i 存放在第 i 个磁道上，$1<i<n$，则检索这 n 个文件的期望时间是 $\sum[p_i\times p_j\times d(i,j)]$，其中，$d(i,j)$ 是第 i 个磁道与第 j 个磁道之间的径向距离 $|i-j|$。确定这 n 个文件在磁盘上的存储位置，使期望检索时间达到最小。

23. 设有 n 个程序 $\{1,2,\cdots,n\}$ 要存放在长度为 L 的磁带上。程序 i 存放在磁带上的长度是 L_i，$1\leqslant i\leqslant n$。这 n 个程序的读取概率分别是 $p_1,p_2,\cdots,p_n$，且 $p_1+p_2+\cdots+p_n=1$。如果将这 n 个程序按 $1,2,\cdots,n$ 的次序存放，则读取程序 i 所需的时间 $t_r=c\times(p_1\times L_1+p_2\times L_2+\cdots+p_r\times L_r)$。这 n 个程序的平均读取时间为 $t_1+t_2+\cdots+t_n$。实际上，第 k 个程序的读取概率为 $a_k/(a_1+a_2+\cdots+a_n)$，对所有输入均假定 $c=1$。磁带最优存储问题要求确定这 n 个程序在磁带上的一个存储次序，使平均读取时间达到最小。试设计一个解此问题的算法，并分析算法的正确性和计算复杂性。

24. 设有 n 个程序 $\{1,2,\cdots,n\}$ 要存放在长度为 L 的磁带上。程序 i 存放在磁带上的长度是 l_i，$1\leqslant i\leqslant n$。程序存储问题要求确定这 n 个程序在磁带上的一个存储方案，使得能够在磁带上存储尽可能多的程序。

25. 照亮的山景问题：山上高度 T 处，有 n 个处于不同水平位置的灯泡。如果山边某一点与某灯的连线，不经过山上其他点，称灯照亮该点。如何用最少的灯，照亮全山？

26. 给定 n 种硬币的重量和价值，使用这些硬币付款 X，如何选择硬币，使付钱硬币的总重量最小？如果使用贪心算法，应该满足什么条件，使付钱硬币的总重量最小？

27. 基站问题：给定一条道路，路边 n 个房子的位置 x_i，$i=1,2,\cdots,n$，每个基站覆盖半径 r，试设计算法，使用最少的基站覆盖所有房子。

28. 分数拆分：给定真分数，表示成埃及分数之和的形式，例如，7/8＝1/2＋1/3＋1/24。

29. 取数游戏：$2n$ 个数随机排列成一行，两个人轮流取 $2n$ 个数中的 n 个，所取数之和最大者获胜。请编写算法，让先取者获胜。

30. 田忌和国王赛马，赢一局得 200 元，输一局输掉 200 元，平局则财产不动。给定田忌的 n 匹马和国王的 n 匹马的战力，田忌如何获胜？

31. 城市 A 中圣诞老人准备分发糖果，现在有 n 箱不同的糖果，每箱糖果有自己的价值 $v_i(i=1,2,\cdots n)$ 和重量 $w_i(i=1,2,\cdots n)$，每箱糖果都可以拆分成任意散装组合带走。圣诞老人的驯鹿最多只能承受 W 重量的糖果，请问圣诞老人最多能带走多大价值的糖果？

第5章

递推算法

递推算法是一种按照规律分步解决复杂问题的方法，利用计算机速度和不断重复的特点把复杂过程转化为简单过程的多次重复。递归是从小规模问题求解大规模问题的常用工具。本章介绍递推和递归、递推和倒推、递推方程的求解方法和常用问题的递推算法。

5.1 递推算法概述

5.1.1 递推

递推又叫正推，是从小规模的问题推解出大规模问题的一种方法，是迭代算法最基本的表现形式。

例1：计算数列$\{a_n\}$的前n项和。

数列$\{a_n\}$的前n项和$S_n=a_1+a_2+\cdots+a_n$。又$S_{n-1}=a_1+a_2+\cdots+a_{n-1}$。所以，递推公式$S_n=S_{n-1}+a_n$成立，在求出前$n-1$项和的基础上推出前$n$项和。

例2：计算$n!$。

$n!=1\times2\times\cdots\times n$，又$(n-1)!=1\times2\times\cdots\times(n-1)$。所以，递推公式$n!=n(n-1)!$成立，在求出$(n-1)!$的基础上推出$n!$。

算法的控制结构有顺序、选择、循环和模块调用，模块调用又分为模块间的调用和模块自身的直接与间接调用(递归)。递推经常使用递归和迭代实现，本例的递归和循环实现如下。

递归实现$F(n)=nF(n-1)=n!$：

输入：n。

输出：$n!$。

```
F(n) {
1.   if(n<2) then
2.        return n
3.   else return n * F(n-1)
4.   }
```

循环实现$s=s*i$：

输入：n。

输出：s。

```
1.   s=1
2.   for i=2 to n do
3.        s=s*i
4.   return s
```

递归的计算过程是 $F(n)=nF(n-1)=n(n-1)F(n-2)=\cdots=n\times(n-1)\times\cdots\times2\times F(1)$。循环的计算过程是 $s=1\times2, s=1\times2\times3,\cdots, s=1\times2\times3\times\cdots\times n$，计算的时间复杂度都是 $O(n)$。

5.1.2 递推与递归

直接或间接调用自身的算法称为递归算法。用函数自身给出定义的函数称为递归函数。递归函数有两个要素，分别是边界条件与递归方程。具备这两个要素，才能在有限次计算后得出结果，这也是递归设计的要点。

递归算法的执行过程分递推和回归两个阶段。递推阶段将大规模问题分解为小规模问题求解；回归阶段将小规模问题的解逐级返回，依次计算大规模问题的解，最后返回整个问题的解。

递归一般用于解决如下三类问题。

(1) 数据的定义是按递归定义的，如斐波那契函数、n 的阶乘等。

(2) 问题的解法按递归实现，如回溯算法。

(3) 数据的结构形式是按递归定义的，如二叉树的遍历、图的搜索等。

例 3：一对兔子出生两个月后，每月生一对小兔子。小兔子两个月后又开始生下一代小兔子。假若兔子只生不死，一月初抱来一对刚出生的小兔子，一年中每个月各有多少对兔子？

问题分析：每月的兔子对数如表 5-1 所示，小兔对数加成兔对数等于当月的总对数。从表 5-1 中分析可以得到，当月的兔子对数＝本月成兔对数＋本月小兔对数＝上月的兔子对数＋上上月的兔子对数。因为上月的兔子，不管是成兔还是小兔，当月都是成兔，所以本月成兔对数等于上月兔子对数。上上月的一对兔子，本月都会生一对小兔子，因此本月小兔对数等于上上月兔子对数。

表 5-1 每月的兔子对数

月份	一月	二月	三月	四月	五月	六月	…	十二月
对数	1	1	1+1=2	2+1=3	3+2=5	5+3=8	…	?
递推 1	a	b	c	c	c	c	…	c
递推 2	a	b	c	a	b	c	…	c
递推 3	a	b	a	b	a	b	…	b

假设第 n 个月的兔子对数使用 $F(n)$ 表示，则有 $F(n)=F(n-1)+F(n-2)$。$F(n)$ 构成的数列又称为斐波那契数列或兔子序列，该数列在兔子繁殖、上楼方式、树枝、蜂房、声音、花瓣等问题中得到广泛应用。

递推可以很容易使用递归实现，递推式转换为递归方程，边界条件为 $F(0)=0, F(1)=1$。

斐波那契数列的递归实现：

输入：n。

输出：$F(n)$。

```
F(n) {
1.   if (n == 0) then return 0
```

```
2.  if (n == 1) then return 1
3.  else return F(n - 1) + F(n - 2)
    }
```

$F(5)$的递归树如图 5-1 所示，节点旁的数字表示递归调用的次序，实箭头线表示递推过程的分解关系，虚箭头线表示回归过程的求值关系，虚箭头线上的数字表示求值结果。算法的实现类似于二叉树生成的过程，因此算法的时间复杂度为 $O(2^n)$。

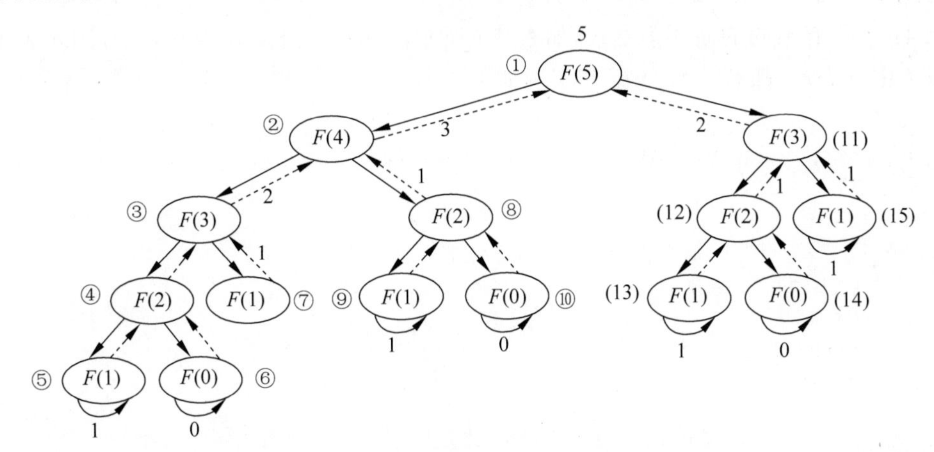

图 5-1　斐波那契数列递归计算过程

斐波那契数列的递推实现：

输入：n。

输出：F。

```
1.  F[0] = 0
2.  F[1] = 1
3.  for i = 2 to n do
4.      F[i] = F[i - 1] + F[i - 2]
5.      print(F[i])
```

算法的时间复杂度为 $O(n)$。实际上，斐波那契数列可以直接推导出结果，即

$$F(n)=\frac{1}{\sqrt{5}}\left[\left(\frac{1+\sqrt{5}}{2}\right)^n-\left(\frac{1-\sqrt{5}}{2}\right)^n\right]$$

递推与递归的比较如下。

(1) 递归是从问题的最终目标出发，逐渐将复杂问题化为简单问题，先解决简单问题，然后回溯求得问题的解。递推是从简单问题出发，一步一步向前发展，最终求得问题解。

(2) 递归是逆向的，递推是正向的。

(3) 递归表现为自己调用自己，递推则没有这样的形式。

(4) 一般来说，递推的效率高于递归，因此一般将递归转化为递推。

(5) 每个迭代算法原则上总可以转换为与它等价的递归算法；反之不然。

5.1.3　递推与循环

循环用于重复性的工作。循环体的特点是“以不变应万变”。所谓“不变”是指循环体内运算的表现形式(变量表示的循环条件、循环体)是不变的,而数据变化用变量表示,变量取值不同则每次具体的执行内容不尽相同。循环设计主要是从建好的数据模型中选择合适的变量,构造不变的循环条件和循环体——循环不变式。例如,例 2 中 $s=s\times i$ 就是循环不变式。变量 i 表示循环次数,也表示当次循环的乘数;变量 s 保存前次和当次循环的累乘结果。初始 $s=1$,第 1 次循环后 $s=s\times 2=1\times 2$,第 2 次循环后 $s=s\times 3=1\times 2\times 3$,……,第 $n-1$ 次循环后 $s=s\times n=1\times 2\times \cdots \times n$。

例 4:可以有不同的循环不变式,如表 5-1 所示。如果一月用 a 表示,二月用 b 表示,三月及以上用 c 表示,则有 $c=a+b$,其实现如下。

输入:n。

输出:$F(n)$。

```
1.  a = 1
2.  b = 1
3.  for i = 1 to n - 2 do
4.       c = a + b
5.       print(c)
6.       a = b
7.       b = c
8.  return c
```

算法每次循环递推 1 步,使用 3 个变量,其时间复杂度为 $O(4n)$。当 $n=12$ 时,算法需要 10 次循环。

如果一月用 a 表示,二月用 b 表示,三月用 c 表示,四月又用 a 表示,五月又用 b 表示,则有 $c=a+b$,$a=c+b$,$b=c+a$,其实现如下。

输入:n。

输出:$F(n)$。

```
1.  a = 1
2.  b = 1
3.  for i = 1 to n/3 do
4.      c = a + b
5.      a = b + c
6.      b = c + a
7.      print(c,a,b)
```

算法每次循环递推 3 步,使用 3 个变量,其时间复杂度为 $O(4n/3)$。当 $n=12$ 时,算法需要 4 次循环,算法最后输出的并不是 12 项,而是 $2+3\times 4=14$ 项。

如果一月用 a 表示,二月用 b 表示,三月又用 a 表示,则有 $a=a+b$,$b=b+a$,其实现如下。

输入:n。

输出:$F(n)$。

```
1.  a = 1
2.  b = 1
3.  for i = 1 to n/2 do
4.      a = a + b
```

```
5.        b = a + b
6.        print(a,b)
```

算法每次循环递推 2 步，使用 2 个变量，其时间复杂度为 $O(3n/2)$。当 $n=12$ 时，算法需要 5 次循环。

上述算法都是递推算法，循环不变式就是递推公式，利用计算机计算速度快和递推算法不断重复的特点把复杂过程转化为简单过程的多次重复。

5.1.4　递归与非递归

递归与循环都是解决“重复操作”的机制。递归代码简洁，结构清晰，容易理解，容易用归纳法证明，而设计循环不变式则比较困难。递归实现耗费更多的时间（调用和返回需要额外的时间）与存储空间（栈保存递归调用的变量值），这也限制了递归的深度。因此一般将递归算法转变为非递归算法。递归与非递归算法的比较如表 5-2 所示。

表 5-2　递归与非递归算法的比较

算法	可读性	代码量	时间	空间	适用范围	设计难度
递归	易	小	长	大	广	易
非递归	难	大	短	小	窄	难

递归算法转变为非递归算法的常用方法如下。

(1) 采用一个用户定义的栈来模拟系统的递归调用工作栈。该方法通用性强，但本质上还是递归，只不过人工做了本来由编译器做的事情，优化效果不明显。

(2) 用递推来实现递归函数。

(3) 通过变换将递归转化为尾递归，从而迭代求出结果。

后两种方法在时空复杂度上均有较大改善，但其适用范围有限。尾递归中递归调用是整个函数体中最后执行的语句并且它的返回值不属于表达式的一部分，其特点是回归过程中不用做任何操作。这个特性很重要，因为大多数现代编译器会利用这个特点自动生成优化的代码。

例 2 的尾递归实现：

输入：n。

输出：$F(n,1)$。

```
F(n,a) {
1.  if(n == 0) then return 0
2.  else if(n == 1) then
3.            return a
4.       else return F(n - 1,n * a)
}
```

时间复杂度为 $O(n)$。第 1 次调用返回的结果是 $F(n-1,n)$，第 2 次调用返回的结果是 $F(n-2,n(n-1))$，……，第 n 次返回的结果是 $F(1,n(n-1)\cdots 2)$。当前的运算结果（路径）作为参数传给下层函数，函数在递归调用前完成所有计算并把结果交给子函数，子函数不需要再去创建一个栈帧，直接就用当前栈帧把原先的数据覆盖即可。一是防止栈溢出，二是节省了调用函数时创建栈帧的开销。

例 4 的尾递归实现：

输入：n。

输出：$F(n,1,1)$。

```
1.  F(n,ret1,ret2) {
2.  if(n == 1) then return 1
3.  else if(n == 2) then return rect2
4.  return F(n - 1,ret2,ret1 + ret2)
    }
```

时间复杂度为 $O(n)$。第 1 次调用返回的结果是 $F(n-1,1,2)$，第 2 次调用返回的结果是 $F(n-2,2,3)$，第 3 次调用返回的结果是 $F(n-3,3,5)$……

前面两个例子中的函数都可以找到相应的非递归方式定义，但有些函数找不到相应的非递归方式定义，如 Ackerman 函数。

例 5：Ackerman 函数。

$$\begin{cases} A(1,0)=2 & \\ A(0,m)=1 & m \geqslant 0 \\ A(n,0)=n+2 & n \geqslant 2 \\ A(n,m)=A(A(n-1,m),m-1) & n,m \geqslant 1 \end{cases}$$

Ackerman 函数是双递归函数，函数和它的一个变量都由函数自身定义。

$m=1$ 时，$A(n,1)=A(A(n-1,1),0)=A(n-1,1)+2$，又 $A(1,1)=2$，故 $A(n,1)=2n$，$n\geqslant1$。

$m=2$ 时，$A(n,2)=A(A(n-1,2),1)=2A(n-1,2)$，又 $A(1,2)=A(A(0,2),1)=A(1,1)=2$，故 $A(n,2)=2^n$。

$m=3$ 时，类似地可以推出 $A(n,3)=2^{2^{\cdots^{2}}}$，其中 2 的层数为 n。

$m=4$ 时，$A(n,4)$的增长速度非常快，以至于没有适当的数学式子来表示这一函数，因此不能转为非递归。

5.1.5 切分问题

王小二自夸刀工不错，有人放一张大的煎饼在砧板上，问他："饼不许离开砧板，切 n 刀最多能分成多少块？"

问题分析：切分块数统计如表 5-3 所示。切一次分成两块（$2=1+1$），切两次分成 4 块（$4=2+2$），切 3 次分成 7 块（$7=3+4$）……

表 5-3 切分块数统计

切分次数	0	1	2	3	4	5
切分块数	1	2	4	7	11	16

设第 n 次切分块数为 $F(n)$，根据表 5-3，有 $F(n)=F(n-1)+n$，$F(0)=1$。

切分问题的递推算法：

输入：n。

输出：$F(n)$。

```
1.  F[0] = 1
2.  for i = 1 to n do
3.      F[i] = F[i - 1] + i
4.  return F[n]
```

实际上由 $F(n)=F(n-1)+n$，可得 $F(n-1)=F(n-2)+n-1$，这样可以直接推出结果。

$$\begin{aligned} F(n) &= F(n-1)+n \\ &= F(n-2)+n-1+n \\ &\vdots \\ &= F(0)+1+\cdots+n \\ &= 1+n(n+1)/2 \end{aligned}$$

5.1.6 狱吏问题

狱吏问题：国王对囚犯大赦，让狱吏 n 次通过一排锁着的 n 间牢房，每通过 1 次，按规则转动某些门锁，进行开关转换，最后门锁开着的牢房中的犯人获释。转动门锁的规则如下：第 1 次转动所有门锁；第 2 次从第 2 间牢房开始每隔 1 间转动 1 次；……；第 k 次从第 k 间牢房开始，每隔 $k-1$ 间转动 1 次。转动 n 次后哪些牢房的门锁是开的？

问题分析 1：设置长度为 n 的数组进行模拟。第 1 轮次转动 1、2、…、n 号牢房，第 2 轮次转动 2、4、…号牢房，……，第 k 轮次转动 k、$2k$、…号牢房。

输入：n。

输出：A。

```
1.  for i = 1 to n do
2.      A[i] = 1                          //初始化门锁关
3.  for i = 1 to n do
4.      for j = i to n do
5.          A[j] = 1 - A[j]               //转动门锁
6.          j = j + i
7.  return A
```

算法的时间复杂度为 $n+n/2+n/3+\cdots+n/n=O(n\ln n)$。

问题分析 2：设 $d(n)$表示 n 的不重复因子个数，如 4 的因子是 1、2 和 4，正好是门锁的开关次数。牢房开始是锁的，因此因子个数为奇数的房间，就是最后门锁开的房间。

输入：n。

输出：最后门锁开的房间号。

```
1.  for i = 1 to n do
2.      d = 1
3.      for j = 2 to i do
4.          if (i mod j == 0) then d = d + 1
5.      if (d mod 2 == 1) print i
```

算法的时间复杂度为 $1+2+3+\cdots+n=O(n^2)$。

问题分析 3：设 $d(n)$表示 n 的不重复因子个数，$d(n)$为奇数的就是最后门锁开的房间。$d(n)$为奇数的房间号为 1,4,9,…，正好是完全平方数。因为因子是成对出现的，只有完全平方数的两个因子相同，计数为 1 个，因此 $d(n)$为奇数。

输入：n。

输出：最后门锁开的房间号。

```
1.  for i = 1 to n do
2.          if (i * i <= n) print i * i
```

算法的时间复杂度为 $O(n)$。

本节思考题

划分问题：n 个大小不等的圆饼，分给 m 个人。要求每个人分得的大小相等，每个人只能有一块。那么最大的分隔方案是什么？

视频讲解

5.2 倒推算法

5.2.1 倒推与应用

正推是从小规模问题推解出大规模问题的方法。倒推是从后向前推解问题的方法，是对某些特殊问题所采用的违反通常习惯的方法。倒推一般使用情况如下。

(1) 不知前提条件时，从后向前递推，从而求解问题。即由结果倒过来推解它的前提条件。

(2) 由于存储的要求，必须从后向前进行推算。

(3) 一些问题从前向后分析问题比较棘手，而采用倒推则容易理解和解决。

例 6：猴子偷桃。一只小猴子摘了若干桃子，每天吃现有桃子的一半多 1 个，到第 10 天时就只有 1 个桃子了，求原有多少个桃子？

问题分析：第 10 天剩余 1 个桃子，第 9 天的桃子数 $=2(1+1)=4$，第 8 天的桃子数 $=2(4+1)=10$，……

设第 i 天的桃子数为 $F[i]$，则有 $F[i]=2(F[i+1]+1)$，$F[10]=1$，$i=9,8,\cdots,1$。

猴子偷桃的递推算法：

```
1.  s = 1
2.  for i = 9 to 1 do
3.          s = (s + 1) * 2
4.  return s
```

例 7：输出如图 5-2(a)所示的杨辉三角形(限定用 1 个一维数组)。

问题分析：上下行规律明显，中间的数等于上行左上、右上两数之和。如果使用二维数组存储，对于第 i 行，$A[i,1]=A[i,i]=1$，$A[i,j]=A[i-1,j]+A[i-1,j-1]$，如图 5-2(b)所示。

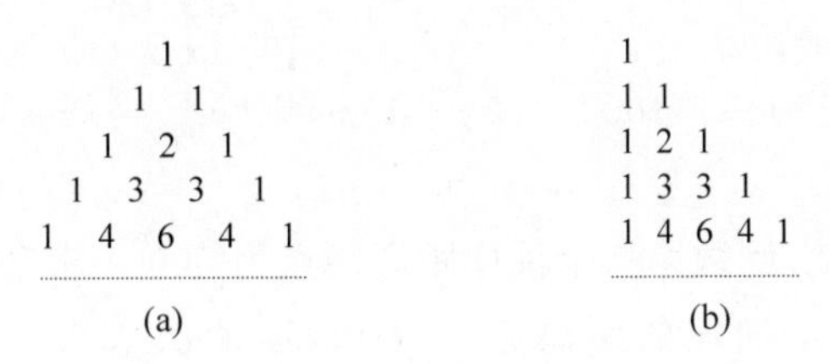

图 5-2　杨辉三角形

题目中要求用1个一维数组完成。若求 n 层，则数组最多存储 n 个数据。对于第 i 行，$A[1]=1,A[i]=1,A[j]=A[j]+A[j-1]$。如果从左到右计算，$A[i,j]=A[i-1,j]+A[i-1,j-1]$中的 $A[i-1,j-1]$已经变为 $A[i,j-1]$，等式不一定成立。如果从右向左计算，$A[i,j]=A[i-1,j]+A[i-1,j-1]$中的 $A[i-1,j]$和 $A[i-1,j-1]$没有发生变化，等式仍然成立。

依照上面分析，采取从右向左计算，计算公式为 $A[1]=1,A[i]=1,A[j]=A[j]+A[j-1]$。

杨辉三角递推算法：

```
1.  print("1")
2.  print("\n")
3.  a[1] = a[2] = 1
4.  print(a[1],a[2])
5.  print("\n")
6.  for i = 3 to n do
7.      a[1] = a[i] = 1
8.      for j = i - 1 to 2 do
9.          a[j] = a[j] + a[j - 1]
10.     for j = 1 to i do
11.         print(a[j])
12.     print("\n")
```

例 8：穿越沙漠。用一辆吉普车穿越 1000 千米的沙漠。吉普车的总装油量为 500 加仑，耗油率为 1 加仑/千米。沙漠中没有油库，必须先用这辆车在沙漠中建立临时油库。该吉普车以最少的耗油量穿越沙漠，应在什么地方建油库，各油库的储油量是多少？

问题分析：问题要求以最少的耗油量穿越沙漠，那么到达终点时，沙漠中的各临时油库和车的装油量均为 0 加仑。这样只能从终点开始向前倒推储油点和储油量。设下一个油库距离为 x 千米，运油次数为 y。

最后一段长度为 500 千米且最后一个加油点储油为 500 加仑。

倒数第二段中为了储备油，吉普车在这段的行程必须有来回。

(1) 首先不计方向，这段应走奇数次(保证最后向前走)，即 $2y-1$ 次，相应的消耗油量为$(2y-1)x$ 加仑。

(2) 每次向前行进时吉普车是满载，即 $500y$ 加仑。

(3) 储存够下一个加油点 500 加仑油量。

根据上述分析有 $500y=500+(2y-1)x$，则 $y_{\min}=2, x=500(y-1)/(2y-1)=$

500/3，储油 $500y=1000$。

同样，倒数第三段有 $500y=1000+(2y-1)x$，则 $y_{\min}=3$，$x=500(y-2)/(2y-1)=500/5$，储油 $500y=1500$。

因此从终点倒推起点，倒数第一个油库距离终点为500千米，储油量为500加仑。设倒数第 k 个油库距离上一个油库的距离为 x 千米，运油次数为 y。根据上述分析有 $x=500/(2k-1)$千米，储油量为 $500k$ 加仑。

穿越沙漠递推算法：

```
1.  dis = 500
2.  oil = 500
3.  k = 1
4.  do
5.  print(k,1000dis,oil)
6.      k = k + 1
7.      dis = dis + 500/(2k - 1)
8.      oil = 500k
9.  while (dis < 1000)
10. oil = 500(k - 1) + (1000 - dis)(2k - 1)              //第一个储油点
11. print(k,0,oil)
```

5.2.2 约瑟夫问题

n 个人围成一圈，从第一个人开始顺序报数，报数 m 的将被杀掉，最后剩下一个人胜出。例如 $n=6$，$m=5$，被杀掉的顺序是：5、4、6、2、3，1胜出。

问题分析：n 个人(编号 $0\sim n-1$)，从0开始报数，报到 $m-1$ 的退出，剩下的人继续从0开始报数。

第1个出局的人编号：$m-1$。

剩余人员：　m　$m+1$　…　$n-1$　0　1　…　$m-2$

剩余人员报数：　0　1　…　$n-1-m$　$n-m$　$n-m+1$　…

第2个出局人报数 $m-1$，原编号是 $(m-1+m)\%n$。

设 $F[i]$表示 i 个人游戏报数 m 时最后胜利者的编号，则有 $F(1)=0$。根据上述分析，有 $F(i)=(F(i-1)+m)\%i$，$F(n)=(F(n-1)+m)\%n$。

约瑟夫递推算法：

输入：n，m。

输出：胜利者编号。

```
1.  f = 0
2.  for i = 2 to n do
3.      f = (f + m) % i
4.  print f + 1
```

本节思考题

1. 约瑟夫问题：一个监狱有 k 个好人和 k 个坏人。监狱长接到命令，杀掉 k 个人。

监狱长比较正义,想杀掉 k 个坏人,留下 k 个好人。他让 k 个好人和 k 个坏人顺序围成一圈,从第一个人开始顺序报数,报数 m 的将被杀掉,最后剩下 k 个好人,最小的 m 是多少?

2. NIM 游戏:有一堆石子和两个玩家。每个玩家每次可以从该堆剩余石子中拿走至少 1 个、至多 m 个石子。拿走最后一个剩余石子者获胜。获胜策略是什么?

如果有 n 堆石子,给定每堆石子数和两个玩家。每个玩家每次可以从任意一堆石子中拿走任意数量的石子(最少一个,最多整堆石子),每次拿的石子数可以不同。拿走最后一个剩余石子者获胜。获胜策略是什么?

如果 NIM 游戏中,每次最多只能取 k 个,怎么处理?

5.3 递推求解

5.3.1 快速排序

C. A. R. Hoare 于 1962 年提出快速排序并于 1980 年获得图灵奖。快速排序算法思想如下:选择一个基准数,通过一次排序将要排序的数据分割成独立的两部分;其中一部分的所有数据都比另外一部分的所有数据小。然后,再按此方法对这两部分数据分别进行快速排序,整个排序过程可以递归进行,以此达到整个数据变成有序序列。

快速排序算法:

输入:数组 A。

输出:数组 A,使 $i<j$ 时 $a_i \leqslant a_j$,$1 \leqslant i<j \leqslant n$。

```
Call quickSort(A,1,n)
quickSort(A,p,r) {
1.  if (p < r) then
2.       q = partion(A,p,r)
3.       quickSort(A,p,q - 1)
4.       quickSort(A,q + 1,r)
5.  }
partion(A,p,r) {
1.  x = A[p]
2.  i = p
3.  j = r + 1
4.  while(true) do
5.       repeat j = j - 1     until A[j] <=  x
6.       repeat i = i + 1     until A[i] > x
7.       if (i < j) then Swap(A[i],A[j])
8.       else Swap(A[j],A[p])  break
9.  return j
10 }
```

partion(A,p,r) 的操作过程如表 5-4 所示。

表 5-4 partion 操作示例

6	7	5	2	5	8	初始序列
6	7	5	2	**5**	8	$j=j-1$
6	**7**	5	2	5	8	$i=i+1$
6	**5**	5	2	**7**	8	交换
6	5	5	**2**	7	8	$j=j-1$
6	5	5	2	**7**	8	$i=i+1$
2	5	5	**6**	7	8	交换并划分

$j=j-1$ 和 $i=i+1$ 的操作次数不超过数组长度，因此划分操作的时间复杂度为 $O(n)$。记录的比较和交换是从两端向中间进行的，关键字较大的记录一次就能交换到后面单元，关键字较小的记录一次只能交换到前面单元，记录每次移动的距离较大，因而总的比较和移动次数较少。

设快速排序的时间复杂度是 $T(n)$。当 $n=1$ 时，$T(1)=0$。partion$(A,1,n)$划分成的 2 个子数组大小不一，影响快速排序的时间复杂度。

最坏情况下，序列已经排好序，partion 操作后分成的两个子数组，一个为空，一个有 $n-1$ 个元素，则 $T(n)=T(0)+T(n-1)+n-1$。

最好情况下，划分的两个子数组包含的元素数相等，则 $T(n)=2T(n/2)+n-1$。

平均情况下，假设划分的子数组长度的概率相同，则

$$
\begin{aligned}
T(n) &= \frac{T(0)+T(n-1)+T(1)+T(n-2)+\cdots+T(n-1)+T(0)}{n}+n-1 \\
&= \frac{2(T(0)+T(1)+\cdots+T(n-1))}{n}+n-1 \\
&= \frac{2}{n}\sum_{i=1}^{n-1}T(i)+n-1
\end{aligned}
$$

5.3.2 递推方程求解

递推方程求解的常用方法有：迭代法、递归树、归纳法和主定理法。

1. 迭代法

迭代法又分为直接迭代、差消迭代和换元迭代。

(1) 直接迭代：直接迭代从原始递推方程出发，反复将对应方程左边的函数用右边等式代入，直至得到初值，然后将所得的结果化简。

最坏情况下，快速排序的时间复杂度为 $T(n)=T(n-1)+n-1$，$T(1)=0$。则有 $T(n-1)=T(n-2)+n-2$，代入原式，有

$$
\begin{aligned}
T(n) &= T(n-1)+n-1 \\
&= [T(n-2)+n-2]+n-1 \\
&= T(n-2)+(n-2)+(n-1) \\
&= [T(n-3)+n-3]+(n-2)+(n-1) \\
&\cdots \\
&= T(1)+1+2+\cdots+(n-2)+(n-1)
\end{aligned}
$$

$$=1+2+\cdots+(n-2)+(n-1)$$
$$=\frac{n(n-1)}{2}$$

为保证正确性，需要代入递推方程验证。

当 $n=1$ 时，$T(1)=1\times(1-1)/2=0$ 成立。假设 $n=k$ 时，$T(k)=k(k-1)/2$ 成立，则当 $n=k+1$ 时，有 $T(k+1)=T(k)+k=k(k-1)/2+k=k(k+1)/2$，故公式成立。

(2) 差消迭代：迭代一般用于一阶递推方程，高阶方程需要使用差消法化简为一阶方程求解。

平均情况下，快速排序的时间复杂度为

$$T(n)=\frac{2}{n}\sum_{I=1}^{n-1}T(i)+n-1,\quad T(1)=0$$

则有

$$nT(n)=2\sum_{i=1}^{n-1}T(i)+n^2-n,(n-1)T(n-1)=2\sum_{i=1}^{n-2}T(i)+(n-1)^2-(n-1)$$

两边加 $2T(n-1)$，得

$$(n+1)T(n-1)=2\sum_{i=1}^{n-2}T(i)+2T(n-1)+(n-1)^2-(n-1)$$
$$=2\sum_{i=1}^{n-1}T(i)+(n-1)^2-(n-1)$$
$$nT(n)=2\sum_{i=1}^{n-1}T(i)+n^2-n$$
$$=(n+1)T(n-1)-(n-1)^2+(n-1)+n^2-n$$
$$=(n+1)T(n-1)+2n-2$$

等式两边均除以 $n(n+1)$，得

$$\frac{T(n)}{n+1}=\frac{T(n-1)}{n}+\frac{2n-2}{n(n+1)}=\cdots=2\left[\frac{1}{n+1}+\frac{1}{n}+\cdots+\frac{1}{3}\right]+\frac{T(1)}{2}-1-O\left(\frac{1}{n}\right)$$
$$=\theta(\log n)$$

所以，$T(n)=\Theta(n\log n)$。

(3) 换元迭代：将 n 的递推式换成其他变元 k 的递推式，对 k 直接迭代，最后将解变换为 n 的函数。

最好情况下，快速排序的时间复杂度为 $T(n)=2T(n/2)+n-1$，$T(1)=0$。

假设 $n=2^k$，则 $k=\log n$，代入上式有 $T(2^k)=2T(2^{k-1})+2^k-1$，$T(2^{k-1})=2T(2^{k-2})+2^{k-1}-1$。

$$T(2^k)=2T(2^{k-1})+2^k-1$$
$$=2[2T(2^{k-2})+2^{k-1}-1]+2^k-1$$
$$=2^2T(2^{k-2})+2(2^k)-2-1$$
$$=2^3T(2^{k-3})+3(2^k)-2^2-2-1$$
$$\cdots$$

$$=2^k T(2^0)+k(2^k)-2^{k-1}-\cdots-2^2-2-1$$
$$=k(2^k)-2^k$$

所以 $T(n)=n\log n-n=\Theta(n\log n)$。

2. 递归树

最好情况下,快速排序的时间复杂度为 $T(n)=2T(n/2)+O(n)$,$T(1)=0$。其中,$O(n)$为长度为 n 的数组划分为 2 个 $n/2$ 个元素的数组的时间复杂度。

使用递归树表示,如图 5-3 所示,节点是划分的子问题。右边是分解和合并的代价=每层子问题数×(分解和合并该层一个子问题的代价)。

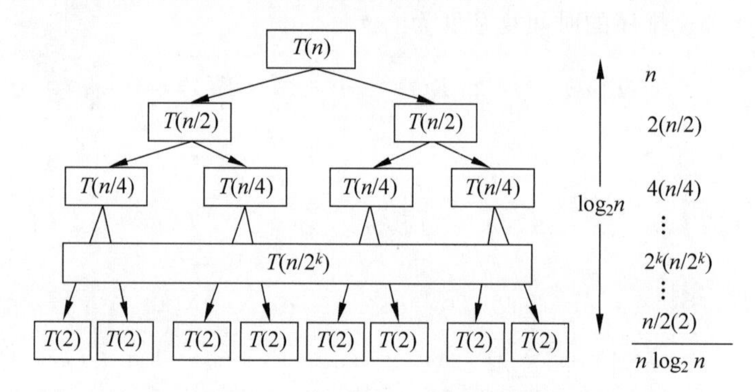

图 5-3 快速排序的递归树表示

根据公式 $T(n)=2T(n/2)+O(n)$,有 $T(n/2)=2T(n/4)+O(n/2)$,$T(n/4)=2T(n/8)+O(n/4)$,…,$T(2)=2T(1)+O(2)$。如图 5-3 所示,$T(2)$层一共有 $n/2$ 组,每组划分的时间复杂度为 2,因此该层划分的时间为 $2(n/2)=n$。$T(n/2)$层一共有 2 组,每组划分的时间复杂度为 $n/2$,因此该层划分的时间同样为 $2(n/2)=n$。$T(n)$层一共有 1 组,划分的时间复杂度为 n,因此该层划分的时间同样为 n。设 $n=2^x$,则 $x=\log n$。递归树一共有 x 层,每次划分的时间为 n,因此总的时间复杂度为 $nx=n\log n$。

递归树法求解过程使用部分近似,如 $n=2^x$,为保证正确性,需要代入递推方程进行验证。

当 $n=1$ 时,$T(1)=\log 1=0$ 成立。假设 $n=k$ 时,$T(k)=k\log_2 k$ 成立,则当 $n=2k$ 时,有 $T(2k)=2T(k)+2k=2k\log_2 k+2k=2k(\log_2 k+1)=2k\log 2k$,故公式成立。

3. 归纳法

最好情况下,快速排序的时间复杂度为 $T(n)=2T(n/2)+O(n)$,$T(1)=0$。使用归纳法证明 $T(n)=n\log_2 n$。

证明:

当 $n=1$ 时,$T(1)=1\times\log_2 1=0$ 成立。假定 $n=k$ 时,$T(k)=k\log_2 k$ 成立,则当 $n=2k$ 时,有 $T(2k)=2T(k)+2k=2k\log_2(k)+2k=2k[\log_2(2k)-1]+2k=2k\log_2(2k)$,故公式成立。

4. 主定理法

设 $a\geqslant 1$,$b>1$ 为常数,$f(n)$为函数,$T(n)$为非负整数,且 $T(n)=aT(n/b)+f(n)$,则有

$$T(n)=\begin{cases}\Theta(n^{\log_b a}) & \exists\varepsilon,\text{使 } f(n)=O(n^{\log_b a-\varepsilon}) \\ \Theta(n^{\log_b a}\log n) & f(n)=\Theta(n^{\log_b a}) \\ \Theta(f(n)) & \exists\varepsilon,\text{使 } f(n)=\Omega(n^{\log_b a+\varepsilon}),\text{且 }\exists\text{ 常数 } c \text{ 和 } \forall \text{ 充分大的 } n, \\ & \text{使 } af(n/b)\leqslant cf(n)\end{cases}\quad \begin{matrix}\varepsilon>0\\ c<1\end{matrix}$$

例 9：$T(n)=9T(n/3)+n$。

$n^{\log_b a}=n^{\log_3 9}=n^2$，$f(n)=n=n^{2-\varepsilon}=O(n^{\log_b a-\varepsilon})$。依据主定理，有 $T(n)=\Theta(n^2)$。

例 10：$T(n)=T(2n/3)+1$。

$n^{\log_b a}=n^{\log_{3/2}1}=n^0=1$，$f(n)=1=\theta(n^{\log_b a})$。依据主定理，有 $T(n)=\Theta(\log n)$。

例 11：$T(n)=3T(n/4)+n\log n$。

$n^{\log_b a}=n^{\log_4 3}=n^{0.793}$，$f(n)=n\log n$，$f(n)=\Omega(n^{\log_b a+\varepsilon})$。

又 $af(n/b)=3f(n/4)=(3n\log(n/4))/4=(3n(\log n-2))/4<cn\log n$，$3/4\leqslant c<1$。依据主定理，$T(n)=\Theta(n\log n)$。

例 12：$T(n)=2T(n/2)+n\log n$。

$n^{\log_b a}=n^{\log_2 2}=n$，$f(n)=n\log n$，不存在 ε，使 $f(n)=\Omega(n^{\log_b a+\varepsilon})$。

又不存在 $c<1$，使 $2f(n/2)=2(n/2)\log(n/2)=n(\log n-1)<cn\log n$，因此不能使用主定理。

使用迭代求解，有

$$\begin{aligned}T(n)&=2T(n/2)+n\log n\\&=2[2T(n/4)+(n/2)(\log n/2)]+n\log n\\&=2^2T(n/4)+n(\log n-1)+n\log n\\&\cdots\\&=2^kT(n/2^k)+n(\log n-k)+\cdots+n(\log n-1)+n\log n\end{aligned}$$

设 $n=2^k$，则 $T(n)=n(k+1)\log n-n(k(k+1))/2=n(\log n+1)\log n-n(\log n(\log n+1))/2=O(n\log^2 n)$。

主定理推导过程如下。

$T(n)=aT(n/b)+f(n)$ 则 $T(n/b)=aT(n/b^2)+f(n/b)$，$T(n/b^2)=aT(n/b^3)+f(n/b^2)$，故有

$$\begin{aligned}T(n)&=aT\left(\frac{n}{b}\right)+f(n)=a^2T\left(\frac{n}{b^2}\right)+af\left(\frac{n}{b}\right)+f(n)\\&=a^3T\left(\frac{n}{b^3}\right)+a^2f\left(\frac{n}{b^2}\right)+af\left(\frac{n}{b}\right)+f(n)\end{aligned}$$

设 $n=b^x$，则 $x=\log_b n$，又 $a^x=a^{\log_b n}=n^{\log_b a}$，因此有

$$\begin{aligned}T(n)&=aT\left(\frac{n}{b}\right)+f(n)=\cdots=a^xT\left(\frac{n}{b^x}\right)+a^{x-1}f\left(\frac{n}{b^{x-1}}\right)+\cdots+af\left(\frac{n}{b}\right)+f(n)\\&=a^xT\left(\frac{n}{b^x}\right)+\sum_{j=0}^{x-1}a^jf\left(\frac{n}{b^j}\right)\end{aligned}$$

$$=n^{\log_b a}+\sum_{j=0}^{\log_b n-1} a^j f\left(\frac{n}{b^j}\right)$$

(1) 若 $f(n)=O(n^{\log_b a-\varepsilon})$,则

$$f\left(\frac{n}{b^j}\right)=O\left(\left(\frac{n}{b^j}\right)^{\log_b a-\varepsilon}\right)$$

$$\sum_{j=0}^{\log_b n-1} a^j f\left(\frac{n}{b^j}\right)=O\left(\sum_{j=0}^{\log_b n-1} a^j\left(\frac{n}{b^j}\right)^{\log_b a-\varepsilon}\right)=O\left(n^{\log_b a-\varepsilon}\sum_{j=0}^{\log_b n-1}\left(\frac{ab^{\varepsilon}}{b^{\log_b a}}\right)^j\right)$$

$$=O\left(n^{\log_b a-\varepsilon}\sum_{j=0}^{\log_b n-1}(b^{\varepsilon})^j\right)=O\left(n^{\log_b a-\varepsilon}\left(\frac{b^{\varepsilon\log_b n}-1}{b^{\varepsilon}-1}\right)\right)=O\left(n^{\log_b a-\varepsilon}\left(\frac{n^{\varepsilon}-1}{b^{\varepsilon}-1}\right)\right)$$

$$=O(n^{\log_b a-\varepsilon}(n^{\varepsilon}))=O(n^{\log_b a})$$

因此,$\exists\varepsilon>0$,若 $f(n)=O(n^{\log_b a-\varepsilon})$,则 $T(n)=n^{\log_b a}+\sum_{j=0}^{\log_b n-1} a^j f(n/b^j)=\Theta(n^{\log_b a})$。

(2) 若 $f(n)=\Theta(n^{\log_b a})$,则

$$f\left(\frac{n}{b^j}\right)=\Theta\left(\left(\frac{n}{b^j}\right)^{\log_b a}\right)$$

$$\sum_{j=0}^{\log_b n-1} a^j f\left(\frac{n}{b^j}\right)=\Theta\left(\sum_{j=0}^{\log_b n-1} a^j\left(\frac{n}{b^j}\right)^{\log_b a}\right)=\Theta\left(n^{\log_b a}\sum_{j=0}^{\log_b n-1}\left(\frac{a}{b^{\log_b a}}\right)^j\right)$$

$$=\Theta\left(n^{\log_b a}\sum_{j=0}^{\log_b n-1}(1)^j\right)=\Theta(n^{\log_b a}(\log_b n))$$

因此,若 $f(n)=\Theta(n^{\log_b a-\varepsilon})$,则 $T(n)=n^{\log_b a}+\sum_{j=0}^{\log_b n-1} a^j f(n/b^j)=\Theta(n^{\log_b a}\log n)$。

(3) 若 $f(n)=(n^{\log_b a+\varepsilon})$,$c<1$。则有

$$af\left(\frac{n}{b}\right)\leqslant cf(n),\quad f\left(\frac{n}{b}\right)\leqslant\left(\frac{c}{a}\right)f(n),\quad f\left(\frac{n}{b^j}\right)\leqslant\left(\frac{c}{a}\right)^j f(n)$$

$$\sum_{j=0}^{\log_b n-1} a^j f\left(\frac{n}{b^j}\right)\leqslant\sum_{j=0}^{\log_b n-1} a^j\left(\frac{c}{a}\right)^j f(n)+O(1)\leqslant\sum_{j=0}^{\log_b n-1}(c)^j f(n)+O(1)$$

$$=\frac{f(n)}{1-c}+O(1)=\Theta(f(n))$$

因此,$\exists\varepsilon>0$,$c<1$,若 $f(n)=\Omega(n^{\log_b a+\varepsilon})$,则 $T(n)=n^{\log_b a}+\sum_{j=0}^{\log_b n-1} a^j f(n/b^j)=\Theta(f(n))$。

本节思考题

1. 设算法 A 的时间复杂度递推方程为 $T(n)=7T(n/2)+n^2$,算法 B 的时间复杂度递推方程为 $T(n)=\lambda T(n/4)+n^2$,确定最大的正整数 λ,使算法 B 的阶不高于 A 的阶。

2. 设原问题的规模为 n,从下面算法中选择复杂度最低的算法,并简要说明原因。

算法 A:将原问题划分为规模减半的 5 个子问题,递归求解每个子问题,然后在线性时

间内合并子问题的解并得到原问题的解。

算法B：先递归求解两个规模为 $n-1$ 的子问题，然后在常量时间内将子问题的解合并得到原问题的解。

算法C：将原问题划分为规模为 $n/3$ 的9个子问题，递归求解每个子问题，然后在 $O(n^3)$ 时间内将子问题的解合并得到原问题的解。

本章习题

1. 编程实现划分问题算法(POJ 3122、POJ 1664)。
2. 编程实现递推算法(POJ 1942)。
3. 编程实现递归算法(POJ 2083)。
4. 编程实现约瑟夫问题算法(POJ 2244、POJ 3517)。
5. 编程实现快速排序算法(POJ 2388、POJ 2263、POJ 1974)。
6. 编程实现线性方程组算法(POJ 2345)。
7. 编程实现牛顿迭代解方程算法(POJ 3111)。
8. 编程实现石子游戏算法(POJ 1067、POJ 3688)。
9. 简述递推方程的求解方法。
10. 简述递推与递归、循环的关系。
11. 求解下列递推方程。

(1) $T(n)=\begin{cases}T(n-1)+n^2\\T(1)=1\end{cases}$。

(2) $T(n)=\begin{cases}8T(n/2)+n^2\\T(1)=1\end{cases}$。

(3) $T(n)=\begin{cases}T(n/2)+T(n/4)+n\\T(1)=1\end{cases}$。

(4) $T(n)=\begin{cases}T(n/2)+\log 3^n\\T(1)=1\end{cases}$。

(5) $T(n)=\begin{cases}2T(n/2)+n^2\log n\\T(1)=1\end{cases}$。

(6) $T(n)=\begin{cases}T(n-1)+1/n\\T(1)=1\end{cases}$。

12. 一群猴子编号是 $1,2,3,\cdots,m$，这群猴子按照 $1\sim m$ 的顺序围坐一圈，从第1开始数，每数到第 n 个，该猴子就要离开此圈，这样依次下来，直到圈中只剩下最后一只猴子，则该猴子为大王。大王的编号是多少？

13. 集合划分问题：给定正整数 $n(1\leqslant n\leqslant 20)$，计算出 n 个元素的集合 $\{1,2,\cdots,n\}$ 可

以化为多少个不同的非空子集。

14. 集合划分问题：给定正整数 n 和 m，计算出 n 个元素的集合 $\{1,2,\cdots,n\}$ 可以划分为多少个不同的由 m 个非空子集组成的集合。

15. 给定 n 个物品的重量，给定常数 k，编写算法，选择部分物品，使其重量之和正好等于 k。

16. 请给出汉诺塔问题的递推公式和时间复杂度、汉诺塔问题递归与非递归算法。

17. 冯·诺依曼邻居问题：从 1×1 的方格开始，每次在上次图形周围增加一圈方格，第 1 次只有 1 个方格，第 2 次增加 4 个方格，第 3 次增加 8 个方格，……，第 n 次生成多少方格？请给出递推关系和时间复杂度。

第6章

分治算法

分治是重要的算法设计策略，也是解决现实问题的重要思路。现实中许多复杂问题都可以使用分治的思想进行解决，特别是在非数值计算领域应用广泛。中国军事战法中迂回包围、穿插分割、各个歼灭，就是分治的思想。中印边境自卫反击战西山口战役中刘伯承提出“打头、截尾、剖腹、击背”的作战方针运用的也是分治的思想。农村包围城市和人民战争的思想也符合分治的思想。分治算法的另一个天然的优点是可以使用并行算法进一步提高效率。本章介绍分治的基本思想和基本特征，分治与减治的分类，常用问题的分治算法与改进方法。

视频讲解

6.1 分治算法概述

6.1.1 设计思想

分治算法的设计思想是大事化小，各个击破，分而治之。将难以直接解决的大问题，分割成一些规模较小的子问题，子问题相互独立并与原问题相似，以便各个击破，分而治之。

分治算法将较大规模的问题分割成 k 个更小规模的子问题，对 k 个子问题分别求解；如果子问题的规模不够小，则再划分为 k' 个子问题，如此递归地进行下去，直到子问题规模足够小，很容易求出其解为止；然后将求出的小规模问题的解合并为一个更大规模问题的解，自底向上逐步求出原问题的解。

例 1：假币问题。现有 16 个硬币袋子，其中 1 个袋子中有假币，且假币比真币轻。只有一台天平，如何找出这个假币袋子？

方法 1：如果两两一组称，重量不同且较轻的是假币袋子，这样最多称 8 次可以找出假币袋子。

方法 2：如果先将硬币袋子分成 8 个一组进行称量，找出重量轻的一组；重量轻的一组再分成 4 个一组，找出轻的一组；重量轻的一组再分成两个一组，找出轻的一组；最后称量这一组，就可以找出假币袋子，这样需要称量 4 次。

这两种方法都是分治算法。分治算法应该如何分解子问题,没有确切的结论。实践中人们发现,等分较好。每次都将问题分解为原问题规模的一半,称为二分法。上述第 2 种方法就是二分法。

6.1.2 合并排序

合并排序又称为归并排序,其基本思想是将待排序序列分成两个大致相同的子序列,递归对子序列排序,最后将子序列逐步合并为要求的排序序列。

问题分析:将长度为 n 的数组分成两个长度为 $n/2$ 的子数组,然后对两个子数组分别排序,最后再将两个有序数组合并排序为长度为 n 的有序数组。例如,将 ALGORITHMS 分成 ALGOR 和 ITHMS,然后对之分别排序为 AGLOR 和 HIMST,最后合并排序为 AGHILMORST,如图 6-1 所示。

1. *递归算法*

合并排序递归算法:

输入:数组 A。

输出:数组 A,使 $i<j$ 时 $a_i \leqslant a_j$, $0 \leqslant i<j \leqslant n-1$。

```
call mergeSort(A,0,n-1)
mergeSort(A,left,right) {
1.   if(left < right) then                        //至少 2 个元素
2.       i = (left + right)/2                     //取中点
3.       mergeSort( A,left,i)
4.       mergeSort(A,i+1,right)
5.       merge(A,B,left,i,right)                  //合并到数组 B
6.       copy(A,B,left,right)                     //复制到数组 A
}
Merge(A,B,left,p,right){
1.   i = left
2.   j = p+1
3.   k = left
4.   while(i <= p and j <= right) do
5.       if(A[i] <= A[j]) then
6.            B[k++] = A[i++]
7.       else B[k++] = A[j++]
8.   if(i > p) then
9.        for q = j to right do
10.           B[k++] = A[q]
11.  else for q = i to p do
12.           B[k++] = A[q]
}
```

将子数组合并排序的过程如图 6-1 所示。设置两个指针指向两个子数组的开始元素 A 和 H,A<H,A 放入辅助数组,如图 6-1(a)所示。指向 A 的指针后移 1 位,继续比较,G<H,G 放入辅助数组,如图 6-1(b)所示。指向 G 的指针后移 1 位……直至 1 个子数组为空。如图 6-1(h)所示,元素 R<S,R 进入数组,指向 R 的指针后移,子数组为空。然后将 S 所在子数组的剩余元素 S 和 T 放入辅助数组,得到合并排序后的数组,如图 6-1(i)所示。

设 $T(n)$表示长度为 n 的数组合并排序的时间复杂度,则两个子数组排序的时间复杂度为 $2T(n/2)$。合并排序操作示例如图 6-1 所示,每次合并辅助数组 B 中增加一个元素,

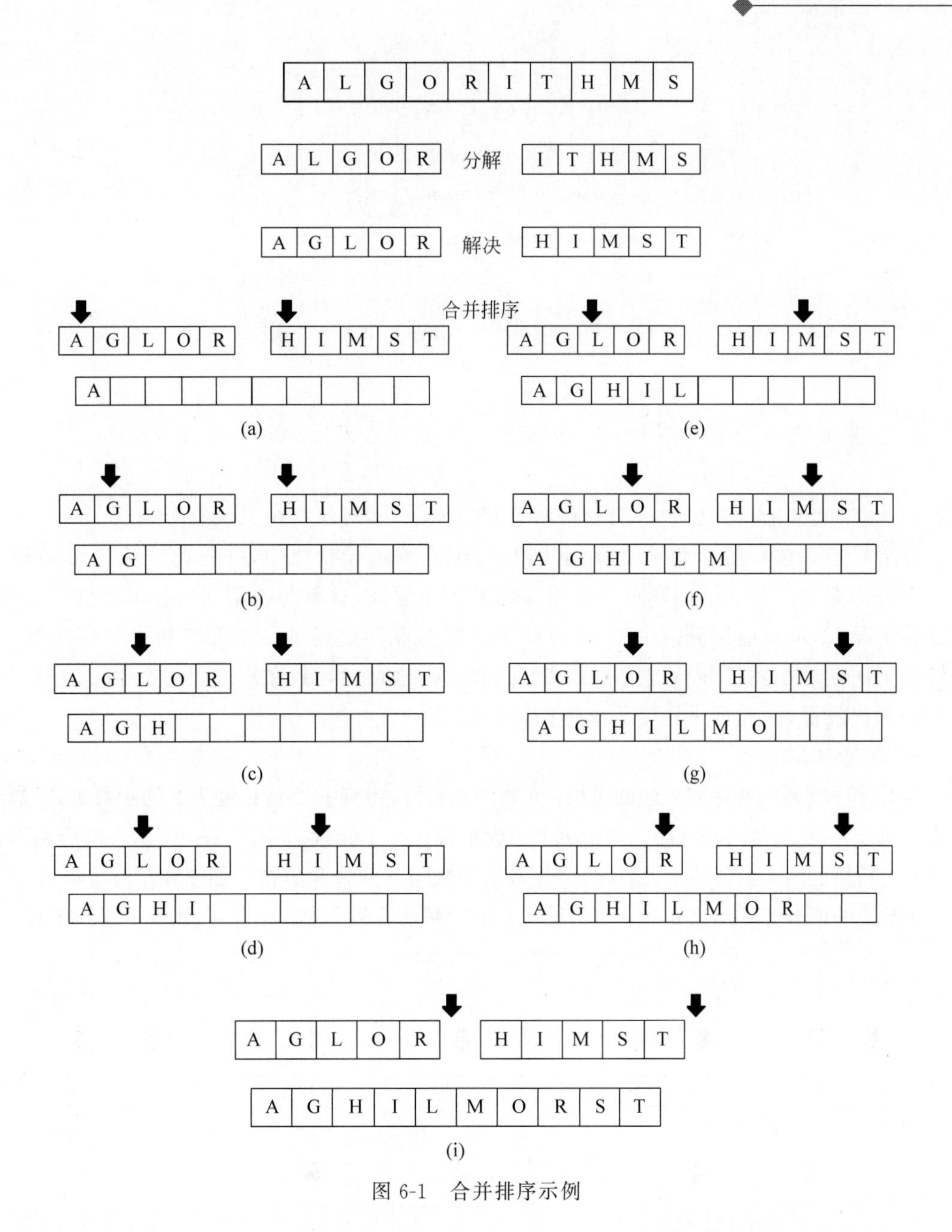

图 6-1 合并排序示例

故合并操作次数小于两个子数组长度之和($n/2+n/2=n$)。因此合并排序的时间复杂度为 $T(n)=2T(n/2)+O(n)$,根据主定理,$T(n)=\Theta(n\log n)$。算法增加了辅助数组 B,因此空间复杂度为 $O(n)$。

实际上分成的两个数组大小分别为$\lceil n/2 \rceil$和$\lfloor n/2 \rfloor$,因此合并排序更精确的时间复杂度为 $T(n)=T(\lceil n/2 \rceil)+T(\lfloor n/2 \rfloor)+n \leqslant n\lceil \log n \rceil$。

证明:

当 $n=1$ 时,$T(1)=0$ 成立。

假设当 $n_1=\lfloor n/2 \rfloor$,$n_2=\lceil n/2 \rceil$ 时成立,即 $T(n_1)\leqslant n_1\lceil \log n_1 \rceil$,$T(n_2)\leqslant n_2\lceil \log n_2 \rceil$,则有

$$
\begin{aligned}
T(n) &= T(n_1) + T(n_2) + n \\
&\leqslant n_1 \lceil \log n_1 \rceil + n_2 \lceil \log n_2 \rceil + n \\
&\leqslant n_1 \lceil \log n_2 \rceil + n_2 \lceil \log n_2 \rceil + n \\
&= (n_1 + n_2) \lceil \log n_2 \rceil + n \\
&= n \lceil \log n_2 \rceil + n
\end{aligned}
$$

因为

$$
n_2 = \left\lceil \frac{n}{2} \right\rceil \leqslant \left\lceil \frac{2^{\lceil \log n \rceil}}{2} \right\rceil, \quad \lceil \log n_2 \rceil \leqslant \lceil \log n \rceil - 1
$$

故有

$$
\begin{aligned}
T(n) &= T(n_1) + T(n_2) + n \leqslant n \lceil \log n_2 \rceil + n \leqslant n(\lceil \log n \rceil - 1) + n \\
&= n \lceil \log n \rceil
\end{aligned}
$$

因此,时间复杂度分析中一般忽略取整和边界条件,对最终结果没有影响。

分治与递归像一对孪生兄弟,经常同时应用在算法设计之中,并由此产生许多高效算法。由分治算法产生的子问题往往是原问题的较小模式,这就为使用递归技术提供了方便。在这种情况下,反复应用分治手段,可以使子问题与原问题类型一致而其规模却不断缩小,最终使子问题缩小到很容易直接求出其解的程度。这自然导致递归过程的产生。但递归的效率一般比较低,因此通常转变为非递归进行计算。

2. 非递归算法

合并排序问题的非递归算法的思想:元素两两合并,得到 $n/2$ 组长度为 2 的子数组,子数组继续两两合并,直至数组排好序。初始每个子数组包含 1 个元素,如图 6-2(a)所示。然后两两元素合并的结果如图 6-2(b)所示,随后两个元素的子数组两两合并的结果如图 6-2(c)所示,4 个元素的子数组两两合并的结果如图 6-2(d)所示。最后剩余的两个子数组合并,如图 6-2(e)所示。

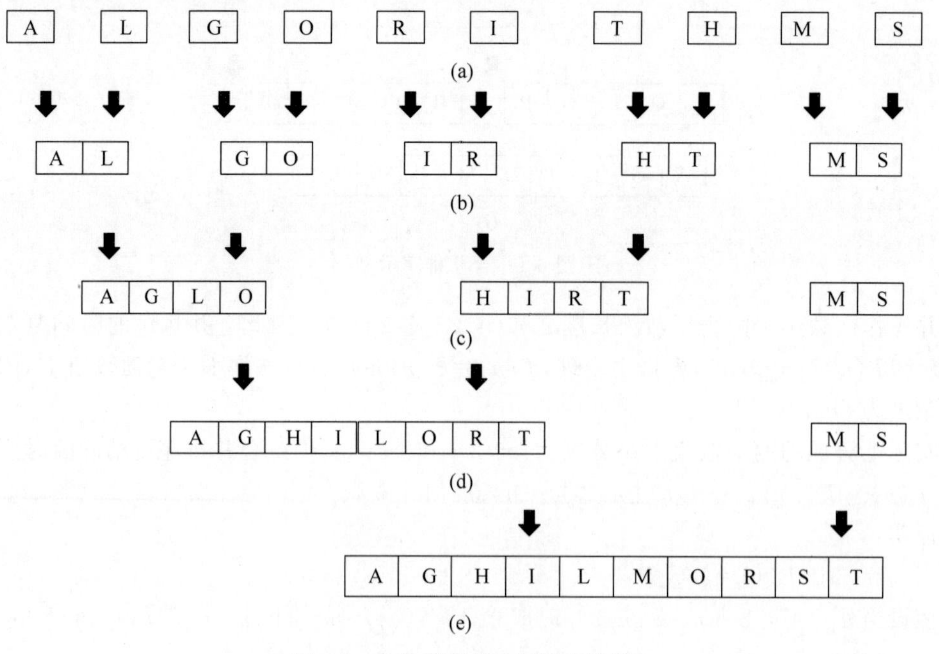

图 6-2 合并排序非递归算法示例

合并排序非递归算法：

输入：数组 A。

输出：数组 A，使 $i<j$ 时 $a_i \leqslant a_j$，$0 \leqslant i<j \leqslant n-1$。

```
1.  s = 2                                   //步长
2.  while(s <= n) do
3.      i = 0
4.      while (i + s <= n) do
5.          merge(A,B,i,i + s/2 - 1,i + s - 1)
6.          i = i + s
7.      merge(A,B,i,i + s/2 - 1,n - 1)      //处理末尾部分
8.      copy(A,B,0,n - 1)                   //复制到数组 A
9.      s = s * 2
10. merge(A,B,0,s/2 - 1,n - 1)              //最后处理一遍
11. copy(A,B,0,n - 1)
12. return A
```

3. 自然合并排序

实际数据往往由一段段已经排序的数据片段构成。利用这一条件，可以使用自然合并排序解决。自然合并排序的基本思想是将每段已排序数据片段分为一组，然后两两合并，直至全部数据排好序。例如 $A=(4,7,8,3,1,5,6,2)$，使用自然合并排序和合并排序的比较如表 6-1 所示。

表 6-1　自然合并排序与合并排序示例比较

	自然合并排序	合 并 排 序
原始数据	4,7,8,3,1,5,6,2	4,7,8,3,1,5,6,2
数据分组	(4,7,8) (3) (1,5,6) (2)	(4) (7)(8)(3)(1)(5)(6)(2)
第 1 轮合并	(3,4,7,8) (1,2,5,6)	(4,7) (3,8) (1,5) (2,6)
第 2 轮合并	(1,2,3,4,5,6,7,8)	(3,4,7,8) (1,2,5,6)
第 3 轮合并		(1,2,3,4,5,6,7,8)

极端情况下，若数组已经排好序，自然合并排序仅需比较 $n-1$ 次自然分成一组，不再进行合并操作，因此时间复杂度为 $O(n)$。而合并排序仍然分成 n 组，然后逐步两两合并，直至合并成排序数组，其时间复杂度仍然为 $O(n\log n)$。

6.1.3　基本特点

1. 分治算法的设计模式

分治算法的一般设计模式如下。

```
Divide - and - Computer(p) {
1.  if (|p|<= n0) then Adhoc(p)             //直接求解子问题,|p|为问题规模,n0 为阈值
2.  分为 k 个子问题 p1,p2,…,pk               //分解子问题
3.  for (i = 1;i <= k;i++)
4.      yi = Divide - and - Computer(pi)     //递归分治
5.  return merge(y1,…,yk)                    //合并得到原问题解
}
```

2. 分治算法的设计步骤

分治算法在每层递归上都有 3 个步骤。

(1) 分解：将原问题分解为若干规模较小、相互独立、与原问题相似的子问题。

(2) 解决：若子问题规模较小而且容易解决则直接求解，否则递归地求解各个子问题。

(3) 合并：将各个子问题的解合并为原问题的解。

有的问题分解后，不必求解所有的子问题，也就不必作第(3)步的操作，比如折半查找，判别出问题的解在某个子问题之中，其他的子问题就不必求解了，问题的解就是最后(最小)子问题的解。分治算法的这类应用，又称为减治法。

多数问题需要所有子问题的解，并由子问题的解，使用恰当的方法合并成为整个问题的解，比如合并排序，就是不断将子问题中已排好序的解合并成较大规模的有序子集。

3. 分治算法的特征

分治算法所能解决的问题一般具有以下几个特征。

(1) 可解：该问题的规模缩小到一定的程度可以容易地解决。

(2) 可分：该问题可分解为若干规模较小的性质相同的子问题，即该问题具有最优子结构的性质。

(3) 可并：该问题分解出的子问题的解可以合并为该问题的解。

(4) 独立：该问题分解出的各个子问题相互独立，即子问题之间不包含公共的子问题。

因为问题的计算复杂性一般是随着问题规模的增加而增加，因此大部分问题满足特征(1)。特征(2)是应用分治法的前提，大多数问题是可以满足的，此特征反映了递归思想的应用。能否利用分治算法完全取决于问题是否具有特征(3)，如果具备了前两条特征，而不具备第(3)条特征，则可以考虑贪心算法或动态规划。特征(4)涉及分治算法的效率，如果各子问题不独立，则分治算法要做许多不必要的工作，重复地解公共的子问题，此时虽然可以使用分治算法求解，但用动态规划算法更好。

本节思考题

螺钉螺帽问题：n 个直径各不相同的螺母和 n 个相应的螺钉，每次只能比较 1 个螺钉和 1 个螺母，判断二者是否匹配。设计算法找到每对匹配的螺钉和螺母，使平均复杂度等于 $O(n\log n)$。

视频讲解

6.2 分治类型

6.2.1 不相似分治

先引入残缺棋盘问题。残缺棋盘是一个有 $2^k \times 2^k$ ($k \geqslant 1$)个方格的棋盘，其中恰有一个方格残缺。图 6-3 给出 $k=1$ 时各种可能的残缺棋盘，其中残缺的方格用黑色表示。图 6-3 中去掉残缺方格的棋盘称作“三格板”，残缺棋盘问题就是要用这 4 种三格板覆盖更大的残缺棋盘。在此覆盖中要求如下。

(1) 两个三格板不能重叠。

(2) 三格板不能覆盖残缺方格,但必须覆盖其他所有的方格。

在这种限制条件下,所需要的三格板总数为$(2^k \times 2^k - 1)/3$。

问题分析:$k=1$ 时直接使用三格板覆盖,如图 6-3 所示。$k=2$ 时,使用二分法分解为 4 个 $k=1$ 的棋盘,如图 6-4(a)所示。包含残缺方格的子棋盘是与原问题相似且独立的子问题,剩余子棋盘与原问题不相似。当使用一个①号三格板覆盖剩余 3 个子棋盘的各 1 个方格后,把覆盖后的方格,也看作是残缺方格(称为“伪”残缺方格),这时这 3 个子问题就是独立且与原问题相似的子问题了,如图 6-4(a)所示。

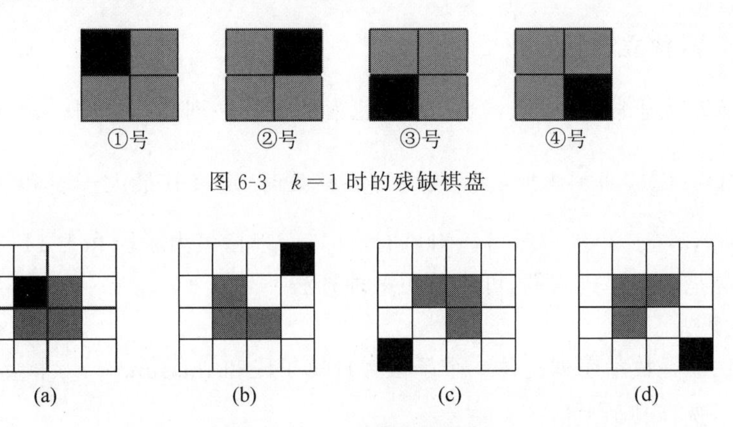

图 6-3 $k=1$ 时的残缺棋盘

图 6-4 $k=2$ 时的残缺棋盘

使用 size 表示棋盘的行数或列数,则覆盖残缺棋盘所需要的三格板数目为$(size^2-1)/3$,将这些三格板编号为 1 到$(size^2-1)/3$。用二维数组 board 模拟棋盘,将残缺棋盘三格板编号存储在数组 board[][]的对应位置中,这样输出数组内容就是问题的解。

使用 tr 和 tc 分别表示棋盘中左上角方格所在行和列。dr 和 dc 表示残缺方块所在行和列。这样可以表示残缺棋盘的布局,例如,残缺棋盘在左上的子棋盘中,则 $dr<tr+size/2$,$dc<tc+size/2$。

棋盘覆盖分治算法:

输入:k,x,y。　　　　//(x,y)为残缺棋盘的位置

输出:board。

```
1.  size = 1
2.  amount = 0
3.  for i = 1 to k do
4.      size = size * 2                         //计算 size = 2^k
5.  Cover(0,0,x,y,size)
6.  return board
Cover(tr,tc,dr,dc,size) {
1.  if (size < 2) then return
2.  t = amount ++                               //所使用的三格板编号
3.  s = size/2                                  //子问题棋盘大小
4.  if (dr < tr + s and dc < tc + s)            //残缺方格位于左上棋盘
5.      then Cover ( tr,tc,dr,dc,s)
6.          Board[tr + s - 1][tc + s] = t       //覆盖①号三格板
7.          Board[tr + s][tc + s - 1] = t
8.          Board[tr + s][tc + s] = t
```

```
9.          Cover (tr,tc + s,tr + s - 1,tc + s,s)     //覆盖其余部分
10.         Cover(tr + s,tc,tr + s,tc + s - 1,s)
11.         Cover(tr + s,tc + s,tr + s,tc + s,s)
12. else if (dr < tr + s and dc > = tc + s) …… …      //残缺方格位于右上棋盘
13. else if (dr > = tr + s and dc < tc + s) …… …      //残缺方格位于左下棋盘
14. else if (dr > = tr + s and dc > = tc + s) …… …    //残缺方格位于右下棋盘
}
```

因为要覆盖和保存$(size^2-1)/3$个三格板，因此算法的时间复杂度为$O(size^2)$。

6.2.2 不独立分治

下面引入最大子段和问题。给定n个元素的整数序列$(a_1,a_2,\cdots,a_n)$，求最大子段和$\max\sum_{k=i}^{j}a_k$，$1\leqslant i\leqslant j\leqslant n$。当所有整数均为负整数时，定义其最大子段和为0。例如，序列$(a_1,a_2,a_3,a_4,a_5,a_6)=(-2,11,-4,13,-5,-2)$时，最大子段和为$11-4+13=20$。最大子段和问题是一个经典问题，可以采用多种算法。

1. 枚举算法

枚举算法就是枚举序列的每一个子段并计算子段和thissum$[i][j]=a_i+\cdots+a_j$，$1\leqslant i\leqslant j\leqslant n$，然后选择其最大值。

最大子段和枚举算法：

输入：A。

输出：$\max\sum_{k=i}^{j}a_k$，$1\leqslant i\leqslant j\leqslant n$。

```
1.  sum = 0
2.  for i = 0 to n - 1 do
3.      for j = i to n - 1 do
4.          thissum = 0
5.          for k = i to j do
6.              thissum += a[k]
7.      if (thissum > sum) then
8.              sum = thissum
9.              besti = i
10.             bestj = j
11. return sum
```

算法有三重循环，每重循环的取值范围最大为n，因此算法的时间复杂度为$O(n^3)$。

2. 优化算法

在上述枚举算法中，计算$\sum_{k=i}^{j}a_k=a_i+\cdots+a_j$时，$\sum_{k=i}^{j-1}a_k=a_i+\cdots+a_{j-1}$已经被计算过，因此thissum$[i][j]=\sum_{k=i}^{j}a_k=\sum_{k=i}^{j-1}a_k+a_j=$thissum$[i][j-1]+a_j$。利用此特点，算法优化如下。

输入：A。

输出：$\max\sum_{k=i}^{j}a_k$，$1\leqslant i\leqslant j\leqslant n$。

```
1.  sum = 0
2.  for i = 0 to n - 1 do
3.      thissum = 0
4.      for j = i to n - 1 do
5.          thissum += a[j]
6.          if (thissum > sum) then
7.              sum = thissum
8.              besti = i
9.              bestj = j
10. return sum
```

算法有两重循环，每重循环的取值范围最大为 n，因此算法的时间复杂度为 $O(n^2)$。

3. *分治算法*

问题分析：最大子段和问题可以使用分治算法进行计算，例如，序列$(a_1, a_2, a_3, a_4, a_5, a_6)=(-2,11,-4,13,-5,-2)$，首先分成两个子段$(-2,11,-4)$和$(13,-5,-2)$，分别递归求出两个子段的最大子段和为 11 和 13。但实际上该序列的最大子段和为 $11-4+13=20$，属于起始于前面的子段、终止于后面的子段的情况，即两个子段存在交叉重叠、两个子段不独立。对于起始于前面的子段、终止于后面的子段的情况，直接计算 $\sum_{k=i}^{j}a_k$，$1\leqslant i\leqslant n/2\leqslant j\leqslant n$，时间复杂度为 $O(n/2\times n/2)=O(n^2)$。实际上计算 $\sum_{k=i}^{j}a_k$，$1\leqslant i\leqslant n/2<j\leqslant n$ 时，肯定包含左子段的最右元素和右子段的最左元素，这样计算 $\sum_{k=i}^{j}a_k$，$a_i\in(-2,11,-4)$ 和 $a_j\in(13,-5,-2)$时只需要从-4 向左计算，从 13 向右计算，得到$(5,7,-4)$和$(13,8,6)$后取左边最大值 7 和右边最大值 13，其和为 20，大于左右两个子段的子段和，故为最大子段和。因此 $\sum_{k=i}^{j}a_k=\sum_{k=i}^{n/2}a_k+\sum_{k=n/2+1}^{j}a_k=s_1+s_2$，$1\leqslant i\leqslant n/2<j\leqslant n$，时间复杂度为 $O(n/2+n/2)=O(n)$。

最大子段和分治算法：

输入：A。

输出：$\max\sum_{k=i}^{j}a_k$，$1\leqslant i\leqslant j\leqslant n$。

```
max_sub_sum(A,0,n - 1)
max_sub_sum(A,left,right) {
1.  if (left = right) then
2.      if (a[left]> 0) then return(a[left])
3.      else return(0)
4.  else center = (left + right)/2
5.      left_sum = max_sub_sum(a,left,center)            //计算左子段 T(n/2)
6.      right_sum = max_sub_sum(a,center + 1,right)      //计算右子段 T(n/2)
```

```
7.      s1 = lefts = 0                                        //处理重叠情况
8.      for i = center to left do                             //计算 s1
9.          lefts = lefts + a[i]
10.         if(lefts > s1) then s1 = lefts
11.     s2 = rights = 0
12.     for i = center + 1 to right do                        //计算 s2
13.         rights = rights + a[i]
14.         if (rights > s2) then s2 = rights
15.     if (s1 + s2 < left_sum and right_sum < left_sum) then return(left_sum)
16.     if (s1 + s2 < right_sum) then return(right_sum)
17. return(s1 + s2)
    }
```

设最大子段和的计算时间为 $T(n)$，则计算左子段和右子段的时间都是 $T(n/2)$。s_1 和 s_2 最多各自计算 $n/2$ 次，计算时间为 $O(n)$。因此算法的时间复杂度为 $T(n)=2T(n/2)+O(n)=O(n\log n)$。

4. 动态规划算法

最大子段和问题可采用时间复杂度为 $O(n)$ 的动态规划算法解决。设序列 $(a_1,\cdots,a_j)$ 包含 a_j 的最大子段和为 b_j，如果 $b_{j-1}<0$，则 $b_j=a_j$；否则 $b_j=b_{j-1}+a_j$。则序列的最大子段和 $\text{sum}=\max(b_j)=\max(b_{j-1}+a_j,a_j)$，$1\leqslant j\leqslant n$。

最大子段和动态规划算法：

输入：A。

输出：$\max\sum_{k=i}^{j}a_k$，$1\leqslant i\leqslant j\leqslant n$。

```
1.  sum = 0
2.  b = 0
3.  for i = 0 to n - 1 do
4.      if (b > 0) then b = b + a[i]
5.      else b = a[i]
6.      If (b > sum) then sum = b
7.  return sum
```

序列 $(-2,11,-4,13,-5,-2)$ 的最大子段和的计算过程为：$i=0$ 时 $b=-2$，$\text{sum}=0$；因为 $b<0$，所以 $i=1$ 时 $b=11$，$\text{sum}=11$；因为 $b>0$，所以 $i=2$ 时 $b=11-4=7$，$\text{sum}=11$；因为 $b>0$，所以 $i=3$ 时 $b=7+13=20$，$\text{sum}=20$；因为 $b>0$，所以 $i=4$ 时 $b=20-5=15$，$\text{sum}=20$；因为 $b>0$，所以 $i=5$ 时 $b=15-2=13$，$\text{sum}=20$。算法只有一层循环，所以时间复杂度为 $O(n)$。

从最大子段和的求解过程可以看到，算法需要不断优化以降低时间复杂度；不同的算法思想生成算法的效率差别很大；分治算法分解的子问题不独立时可以求解，但时间复杂度高于动态规划算法，因此存在子问题不独立的情况一般使用动态规划算法求解。

6.2.3 三分法

本节引入次品问题。给定 n 个外表完全相同的球，有一个比标准球重的次品混入其中。有一架天平，用最少的次数找出这个次品。

问题分析：

当 $n=1$ 时，该球就是次品。

当 $n=2$ 时，将两个球分别放到天平两侧，哪个球重哪个就是次品。

当 $n=3$ 时，将1号和2号球分别放到天平两侧，哪个球重哪个就是次品；如果两个球一样重，3号球为次品。

同样当 $n=3k$ 时，将球分成3组。将第一组和第二组分别放到天平两侧，哪边重哪边就是混入次品的一组；如果两组一样重，次品在第三组中。将混入次品的一组，继续使用三分法求解即可。

当 $n=3k+1$ 时，将球分成3组，第三组含有 $k+1$ 个球。将第一组和第二组分别放到天平两侧，哪边重哪边就是混入次品的一组；如果两组一样重，次品在第三组中。将混入次品的一组，继续使用三分法求解即可。

当 $n=3k+2$ 时，将球分成3组，第三组含有 $k+2$ 个球。将第一组和第二组分别放到天平两侧，哪边重哪边就是混入次品的一组；如果两组一样重，次品在第三组中。将混入次品的一组，继续使用三分法求解即可。

次品问题三分法：

```
call cal(1,n)
cal(l,r) {                                              //l,r 分别为区间端点
1.  if (r - l == 0) then   return l                     //只有一个球的情况
2.  else if (r - l == 1) then                           //有两个球的情况
3.            if (weight(l)> weight(l + 1)) then return l //weight(i) - 第 i 个球的重量
4.            else return l + 1
5.        else g1 = l - 1 + (r - l + 1)/3       /* 当球的数量大于或等于 3 时,分成区间[l,g1],
  [g1 + 1,g2],[g2 + 1,r]。整数除法是向下取整,3k,3k + 1,3k + 2 除以 3 结果皆为 k。 */
6.            g2 = l - 1 + 2(r - l + 1)/3                //g1 和 g2 大小相同
7.            tot_g1 = 0
8.            tot_g2 = 0
9.            for i = l to g1 do
10.               tot_g1  += weight(i)                  //求最左边区间的总重量
11.           for i = g1 + 1 to g2 do
12.               tot_g2  += weight(i)                  //求中间区间的总重量
13.           if (tot_g1 > tot_g2) then
14.               return cal(l,g1)
15.           else if (tot_g2 > tot_g1) then
16.                   return cal(g1 + 1,g2)
17.               else return cal(g2 + 1,r)
}
```

次品问题三分法的计算过程可以使用判定树表示。当 $n=9$ 时，判定树如图6-5所示。叶子节点代表结果，非叶子节点代表一次称量。每个非叶子节点都有3个孩子，分别表示轻、相等和重。判定树的深度就是称量次数，判定树至少有 n 个叶子节点。n 个叶子节点的三叉树的深度 $h=\lceil \log_3 n \rceil$，因此算法的时间复杂度$=O(\lceil \log_3 n \rceil)$。三分法经常用于解决凸凹函数的极值问题。

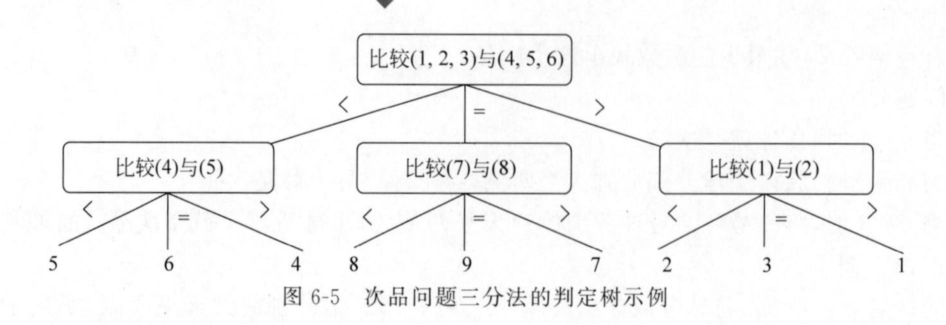

图 6-5 次品问题三分法的判定树示例

6.2.4 减治法

减治法将规模为 n 的问题,递减为规模为 $n-1$、n/c 或 $n-k$ 的子问题,然后对子问题进行递归求解,最后子问题的解就是原问题的解。常用减治类型有以下 3 种。

1. 减一个常量

减一个常量,就是每次迭代时,问题规模减去一个规模相同的常量(一般为 1)。

例 2:规模减一,时间常数递减。$T(n)=T(n-1)+c,T(1)=d$。

$T(n)=T(n-1)+c=T(n-2)+2c=\cdots=(n-1)c+d$,为线性时间,例如求最大最小值、阶乘等。

例 3:规模减一,时间线性递减。$T(n)=T(n-1)+cn,T(1)=d$。

$T(n)=T(n-1)+cn=T(n-2)+c(n+n-1)=\cdots=[(n-1)(n+2)/2]c+d$,为平方时间,例如插入排序等。

2. 减一个常量因子

减一个常数因子,就是每次迭代时,问题规模减去一个相同的常数因子(一般为 2)。

例 4:规模减半,时间常数递减。$T(n)=T(n/2)+c,T(1)=d$。

$T(n)=T(n/2)+c=T(n/4)+2c=\cdots=c\log n+d$,为对数时间,例如,折半查找、假币问题等。第 2 章介绍的快速幂问题,实际使用的就是减治方法,其原理如下。

$$a^n=\begin{cases}a^{\frac{n}{2}}\times a^{\frac{n}{2}}, & n\text{ 为偶数}\\ a\times a^{\frac{n-1}{2}}\times a^{\frac{n-1}{2}}, & n\text{ 为奇数}\end{cases}$$

$$T(n)=T\left(\frac{n}{2}\right)+c=T(1)+c\log n=\Theta(\log n)$$

例 5:规模减半,时间线性递减。$T(n)=T(n/2)+cn,T(1)=d$。

$T(n)=T(n/2)+cn=T(n/4)+cn(1+1/2)=\cdots=T(1)+2cn=2cn+d$,为线性时间。

3. 减可变规模

减可变规模,就是每次迭代时,问题规模减小的模式不同。例如,中位数问题和欧几里得算法等。欧几里得算法中,$\gcd(m,n)=\gcd(n,m \bmod n)$,每次减小的规模不同。

例 6:欧几里得算法。

输入:m,n。

输出:m 和 n 的最大公约数。

```
gcd(m,n){
1.   if(n == 0) then
```

```
2.        return m
3.    else return gcd(n,m mod n)
   }
```

例 7：二叉查找树，又称二叉排序树，根节点的值大于其左子树中任意一个节点的值，小于其右子树中任意一个节点的值，左右子树也是二叉查找树。

最好情况：左右子树包含的节点数都是 $n/2$，查找算法的时间复杂度为 $T(n)=T(n/2)+c$，c 是与根节点比较的时间。则算法的时间复杂度为 $O(\log n)$。

最坏情况：如果序列本身已经有序，则二叉查找树变成单边树，查找算法的时间复杂度为 $O(n)$，与顺序查找相同。

平均情况：设 $P(i)$为左子树节点数为 i 时的平均查找长度，$P(n-i-1)$则为右子树节点数为 $n-i-1$ 时的平均查找长度。

查找算法的时间复杂度等于二叉查找树的平均查找长度，即为

$$\sum_{i=0}^{n-1}\frac{1+i(P(i)+1)+(n-i-1)(P(n-i-1)+1)}{n^2}\leqslant 2\left(1+\frac{1}{n}\right)\ln n\approx 1.38\log n$$
$$=O(\log n)$$

6.2.5　排序算法

1. 堆排序

堆的数组表示如图 6-6 所示。$A[1]$存放根元素，$A[i]$存放节点 i 的元素，节点 i 的父元素为 $A[i/2]$，左儿子节点对应的元素为 $A[2i]$，右儿子节点对应的元素为 $A[2i+1]$。

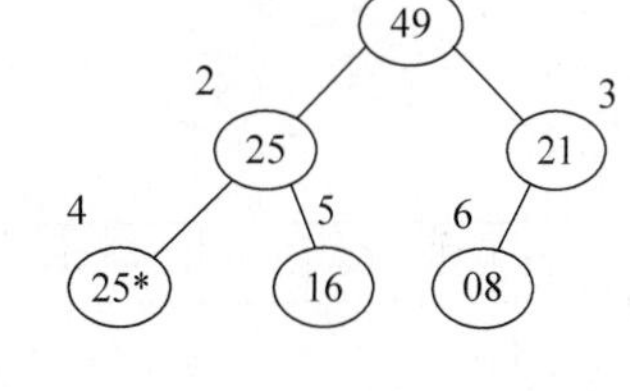

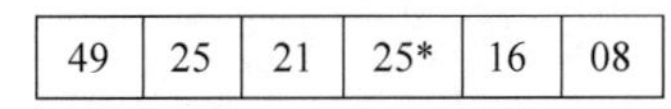

49	25	21	25*	16	08

图 6-6　堆的数组表示

图 6-6 表示最大堆，任一节点对应的元素值大于儿子节点对应的元素值。堆排序过程如图 6-7 所示。首先交换根元素与最后的 6 号元素，6 号元素就位，然后从 1 号到 5 号元素重新调整为最大堆。交换 1 号元素和 5 号元素，5 号元素就位，然后从 1 号到 4 号元素重新调整为最大堆。交换 1 号元素和 4 号元素，4 号元素就位，然后从 1 号到 3 号元素重新调整为最大堆。交换 1 号元素和 3 号元素，3 号元素就位，然后从 1 号到 2 号元素重新调整为最大堆。交换 1 号元素和 2 号元素，2 号元素就位，1 号元素就位。调整后的数组是从小到大的排序数组。

J. W. J. Williams 于 1964 年提出了堆排序算法，同年 Robert W. Floyd 提出建堆的线性时间算法。

(HEAP-SORT)堆排序算法：

输入：A。

输出：A，使 $A[i]\leqslant A[i+1]$，$1\leqslant i\leqslant n-1$。

```
1.  BUILD - MAX - HEAP(A)                    //构建最大堆
2.  for i = A.length to 2 do
3.      Swap (A[i], A[1])
4.      heap - size = A.heap - size - 1
5.      MAX - HEAPIFY(1)
```

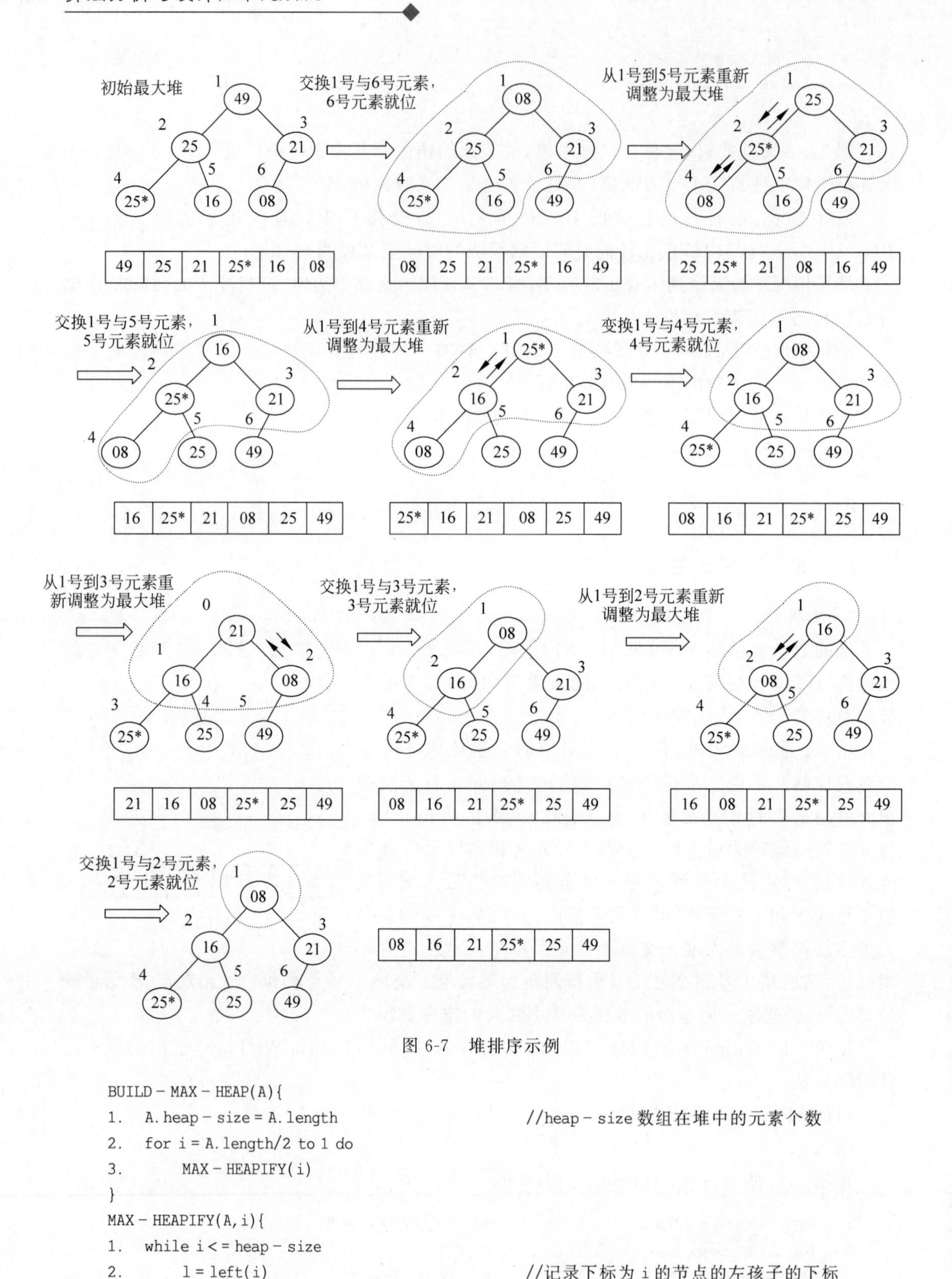

图 6-7　堆排序示例

```
BUILD - MAX - HEAP(A){
1.   A.heap - size = A.length                    //heap - size 数组在堆中的元素个数
2.   for i = A.length/2 to 1 do
3.       MAX - HEAPIFY(i)
}
MAX - HEAPIFY(A,i){
1.   while i <= heap - size
2.       l = left(i)                             //记录下标为 i 的节点的左孩子的下标
3.       r = right(i)                            //记录下标为 i 的节点的右孩子的下标
4.       if(r <= heap - size and A[r]>= A[i])then largest = r
```

```
5.          else largest = i
6.          if(l < = heap - size and A[l]> = A[largest])then largest = l
7.          if(largest == i)then break
8.          else Swap(A[i],A[largest])
9.              i = largest
}
```

最大堆节点数为 n，是一棵满二叉树，树的高度为 $\Theta(\log n)$，每次调整次数小于树的高度，需要 n 次循环进行排序，因此堆排序的时间复杂度为 $T(n)=\Theta(n\log n)$。

最大堆插入、删除、改变关键字后需要调整次数不超过树的高度，因此时间复杂度为 $\Theta(\log n)$。而层序建堆后需要从最后元素的父亲节点开始调整，h 高度的层节点数为 $\lceil n/2^{h+1}\rceil$，调整次数为 $O(h)$，因此建堆的时间复杂度为 $\sum_{h=0}^{\lfloor \log n\rfloor}\lceil n/2^{h+1}\rceil O(h)=O\left(n\sum_{h=0}^{\lfloor \log n\rfloor}h/2^h\right)=O(n)$。

2. 基于比较的排序

定理：任何基于元素比较的排序算法的时间复杂度大于或等于 $\log n!=\Theta(n\log n)$。

证明：

基于元素比较的排序可以使用决策树表示，如图 6-8 所示。例如，$A=[6,8,3]$，根据决策树，得到 $<312>$，即 $[3,6,8]$ 的排序。

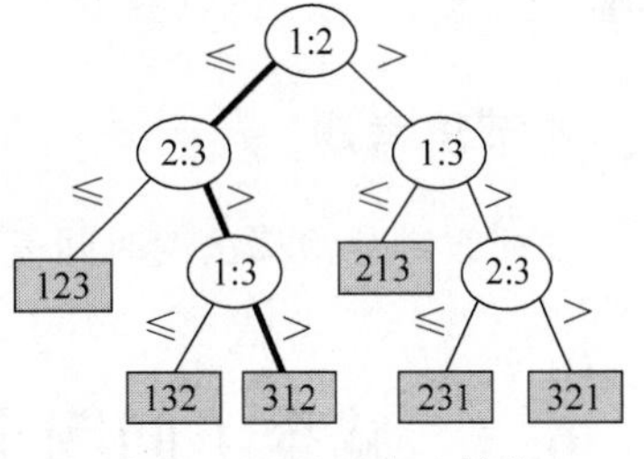

图 6-8 基于元素比较的决策树示例

n 个元素比较有 $n!$ 种情况，在决策树上对应 $n!$ 个叶子节点。由二叉树的性质，深度为 h 的二叉树，最多有 2^h 个节点，$2^h\geqslant n!$，即 $h\geqslant \log n!$。排序算法的比较次数不超过决策树的高度，因此基于元素比较的排序算法的时间复杂度为 $h\geqslant \log n!=\Theta(n\log n)$，得证。

3. 线性时间排序

不基于元素比较的排序算法可以空间资源换时间资源，实现线性时间排序。例如，第 2 章中计数排序的时间复杂度和空间复杂度为 $O(n+k)$。当 $k=O(n)$ 时，$O(n+k)=O(n)$，为线性时间。

设基数为 k，位数为 d，基数排序可以看成是 d 次的计数排序，因此算法的时间和空间复杂度为 $O[d(n+k)]$。当 $k=O(n)$，$d=\Theta(1)$ 时，$O[d(n+k)]=O(n)$，为线性时间。

桶排序和计数排序类似，不同的是桶排序需要将桶内元素进行排序。计数排序本质上是特殊的桶排序，当桶内元素都相同时，桶内元素不需要排序，桶排序就变成计数排序。最好情况下，桶数为 n，每桶一个元素，时间复杂度为 $O(n)$。最坏情况下，所有元素在一个桶内，桶内元素如果使用先进排序，时间复杂度为 $O(n\log n)$；如果使用插入排序等算法，时间复杂度为 $O(n^2)$。平均情况下，k 个桶，每个桶内的期望时间为 $\Theta(1)$，因此算法的时间和空间复杂度为 $O(n+k)$。当 $k=O(n)$ 时，$O(n+k)=O(n)$，为线性时间。

许多研究人员对排序算法进行了改进。例如，Munro 和 Raman 给出了稳定的排序算法，时间复杂度为 $O(n^{1+\varepsilon})$ 次比较和 $O(n)$ 次数据移动，而且是原地排序；Hant 提出 $O(n\log\log n\log\log\log n)$ 时间的排序算法，但都太复杂。

本书前面章节讲了插入排序、冒泡排序、选择排序、计数排序、合并排序、快速排序和堆排序，对排序算法的总结如表 6-2 所示。

表 6-2 排序算法总结

算法	最好 T	平均 T	最坏 T	辅助空间 S	稳定	特点
堆排序	$n\log n$	$n\log n$	$n\log n$	1	不	原地排，交换多
合并排序	$n\log n$	$n\log n$	$n\log n$	n	是	占用空间大
快速排序	$n\log n$	$n\log n$	n^2	$\log n$ 或 n	不	随机分布数据有利 S=堆栈空间×递归次数
插入排序	n	n^2	n^2	1	是	基本有序有利
冒泡排序	n	n^2	n^2	1	是	基本有序有利
选择排序	n^2	n^2	n^2	1	不	复杂度高
计数排序	$n+k$	$n+k$	$n+k$	$n+k$	是	k 取值范围受限
桶排序	n	$n+k$	$n\log n$ 或 n^2	$n+k$	是	单桶时最坏，均匀分布时最好，桶内排序方式影响复杂度
基数排序	$d(n+k)$	$d(n+k)$	$d(n+k)$	$n+k$	是	d 次计数排序，d 为位数，k 为基数

注：待排序文件中若存在多个相同的关键字，排序后这些相同关键字的相对次序保持不变，则该排序方法是稳定的。

本节思考题

如何改进分治算法的时间复杂度？

视频讲解

6.3 减少子问题个数

根据分治算法的一般公式，即 $T(n)\leqslant\begin{cases}0, & n=1\\ \underbrace{aT(n/b)}_{\text{子问题}}+\underbrace{f(n)}_{\text{合并}}, & \text{其他}\end{cases}$，可以得出改进分治算法的一般方法如下。

(1) 改进 a，减少子问题的个数。

(2) 改进 b，改进分治的均衡度。

(3) 改进 f，减少分解与合并时间。

后面 3 节将使用具体实例阐述这 3 种方法。

6.3.1 二分搜索

例 8：猜数游戏。

甲：在心里想一个 1000 内的正整数 x。

乙：猜这个数可能是 y。

甲：回答 x 比 y 大还是小。

乙：再猜……

最少几次可以猜到 x？

问题分析：使用逐步缩小范围的方法。1000 内的正整数可以看作 1～1000 的有序序列，在有序序列中查找某个数，可以使用二分搜索的方法，每次猜可能区间的中间值。x 与中间元素比较，若 x 小则在上半区搜索，若 x 大则在下半区搜索。每执行一次，搜索区域减半。

二分搜索算法：

输入：n，x。

输出：num。

```
1.  left = 1
2.  right = n
3.  num = 0
4.  while (left <= right) do
5.        int middle = (left + right)/2
6.        num++
7.        if (x == middle) then return num
8.        if (x > middle) then left = middle + 1
9.        else right = middle - 1
10. return num
```

二分搜索算法的搜索过程可以使用二叉判定树表示。二分搜索算法的时间复杂度等于二叉树的高度 $h=\lfloor \log_2 n \rfloor+1$。$\lfloor \log_2 1000 \rfloor+1=10$，因此不超过 10 次可以猜到 x。

6.3.2　大整数乘法

计算机需要处理超出计算机硬件直接表示范围的大整数。如果用浮点数表示，只能近似计算，计算结果的有效数字受限。如果要精确地表示和处理大整数，必须使用软件实现。

大整数乘法即计算 $X\times Y$，X、Y 是 n 位二进制数，计算结果超过机器字长。大整数乘法可以使用蛮力算法和分治算法求解。

1. 蛮力算法

问题分析：首先用数组存储大整数数据，将两个乘数由低位到高位逐位存储到数组元素中。存储好两个大整数后，模拟竖式乘法，让两个大整数按位交叉相乘，并逐步累加即可得到精确的结果，如图 6-9 所示。蛮力算法用二重循环可以实现，这样大整数乘法的时间复杂度为 $O(n^2)$。

大整数输入：可以按字符型处理。大整数存储在字符串数组 s_1、s_2 中，计算结果存储在整型数组 a 中。

字符计算：使用 ASCII 码直接运算。k 位数字与 j 位数字相乘的表达式为：$(s_1[k]-48)\times(s_2[j]-48)$。这是 C 语言的处理方法。

进位处理：用变量 b 暂存结果，用变量 d 存储进位。因为每一次数字相乘的结果位数不固定，而结果数组中每个元素只存储一位数字。因此首先计算 k 位数字与 j 位数字相乘，即 $b=a[k+j]+(s_1[k]-48)\times(s_2[j]-48)+d$，则 $b \bmod 10$ 就是 $a[k+j]$，$b/10$ 就是进位。

```
                  1 1 0 1 0 1 0 1 0
                  * 0 1 1 1 1 1 0 1
                -------------------
                  1 1 0 1 0 1 0 1 0
                0 0 0 0 0 0 0 0 0
              1 1 0 1 0 1 0 1 0
            1 1 0 1 0 1 0 1 0
          1 1 0 1 0 1 0 1 0
        1 1 0 1 0 1 0 1 0
      1 1 0 1 0 1 0 1 0
    0 0 0 0 0 0 0 0 0
----------------------------------
0 1 1 0 1 0 0 0 0 0 0 0 0 0 0 1 0
```

图 6-9　大整数乘法示例

大整数乘法蛮力算法：

输入：大整数 s_1，s_2。

输出：$s_1 \times s_2$。

```
1.  for i = 0 to s1.length + s2.length - 1 do
2.      a[i] = 0
3.  d = 0
4.  for k = 0 to s1.length - 1 do                    //k 为 s1 从低到高的位数
5.      for j = 0 to s2.length - 1 do                //j 为 s2 从低到高的位数
6.          i = k + j                                //正在运算与存储的位
7.          b = a[i] + (s1[k] - 48) * (s2[j] - 48) + d
8.          a[i] = b mod 10
9.          d = b/10
10.     while (d > 0) do
11.         i = i + 1
12.         a[i] = a[i] + d mod 10
13.         d = d/10
14. return a
```

2. 分治算法

将 X 平分为 A 和 B 两段，Y 平分为 C 和 D 两段，$X=A\times 2^{n/2}+B$，$Y=C\times 2^{n/2}+D$，如图 6-10 所示。则 $X\times Y=(A\times 2^{n/2}+B)\times(C\times 2^{n/2}+D)=A\times C\times 2^{n}+(A\times D+B\times C)\times 2^{n/2}+B\times D$。

X=	A	B		Y=	C	D
	n/2	n/2			n/2	n/2

图 6-10　大整数分治示例

设 $T(n)$ 为 X 与 Y 相乘的时间复杂度，$X\times Y$ 是 n 位乘 n 位的问题。$A\times C$、$A\times D$、$B\times C$、$B\times D$ 均是 $n/2$ 位乘 $n/2$ 位的子问题，其时间复杂度为 $T(n/2)$。另外需要 3 次不超过 n 位的加法和 2 次不超过 n 位的移位，其时间复杂度为 $O(n)$。因此算法的时间复杂度为 $T(n)=\begin{cases}4T(n/2)+O(n), & n>1\\ 1, & n=1\end{cases}$。根据主定理，$T(n)=O(n^2)$，和蛮力算法相比没有优势。

进一步变换如下：

$$
\begin{aligned}
X\times Y &= (A\times 2^{n/2}+B)\times(C\times 2^{n/2}+D)\\
&= A\times C\times 2^{n}+(A\times D+B\times C)\times 2^{n/2}+B\times D
\end{aligned}
$$

$$=A\times C\times 2^n+((A-B)\times(D-C)+A\times C+B\times D)\times 2^{n/2}+B\times D$$

变换后的子问题为 $A\times C$、$((A-B)\times(D-C)+A\times C+B\times D)$ 和 $B\times D$，由 4 个子问题减少为 3 个。另外需要 6 次不超过 n 位的加法和 2 次不超过 n 位的移位，其时间复杂度为 $O(n)$。因此算法的时间复杂度为 $T(n)=\begin{cases}3T(n/2)+O(n), & n>1\\ 1, & n=1\end{cases}$。根据主定理，$T(n)=O(n^{\log_b a})=O(n^{\log_2 3})=O(n^{1.59})$。

大整数乘法分治算法：

输入：X,Y,n。

输出：$X\times Y$。

```
MULT(X,Y,n) {                    //X 和 Y 为 2 个小于 2ⁿ 的二进制数,返回结果为 X 和 Y 的乘积 X×Y
1.  S = SIGN(X) * SIGN(Y)                          //S 为 X 和 Y 的符号乘积
2.  X = ABS(X)                                     //X 和 Y 分别取绝对值
3.  Y = ABS(Y)
4.  if(n == 1)then
5.       if (X == 1 and Y == 1) then return(S)
6.       else return(0)
7.  else ml = MULT(A,C,n/2)                        //A = X 的左 n/2 位; B = X 的右 n/2 位
8.       m2 = MULT(A - B,D - C,n/2)                //C = Y 的左 n/2 位; D = Y 的右 n/2 位
9.       m3 = MULT(B,D,n/2)
10.      S = S * (m1 * 2^n + (m1 + m2 + m3) * 2^(n/2) + m3)
11.      return(S)
}
```

大整数乘法的分治算法是由 Karatsuba 和 Ofman 于 1962 年提出的。Brassard 和 Bratley 的研究表明，从大于 600 位的整数开始，分治算法体现出其有效性。

该问题变换时还有第 2 种方案，即 $X\times Y=A\times C\times 2^n+((A+C)\times(B+D)-A\times C-B\times D)\times 2^{n/2}+B\times D$。和第 1 种方案一样，$X\times Y$ 的复杂度是 $O(n^{\log 3})$。但考虑到 $A+C$ 和 $B+D$ 可能得到 $n/2+1$ 位的结果，从而使问题的规模变大，故不选择第 2 种方案。

如果将大整数分成更多段，用更复杂的方式把它们组合起来，将有可能得到更优的算法。这个思想导致了快速傅里叶变换(FFT)的产生，该方法也可以看作是一个复杂的分治算法，对于大整数乘法，它能在 $O(n\log n)$ 时间内解决。是否能找到线性时间的算法？目前为止还没有结果。

6.3.3 Strassen 矩阵乘法

给定矩阵 $\boldsymbol{A}_{n\times n}$ 和 $\boldsymbol{B}_{n\times n}$，求 $\boldsymbol{A}$ 和 $\boldsymbol{B}$ 的乘积 $\boldsymbol{C}_{n\times n}$。

1. 蛮力算法

矩阵 $\boldsymbol{A}$ 和 $\boldsymbol{B}$ 的乘积矩阵 $\boldsymbol{C}$ 中的元素 $C[i,j]$ 定义为：$C[i][j]=\sum_{k=1}^{n}A[i][k]B[k][j]$。若依此定义来计算矩阵 $\boldsymbol{A}$ 和 $\boldsymbol{B}$ 的乘积矩阵 $\boldsymbol{C}$，则每计算矩阵 $\boldsymbol{C}$ 的一个元素 $C[i][j]$，需要做 n 次乘法和 $n-1$ 次加法。矩阵 $\boldsymbol{C}$ 有 $n\times n=n^2$ 个元素，因此，计算矩阵 $\boldsymbol{C}$ 所需的计算时间为 $O(n^3)$。

输入：$\boldsymbol{A},\boldsymbol{B}$。

输出：$\boldsymbol{A}$ 和 $\boldsymbol{B}$ 的乘积 $\boldsymbol{C}$。

```
1.  for i = 0 to n - 1 do
2.      for j = 0 to n - 1 do
3.          c[i][j] = 0
4.  for i = 0 to n - 1 do
5.      for j = 0 to n - 1 do
6.          for k = 0 to n - 1 do
7.              c[i][j]  += a[i][k] * b[k][j]
8.  return c
```

2. Strassen 矩阵乘法

Strassen 于 1969 年给出了矩阵乘法算法，该算法使用分治方法，将 $\boldsymbol{A}$ 和 $\boldsymbol{B}$ 各分为 4 个 $(n/2)\times(n/2)$ 的矩阵，如图 6-11 所示。设 $\boldsymbol{A}$ 和 $\boldsymbol{B}$ 这两个 $n\times n$ 矩阵相乘的时间复杂度为 $T(n)$，则 $(n/2)\times(n/2)$ 的子矩阵乘法的时间复杂度为 $T(n/2)$。另外还需要 4 个 $(n/2)\times(n/2)$ 的子矩阵加法，其时间复杂度为 $O(4((n/2)\times(n/2)))=O(n^2)$。因此算法的时间复杂度为 $T(n)=\begin{cases}8T(n/2)+O(n^2), & n>1\\ 1, & n=1\end{cases}$。根据主定理，$T(n)=O(n^3)$，和蛮力算法相比没有优势。

$$\begin{bmatrix}C_{11} & C_{12}\\ C_{21} & C_{22}\end{bmatrix}=\begin{bmatrix}A_{11} & A_{12}\\ A_{21} & A_{22}\end{bmatrix}\begin{bmatrix}B_{11} & B_{12}\\ B_{21} & B_{22}\end{bmatrix}$$

$$C_{11}=A_{11}B_{11}+A_{12}B_{21}$$

$$C_{12}=A_{11}B_{12}+A_{12}B_{22}$$

$$C_{21}=A_{21}B_{11}+A_{22}B_{21}$$

$$C_{22}=A_{21}B_{12}+A_{22}B_{22}$$

图 6-11 矩阵乘法分治算法示例

对矩阵乘法做进一步变换，如图 6-12 所示。C_{11} 的验证和变换的计算示例如图 6-12 所示。

$$\begin{bmatrix}C_{11} & C_{12}\\ C_{21} & C_{22}\end{bmatrix}=\begin{bmatrix}A_{11} & A_{12}\\ A_{21} & A_{22}\end{bmatrix}\begin{bmatrix}B_{11} & B_{12}\\ B_{21} & B_{22}\end{bmatrix}$$

$$M_1=A_{11}(B_{12}-B_{22})=1\times(6-8)=-2$$

$$M_2=(A_{11}+A_{12})B_{22}=(1+2)\times 8=24$$

$$M_3=(A_{21}+A_{22})B_{11}=(3+4)\times 5=35$$

$$M_4=A_{22}(B_{21}-B_{11})=4\times(7-5)=8$$

$$M_5=(A_{11}+A_{22})(B_{11}+B_{22})=(1+4)\times(5+8)=65$$

$$M_6=(A_{12}-A_{22})(B_{21}+B_{22})=(2-4)\times(7+8)=-30$$

$$M_7=(A_{11}-A_{21})(B_{11}+B_{12})=(3-1)\times(5+6)=-22$$

$$\begin{aligned}C_{11}&=M_5+M_4-M_2+M_6\\&=(A_{11}+A_{22})(B_{11}+B_{22})+A_{22}(B_{21}-B_{11})-(A_{11}+A_{12})B_{22}+(A_{12}-A_{22})(B_{21}+B_{22})\\&=(A_{11}B_{11}+A_{22}B_{11}+A_{11}B_{22}+A_{22}B_{22})+(A_{22}B_{21}-A_{22}B_{11})-\\&\quad(A_{11}B_{22}+A_{12}B_{22})+(A_{12}B_{21}-A_{22}B_{21}+A_{12}B_{22}-A_{22}B_{22})\\&=A_{11}B_{11}+A_{12}B_{21}\end{aligned}$$

$$\begin{bmatrix}19 & 22\\ 43 & 50\end{bmatrix}=\begin{bmatrix}1 & 2\\ 3 & 4\end{bmatrix}\begin{bmatrix}5 & 6\\ 7 & 8\end{bmatrix}$$

$$C_{12}=M_1+M_2=-2+24=22$$

$$C_{21}=M_3+M_4=8+35=43$$

$$C_{22}=M_5+M_1-M_3-M_7=-2+22+65-35=50$$

$$C_{11}=M_5+M_4-M_2+M_6=8-30+65-24=19$$

图 6-12 Strassen 矩阵乘法示例

变换后的子问题为$M_1 \sim M_7$，由8个子问题减少为7个子问题，另外还需要18个$(n/2)\times(n/2)$的子矩阵加法，其时间复杂度为$O(18\times((n/2)\times(n/2)))=O(n^2)$。因此算法的时间复杂度为$T(n)=\begin{cases}7T(n/2)+O(n^2), & n>1\\ 1, & n=1\end{cases}$。根据主定理，$T(n)=O(n^{\log_b a})=O(n^{\log_2 7})=O(n^{2.81})$。但这个方法仅有理论意义，无实用价值。

Hopcroft 和 Kerr 于1971年证明，计算两个2×2矩阵的乘积，7次乘法是必要的。因此，要想进一步改进矩阵乘法的时间复杂性，就不能再基于计算2×2矩阵的7次乘法这样的方法了。或许应当研究3×3或5×5矩阵的更好算法。在 Strassen 矩阵乘法之后又有许多算法改进了矩阵乘法的计算时间复杂性。目前最好的算法是 Coppersmith 和 Winograd 于1990年提出的$O(n^{2.376})$时间的算法。是否能找到$O(n^2)$的算法？目前为止还没有结果。

6.4　改进分治均衡度

视频讲解

6.4.1　随机快速排序

快速排序算法实际上是分治算法。$q=\text{partion}(A,p,r)$中 partion 是划分函数，选取最左端元素作为基准，将$[p,r]$分成$[p,q)$和$(q,r]$两部分，$[p,q)$部分的元素小于或等于基准元素，$(q,r]$部分的元素大于基准元素，$A[q]$为基准元素，如图6-13所示。

A	6	10	12	3	5	15	7

划分	3	5	6	12	10	15	7
	≤A[q]		A[q]	>A[q]			
	p		q				r

图6-13　快速排序的划分示例

最好情况下划分的两部分的元素数基本相等，时间复杂度为$T(n)=2T(n/2)+n=O(n\log n)$。平均情况下时间复杂度为$T(n)=\frac{2}{n}\sum_{I=1}^{n-1}T(i)+n-1=(n\log n)$。最坏情况下是序列为正序或逆序时划分的两部分，一部分没有元素，另一部分包含$r-p$个元素，时间复杂度为$T(n)=T(n-1)+n=O(n^2)$。如果每次随机选取元素作为基准，使划分的两部分元素很少出现一部分没有元素而另一部分包含$r-p$个元素的情况，则算法的时间复杂度将改进为平均情况的时间复杂度$\Theta(n\log n)$。这就是随机选择快速排序的原理。

随机选择快速排序算法：

输入：A。

输出：A，使$A[i]\leqslant A[i+1]$，$1\leqslant i\leqslant n$。

```
call RandomquickSort(A,0,n-1)
RandomquickSort(A,p,r) {
```

```
1.  if (p<r) then
2.      q=Randompartion(A,p,r)
3.      RandomquickSort(A,p,q-1)
4.      RandomquickSort(A,q+1,r)
}
RandomPartion (A,leftEnd,rightEnd){
1.  i=Random(leftEnd,rightEnd)
2.  Swap(A[i],leftEnd)
3.  return Partion (A,leftEnd,rightEnd)
}
```

处理随机排列的数组时,快速排序比合并排序快。而使用随机选择快速排序,相当于把数组变成随机排列数组。最新研究表明,三分法快速排序效率更高。

6.4.2 线性时间选择

先引入 k 小元素问题。给定 n 个元素的数组 A,找出 A 中第 k 小的元素,$1\leqslant k\leqslant n$。

$k=1$,k 小元素为最小元素,查找最小元素的时间复杂度为 $O(n)$。

$k=n$,k 小元素为最大元素,查找最大元素的时间复杂度为 $O(n)$。

$k=(n+1)/2$,k 小元素为中位数。能否在 $O(n)$时间找到中位数?

1. 蛮力算法

先对数组 A 进行排序,$A[k-1]$就是第 k 小元素。排序的时间为 $O(n\log n)$,查找时间为 $O(1)$,因此算法时间复杂度为 $O(n\log n)$。

如果使用堆排序,只需要找 k 次最小元素即可。建堆的时间为 $O(n)$,每次找最小元素的时间为 $\log n$,因此算法的时间复杂度为 $O(n+k\log n)$。如果 $k\leqslant n/\log n$,则时间复杂度为 $O(n)$。

2. 随机选择算法

模仿随机快速排序,随机选取元素作为基准,将数组分成两部分,但只对其中一部分再求解。基准 $A[q]$将$[p,r]$分成$[p,q)$和$(q,r]$两部分,如图 6-13 所示。设 x 为$[p,q]$中的元素数量,如果 $k=x$,则 $A[q]$为 k 小元素;如果 $k<x$,则在区间$[p,q-1]$继续搜索;如果 $k>x$,则在区间$[q+1,r]$继续搜索。如图 6-13 所示,$x=3$,如果 $k=5$,则在区间$[3,6]$中继续搜索。

随机选择算法:

```
call RandomizedSelect(A,0,n-1,k)
RandomizedSelect(A,p,r,i)
1.  if (p==r) then return A[p]
2.  q=RandomizedPartition(A,p,r)
3.  x=q-p+1
4.  if (k==x) then return A[q]
5.  if (k<x) then
6.      return RandomizedSelect(A,p,q-1,i)
7.  else return RandomizedSelect(A,q+1,r,i-x)
```

设 $T(n)$为从数组 A 中查找 k 小元素的时间,划分的两部分包含的元素数分别为 x 和 $n-x$。因此算法的时间复杂度为 $T(n)=\max(T(x),T(n-x))+O(n)$。最好情况下

$T(n)=T(n/2)+O(n)=O(n)$。最坏情况下 $T(n)=T(n-1)+O(n)=O(n^2)$。平均情况下 $T(n)=\frac{1}{n}\sum_{I=1}^{n-1}T(i)+n=O(n)$。实际运行时间接近平均情况的时间复杂度 $O(n)$。

3. 线性时间选择算法

随机选择算法最坏情况下的时间复杂度为 $O(n^2)$，划分的两部分出现一部分没有元素的情况。如果划分的两部分，保证较小的部分至少是原数组的 ε 倍，那么可以保证算法的时间复杂度为线性时间。比如，$\varepsilon=1/10$，那么另一部分小于原数组长度的 9/10。

$T(n)=\max(T(x),T(n-x))+O(n)=T(9n/10)+O(n)$，根据主定理，$n^{\log_b a}=n^{\log_{10/9}1}=n^0$，$f=n=\Omega(n^{\log_b a+\varepsilon})$，因此 $T(n)=\Theta(n)$。

基于上述原理，1972 年，Blum、Floyd、Pratt、Rivest 和 Tarjan 提出线性时间选择算法。

问题分析：给定数组 A=[2,6,8,1,4,10,20,6,22,11,9,8,4,3,7,8,16,11,10,8,2,14,15,1,12,5,4,7,9]，按 5 个元素一组，分为 $\lfloor n/5 \rfloor=\lfloor 29/5 \rfloor=5$ 组，即[2,6,8,1,4]，[10,20,6,22,11]，[9,8,4,3,7]，[8,16,11,10,8]，[2,14,15,1,12]，剩余一组[5,4,7,9]不满 5 个元素。

每组元素取中位数，共 $\lfloor n/5 \rfloor$ 个：分别为 4,11,7,10,12。在 4,11,7,10,12 中再取中位数 10。如果 $\lfloor n/5 \rfloor$ 为偶数，找两个中位数中较大者。以 10 为基准将 A 划分为两部分[2,6,8,1,4,6,9,8,4,3,7,8,8,2,1,5,4,7,9,10] 和[20,22,11,16,11,14,15,12]，较少的一组有 8 个元素。

实际上选取基准 $x=10$ 为中位数，则至少有 $\lfloor n/5 \rfloor/2=\lfloor n/10 \rfloor=2$ 个中位数小于或等于基准 10，即 4 和 7；而这些中位数所在的组中至少有 3 个元素不大于该中位数，如 4 所在组[2,6,8,1,4]中的 1、2 和 4，7 所在组[9,8,4,3,7]中的 3、4 和 7，加上 10 所在组[8,16,11,10,8]中的 8 和 8，至少有 $\lfloor 3n/10 \rfloor=\lfloor 3\times 29/10 \rfloor=8$ 个元素小于或等于基准 $x=10$，如图 6-14 所示。

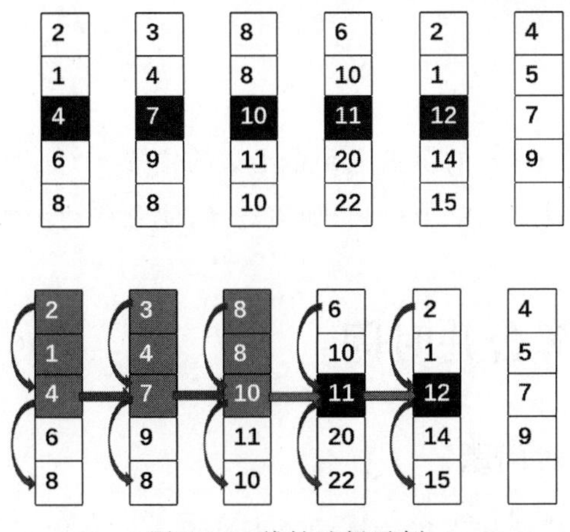

图 6-14　线性选择示例

同理，至少 $\lfloor 3n/10 \rfloor$ 个元素大于或等于基准 10。以 x 为基准，将数组分成两部分，较小的部分包含的元素数大于或等于 $\lfloor 3n/10 \rfloor$，较大的部分包含的元素数小于 $7n/10$。

线性时间选择算法：

输入：A，k。

输出：k 小元素。

```
call select(A,0,n-1,k)
select(A,leftEnd,rightEnd,k) {
1.  for i = 0 to (rightEnd - leftEnd - 4)/5 do
2.      Swap(A[leftEnd + 5 * i: leftEnd + 5 * i + 4]的第三元素,A[leftEnd + i])
3.  x = select(A,leftEnd,leftEnd + (rightEnd - leftEnd - 4)/5,(rightEnd - leftEnd - 4)/10)
    //找中位数的中位数
4.  q = partion(A,leftEnd,rightEnd,x)
5.  j = q - leftEnd  + 1
6.  if(k == j) then return A[j]
7.  if(k < j) then
8.      return select(A,leftEnd,q,k )
9.  else return select(A,q + 1,rightEnd,k - j)
}
```

假设存在相等元素，等于 x 的元素个数为 m，查找 x 后，$j-m+1\leqslant k\leqslant j$，直接返回 $A[j]$；如果 $k\leqslant j-m$ 则执行 select(A，leftEnd，$q-m$，k)。

设线性选择算法的时间复杂度为 $T(n)$。求解中位数，即 $k=(n+1)/2$ 的情况，因此时间也是 $T(n)$。找中位数的中位数，因为中位数有$\lfloor n/5\rfloor$个，因此时间复杂度不大于 $T(n/5)$。for 循环的时间复杂度为 $O(n/5)$，partion 的时间复杂度为 $O(n)$。划分后较大的部分包含的元素数小于 $7n/10$，因此划分后子问题的时间复杂度不大于 $T(7n/10)$。因此线性时间选择算法的时间为

$$T(n)\leqslant T\left(\frac{n}{5}\right)+T\left(\frac{7n}{10}\right)+O(n)\leqslant T\left(\frac{9n}{10}\right)+O(n)=\Theta(n)$$

Bent 和 John 给出寻找中位数的比较次数的下界为 $2n$，Dor 和 Zwick 给出比较次数的上界为 $2.95n$。

本节思考题

士兵排队问题：给定 $n\times n$ 的棋盘上 n 个士兵的位置 $p_i(x_i,y_i)$，要求 n 个士兵排成水平方向一队，每个网格点只能站一个士兵，如何选择，使总移动步数最少？

视频讲解

6.5 减少分解合并时间

6.5.1 最接近点对问题

屏幕上有 n 架飞机，哪两架飞机碰撞的可能性最大？金属板上钻 n 个孔，哪两个孔间断裂的可能性最大？这些问题都可以归为最接近点对问题：给定平面上 n 个点，哪两个点的距离最近？对问题做一下简化，如果存在多对相同的最小距离，找出一个解即可。最接近点对问题在 20 世纪 70 年代由 M. I. Shamos 和 D. Hoey 提出，是计算几何领域的基本问题，并在计算机视觉、地理信息系统和分子建模等许多领域得到应用。

1. 蛮力算法

计算任意两点间的距离,然后找出最小距离。n 个点间的距离有$(n/2)=O(n^2)$个,计算时间为 $O(n^2)$;从 $O(n^2)$个距离中找出最小距离的时间为 $O(n^2)$,因此算法的时间复杂度为 $O(n^2)$。

2. 分治算法

问题分析如下。

1) 一维情况

先排序 n 个点,然后扫描计算相邻点的距离并找最小距离,算法的时间复杂度为 $O(n\log n)+O(n)=O(n\log n)$。

2) 二维情况

首先按 n 个点的 x 坐标找中位数 m,以线 l:$x=m$ 将 n 个点分成两个元素个数均为 $n/2$ 的子集 S_1 和 S_2。然后对两个子集分别递归求解。设 S_1 中最小距离点为 P_1 和 P_2,S_2 中最小距离点为 Q_1 和 Q_2,则最小距离是 $d=\min(|P_1-P_2|,|Q_2-Q_l|)$,如图 6-15 所示,这里 $d=0.3$。

点	a	b	c	d	e	f	g	h	i	j	k	l	m	n
x坐标	2.0	0.5	0.25	1.0	3.0	2.0	1.0	0.6	0.9	2.0	4.0	1.1	1.0	0.7
y坐标	2.0	0.5	1.0	2.0	1.0	0.7	1.7	0.8	0.5	1.0	2.0	0.5	1.5	2.0

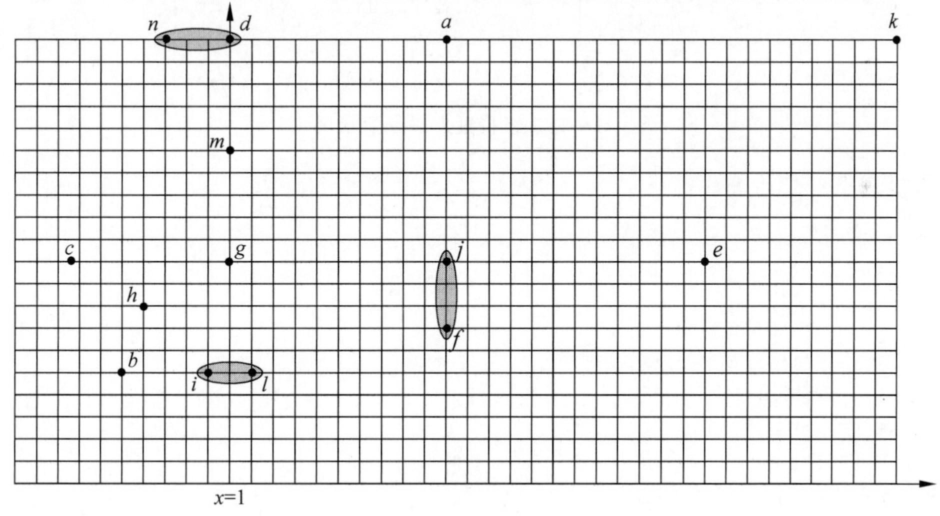

图 6-15　最接近点对示例

但是还存在 S_1 中一个点 P_3,S_2 中一个点 Q_3,$|P_3-Q_3|<d$ 的情况。符合这种情况的点有 $n/2\times n/2=n^2/4$ 个。如图 6-15 所示,$\min|P_3-Q_3|=0.2$,因此最小距离为 $\min(d,0.2)=0.2$。

这样算法的时间复杂度为 $T(n)=2T(n/2)+O(n^2)=O(n^2)$。实际上,$P_3$ 出现在 $x\in(m-d,m]$范围,Q_3 出现在 $x\in[m,m+d)$范围,才可能有$|P_3-Q_3|<d$,如图 6-16 所示。但存在 S_1,S_2 都在这两个范围的极端情况,时间复杂度没有改变。

1985 年,Preparata 和 Shamos 给出了该问题的一个分治算法。考虑 P_3 中任意一点 p,

它若与 Q_3 中的点 q 构成最接近点对的候选者，则必有 distance$(p,q)<d$。满足这个条件的 Q_3 中的点一定落在一个 $d\times 2d$ 的矩形 R 中，如图 6-16(a)所示。由 d 的意义可知，Q_3 中任何 2 个点的距离都不小于 d。由此可以推出矩形 R 中最多只有 6 个 S 中的点。

证明：

将矩形 R 的长为 $2d$ 的边 3 等分，将它的宽为 d 的边 2 等分，由此导出 6 个$(d/2)\times(2d/3)$的矩形，如图 6-16(b)所示。若矩形 R 中有多于 6 个 S 中的点，则由鸽笼原理易知至少有一个$(d/2)\times(2d/3)$的小矩形中有 2 个以上的点。设 u,v 是位于同一小矩形中的 2 个点，则$(x(u)-x(v))^2+(y(u)-y(v))^2\leqslant(d/2)^2+(2d/3)^2=(25/36)d^2$，distance$(u,v)<d$。这与 d 的定义相矛盾。因此每个小矩形中至多存在 1 个 S 中的点，矩形 R 中至多有 6 个 S 中的点。

因此，在分治法的合并步骤中最多只需要检查 $6\times n/2=3n$ 个候选者。这样算法的时间复杂度为 $T(n)=2T(n/2)+O(n)=O(n\log n)$。

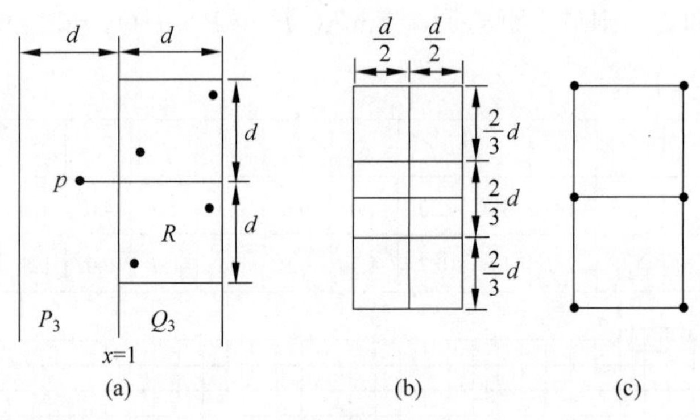

图 6-16　最接近点对分治示例

最接近点对分治算法：

输入：S。

输出：d。

```
1.  S = 以 x 坐标对 S 中的点增序排序
2.  Y = 以 y 坐标对 S 中的点增序排序
3.  d = pairs(0,n - 1)
pairs(low,high) {
1.  if (high - low + 1 <= 3) then 计算 d
2.  else mid = ⌊(high - low + 1)/2⌋
3.          l = x(S[mid])
4.          d1 = pairs(low,mid)
5.          d2 = pairs(mid + 1,high)
6.          d = min(d1,d2)
7.          k = 0
8.          for i = 0 to n - 1 do                    //查找与直线 l 距离为 d 范围内的点并放入 T
9.              if(abs(x[Y[i]] - l)<= d) then
10.                 k = k + 1
11.                 T[k] = Y[i]
12.         e = 2d
13.         for i = 1 to k - 1                       //在 T 中查找距离最小的点
```

```
14.          for j = i + 1 to min{i + 6,k} do      //距离 T[i]为 2d 范围内的 6 个点
15.              if (d(T[i],T[j])< e) then e = d(T[i,T[j])
16.      d = min(d,e)
17. return d
    }
```

6.5.2　计数逆序问题

计数逆序是基本的推荐算法，在协同过滤和搜索结果比较中经常使用。音乐站点为了给你推荐歌曲，把你喜欢的歌与其他人的进行匹配。你给 n 首歌排序，站点从数据库中查找与你最相似的人，把他喜欢的歌推荐给你。相似性度量标准是两个表的逆序数。例如：你的排序 $A=[1,2,\cdots,n]$，他人的排序 $L=[a_1,a_2,\cdots,a_n]$。如果 $i<j$，但 $a_i>a_j$，则歌曲 i 和 j 逆序。如图 6-17 所示，逆序为 3-2 和 4-2。

歌	A	B	C	D	E
你	1	2	3	4	5
他	1	3	4	2	5

逆序：3-2, 4-2

图 6-17　计数逆序示例 1

1. 蛮力算法

检查所有 $\Theta(n^2)$对(i,j)，计数逆序数。时间复杂度为 $\Theta(n^2)$。

2. 分治算法

问题分析：将 L 分成个数相同的 A 和 B 两部分；递归解决 A 和 B，分别计数 A 和 B 的逆序数；合并 A 和 B，计数 A 和 B 间的逆序数。如图 6-18 所示，A 部分的计数逆序数为 10，B 部分的逆序数为 5，A 和 B 间的逆序数为 13，总的逆序数为 28。

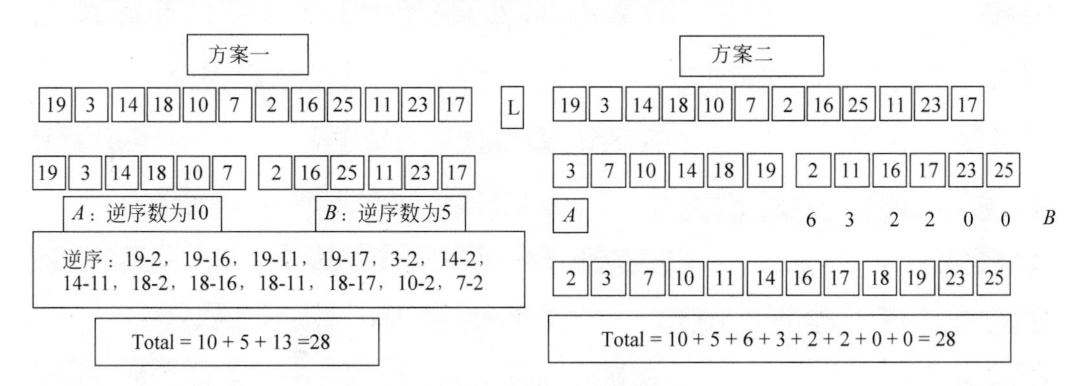

图 6-18　计数逆序示例 2

1）方案一

设分治算法的时间复杂度为 $T(n)$。分成个数相同的两部分递归计算 A、B 的时间复杂度为 $T(n/2)$。合并 A 和 B 并计数逆序，需要计算的次数为$(n/2)\times(n/2)=n^2/4=O(n^2)$。因此时间复杂度为 $T(n)=2T(n/2)+O(n^2)=O(n^2)$。

2）方案二

模拟合并排序，将 L 分成个数相同的 A 和 B 两部分；对 A 和 B 分别递归求解，排序并计数逆序。然后合并 A 和 B 并计数逆序。如图 6-18 所示，B 数组中的元素 2 对 A 的逆序数为 6，11 对 A 的逆序数为 3，16、17 对 A 的逆序数均为 2，23、25 对 A 的逆序数均为 0，因此总的逆序数为 10＋5＋6＋3＋2＋2＝28。

计数逆序分治算法：

输入：L。

输出：逆序数。

```
Sort - and - Count(L) {
1.   if (L 有一个元素) then return 0
2.   把 L 分成个数相同的两部分：A 和 B
3.   (rA, A) = Sort - and - Count(A)
4.   (rB, B) = Sort - and - Count(B)
5.   (r, L) = Merge - and - Count(A, B)
6.   return r = rA + rB + r
}
```

Merge-and-Count(A，B)的示例如图 6-19 所示。A 和 B 是有序数组，利用有序数组合并的思想解决合并与计数。i 为 A 数组剩余元素数，设置 A 和 B 两个指针，分别指向最小元素 3 和 2。

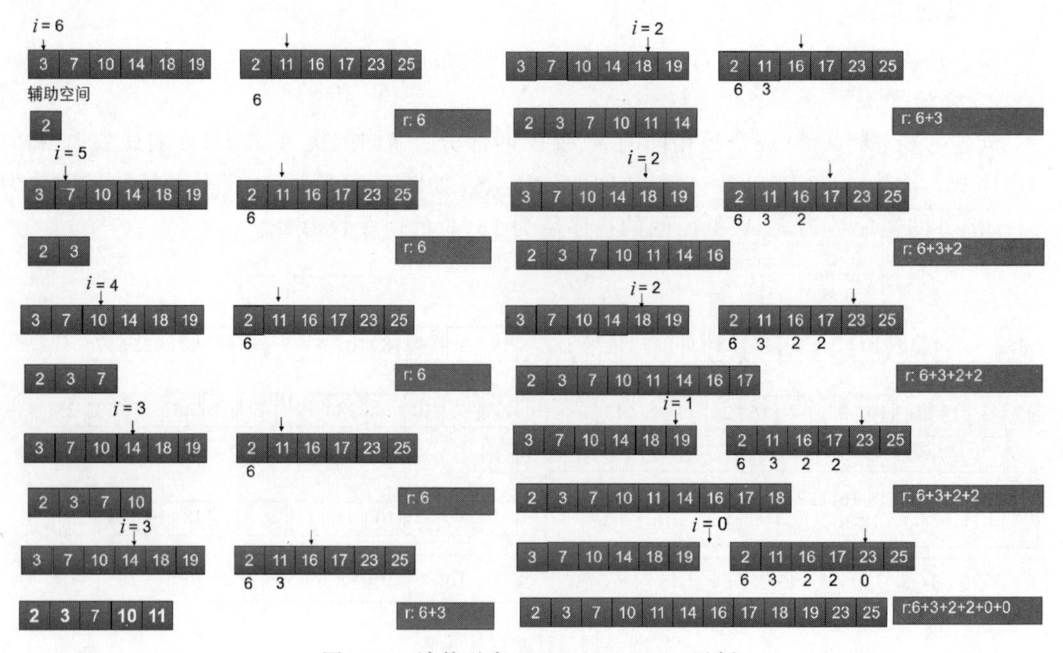

图 6-19　计数逆序 Merge-and-Count 示例

初始，$i=6$，2＜3，2 放入辅助数组，指针后移，2 的逆序数为 $i=6$；然后 3＜11，3 放入辅助数组，指针后移，$i=5$。7＜11，7 放入辅助数组，指针后移，$i=4$；10＜11，10 放入辅助数组，指针后移，$i=3$。

此后 11＜14，11 放入辅助数组，指针后移，11 的逆序数为 $i=3$；然后 14＜16，14 放入辅助数组，指针后移，$i=2$。

此后 16<18，16 放入辅助数组，指针后移，16 的逆序数为 $i=2$；然后 17<18，17 放入辅助数组，指针后移，17 的逆序数为 $i=2$。

此后 18<23，18 放入辅助数组，指针后移，$i=1$。19<23，19 放入辅助数组，指针后移，$i=0$。

此时 A 为空，将 B 剩余元素 23 和 25 放入辅助数组。23 和 25 的逆序数为 $i=0$。

Merge-and-Count(A,B)需要计算的次数最大为 $(n/2+n/2)=O(n)$。因此时间复杂度为 $T(n)=2T(n/2)+O(n)=O(n\log n)$。

本节思考题

循环赛比赛日程问题：n 个选手比赛，每个选手一天比赛一次，每个选手必须与其他 $n-1$ 个选手各赛一次，循环赛一共比赛 $n-1$ 天，设计比赛日程表。

本章习题

1. 编程实现兔子序列算法(POJ 3070、POJ 3233)。
2. 编程实现二分算法(POJ 2456、POJ 2976)。
3. 编程实现树分治算法(POJ 1741)。
4. 编程实现三分算法(POJ 3737)。
5. 编程实现堆排序问题算法(POJ 2833)。
6. 编程实现最大子段和算法(POJ 2479)。
7. 编程实现大整数乘法算法(POJ 2389)。
8. 编程实现线性时间选择算法(POJ 2388)。
9. 编程实现最接近点对算法(POJ 3714)。
10. 编程实现计数逆序算法(POJ 2299、POJ 1007)。
11. 简述分治算法的改进方法。
12. 简述分治算法的特性。
13. 简述减治法的常用类型。
14. 简述二分法和三分法。
15. 给定 $n=2^k$ 个元素的数组 A，设计算法求 A 中的最大值和最小值，比较次数小于 $3n/2$。
16. 凸包问题：给定平面上 n 个点的坐标，求完全包含 n 个点的凸多边形。
17. 如何使用分治算法求解多项式 $P_n(x)=a_nx^n+a_{n-1}x^{n-1}+\cdots+a_1x+a_0$?
18. 判断下列二分搜索算法的正确性，如果正确请给出正确性证明；如果错误，请说明错误的原因。

输入：A，n，key。

程序 1：

```
1.  low = 0
```

```
2.  high = n - 1
3.  while(low <= high) do
4.      mid = (low + high)/2
5.      if (key < A[mid]) then
6.          high = mid
7.      else if (key > A[mid]) then low = mid
8.           else return mid
9.  return -1
```

程序 2：

```
1.  low = 0
2.  high = n - 1
3.  while(low < high - 1) do
4.      mid = (low + high)/2
5.      if (key < A[mid]) then high = mid
6.      else if (key > A[mid]) then low = mid
7.  if(key == A[low]) then return low
8.  return -1
```

程序 3：

```
1.  low = 0
2.  high = n - 1
3.  while(low < high) do
4.      mid = (low + high)/2
5.      if (key < A[mid]) then high = mid - 1
6.      else if (key > A[mid]) then low = mid
7.  if(key == A[low]) then return low
8.  return -1
```

程序 4：

```
1.  low = 0
2.  high = n - 1
3.  while(low < high) do
4.      mid = (low + high)/2
5.      if (key < A[mid]) then high = mid - 1
6.      else if (key > A[mid]) then low = mid + 1
7.  if(key == A[low]) then return low
8.  return -1
```

程序 5：

```
1.  low = 0
2.  high = n - 1
3.  while(low < high) do
4.      mid = (low + high)/2
5.      if (key < A[mid]) then high = mid
6.      else if (key > A[mid]) then low = mid
7.           else return mid
```

19. 改写二分搜索算法，使得当查找元素 x 不存在时，输出小于 x 的最大元素位置 i 和

大于 x 的最小元素位置 j；当查找元素存在时，返回元素 x 的位置。

20. 众数问题：给定 n 个元素的多重集合 S，每个元素在 S 中出现的次数称为该元素的重数。S 中重数最大的元素称为众数。设计线性时间算法计算 S 的众数和重数。

21. 给定 m 位大整数 u 和 n 位大整数 v，$m \leqslant n$。如果使用分治法，将它们都看成是 n 位大整数，时间复杂度为 $O(n^{\log 3})$。如果 m 远小于 n，试设计 $O(nm^{\log 3/2})$ 算法。

22. 设计算法，求最接近中位数的 k 个数。

23. 石油管道问题：某石油公司计划建设从东到西的石油管道。给定 n 口油井的位置 $p_i=(x_i, y_i)$，各油井到主管道的输油管是南北向最短路，如何确定主管道的位置 p，使各油井到主管道的输油管长度之和最小？

24. 国际象棋上的一匹马，是否可能只走 63 步，正好走过除起点外的其他 63 个位置各一次？试用分治算法找出这样的周游路线。

25. 使用减治法生成 n 个元素的所有排列。

26. 使用减治法生成 n 个元素的所有子集。

27. 给定 n 天的股票价格，可以在第 i 天买入 100 股，在第 $j>i$ 天卖出 100 股，如何选择 i 和 j，使获得的收益最大？

28. 俄罗斯农夫法的乘法算法，又被称为俄式乘法。假定求 m 和 n 的乘积，显然有 $m \cdot n=\begin{cases}(m/2) \cdot 2n, & m \text{ 是偶数} \\ ((m-1)/2) \cdot 2n+n, & m \text{ 是奇数}\end{cases}$。例如，$39 \times 79$ 按图 6-20 所示计算，$2528+316+158+79$ 就是最后结果。请编程求解。

39	79	←
19	158	←
9	316	←
4	632	
2	1264	
1	2528	←

图 6-20　俄罗斯农夫乘法示例

第7章

动态规划算法

视频讲解

7.1 动态规划

20 世纪 50 年代，美国数学家贝尔曼等提出了解决多阶段决策问题的“最优性原理”，将多阶段决策过程转化为一系列的单阶段决策问题，从而创建了最优化问题的一种新的算法设计方法——动态规划。动态规划应用于运筹学、控制理论、信息理论、生物信息学以及计算机科学的理论、系统、人工智能、图形图像等许多领域。本章介绍动态规划算法的基本思想、基本要素、求解步骤，常用问题的动态规划算法及其分类。

7.1.1 兔子序列

兔子序列的递推公式为 $F[n]=F[n-1]+F[n-2]$，$F[0]=0$，$F[1]=1$，第 5 章给出了递归实现版本和递推实现版本。递归实现类似于二叉树构成的过程，自顶向下，将大问题分解为小问题，递进解决小问题，然后回归时由小问题计算大问题，如图 7-1(a)所示，因此算法的时间复杂度为 $O(2^n)$。许多子问题存在交叉和重叠，如 $F[4]$和 $F[3]$中都包含子问题 $F[2]$。计算过程中存在许多重复计算，例如，$F[2]$被计算 3 次，$F[3]$被计算 2 次。

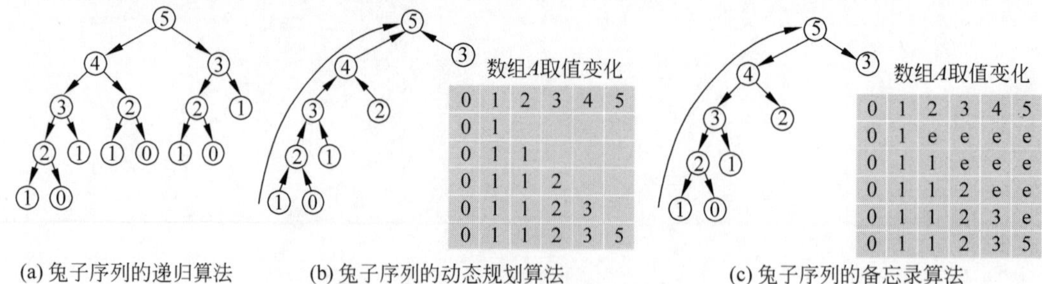

(a) 兔子序列的递归算法　(b) 兔子序列的动态规划算法　(c) 兔子序列的备忘录算法

图 7-1　兔子序列实现示例

1. 动态规划算法

兔子序列的递推实现就是动态规划算法，如图 7-1(b)所示。使用数组保存子问题的结果，通过 $F[0]$和 $F[1]$计算 $F[2]$，通过 $F[1]$和 $F[2]$计算 $F[3]$，……，通过 $F[n-2]$和 $F[n-1]$计算 $F[n]$，从底向上，自小问题到大问题，避免了大量重复计算，算法的时间复杂度为 $O(n)$。

兔子序列的动态规划算法：

输入：n。

输出：$F[n]$。

```
1.  F[0] = 0
2.  F[1] = 1
3.  for i = 2 to n do
4.        F[i] = F[i - 1] + F[i - 2]
5.  return F[n]
```

因此动态规划算法本质上是以空间换时间的算法，每一个子问题只求解一次，存储子问题的结果便于后面直接调用，避免重复计算，求解过程就是填表解答子问题的过程。

动态规划算法的优点：从各种可能解中选择有可能达到最优的局部解，避免不可能最优的判定序列；前后子问题间存在递推关系；设计难度大；但可以高效得到最优解。

与分治算法相比，相同点在于将原问题划分为子问题，求解子问题，得到原问题的解，且子问题前后存在递推关系。不同点在于分治算法的子问题一般是相互独立的。如果子问题不独立，用分治法求解的子问题太多，很多被重复计算，因此一般使用动态规划算法计算。不同子问题的数目常常只有多项式数量级，动态规划对每个子问题只求解一次，求解后保存子问题的结果，在需要时直接使用已求得的结果，避免大量重复计算，从而得到多项式时间算法。

2. 备忘录方法

兔子序列的备忘录算法：

输入：n。

输出：$F[n]$。

```
1.  A[0] = 0
2.  A[1] = 1
3.  for j = 2 to n
4.        A[j] = empty                              //A[j]为 empty 或 - 1
5.  return F[n]

F(n) {
1.  if (A[n] == empty)
2.        then A[n] = F(n - 1) +  F(n - 2)
3.  return A[n]
}
```

备忘录算法又称记忆化搜索，自顶向下分解，如果 $A[n]$已经被计算则直接返回值，否则递归求解，如图 7-1(c)所示。这样改进后的递归树和图 7-1(b)中的动态规划算法一样，不同之处在于增加了递进分解过程，先从大问题分解为小问题，然后从小问题计算大问题。

图 7-1 中由 $F[5]$分解为 $F[4]$和 $F[3]$,$F[4]$再分解为 $F[3]$和 $F[2]$,$F[3]$再分解为 $F[2]$和 $F[1]$,最后 $F[2]$分解为 $F[1]$和 $F[0]$。反过来 $F[1]$和 $F[0]$有解计算出 $F[2]$；$F[2]$和 $F[1]$有解计算出 $F[3]$；$F[3]$和 $F[2]$有解计算出 $F[4]$；$F[4]$和 $F[3]$有解计算出 $F[5]$。每个子问题只计算一次,最多调用两次,因此算法的时间复杂度为 $O(n)$。

备忘录方法为每一子问题建立记录项,初始化时,存入特殊值(存入值为 empty 或-1)。所有子问题一旦被计算,解值肯定不等于这个特殊值。求解时遇到特殊值时说明该子问题没有被计算过,计算子问题并保存在相应记录项中,下次遇到该子问题时直接查表即可。

备忘录方法的控制结构与直接递归方法的控制结构相同,区别在于备忘录方法为每个求解过的子问题建立了备忘录以备需要时直接返回值,避免了相同子问题的重复求解。

备忘录与动态规划的不同点在于自顶向下递进,回归中计算子问题；动态规划则是自底向上直接计算子问题的解。相同点在于每一子问题只解一次,保存于表格中,下次需要该子问题的解时直接查表即可。当所有子问题至少求解一次时使用动态规划好于备忘录方法,因为减少了递进分解过程。当部分子问题可以不求解时,使用备忘录方法好于动态规划,因为只需要求解部分分支。

7.1.2 赋权区间调度问题

给定 n 个活动 $A=\{1,2,\cdots,n\}$,活动 i 的起始时间为 s_i,结束时间为 f_i,$s_i<f_i$,权值为 v_i,$1\leqslant i\leqslant n$。n 个活动都要求使用同一资源,并且同一时间仅一个活动可使用该资源。如何安排,使安排活动的权值之和最大?

活动 i 和 j 相容则 $s_j\geqslant f_i$ 或 $s_i\geqslant f_j$。赋权区间调度问题变为求最大权相容活动子集问题,使安排的相容活动尽可能取得最大权值。

1. 问题分析

如果权值为 1,赋权区间调度问题变为区间调度问题,可以使用贪心算法求解。如果允许取任意权值,贪心算法不再适用。如图 7-2 所示,按照贪心算法,解为活动 b,权值为 1,但最优解为活动 a,权值为 999。

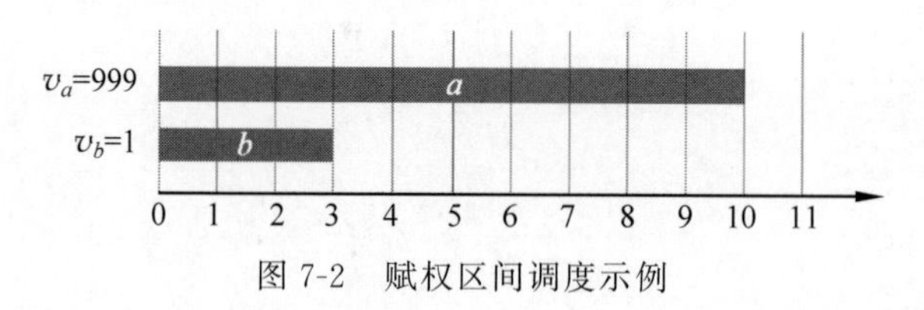

图 7-2 赋权区间调度示例

将活动按结束时间排序,如图 7-3 所示。假如活动 8 已被安排,则活动 6 和 7 与活动 8 时间冲突,因此不能被安排。设 $p(j)$为与活动 j 相容且结束时间不晚于 s_j 的任务中结束时间最晚的任务,则 $p(8)=5$,$p(7)=3$,$p(6)=2$,$p(5)=0$,$p(4)=1$,$p(3)=p(2)=p(1)=0$。

将活动按结束时间排序为 A,按开始时间排序为 B,如图 7-3 所示。计算 $p(8)$,从活动 7 开始从后向前检查 $s_8\geqslant f_i$ 是否成立,显然 $p(8)=5$；计算 $p(7)$,从活动 6 开始从后向前检查 $s_7\geqslant f_i$ 是否成立,显然 $p(7)=3$；……；但这样需要的时间为 $n-1+n-2+\cdots+0=$

$O(n^2)$。实际上,计算 $p(7)$时没必要从活动 6 开始检查,因为 A 和 B 已排序,在 B 中活动 7 的开始时间早于活动 8,即 $s_7 \leqslant s_8$;由 $p(8)=5$,可知 A 中 $f_5 \leqslant s_8 < f_6$,因此 $s_7 \leqslant s_8 < f_6$,这样计算 $p(7)$时只需要从活动 5 开始从后向前检查即可。$p(j)$的计算次序按 B 从后向前进行,如果 $p(j)=x$,计算 $p(j-1)$只需要在 A 中从 x 开始从后向前进行检查即可。这样计算次数为 n,检查次数小于 $2n$,因此时间复杂度为 $O(n)$。

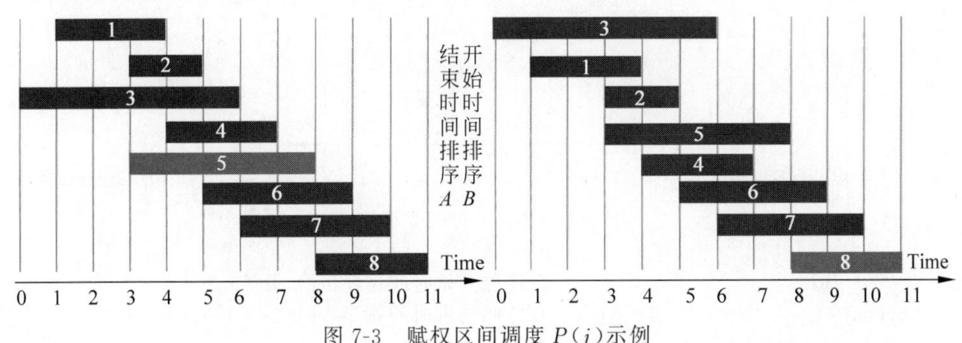

图 7-3　赋权区间调度 $P(j)$示例

设 OPT(j)为活动 1,2,…,j 对应的最优值,有 2 种情况(二分选择)。

(1) OPT 中包含 j,则包含任务 1,2,…,$p(j)$对应的最优值,不包含与 j 不相容的任务 $\{p(j)+1, p(j)+2, \cdots, j-1\}$。故有 $\mathrm{OPT}(j)=\mathrm{OPT}(p(j))+v_j$。

(2) OPT 中不包含 j,包含任务 1,2,…,$j-1$ 对应的最优值,则有 $\mathrm{OPT}(j)=\mathrm{OPT}(j-1)$。

因此,递推公式为

$$\mathrm{OPT}(j)=\begin{cases}0, & j=0 \\ \max(v_j+\mathrm{OPT}(p(j)), \mathrm{OPT}(j-1)), & \text{其他}\end{cases}$$

2. 赋权区间调度递归算法

输入:$n, A\ (s_i, f_i, v_i), 1 \leqslant i \leqslant n$。

输出:OPT(n)。

```
1.  B = Sort(A)                     //按照开始时间排序,使 s1≤s2≤…≤sn
2.  A = Sort(A)                     //按照结束时间排序,使 f1≤f2≤…≤fn
3.  计算 p(1),p(2),…,p(n)
4.  return Opt(n)
Opt(j) {
1.  if (j = 0) then return 0
2.  else return max{vj + Opt(p(j)),Opt(j - 1)}
    }
```

递归算法的计算如图 7-4(a)所示,近似一棵二叉树,因此时间复杂度为 $O(2^n)$。从中可以看到存在重叠子问题和重复计算,如 OPT(4) 和 OPT(3)中都包含子问题 OPT(2),OPT(2)被重复计算了 3 次。

3. 赋权区间调度动态规划算法

输入:$n, A\ (s_i, f_i, v_i), 1 \leqslant i \leqslant n$。

输出:$M[n]$。

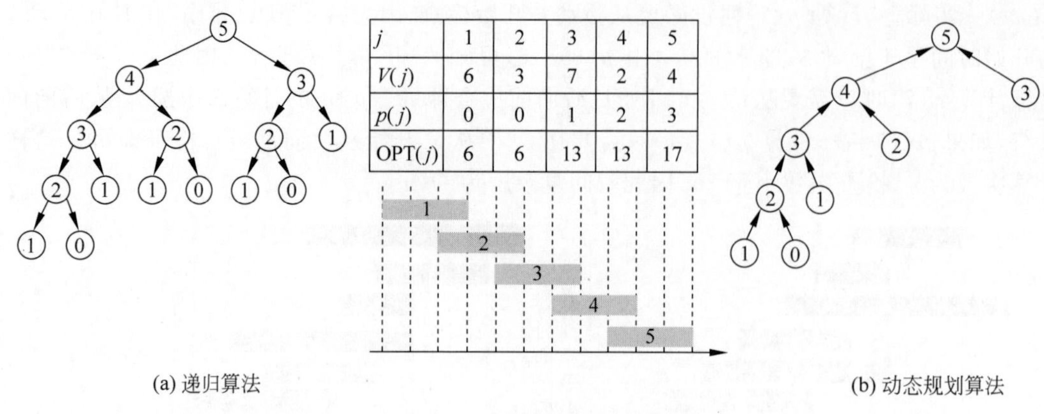

j	1	2	3	4	5
$V(j)$	6	3	7	2	4
$p(j)$	0	0	1	2	3
OPT(j)	6	6	13	13	17

(a) 递归算法　　(b) 动态规划算法

图 7-4　赋权区间调度算法

```
1.  B = Sort(A)                        //按照开始时间排序，使 s1 <= s2 <= … <= sn
2.  Sort(A)                            //按照结束时间排序，使 f1 <= f2 <= … <= fn
3.  计算 p(1),p(2),…,p(n)
4.  M[0] = 0
5.  for j = 1 to n do
6.      M[j] = max(vj + M[p(j)],M[j-1])
7.  return M[n]
```

动态规划算法的实现如图 7-4(b)所示。

$p(1)=0, p(2)=0, p(3)=1, p(4)=2, p(5)=3$。$M[1]=\max(M[0]+V_1, M[0])=6$；$M[2]=\max(M[0]+V_2, M[1])=6$；$M[3]=\max(M[1]+V_3, M[2])=13$；$M[4]=\max(M[2]+V_4, M[3])=13$；$M[5]=\max(M[3]+V_5, M[4])=17$。

排序需要的时间为 $O(n\log n)$，计算 $p(j)$的时间为 $O(n)$，计算 $M[n]$的时间为 $O(n)$，因此算法的时间为 $O(n\log n)$。利用动态规划可以得到安排活动的最大权值，如何得到对应的那些活动呢？这需要对数组 M 进行后处理。

后处理算法：

```
Find-Solution(j) {
1.  if (j == 0) then return
2.  else if (vj + M[p(j)]> M[j-1]) then
3.          print j
4.          Find-Solution(p(j))
5.      else Find-Solution(j-1)
}
```

调用 Find-Solution(n)，如图 7-4 所示。$V_5+M[3]=17>M[4]=13$，因此活动 5 被安排。$V_3+M[1]=13>M[2]=6$，因此活动 3 被安排。$V_1+M[0]=6>M[0]=0$，因此活动 1 被安排。故安排的活动集合为{1,3,5}。算法至多调用 n 次，其他计算时间为 $O(1)$，因此后处理算法的时间为 $O(n)$。

4. 赋权区间调度备忘录算法

输入：$n, A\ (s_i, f_i, v_i), 1\leqslant i\leqslant n$。

输出：$M[n]$。

```
1.  B = Sort(A)                        //按照开始时间排序,使 s1 <= s2 <= … <= sn
2.  A = Sort(A)                        //按照结束时间排序,使 f1 <= f2 <= … <= fn
3.  计算 p(1),p(2), … ,p(n)
4.  for j = 1 to n do
5.      M[j] = empty
6.  M[0] = 0
7.  return M - Compute - Opt(n)
M - Compute - Opt(j){
1.  if(M[j] is empty) then
2.      M[j] = max(vj + M - Compute - Opt(p(j)),M - Compute - Opt(j - 1))
3.  return M[j]
}
```

备忘录算法设置了数组 M 的特殊值,判断 $M[j]$是否等于特殊值,如果等于特殊值则递归计算,否则直接返回值。因为每一个子问题计算一次,一共有 n 个子问题,子问题至多调用 $2n$ 次。因此 M-Compute-Opt(j)的计算时间为 $O(n)$。排序需要的时间为 $O(n\log n)$,计算 $p(j)$的时间为 $O(n)$,因此备忘录算法的时间为 $O(n\log n)$。

7.1.3　基本性质

采用动态规划算法求解最优化问题,一般具有最优子结构、重叠子问题和无后效性 3 个基本性质。

1. 最优子结构的性质

最优子结构的性质就是原问题的最优解包含子问题的最优解,原问题的最优解是由一系列子问题的最优解构成的。

证明最优子结构性质的方法具有普遍性：首先假设由问题最优解导出的子问题解不是最优的,然后再说明在这个假设下可构造出比原问题最优解更好的解,从而导致矛盾。

利用问题的最优子结构性质,以自底向上的方式从子问题的最优解逐步构造出整个问题的最优解。最优子结构性质是问题能用动态规划算法求解的前提。

同一个问题可以有多种表示方法刻画它的最优子结构,有些表示方法的求解速度更快(空间占用小,问题的维度低)。

2. 重叠子问题的性质

重叠子问题性质就是递归算法求解问题时,每次产生的子问题存在交叉和重叠,有些子问题被反复计算多次；动态规划算法对每一个子问题只求解一次,而后将其解保存在一个表格中,当再次需要求解此子问题时,只是简单地用常数时间查看一下结果。

通常,不同的子问题个数随问题规模的大小呈多项式增长,因此用动态规划算法只需要多项式时间,从而获得较高的解题效率。

3. 无后效性的性质

问题的全过程可以分为若干阶段,而且在任何一个阶段 x 后的行为都只依赖于 x 的状态,而与 x 之前如何达到这种状态的方式无关,这样的过程就构成了一个多阶段决策过程。这个性质称为无后效性,即未来与过去无关。和贪心算法不同,贪心算法满足“未来不影响过去”,而动态规划满足“未来可能影响过去”。

7.1.4 求解步骤

动态规划算法求解问题的一般步骤如下。

(1) 选择适当的问题状态表示,并分析最优解的性质。

(2) 递归地定义最优值(即建立递推关系)。

(3) 以自底向上的方式计算出最优值。

(4) 根据计算最优值时得到的信息,构造一个最优解。

步骤(1)~(3)是动态规划算法,步骤(4)是后处理算法,如果只计算最优值,可以省略步骤4,例如兔子序列的求解。

本节思考题

一个楼梯总共有 n 级台阶,如果一次可以跳1级,也可以跳2级,则从地面跳到第 n 级台阶总共有多少种跳法?

视频讲解

7.2 决策与递推关系

7.2.1 数字三角形

先引入数字三角形问题。给定数字三角形 data[i][j],$1 \leqslant i \leqslant n$,$1 \leqslant j \leqslant n$,如图7-5(a)所示,从顶部出发,在每个节点可以选择向左走或向右走,一直走到底层,要求找出一条路径,使路径上的数字之和最大。

问题分析如下。

1) 枚举算法

每个节点有2个分支,因此搜索路径数为 2^{n-1},不适用。

2) 贪心准则

贪心准则1:取每层的最大值节点,如图7-5(a)所示,即取9,15,10,18,19,但这些节点构不成路径。

贪心准则2:取第一层或最后一层的最大值节点和路径上其他层的最大值节点。如图7-5所示,自上而下,先取第一层的9,第二层的15,第三层的8,第四层的9,第五层的10,得到9+15+8+9+10=51。自下而上,先取第五层的19,第四层的2,第三层的10,第二层的12,第一层的9,得到19+2+10+12+9=52。而真正的最大和是9+12+10+18+10=59,这两种方法都难以保证得到最优解。

3) 动态规划算法

从顶点开始,自上而下计算,称为正推,如图7-5(b)所示。从顶点出发,走左分支得到9+12=21,走右分支得到9+15=24。从21出发,走左分支得到21+10=31,走右分支得到21+6=27。从24出发,走左分支得到24+6=30,取max{27,30}=30;走右分支得到24+8=32。同理可以分别计算第四层和第五层,然后取第五层的最大值=max{52,56,59,45,53}=59。

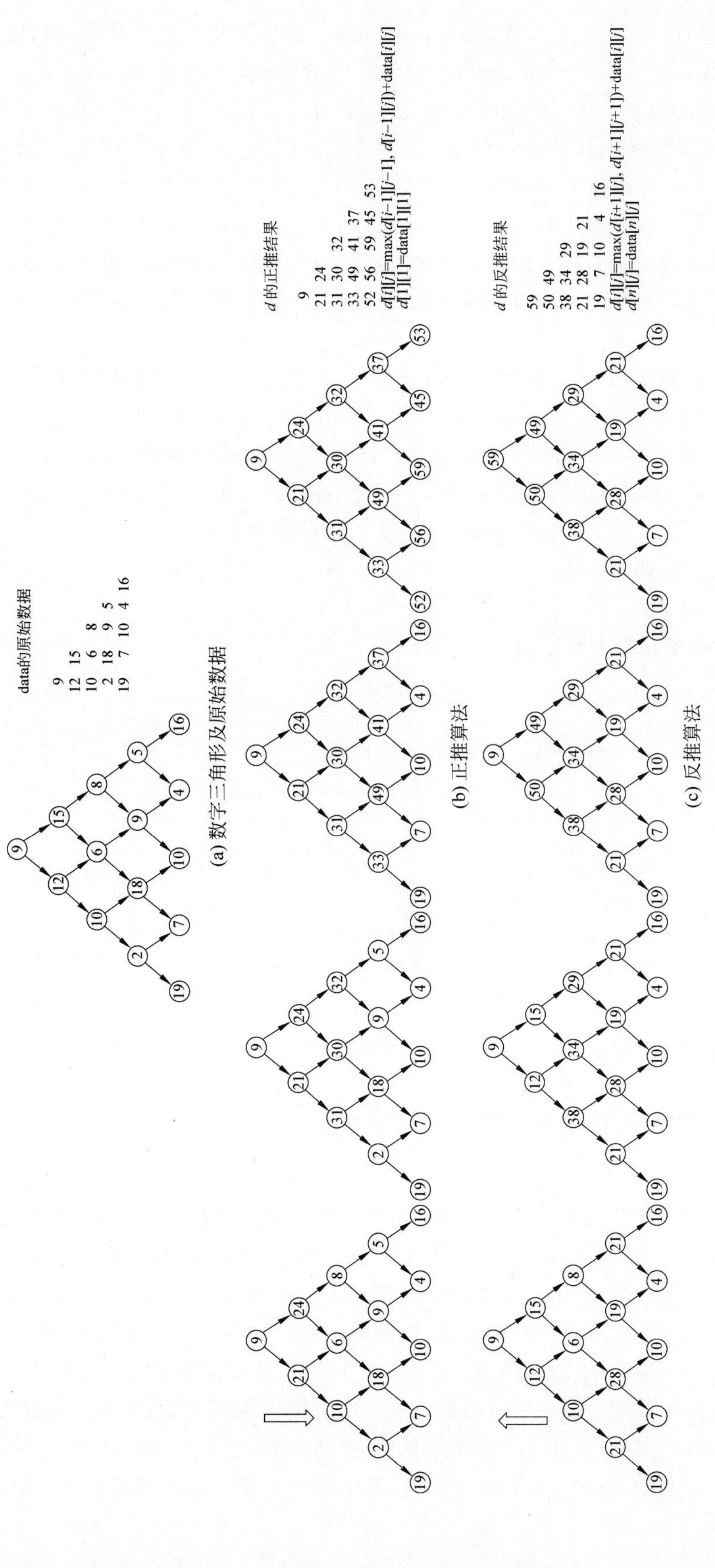

data的原始数据

9
12 15
10 6 8
2 18 9 5
19 7 10 4 16

(a) 数字三角形及原始数据

d的正推结果

9
21 24
31 30 32
33 49 41 37
52 56 59 45 53

$d[i][j]=\max(d[i-1][j-1], d[i-1][j])+\text{data}[i][j]$
$d[1][1]=\text{data}[1][1]$

(b) 正推算法

d的反推结果

59
50 49
38 34 29
21 28 19 21
19 7 10 4 16

$d[i][j]=\max(d[i+1][j], d[i+1][j+1])+\text{data}[i][j]$
$d[n][j]=\text{data}[n][j]$

(c) 反推算法

图 7-5　数字三角形示例

给定数字三角形 data[i][j],$1\leqslant i\leqslant n$,$1\leqslant j\leqslant n$。设 $d[i][j]$表示从顶点到位置(i,j)的最大路径和,则有 $d[i][j]=\max(d[i-1][j-1],d[i-1][j])+\text{data}[i][j]$,$1\leqslant i\leqslant n$,$1\leqslant j\leqslant n$;边界条件为 $d[1][1]=\text{data}[1][1]$。结果为 $\max d[n][j]$,$1\leqslant j\leqslant n$。

从底层开始,自下而上计算,称为反推,如图 7-5(c)所示。第五层的顶点 19 和 7 都可以到达第四层顶点(4,1),取值 max(19+2,7+2)=21。第五层的顶点 7 和 10 都可以到达第四层顶点(4,2),取值 max(7+18,10+18)=28。第五层的顶点 4 和 10 都可以到达第四层顶点(4,3),取值 max(4+9,10+9)=19。第五层的顶点 4 和 16 都可以到达第四层顶点(4,4),取值 max(4+5,16+5)=21。同理可以计算第三层、第二层和第一层。第一层得到 59,就是问题的解。

给定数字三角形 data[i][j],$1\leqslant i\leqslant n$,$1\leqslant j\leqslant n$。设 $d[i][j]$表示从位置(i,j)到底层的最大路径和,则有 $d[i][j]=\max(d[i+1][j],d[i+1][j+1])+\text{data}[i][j]$,边界条件为 $d[n][j]=\text{data}[n][j]$,$1\leqslant i\leqslant n$,$1\leqslant j\leqslant n$。$d[1][1]$ 就是问题的解。

为了设计简洁的算法,用三维数组 $a[n][n][3]$存储三个数组的信息。$a[n][n][1]$代替数组 data,$a[n][n][2]$代替数组 d,$a[n][n][3]$记录解路径。

数字三角形动态规划算法:

输入:data。

输出:最大路径和最大路径和。

```
1.    for i = n - 1 to 1 do                    //最大路径和
2.        for j = 1 to i do
3.            if (a[i + 1][j][2]> a[i + 1][j + 1][2]) then
4.                    a[i][j][2] = a[i][j][1] + a[i + 1][j][2]
5.                    a[i][j][3] = 0
6.            else a[i][j][2] = a[i][j][1] + a[i + 1][j + 1][2]
7.                    a[i][j][3] = 1
8.    print(a[1][1][2])
9.    j = 1
10.  for i = 1 to n - 1 do                     //最大路径
11.       print(a[i][j][1])
12.       j = j + a[i][j][3]
13.  print(a[n][j][1])
```

7.2.2 多阶段决策与递推关系

1. 多阶段决策

动态规划利用多阶段决策的最优性原理将多阶段决策过程转化为一系列的单阶段决策问题。一般根据时间、空间等特征的先后顺序划分阶段,按阶段顺序求解。例如,数字三角形的每行是一个阶段,逐行求解。每个阶段需要考虑多种情况进行选择称为决策,例如,数字三角形每个节点的计算需要比较两个值,选择较大者。

动态规划=贪心策略+递推(降阶)+存储递推结果,按阶段顺序求解,每个阶段需要考虑多种情况进行决策。每个阶段决策的结果是一个决策结果序列,最终哪个是最优结果取决于以后每个阶段的决策,因此这个决策过程称为"动态"规划算法。例如,数字三角形一行每个位置的 d 值是该阶段的结果序列,这个结果序列中只有一个在最优解中,具体选择哪个由后面阶段的决策确定。贪心策略、递推算法都是在“线性”地解决问题，而动态规划则是全面分阶段地解决问题。可以通俗地说动态规划是“带决策的多阶段、多方位的递推算法”。

2. 状态转移方程

动态规划的递推关系又称状态转移方程。数字三角形问题是求解顶层到底层的最大路径和，子问题是求解某个位置到底层的最大路径和。变量(i,j)表示位置，变量$d(i,j)$表示子问题的解，即位置(i,j)到底层的最大路径和，因此数字三角形的递推关系为$d[i][j]=\max(d[i+1][j],d[i+1][j+1])+\text{data}[i][j]$。状态表示每个阶段的状况，变量取值不同对应不同的问题状态，也对应不同子问题，例如$d(i,j)$表示位置(i,j)的状况，也表示位置(i,j)到底层的最大路径和这一子问题。因此状态转移方程是状态间的递推关系，也是子问题间的递推关系。

求解动态规划问题，需要恰当地选取变量及定义子问题，确定当前阶段和前、后阶段的关系，确定递推顺序和递推边界条件，从而把一个大问题转化成一组同类型的子问题，然后逐个求解。例如，递推关系$d[i][j]=\max(d[i+1][j],d[i+1][j+1])+\text{data}[i][j]$中，$d[i][j]$是当前状态，$d[i+1][j]$和$d[i+1][j+1]$是以前的状态，当前状态用以前状态表示，构成状态转移方程。又如，赋权区间调度问题中，for 循环枚举当前状态$M[j]$，$\max(v_j+M[p(j)],M[j-1])$枚举以前状态$M[p(j)]$和$M[j-1]$。

3. 正推与反推

正推法确定第i阶段的收益函数和从第1阶段开始到第i阶段结束所获得收益的最优值，建立状态转移方程。例如，数字三角形的状态转移方程$d[i][j]=\max(d[i-1][j-1],d[i-1][j])+\text{data}[i][j]$中，$d(i,j)$表示顶层到位置$(i,j)$的最大路径和（收益函数），到达位置$(i,j)$有两条路径，分别从$[i-1][j-1]$和$[i-1][j]$到达，因此$d(i,j)$选择两者中较大的，就是最优收益值。

反推法确定第i阶段的收益函数和从第i阶段开始到第n阶段结束所获得收益的最优值，建立状态转移方程。例如，数字三角形的状态转移方程$d[i][j]=\max(d[i+1][j],d[i+1][j+1])+\text{data}[i][j]$中，$d(i,j)$表示位置$(i,j)$到底层的最大路径和（收益函数），位置$(i,j)$有两条路径可到达下一层的$[i+1][j+1]$和$[i+1][j]$，因此$d(i,j)$选择两者中较大的，就是最优收益值。

本节思考题

视频讲解

计算二项式系数$C(n,k)=C(n-1,k-1)+C(n-1,k)$。

7.3 背包问题

7.3.1 0-1 背包问题

先引入 0-1 背包问题。给定n种物品和1个背包，背包容量为W，物品i的重量和价值分别为w_i和v_i，$1\leqslant i\leqslant n$。每种物品只有1个，如果物品不允许切分，求装入背包物品的最大价值和。

1. 问题分析

设每个物品装入比例为 x_i，则 $x_i=0$ 或 1，这表示不能部分装入背包，要么不装入，要么整个装入，并且只装入一次。问题的约束条件为 $\sum w_i x_i \leqslant W$，目标函数为 $\max\left(\sum v_i x_i\right)$，$1 \leqslant i \leqslant n$。这是 0-1 背包问题的形式化描述。

部分背包问题使用贪心算法可得到最优解，0-1 背包问题使用贪心算法求解不一定得到最优解。如图 7-6 所示，使用贪心算法的值是 35，选择的物品是{5,2,1}；而最优解值是 40，选择的物品是{3,4}。

W=11

Item	Value	Weight
1	1	1
2	6	2
3	18	5
4	22	6
5	28	7

W+1 →　　n+1 ↓

M	0	1	2	3	4	5	6	7	8	9	10	11
φ	0	0	0	0	0	0	0	0	0	0	0	0
{1}	0	1	1	1	1	1	1	1	1	1	1	1
{1,2}	0	1	6	7	7	7	7	7	7	7	7	7
{1,2,3}	0	1	6	7	7	18	19	24	25	25	25	25
{1,2,3,4}	0	1	6	7	7	18	22	24	28	29	29	40
{1,2,3,4,5}	0	1	6	7	7	18	22	28	29	34	35	40

图 7-6　0-1 背包示例

设物品编号为 $1,2,\cdots,n$，OPT(n)表示从 n 个物品中选择时得到的最大价值，相应子问题 OPT(i)表示从前 i 个物品中选择时得到的最大价值。对于物品 i 的选择有 2 种情况。

(1) OPT(i) 不包含物品 i，则选择物品$\{1,2,\cdots,i-1\}$对应的最优值，即 OPT($i-1$)。

(2) OPT(i)包含物品 i，得到价值 v_i，然后选择物品$\{1,2,\cdots,i-1\}$对应的最优值。如果使用 $v_i+\text{OPT}(i-1)$表示，显然最优解肯定只能是这种情况，因为 $v_i+\text{OPT}(i-1)>\text{OPT}(i-1)$。

但是第 1 种情况中 OPT(i)和 OPT($i-1$)的剩余背包容量是相同的，第 2 种情况中 OPT(i)和 OPT($i-1$)的剩余背包容量是不同的，因此不能使用 OPT($i-1$) 表示不同容量的两种情况。这种表示不知道选择 i 之前已经选择了哪个物品，甚至不知道是否有足够的容量空间给物品 i。

从上面的分析可以看到，OPT 与当前剩余背包容量有关，因此需要增加变量表示更多子问题。设 OPT(n,W)表示背包容量为 W 时从 n 个物品中选择的最大价值，相应子问题 OPT(i,w)表示背包容量为 w 时从前 i 个物品中选择的最大价值。对于物品 i 的选择有两种情况。

(1) OPT(i,w)不包含物品 i，则选择物品$\{1,2,\cdots,i-1\}$对应的最优值，即 OPT($i-1$, w)。

(2) OPT(i,w)包含物品 i，得到价值 v_i，然后选择物品$\{1,2,\cdots,i-1\}$对应的最优值，使用 $v_i+\text{OPT}(i-1,w-w_i)$表示。因此，递推公式为

$$\text{OPT}(i,w)=\begin{cases}0, & i=0\\ \text{OPT}(i-1,w), & w_i>w\\ \max(v_i+\text{OPT}(i-1,w-w_i),\text{OPT}(i-1,w)), & \text{其他}\end{cases}$$

如果使用递归算法，每个节点有两个分支，算法时间复杂度为 $O(2^n)$，存在重叠子问题。0-1 背包问题的递推公式满足最优子结构的性质，又存在重叠子问题，因此更适合使用动态

规划算法进行计算。

2. 动态规划算法

0-1 背包问题的动态规划算法 ZeroOnePack：

输入：$n, W, w_i, v_i, 1 \leqslant i \leqslant n$。

输出：$M[n, W]$。

```
1.  for w = 0 to W do
2.      M[0,w] = 0
3.  for i = 1 to n do
4.      for w = 0 to W
5.          if (wi > w) then M[i,w] = M[i-1,w]
6.          else M[i,w] = max{M[i-1,w], vi + M[i-1,w-wi]}
7.  return M[n,W]
```

算法的计算过程如图 7-6 所示，首先设置初值 $M[0, w]=0$，表示背包容量为 0 或物品集合为空时，最大价值为 0。然后从小到大、从底向上进行计算。

当 $i=1$ 时，$M[1,0]=M[0,0]=0$，因为 $w_1=1>0$，不放入物品 1。

$M[1,1]=\max\{M[0,1], v_1+M[0,0]\}=1$，放入物品 1。

$M[1,2]=\max\{M[0,2], v_1+M[0,1]\}=1$，放入物品 1。

同理，$w>2$ 时，$M[1,w]=1$，因为只有物品 1，放入后最大价值为 1。

当 $i=2$ 时，$M[2,0]=M[1,0]=0$，因为 $w_2=2>0$，不放入物品 2。

$M[2,1]=M[1,1]=1$，因为 $w_2=2>1$，不放入物品 2，放入物品 1。

$M[2,2]=\max\{M[1,2], v_2+M[1,0]\}=6$，放入物品 2。

$M[2,3]=\max\{M[1,3], v_2+M[1,1]\}=7$，放入物品 1 和物品 2。

同理，$w>3$ 时，$M[2,w]=7$，因为只有物品 1 和物品 2，全部放入后最大价值为 7。

……

当 $i=5$ 时，$M[5,11]=\max\{M[4,11], v_5+M[4,4]\}=40$，因为查表可知，$M[4,11]=40$，$M[4,4]=7$，$v_5+M[4,4]=35$。

算法循环体运行时间为 $O(1)$，因为计算 $M[i,w]$ 时，$M[i-1,w]$和 $M[i-1,w-w_i]$ 都已经被计算并保存，直接查找值即可。循环次数为 nW，因此算法的时间复杂度为 $O(nW)$。当背包容量 W 很大时，算法需要的计算时间较多。例如，当 $W>2^n$ 时，算法需要的计算时间为 $O(n2^n)$。因此该算法的时间不是输入的多项式！而是“伪多项式”。另外要注意：算法要求 w_i 为整数。当 w_i 为实数时，可以使用跳跃点方法。

3. 后处理算法

```
Find-Solution(j,w) {
1.  if (j == 0) then return 0
2.  else if (vj + M[j-1,w-wj]> M[j-1,w]) then
3.          print j
4.          Find-Solution(j-1,w-wj)
5.      else Find-Solution(j-1,w)
}
```

对于 Find-Solution(5,11)，由图 7-6 可知，$M[4,11]=40>v_5+M[4,4]=35$，因此最优

解不包含物品 5。递归调用 Find-Solution(4,11)，由于 $v_3+M[3,5]=22+18=40>M[3,11]=25$，因此最优解包含物品 4。递归调用 Find-Solution(3,5)，由于 $v_2+M[2,0]=18+0=18>M[2,5]=7$，因此最优解包含物品 3。递归调用 Find-Solution(2,0)，由于 $j=0$，算法结束。因此最优解为{4,3}，最优值为 $M[5,11]=40$。

4. 边读入边计算

输入：$n,W,w_i,v_i,1\leqslant i\leqslant n$。

输出：$M[n,W]$。

```
1.  for w = 0 to W do
2.      M[0,w] = 0
3.  for i = 1 to n do
4.      scanf("%d%d",&vi,&wi)        //边读入边计算,不保存输入
5.      for w = 0 to W
6.          if (wi > w) then M[i,w] = M[i-1,w]
7.          else M[i,w] = max {M[i-1,w],vi + M[i-1,w-wi]}
8.  return M[n,W]
```

通过边读入边计算，不保存输入数据，减少了存储空间。

5. 一维数组实现

从上面算法可以看出，计算 $M[i,w]$ 仅用到 $M[i-1,w]$和 $M[i-1,w-w_i]$，因此如果只是求最优值可以使用一维数组实现。

输入：$n,W,w_i,v_i,1\leqslant i\leqslant n$。

输出：$M[W]$。

```
1.  for w = 0 to W do
2.      M[w] = 0
3.  for i = 1 to n do
4.      scanf("%d%d",&vi,&wi)        //边读入边计算,不保存输入
5.      for w = W to wi              //使用反序
6.          M[w] = max {M[w],vi + M[w-wi]}
7.  return M[W]
```

与上面算法不同，for 循环反序计算 M 值。例如，上面算法计算 $M[3,11]=\max\{M[2,11]=7,v_3+M[2,6]=18+7\}=25$。使用一维数组正序计算时变为 $M[11]=\max\{M[11],v_3+M[6]\}$，但此时的 $M[6]$已经是 $M[3,6]=19$，因此 $M[11]=\max\{M[11],v_3+M[6]\}=37$，故结果是错误的。使用一维数组反序计算时 $M[6]$还是 $M[2,6]=7$，$M[11]$还是 $M[2,11]$，因此结果是正确的。另外数组 M 中已经保存 $M[i-1,w]$的数据，当 $w_i>w$ 时 $M[i,w]=M[i-1,w]$，因此不需要再计算 $w<w_i$ 的情况，for 循环变为 for w=W to w_i。

6. 反推实现

上面算法是使用正推实现的，也可以使用反推实现。设 OPT(i,w)为物品$(i,i+1,\cdots,n)$在背包容量为 w 时的最优值，则有两种情况。

(1) OPT 不选择物品 i，则 OPT(i,w)为选择物品$\{i+1,\cdots,n\}$在背包容量为 w 时的最优值，表示为 OPT$(i+1,w)$。

(2) OPT 选择物品 i，则 OPT(i,w)为 v_i 加上选择物品$\{i+1,\cdots,n\}$在背包容量为

$w-w_i$ 时的最优值，表示为 $v_i+\mathrm{OPT}(i+1,w-w_i)$。

因此，递推公式为

$$\mathrm{OPT}(i,w)=\begin{cases}0, & i=n+1\\ \mathrm{OPT}(i+1,w), & w_i>w\\ \max(v_i+\mathrm{OPT}(i+1,w-w_i),\mathrm{OPT}(i+1,w)), & \text{其他}\end{cases}$$

0-1 背包问题的动态规划算法(反推)：

输入：$n,W,w_i,v_i,1\leqslant i\leqslant n$。

输出：$M[n,W]$

```
1.   for w = 0 to W do
2.        M[n + 1,w] = 0
3.   for i = n to 1 do
4.        for w = 0 to W do
5.             M[i,w] = M[i + 1,w]
6.             if (w_i <= w) then M[i,w] = max{M[i + 1,w],v_i + M[i + 1,w - w_i]}
7.   return M[1,W]
```

算法从 $\mathrm{OPT}(n,w)$ 开始计算只有物品 n 可以选择的情况，然后计算 $\mathrm{OPT}(n-1,w)$ 为只有物品 n 和 $n-1$ 可以选择的情况，以此类推，最后计算的 $\mathrm{OPT}(1,w)$ 为所有物品均可以选择的情况。算法的时间复杂度同样是 $O(nW)$。

7.3.2　恰好装满背包

Q：0-1 背包问题，如果要求"恰好装满背包"时的最优解，如何求解？

A：如果要求恰好装满背包，对于初始值，只有容量为 0 的背包可能被价值为 0 的物品空集"恰好装满"。其他容量大于 0 的背包，在没有物品时，不可能恰好装满，没有合法的解，因此赋值 $-\infty$。

恰好装满背包问题的动态规划算法：

输入：$n,W,w_i,v_i,1\leqslant i\leqslant n$。

输出：$M[n,W]$。

```
1.   M[0] = 0
2.   for w = 1 to W do
3.        M[w] = - INF                    //INF = ∞
4.   for i = 1 to n do
5.        for w = W to w_i
6.              M[w] = max {M[w],v_i + M[w - w_i]}
7.   return M[W]
```

$M[i,w]$ 的计算示例如图 7-7 所示。

W=11

Item	Value	Weight
1	1	1
2	6	2
3	18	5
4	22	6
5	28	7

	0	1	2	3	4	5	6	7	8	9	10	11
ϕ	0	-	-	-	-	-	-	-	-	-	-	-
{1}	0	1	-	-	-	-	-	-	-	-	-	-
{1, 2}	0	1	6	7	-	-	-	-	-	-	-	-
{1, 2, 3}	0	1	6	7	-	18	19	24	25	-	-	-
{1, 2, 3, 4}	0	1	6	7	-	18	22	24	28	29	-	40
{1, 2, 3, 4, 5}	0	1	6	7	-	18	22	28	29	34	35	40

$-\infty$

图 7-7　恰好装满背包示例

$M[1,1]=\max\{M[0,1],M[0,0]+1\}=1$,

$M[1,2]=\max\{M[0,2],M[0,1]+1\}=-\infty$。

$M[2,4]=\max\{M[1,4],M[1,2]+6\}=-\infty$,

$M[4,4]=M[3,4]=-\infty$,$M[4,11]=\max\{M[3,11],M[3,5]+22\}=40$。

$M[5,10]=\max\{M[4,10],M[4,3]+28\}=35$,

$M[5,11]=\max\{M[4,11],M[4,4]+28\}=40$。

因此"恰好装满背包"时仍然可解,但初始化不同。初始化时除了 $M[0]$ 为 0,其他 $M[1]\sim M[W]$ 均设为 $-\infty$,可以保证最终得到的 $M[W]$ 是一种恰好装满背包的最优解。

7.3.3 完全背包

0-1 背包问题中,如果每种物品有无限多个,0-1 背包问题变为完全背包问题。

设 $\mathrm{OPT}(n,W)$ 为 n 种物品装入容量为 W 的背包时的最大价值。那么子问题就是前 i 种物品装入容量为 w 的背包时的最大价值,表示为 $\mathrm{OPT}(i,w)$。$\mathrm{OPT}(i,w)$ 选择第 i 种物品时,有两种情况。

(1) $\mathrm{OPT}(i,w)$ 不包含第 i 种物品,则选择物品 $\{1,2,\cdots,i-1\}$ 装入容量为 w 的背包时的最优值,即 $\mathrm{OPT}(i-1,w)$。

(2) $\mathrm{OPT}(i,w)$ 包含第 i 种物品,得到价值 v_i。但每种物品无限多个,选择了第 i 种物品后还可以选择第 i 种物品,因此此后可以选择物品 $\{1,2,\cdots,i\}$ 装入容量为 $w-w_i$ 的背包时的最优值,使用 $v_i+\mathrm{OPT}(i,w-w_i)$ 表示。

因此,递推公式为

$$\mathrm{OPT}(i,w)=\begin{cases}0, & i=0\\ \mathrm{OPT}(i-1.w), & w_i>w\\ \max(v_i+\mathrm{OPT}(i,w-w_i),\mathrm{OPT}(i-1,w), & \text{其他}\end{cases}$$

完全背包的动态规划算法(CompletePack):

输入:$n,W,w_i,v_i,1\leqslant i\leqslant n$。

输出:$M[W]$。

```
1.  for w = 0 to W do
2.      M[w] = 0
3.  for i = 1 to n do
4.      for w = wi to W do                    //注意不是反序,该种物品可以装入多个
5.          M[w] = max{M[w],M[w - wi ] + vi}
6.  return M[W]
```

7.3.4 多重背包

0-1 背包问题中,如果第 i 种物品有 n_i 件,0-1 背包问题成为多重背包问题。

设 $\mathrm{OPT}(n,W)$ 为 n 种物品装入容量为 W 的背包时的最大价值。那么子问题就是前 i 种物品装入容量为 w 的背包时的最大价值,表示为 $\mathrm{OPT}(i,w)$。$\mathrm{OPT}(i,w)$ 选择第 i 种物品时,有两种情况。

(1) $\mathrm{OPT}(i,w)$ 不包含第 i 种物品,则选择物品 $\{1,2,\cdots,i-1\}$ 装入容量为 w 的背包时

的最优值，即 OPT$(i-1,w)$。

(2) OPT(i,w)包含第 i 种物品，得到价值 v_i。但第 i 种物品有 n_i 个，选择第 i 种物品有 $1,2,\cdots,n_i$ 种可能性，因此此后可以选择物品$\{1,2,\cdots,i\}$对应的最优值，使用 OPT$[i-1][w-k\times w[i]]+k\times v[i]$，$0\leqslant k\leqslant n[i]$表示。

因此，递推公式为

$$\mathrm{OPT}(i,w)=\begin{cases}0, & i=0\\ \mathrm{OPT}(i-1,w), & w_i>w\\ \max(kv_i+\mathrm{OPT}(i-1,w-kw_i),\mathrm{OPT}(i-1,w)),0\leqslant k\leqslant n_i, & \text{其他}\end{cases}$$

7.3.5 混合背包

Q：如果 0-1 背包问题中，第 i 种物品存在一个、多个和无限个的情况，如何处理？

A：混合 3 种背包问题时，对物品分类，分别求解即可。

混合背包的动态规划算法(mixPack)：

输入：$n,W,w_i,v_i,1\leqslant i\leqslant n$。

输出：$M[W]$。

```
1.  for w = 0 to W do
2.      M[w] = 0
3.  for i = 1 to n do
4.      if (n_i == INF)  then            //完全背包
5.            for w = w_i to W do
6.               M[w] = max{M[w],M[w - w_i] + v_i}
7.      else for k = 1 to n_i   do       //k = 1 时为 0/1 背包,k > 1 时为多重背包
8.               for w = W to w_i do
9.                   M[w] = max{M[w],M[w - w_i] + v_i}
10. return M[W]
```

本节思考题

1. 二维费用背包：每种物品有费用 $c[i]$，不超过最大费用 C 时 0-1 背包如何求解？

2. 分组背包：物品被划分为若干组，每组中的物品互相冲突，最多选一件，0-1 背包如何求解？

3. 0-1 背包问题：如果 W 很大，v_i 很小，如何计算？如果 W 和 v_i 都很大，n 很小，如何计算？

7.4 区间动态规划

视频讲解

存在一类区间问题，将一段区间(i,j)在 k 点分成两段(i,k)和$(k+1,j)$，分别求两段的最优值 OPT(i,k)和 OPT$(k+1,j)$，然后合并为原区间的最优值 OPT$(i,j)=\max\{\mathrm{OPT}(i,k)+\mathrm{OPT}(k+1,j)+w_{ij},i\leqslant k\leqslant j$。区间动态规划的关键在于设置区间长度变量 r，先计算小区间，然后逐步合并计算大区间，从而得到原问题的解。区间(i,j)和区间长度变量 r 的关系是 $j=i+r-1$。

7.4.1 矩阵相乘

矩阵 $\boldsymbol{A}_{p\times q}$ 和 $\boldsymbol{B}_{q\times r}$ 相乘得到矩阵 $\boldsymbol{C}_{p\times r}$，根据矩阵相乘的定义，可以直接计算。

矩阵相乘(matrixMultiply)算法：

输入：矩阵 $\boldsymbol{A}_{p\times q}$ 和 $\boldsymbol{B}_{q\times r}$。

输出：矩阵 $\boldsymbol{C}_{p\times r}$。

```
1.  for i = 1 to p do
2.      for j = 1 to r do
3.          for k = 1 to q do
4.              sum += A[i][k] * B[k][j]
5.          C[i][j] = sum
6.  return C
```

算法中循环体的运行时间为 $O(1)$，三重循环的循环次数为 pqr，因此算法的时间复杂度为 $O(pqr)$。实际上，计算每个元素需要 q 次乘和 $q-1$ 次加，C 中一共有 pr 个元素，因此需要计算 $O(pqr)$ 次。

7.4.2 矩阵连乘

给定 n 个矩阵 $\boldsymbol{A}_1,\boldsymbol{A}_2,\cdots,\boldsymbol{A}_n$，其中 $\boldsymbol{A}_i$ 与 $\boldsymbol{A}_{i+1}$ 是可乘的，$1\leqslant i\leqslant n-1$。计算 n 个矩阵的连乘积 $\boldsymbol{A}_1\boldsymbol{A}_2\cdots\boldsymbol{A}_n$ 称为矩阵连乘。矩阵乘法满足结合律，所以计算矩阵连乘可以有许多不同的计算次序，计算量差别很大。

给定矩阵 $\boldsymbol{A}_{100\times 1}$，$\boldsymbol{B}_{1\times 100}$ 和 $\boldsymbol{C}_{100\times 1}$，求 $\boldsymbol{ABC}$。根据矩阵乘法结合律，有两种计算次序。

(1) $(\boldsymbol{AB})\boldsymbol{C}$，$\boldsymbol{A}$ 和 $\boldsymbol{B}$ 相乘得到矩阵 $\boldsymbol{D}_{100\times 100}$，再和 $\boldsymbol{C}$ 相乘。

$\boldsymbol{D}_{100\times 100}=\boldsymbol{A}_{100\times 1}\boldsymbol{B}_{1\times 100}$ 需要 10 000 次乘法和 10 000 个辅助空间($\boldsymbol{D}$)。

$\boldsymbol{E}_{100\times 1}=\boldsymbol{D}_{100\times 100}\boldsymbol{C}_{100\times 1}$ 需要 10 000 次乘法和 100 个辅助空间($\boldsymbol{E}$)。

(2) $\boldsymbol{A}(\boldsymbol{BC})$，$\boldsymbol{B}$ 和 $\boldsymbol{C}$ 相乘得到矩阵 $\boldsymbol{D}_{1\times 1}$，再和 $\boldsymbol{A}$ 相乘。

$\boldsymbol{D}_{1\times 1}=\boldsymbol{B}_{1\times 100}\boldsymbol{C}_{100\times 1}$ 需要 100 次乘法和 1 个辅助空间。

$\boldsymbol{E}_{100\times 1}=\boldsymbol{A}_{100\times 1}\boldsymbol{D}_{1\times 1}$ 需要 100 次乘法和 100 个辅助空间。

上述两种计算次序的计算量和存储空间差别很大。矩阵连乘问题是如何确定计算矩阵连乘积的计算次序，使得矩阵连乘需要的乘法次数最少。

矩阵连乘的计算次序可以用加括号的方式来确定，递归定义如下。

(1) 单个矩阵是完全加括号的。

(2) 矩阵连乘积是完全加括号的，如 $\boldsymbol{A}=(\boldsymbol{BC})$。

根据定义，$\boldsymbol{A}_1\boldsymbol{A}_2\boldsymbol{A}_3\boldsymbol{A}_4$ 加括号方式表示的矩阵连乘次序有 5 种：$(\boldsymbol{A}_1(\boldsymbol{A}_2(\boldsymbol{A}_3\boldsymbol{A}_4)))$，$(\boldsymbol{A}_1((\boldsymbol{A}_2\boldsymbol{A}_3)\boldsymbol{A}_4))$，$((\boldsymbol{A}_1(\boldsymbol{A}_2\boldsymbol{A}_3))\boldsymbol{A}_4)$，$((\boldsymbol{A}_1\boldsymbol{A}_2)(\boldsymbol{A}_3\boldsymbol{A}_4))$，$(((\boldsymbol{A}_1\boldsymbol{A}_2)\boldsymbol{A}_3)\boldsymbol{A}_4)$。依此次序反复调用 2 个矩阵相乘的标准算法可以计算出矩阵连乘积。

1. 枚举算法

对于 n 个矩阵的连乘，设其不同的计算次序为 $P(n)$。设以矩阵 $\boldsymbol{A}_k$ 为界分为两个子矩阵连乘，$\boldsymbol{A}_1\cdots\boldsymbol{A}_k$ 和 $\boldsymbol{A}_{k+1}\cdots\boldsymbol{A}_n$，计算次序分别为 $P(k)$ 和 $P(n-k)$。由于每种加括号方式都可以分解为两个子矩阵的加括号问题，即 $(\boldsymbol{A}_1\cdots\boldsymbol{A}_k)(\boldsymbol{A}_{k+1}\cdots\boldsymbol{A}_n)$，因此可以得到关于

$P(n)$的递推式如下：

$$P(n)=\begin{cases}1, & n=1\\ \sum_{k=1}^{n-1}P(k)P(n-k), & n>1\end{cases}\Rightarrow P(n)=\Omega(4^n/n^{3/2})$$

因此枚举法需要指数时间确定最优计算次序，当 n 很大时不适用。

2. 动态规划

将矩阵连乘积 $\boldsymbol{A}_i\boldsymbol{A}_{i+1}\cdots\boldsymbol{A}_j$，简记为 $\boldsymbol{A}[i][j]$，$1\leqslant i\leqslant j\leqslant n$。设计算 $\boldsymbol{A}[i][j]$的最小乘法次数为 $m[i][j]$，则原问题的最优解为 $m[1][n]$。当 $i=j$ 时，$\boldsymbol{A}[i][j]=\boldsymbol{A}_i$，$m[i][j]=m[i][i]=0$。当 $i<j$ 时，设计算 $\boldsymbol{A}[i][j]$的最优计算次序为$(\boldsymbol{A}_i\cdots\boldsymbol{A}_k)(\boldsymbol{A}_{k+1}\cdots\boldsymbol{A}_j)$，则计算 $\boldsymbol{A}[i][j]$的乘法次数为 $m[i][k]+m[k+1][j]+\boldsymbol{A}[i][k]\boldsymbol{A}[k+1][j]$的乘法次数。

设 $\boldsymbol{A}[1][n]=\boldsymbol{A}_{p_0\times p_1}\boldsymbol{A}_{p_1\times p_2}\cdots\boldsymbol{A}_{p_{n-1}\times p_n}$，则

$$\boldsymbol{A}[i][j]=\boldsymbol{A}_{p_{i-1}\times p_i}\cdots\boldsymbol{A}_{p_{j-1}\times p_j}=\boldsymbol{A}_{p_{i-1}\times p_j}$$

$$\boldsymbol{A}[i][k]=\boldsymbol{A}_{p_{i-1}\times p_i}\cdots\boldsymbol{A}_{p_{k-1}\times p_k}=\boldsymbol{A}_{p_{i-1}\times p_k}$$

$$\boldsymbol{A}[k+1][j]=\boldsymbol{A}_{p_k\times p_{k+1}}\cdots\boldsymbol{A}_{p_{j-1}\times p_j}=\boldsymbol{A}_{p_k\times p_j}$$

$$\boldsymbol{A}[i][k]\boldsymbol{A}[k+1][j]=\boldsymbol{A}_{p_{i-1}\times p_k}\boldsymbol{A}_{p_k\times p_j}=\boldsymbol{A}_{p_{i-1}\times p_j}$$

乘法次数为 $p_{i-1}\times p_k\times p_j$。

因此，递推公式为

$$m[i][j]=\begin{cases}0, & i=j\\ \min\limits_{i\leqslant k<j}\{m[i][k]+m[k+1][j]+p_{i-1}p_kp_j\}, & i<j\end{cases}$$

从递推公式可知，矩阵连乘问题满足最优子结构的性质，如果使用递归进行计算则存在许多重叠子问题，因此使用动态规划进行计算。矩阵连乘子问题分为 $i\neq j$ 和 $i=j$ 两种情况，子问题个数为 $C_n^2+C_n^1=n(n-1)/2+n=\Theta(n^2)$，动态规划对于每个子问题只计算一次，因此可以在多项式时间求解。

矩阵连乘的计算示例如图 7-8 所示，对角线上 $m[i][i]=0$。根据递推公式计算 $m[i][j]$，首先计算相邻两个矩阵相乘，$\boldsymbol{A}_{30\times35}\boldsymbol{A}_{35\times15}=\boldsymbol{A}_{30\times15}$，计算乘法次数为 $30\times35\times15=15\ 750$；$\boldsymbol{A}_{35\times15}\boldsymbol{A}_{15\times5}=\boldsymbol{A}_{35\times5}$，计算乘法次数为 $35\times15\times5=2625$；同理可得 $\boldsymbol{A}_{15\times5}\boldsymbol{A}_{5\times10}$ 的计算乘法次数为 750，$\boldsymbol{A}_{5\times10}\boldsymbol{A}_{10\times20}$ 的计算乘法次数为 1000，$\boldsymbol{A}_{10\times20}\boldsymbol{A}_{20\times25}$ 的计算乘法次数为 5000。然后计算 3 个矩阵相乘、4 个矩阵相乘、5 个矩阵相乘、6 个矩阵相乘。$\boldsymbol{A}_{35\times15}\boldsymbol{A}_{15\times5}\boldsymbol{A}_{5\times10}\boldsymbol{A}_{10\times20}$ 的计算如图 7-8 中 $m[2][5]$所示。最后 $m[1][6]=15\ 125$ 即为问题的解。

矩阵连乘动态规划算法(matrixChain)：

输入：$\boldsymbol{A}_1,\boldsymbol{A}_2,\cdots,\boldsymbol{A}_n$。

输出：$m[1][n]$。

```
1.  for i = 1 to n do
2.      m[i][i] = 0
3.  for r = 2 to n do                                   //r 为区间长度
4.      for i = 1 to n - r + 1 do
5.          j = i + r - 1
6.          m[i][j] = m[i + 1][j] + p[i - 1] * p[i] * p[j]    //k = i
7.          s[i][j] = i                                  //记录划分位置 k = i
```

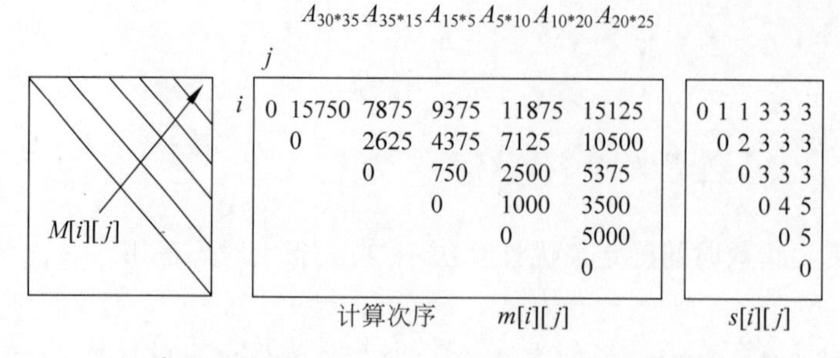

$$m[2][5]=\min\begin{cases}m[2][2]+m[3][5]+p1p2p5=0+2500+35\times15\times20=13000\\ m[2][3]+m[4][5]+p1p3p5=2625+1000+35\times5\times20=7125=7125\\ m[2][4]+m[5][5]+p1p4p5=4375+0+35\times10\times20=11375\end{cases}$$

$s[2][5]=3$　　$A_{23}=A_{35*5}$　　$A_{45}=A_{5*20}$

图 7-8　矩阵连乘示例

```
8.          for k = i + 1 to j - 1 do
9.              t = m[i][k] + m[k + 1][j]  + p[i - 1] * p[k] * p[j]
10.             if(t < m[i][j]) then
11.                 m[i][j] = t
12.                 s[i][j] = k
13. return m[1][n]
```

r 为区间长度,$r=2$ 时计算相邻两个矩阵相乘,即 $m[i][i+1]$；$r=3$ 时计算 3 个矩阵连乘,即 $m[i][i+2]$。算法计算量主要取决于算法中对 r、i 和 k 的 3 重循环,循环体内的计算量为 $O(1)$,而 3 重循环的循环次数为 $O(n^3)$。因此算法的计算时间为 $O(n^3)$,算法所占用的空间显然为 $O(n^2)$。

3. 构造最优解

算法 matrixChain 中使用 m 记录最优乘法次数,使用 s 记录划分位置,通过回溯算法 TraceBack(1,n,s)可以找到最优解。

```
TraceBack(i,j,s){
1.  if(i == j) then return
2.  TraceBack(i,s[i][j],s)
3.  TraceBack(s[i][j] + 1,j,s)
4.  print(i,s[i][j],s[i][j] + 1,j)
}
```

如图 7-8 所示,首先计算 TraceBack(1,6,s),由 $s[1][6]=3$,得到划分$(\boldsymbol{A}_1\boldsymbol{A}_2\boldsymbol{A}_3)(\boldsymbol{A}_4\boldsymbol{A}_5\boldsymbol{A}_6)$。然后计算 TraceBack(1,3,$s$),由 $s[1][3]=1$ 和 $s[2][3]=2$,得到划分 $\boldsymbol{A}_1(\boldsymbol{A}_2\boldsymbol{A}_3)$；计算 TraceBack(4,6,$s$),由 $s[4][6]=5$ 和 $s[4][5]=4$,得到划分$(\boldsymbol{A}_4\boldsymbol{A}_5)\boldsymbol{A}_6$。因此计算次序为$(\boldsymbol{A}_1(\boldsymbol{A}_2\boldsymbol{A}_3))((\boldsymbol{A}_4\boldsymbol{A}_5)\boldsymbol{A}_6)$。

4. 备忘录方法

矩阵连乘也可以使用备忘录方法求解。

矩阵连乘备忘录(MemoMatrixChain)算法：

输入：$A_1,A_2,\cdots,A_n$。

输出：$m[1][n]$。

```
1.  for i = 0 to n - 1 do
```

```
2.        for j = i to n - 1 do
3.           m[i][j] = 0                              //m 记录子问题最优值,0 为特殊值
4.    return LookupChain(1,n)
LookupChain(i,j) {
1.    if(m[i][j]> 0) then return m[i][j]
2.    if(i = j) then return 0
3.    u = LookupChain(i,i) +  LookupChain(i + 1,j) + p[i - 1] * p[i] * p[j]
4.    s[i][j] = i
5.    for k = i + 1 to j - 1 do
6.        t = LookupChain(i,k)  + LookupChain(k + 1,j) + p[i - 1] * p[k] * p[j]
7.        if(t < u) then
8.            u = t
9.            s[i][j] = k
10.  m[i][j] = u
11.  return u
}
```

LookupChain 需要计算所有子问题,调用次数等于子问题个数,即为 $O(n^2)$。对每个子问题,需要计算 $j-i-1=O(n)$ 次,因此算法的时间复杂度为 $O(n^3)$。矩阵连乘算法由 Godbole 于 1973 年提出,Hu 和 Shing 于 1980 年提出该问题的 $O(n\log n)$的算法。

7.5 DAG 动态规划

DAG 是有向无环图,如图 7-9 所示。DAG 因为独特的拓扑结构所带来的优异特性,经常用于处理动态规划、路径、数据压缩等问题,如数字三角形从顶层到底层的节点和路径构成 DAG 图。任何有向树均为 DAG 图,但 DAG 图未必能转化成树,因为有向图中一个点可以经过两种路线到达另一个点,未必形成环。像数字三角形问题,从一个顶点到另一个顶点的路径使用有向边表示,则变成有向无环图,图中一个顶点到另一个顶点的路径可能有两条。

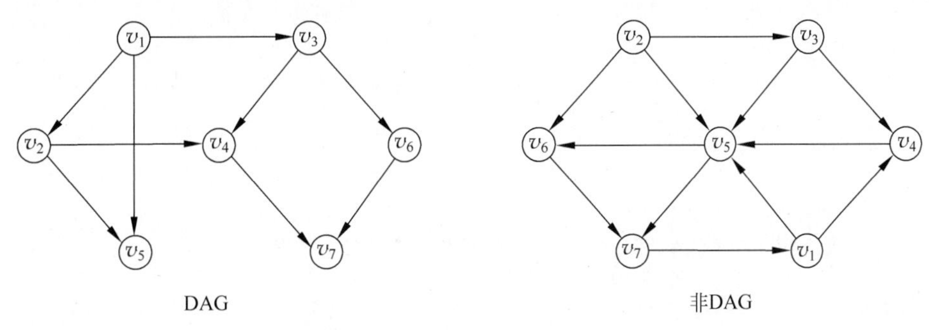

图 7-9 DAG 图

7.5.1 拓扑排序

给定有向图 $G=(V,E)$,若$<u,v>\in E$,则存在先序关系$<u,v>$,例如,先修课程 u 才能再修课程 v。如果图 G 的所有顶点构成一个顶点序列$(V_1,V_2,\cdots,V_n)$,G 中任意一对顶点 u 和 v,若边$<u,v>\in E$,则 u 在顶点序列中出现在 v 之前,称这个序列为拓扑序列。构造拓扑序列的过程称为拓扑排序。

问题分析：DAG 图拓扑序列$(V_1, V_2, \cdots, V_n)$中，V_1 是无入边的顶点，V_n 是无出边的顶点。拓扑排序首先在 G 中找到无入边的顶点作为 V_1，删除 V_1 及关联的边；再找无入边的顶点 V_2；……；直到剩余一个顶点 V_n 为止，如图 7-10 所示。

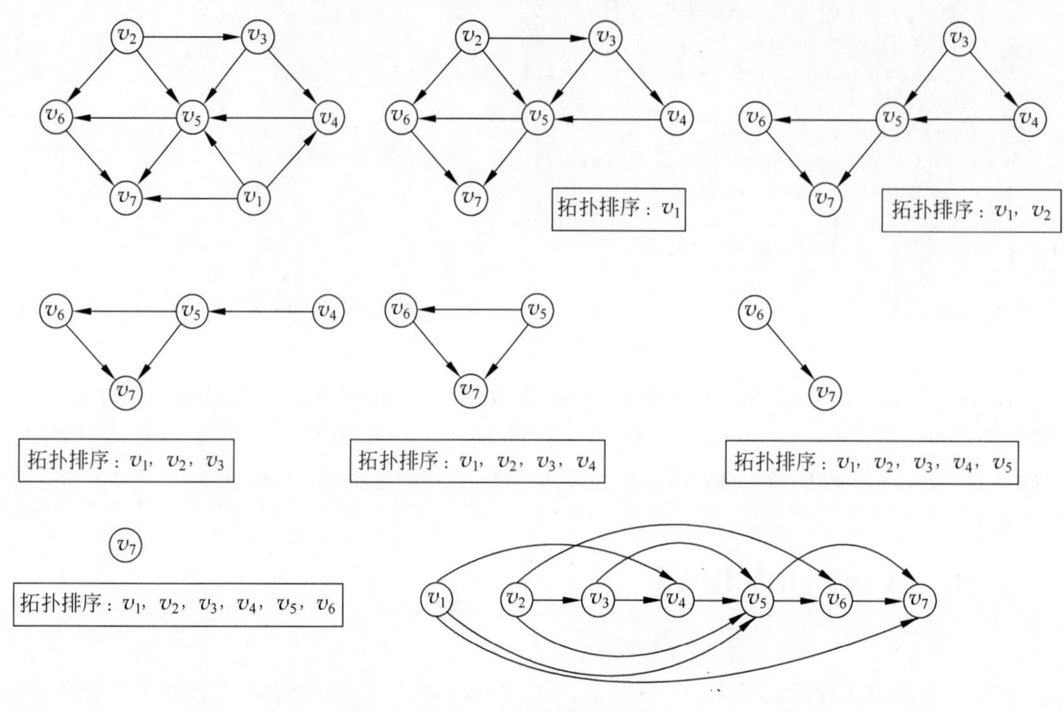

图 7-10　拓扑排序示例

拓扑排序(toplogySort)算法：

输入：G。

输出：T。

```
1.  num = 0
2.  for i = 1 to n do                        //初始遍历邻接表,生成顶点入边表。无入边顶点入栈
3.       if (count[i] == 0) then S.push(i)
4.  while (not IsEmpty(S))
5.       v = S.pop()
6.       T[num++] = v
7.       for each p∈adj[v] do                //删除 v 顶点及关联边
8.            count[p] = count[p] - 1
9.            if (count[p] == 0) then S.push(p)
10. if (num < n) then return false           //顶点数< n,构不成拓扑序列
11. else return T                            //输出拓扑序列
```

初始遍历邻接表时间为 $O(m+n)$，找无入边顶点时间复杂度为 $O(n)$。while 循环最多执行 n 次，循环体运行时间为 $\deg(v)$，因此 while 循环的时间为 $\sum \deg(i)=O(m)$。故算法的时间复杂度为 $O(m+n)$。

拓扑排序算法的另一个作用是检测图是否有环。如果返回 false，没有排序的顶点组成的子图一定包含有向环。

7.5.2　嵌套矩形

给定 n 个矩形的长度和宽度，长度、宽度均为整数，长度和宽度可以互换。矩形 $X(a,b)$ 嵌套在矩形 $Y(c,d)$ 中，当且仅当 $a<c,b<d$，或者 $a<d,b<c$，例如，(1,5) 嵌套于(6,2)，而非(3,4)。选出尽量多的矩形排成一行，使得下一个矩形嵌套前一个矩形。如果有多个解，求字典序最小的矩形编号，例如，$ABCD<ABEG$，$125<134$。

问题分析：以矩形为点，X 嵌套于 Y，X 连边指向 Y，构成 DAG 图。最多嵌套变为 DAG 图的路径最长，因此嵌套矩形问题本质上是求 DAG 上的最长路径，但没有给出起点和终点。可以借鉴数字三角形问题的求解方法。嵌套矩形问题是求 DAG 中不固定起点的最长路径，子问题是从某个矩形 i 点出发的最长路径长度，设为 $d(i)$，则原问题变为 $\max(d(i))$，i 为该序列中的最小矩形。

从 i 出发，第一步只能走到与 i 有嵌套关系的矩形，即 DAG 图的邻接节点 j，从节点 i 出发的最长路径为 j 点出发的最长路径$+1$，即 $d(i)=\max\{d(j)+1\mid(i,j)\in E\}$，$E$ 为 DAG 的边集，也是有嵌套关系的节点对集合。如图 7-11 所示，嵌套矩形转化为 DAG 图，邻接矩阵 $\boldsymbol{G}$ 中正负号表示嵌套和被嵌套关系。A 行没有-1，说明没有入边，可能是解的起点；C、D 与 F 没有 1，说明没有出边，可能是解的终点，所以 $d(C)=1,d(D)=1,d(F)=1$。$d(B)=\max\{d(D)+1,d(F)+1\}=2,d(E)=\max\{d(F)+1\}=2,d(A)=\max\{d(B)+1,d(C)+1,d(D)+1,d(E)+1,d(F)+1\}=3$。最终结果$=\max\{d(i)\mid i=1,\cdots,n\}=d(A)=3$。

邻接矩阵		A	B	C	D	E	F
(1,2)	A	0	1	1	1	1	1
(5,8)	B	−1	0	0	1	0	1
(5,9)	C	−1	0	0	0	0	0
(6,9)	D	−1	−1	0	0	0	0
(6,8)	E	−1	0	0	0	0	1
(7,9)	F	−1	−1	0	0	−1	0

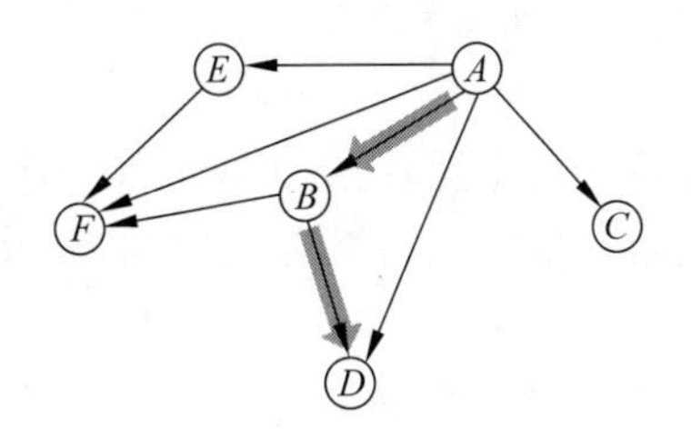

图 7-11　嵌套矩形示例

嵌套矩形问题满足最优子结构性质，又存在重叠子问题，因此适合使用动态规划或备忘录算法求解。

嵌套矩形问题备忘录(nestedRC)算法：

输入：邻接矩阵 $\boldsymbol{G}$。

输出：最大嵌套数。

```
1.  for i = 1 to n do
2.      d[i] = 0
3.  for i = 1 to n do
4.      Call dp(i)
5.  return max(d[i])
dp(i){
1.  if (d[i]> 0) then return d[i]
2.  d[i] = 1
3.  for j = 1 to n do
```

```
4.        if (G[i][j]) then d[i] = max(d[i],dp(j) + 1)
5.   return d[i]
     }
```

dp(i)的时间为 $O(n)$，循环次数为 $O(n)$，因此算法的时间复杂度为 $O(n^2)$。如果首先找没有入边的顶点，然后以这些顶点为起点调用 dp(i)，可以减少调用 dp(i)的次数。但找没有入边的顶点，需要遍历邻接矩阵，时间为 $O(n^2)$；并且和备忘录算法一样需要计算每个子问题 dp(i)一次，因此总的时间复杂度没有变化。

如图 7-11 所示，最终有 3 条长度为 3 的最长嵌套序列，如何确定字典序最小的结果呢？

(1) 将所有 d 值计算出来后，选择最大的 $d[i]$所对应的 i。若有多个 i，则选择最小的 i，以保证字典序最小。如：$d(A)=d(H)=3$，则选矩形 A 作为最长嵌套序列的起点。

(2) 不断选择满足 $d(i)=d(j)+1$ 的字典序最小的 j，直至 $d(i)=1$ 为止。

嵌套矩形问题后处理算法：

```
1.   max = 1
2.   for i = 2 to n do                          //选择最大的 d[i]对应的 i
3.       if (d[i]> max) then max = d[i]   p = i
4.   print_ans(p)
print_ans(i) {
1.   for j = 1 to n do
2.       if ((G[i][j]) and (d[i] == d[j] + 1)) then
3.           print (j)
4.           print_ans(j)
5.           break
}
```

后处理算法从左到右、从大到小进行选择，保证了输出的是从第 i 个矩形出发字典序最小的嵌套结果。如图 7-11 所示，首先找到最大的 $d(A)$，然后调用 print_ans(A)，从 B 和 E 中选择最小的 B，再从 D 和 F 中选择最小的 D，构成最小字典序最长路径 ABD。

上述算法使用反推，$d(i)$表示从 i 点出发的最长路径，$d(i)=\max\{d(j)+1|(i,j)\in E\}$。如果使用正推，设 $d(i)$表示从起点到 i 点的最长路径，则 $d(i)=$从起点到邻接点 j 的最长路径$+1$，即 $d(i)=\max\{d(j)+1|(j,i)\in E\}$。正推的起点是无入边的顶点，如 $d(A)=1$。正推很难打印字典序最小的方案，因为 $d(i)$从起点到终点逐渐变大，从终点回溯找最长路径，会出现错误。例如，路径 $ABCF$ 和 $ABDE$，从后向前回溯，首先从 F 和 E 中选择最小的 E，得到的路径是 $ABDE$；但字典序为 $ABCF<ABDE$，正确答案是 $ABCF$。

7.5.3 最长不降子序列

先引入最长不降子序列问题。给定正整数序列 $B=\{b_1,b_2,\cdots,b_n\}$，求出最长不降子序列。

给定正整数序列 $B=\{b_1,b_2,\cdots,b_n\}$，对于下标 $i_1<i_2<\cdots<i_m$，若有 $b_{i1}\leqslant b_{i2}\leqslant\cdots\leqslant b_{im}$，则称存在长度为 m 的不降子序列，例如，$B=\{13,7,9,16,38,24,37,18,44,19,21,22,63,15\}$。下标 $i_1=1,i_2=4,i_3=5,i_4=9,i_5=13$，满足 $13<16<38<44<63$，则存在长度为 5 的不降子序列。下标 $i_1=2,i_2=3,i_3=4,i_4=8,i_5=10,i_6=11,i_7=12,i_8=13$，满足 $7<9<16<18<19<21<22<63$，则存在长度为 8 的不降子序列。

问题分析：序列 B 中每个元素 b_i 对应建立一个顶点 i。当 $\{b_i, b_j\}$ 递增，即 $i<j$ 且 $b_i<b_j$ 时，增加有向边 $<i,j>$，这样将序列 B 转化为 DAG 图，如图 7-12 所示。原问题为求最长不降子序列，转化为无起点和终点的 DAG 最长路径问题，子问题是以点 i 为端点时的最长路径的长度 $L(i)$。

如果使用反推，$L(i)=1+\max\{L(j):(i,j)$ 为边$\}$，L(无出边的顶点)$=1$。

如果使用正推，$L(i)=1+\max\{L(j):(j,i)$ 为边$\}$，L(无入边的顶点)$=1$。

问题的解是 $\max\{L(i)\}$，$1\leqslant i\leqslant n$，类似嵌套矩形的求解。

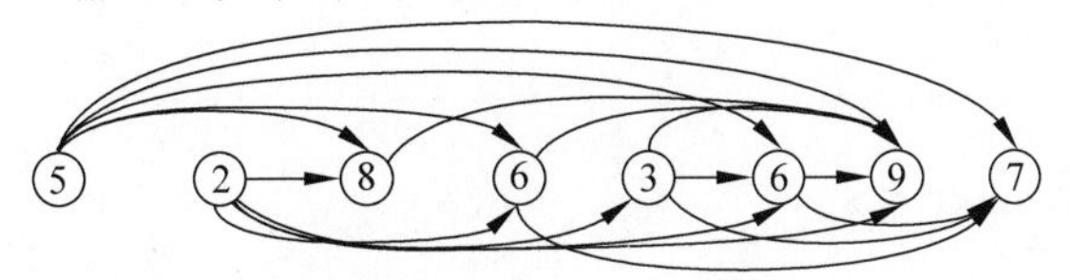

图 7-12 最长不降子序列示例

7.5.4 硬币问题

先引入硬币问题。有 n 种不同面值的硬币(每种有无限多个)。给定非负整数 S，可以选用多少个硬币，使得面值之和恰好为 S？输出硬币数目的最小值和最大值。

问题分析：如果面值是人民币，求最少使用的硬币数，可以使用贪心准则。贪心准则是比 s 小的最大面值硬币优先，其中 s 是剩余面值。

如果面值是 $V_1=3, V_2=5, V_3=7, V_4=16, S=68$，则有多种方案，例如，$S=21\times V_1+1\times V_2$、$S=4\times V_1+8\times V_3$ 和 $S=3\times V_1+2\times V_2+7\times V_3$，需要的硬币数分别为 22、12 和 12，而贪心准则得不到可行解。

设 S 为面值和，最小硬币数为 $\min v[S]$，最大硬币数为 $\max v[S]$，则子问题面值和等于 s，最小硬币数为 $\min v[s]$，最大硬币数为 $\max v[s]$。面值和为 s 时选择某个硬币 j，则有 $\min v[s]=\min\{\min v[s-v_j]+1, \min v[s]\}$，$\max v[s]=\max\{\max v[s-v_j]+1, \max v[s]\}$。

每一个面值和 s 对应建立一个顶点，选择某个硬币 j 后 s 变为 $s-v_j$，则添加边$(s, s-v_j)$。这样硬币问题变为 DAG 的最短路径和最长路径问题。与嵌套矩形和最长不降子序列问题不同的是，硬币问题有起点和终点，起点为 S，终点为 0。DAG 图的最短路径只有确定起点和终点才有意义，否则嵌套矩形问题中若把最大矩形作为起点，则“最短路径”为该矩形本身。

硬币问题中路径长度可以为 0(当 $S=0$ 时)，所以不能用 $d(s)=0$ 来表示“还没有算过”，应该赋予一般情况下都取不到的值，例如，取值-1。另外节点 S 不一定真的能到达节点 0，需用特殊的 $d[S]$ 值表达“无法到达”，例如，取值为∞或$-\infty$。

硬币问题备忘录算法：

输入：S, V。

输出：$\max v[S]$。

```
1.  d[0] = 0
```

```
2.  for i = 1 to S do
3.      d[i] = -1                                //设置特殊值
4.  Call dp(S)                                   //固定起点
dp(s) {
1.  if(d[s]<> -1) then return d[s]
2.  d[s] = -INF                                  //S不能正常到达节点0
3.  for i = 1 to n do                            //硬币种类
4.      if (s >= V[i]) then d[s] = max(d[s],dp(s - V[i]) + 1)
5.  return d[s]
}
```

硬币问题动态规划算法：

输入：S,V。

输出：$\min v[S]$，$\max v[S]$。

```
1.  minv[0] = maxv[0] = 0
2.  for i = 1 to S do
3.      minv[i] = INF
4.      maxv[i] = -INF
5.  for i = 1 to S do                            //i 表示剩余面值
6.      for j = 1 to n do                        //j 表示硬币种类
7.          if ( i >= V[j] ) then
8.              minv[i] = min(minv[i],minv[i - V[j]] + 1)
9.              maxv[i] = max(maxv[i],maxv[i - V[j]] + 1)
10. return minv[S],maxv[S]
```

设 $V[1]=3$，$V[2]=6$，$S=6$，算法从小到大求最小硬币数和最大硬币数。

当 $i=1$ 或 2 时，$i<V[i]$，$\text{min}v[1]=\text{min}v[2]=\text{INF}$，$\text{max}v[1]=\text{max}v[2]=-\text{INF}$。

当 $i=3$ 时，$\text{min}v[3]=\min(\text{min}v[3],\text{min}v[3-V[1]]+1)=\min(\text{INF},\text{min}v[0]+1)=1$；同理，$\text{max}v[3]=1$。

当 $i=4$ 时 $\text{min}v[4]=\min(\text{min}v[4],\text{min}v[4-V[1]]+1)=\min(\text{INF},\text{min}v[1]+1)=\text{INF}$；同理，$\text{max}v[4]=-\text{INF}$；$\text{min}v[5]=\text{INF}$；$\text{max}v[5]=-\text{INF}$。

当 $i=6$，$j=1$ 时，$\text{min}v[6]=\min(\text{min}v[6],\text{min}v[6-V[1]]+1)=\min(\text{INF},\text{min}v[3]+1)=2$；同理，$\text{max}v[6]=\max(\text{max}v[6],\text{max}v[6-V[1]]+1)=\max(-\text{INF},\text{max}v[3]+1)=2$。

当 $i=6$，$j=2$ 时，$\text{min}v[6]=\min(\text{min}v[6],\text{min}v[6-V[2]]+1)=\min(2,1)=1$；同理，$\text{max}v[6]=\max(\text{max}v[6],\text{max}v[6-V[2]]+1)=\max(2,\text{max}v[0]+1)=2$。

循环体运行时间为 $O(1)$，循环次数为 nS，因此算法的时间复杂度为 $O(nS)$。

视频讲解

7.6 树图动态规划

视频讲解

7.6.1 最短路径问题

给定有向图 $G=(V,E)$，边权 c_{vw}，$<v,w>\in E$。如果允许负边权，求从顶点 s 到顶点 t 的最短路径。例如，顶点表示交易人，c_{vw} 表示从 v 买来再卖给 w 的交易赢利，交易可能赢利,也可能亏损,求最大赢利。

1. 问题分析

第 4 章中 Dijkstra 算法要求边权为正数,当边权为负值时不再适用,并且边权为负值时会出现未来影响过去的情况。当边权为负值时也会出现负环的情况,如图 7-13 所示,存在负环 W,则从 s 到 t 路径不断在负环中循环,每循环一次路径长度都会减少 $|c(W)|$,因此从 s 到 t 没有最短路。

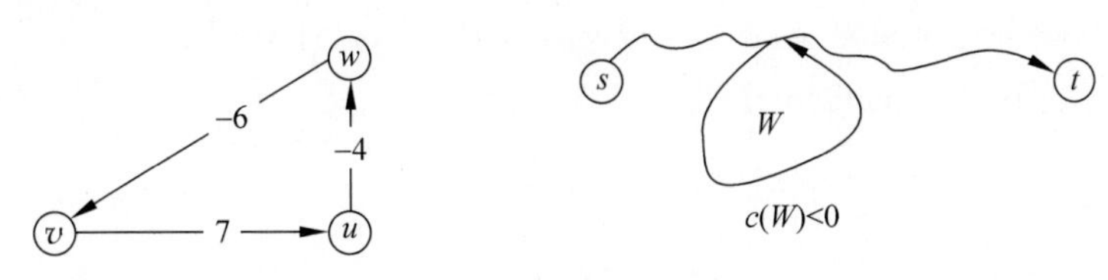

图 7-13　负环示例

2. 最短路径算法

设 $\mathrm{OPT}(i,v)$ 为从顶点 v 到顶点 t 至多 i 条边的最短路径 P 的长度,则有两种情况。

(1) P 至多有 $i-1$ 条边,则 $\mathrm{OPT}(i,v)=\mathrm{OPT}(i-1,v)$。

(2) P 正好有 i 条边。如果 (v,w) 是第一条边,那么最短路径使用边 (v,w),然后选择从 w 到 t 至多 $i-1$ 条边的最短路径。

因此,递推公式为

$$\mathrm{OPT}(i,v)=\begin{cases}0, & i=0\\ \min\{\mathrm{OPT}(i-1,v),\ \min\limits_{(v,w)\in E}(\mathrm{OPT}(i-1,w)+c_{vw}\}, & 其他\end{cases}$$

G 有 n 个顶点,如果没有负环,从 s 到 t 至多有 $n-1$ 条边,因此 $\mathrm{OPT}(n-1,v)$ 就是从 v 到 t 最短路径长度。

最短路径(Shortest-Path)问题算法:

输入:G,s,t。

输出:$M[n-1][s]$。

```
1.  for v = 0 to n - 1 do
2.      M[0][v] = INF
3.  M[0][t] = 0
4.  for i = 1 to n - 1 do
5.      for v = 0 to n - 1 do
6.          M[i][v] = M[i - 1][v]
7.          for each w∈ adj[v] do
8.              M[i][v] = min {M[i][v],M[i - 1][w] + c[v][w] }
9.  return M[n - 1][s]
```

Dijkstra 算法在求解过程中,源点到集合 S 内各顶点的最短路径一旦求出,之后就不变了,修改的仅仅是源点到还没选择的顶点的最短路径长度。而 Shortest-Path 算法在求解过程中,每次循环都要检查修改所有顶点的路径,也就是说源点到各顶点的最短路径长度一直要到算法结束才确定下来。

循环体的运行时间是 $O(1)$,第一层循环次数是 $O(n)$。第二层和第三层循环遍历所有边,时间复杂度是 $O(m)$。因此 Shortest-Path 算法的时间复杂度为 $O(mn)$。由于增加了数

组 M,因此空间复杂度是 $O(n^2)$。

3. Bellman-Ford 算法

Shortest-Path 算法中检查当前顶点邻接的每条边,实际上除非前一次迭代中 $M[i-1,w]$ 被改变,否则不必检查每条边 (v,w) 是否满足 $M[i,w]>M[i-1,w]+c_{vw}$。另外计算 $M[i,v]$时,只使用 $M[i-1,w]+c_{vw}$,因此可以使用一维数组 $M[v]$ 表示目前为止发现的从 v 到 t 的最短路径,增加 successor$[v]$存储最短路径中顶点 v 的下一个邻接顶点。这样空间复杂度变为 $O(n)$,时间复杂度仍为 $O(mn)$,但实际上计算很快。

最短路径问题 Bellman-Ford 算法:

输入:G,s,t。

输出:$M[s]$。

```
1.  for v = 0 to n - 1 do
2.      M[v] = INF
3.      successor[v] = ∅                          //记录后缀,回溯路径
4.  M[t] = 0
5.  for i = 1 to n - 1 do
6.      for w = 0 to n - 1 do
7.          if (M[w] 在前次迭代中已更新过) then
8.              for each v∈ adj[w] do              //松弛操作
9.                  if (M[v]> M[w] + c_vw) then
10.                     M[v] = M[w] + c_vw
11.                     successor[v] = w
12.     if  M[w] 在迭代 i 中没有改变 then  break
13. return M[s]
```

图 7-14 给出了 Bellman-Ford 算法的计算示例。当 $i=1$ 时,由 $M[6]=0$ 得 $M[4]=M[5]=3$。当 $i=2$ 时,由 $M[4]=3$ 得 $M[1]=M[4]-1=2$,$M[2]=M[4]+1=4$;由 $M[5]=3$ 得 $M[3]=M[5]-1=2$。当 $i=3$ 时,由 $M[1]=2$ 得 $M[2]=M[1]-2=0$,$M[0]=M[1]+6=8$;由 $M[2]=0$,得 $M[0]=M[2]+5=5$,$M[3]=M[2]-2=-2$。当 $i=4$ 时,由 $M[3]=-2$,得 $M[0]=M[3]+5=3$。当 $i=5$ 时,M 没有更新,算法结束。正推的结果如图 7-14 所示,如果某次循环没有改变当前源点到所有顶点的最短路径长度,则算法提前结束。

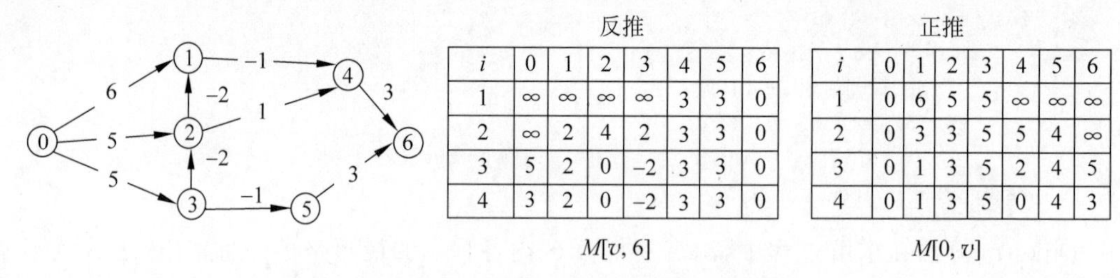

反推

i	0	1	2	3	4	5	6
1	∞	∞	∞	∞	3	3	0
2	∞	2	4	2	3	3	0
3	5	2	0	-2	3	3	0
4	3	2	0	-2	3	3	0

$M[v, 6]$

正推

i	0	1	2	3	4	5	6
1	0	6	5	5	∞	∞	∞
2	0	3	3	5	5	4	∞
3	0	1	3	5	2	4	5
4	0	1	3	5	0	4	3

$M[0, v]$

图 7-14 Bellman-Ford 算法示例

Bellman-Ford 算法不但可以求最短路径,也可求最长路径。Bellman-Ford 算法可以使用填表法,也可以使用刷表法求解。填表法用计算过的邻接 j 求 i,$<i,j>\in E$。刷表法求得 j,更新邻接顶点 i,$<i,j>\in E$。只有 i 邻接的 j 对 i 的影响独立时,才可用刷表法。

美国数学家 Richard Bellman 于 1958 年发表了该算法。Lester Ford 在 1956 年也发表了该算法。因此这个算法叫作 Bellman-Ford 算法。其实 Edward F. Moore 在 1957 年也发表了同样的算法，所以这个算法也称为 Bellman-Ford-Moore 算法。

4. 负环检测

Bellman-Ford 算法中，如果对于某些顶点 v，有 $OPT(n,v)<OPT(n-1,v)$，那么从 v 到 t 的任何最短路径包含环 W 并且 W 权值为负。如图 7-13 所示，从 s 到 t 的路径 P 中正好有 n 条边，那么 P 中至少有 $n+1$ 个顶点，由鸽笼原理，P 肯定包含有向环 W。若删除环 W，得到小于 n 条边的从 v 到 t 的路径，此时长度反而变大了，因此 W 为负环。同理 Bellman-Ford 算法中，如果对于所有的 v 有 $OPT(n,v)=OPT(n-1,v)$，那么没有负环。

根据上述思想进行负环检测。增加新顶点 x，每个顶点连接一条边到 x，边的权值为 0。然后调用 Bellman-Ford 算法，检查对于所有顶点 v 是否都有 $OPT(n,v)=OPT(n-1,v)$。若回答是，则没有负环。若回答不是，则存在负环。检查是否存在负环的时间为 $O(mn)$。

5. SPFA

SPFA(Shortest Path Faster Algorithm)是 Bellman-Ford 算法的一种队列实现，减少了不必要的冗余计算，由西南交通大学段凡丁于 1994 年发表。

设 $d[i]$ 存储当前 s 到 i 的最短距离。SPFA 使用队列和松弛操作，如果三角不等式 $d[v]>d[u]+c_{uv}$ 成立，则 $d[v]=d[u]+c_{uv}$。

初始时将 s 加入队列。每次取出队首节点 u，并且用 $d[u]$ 对邻接顶点 v 进行松弛操作。如果 v 点的最短路径估计值有所调整，且 v 点不在当前的队列中，就将 v 点放入队尾。这样不断从队列中取出节点进行松弛操作，直至队列空为止。

图 7-15 和表 7-1 给出了 SPFA 的示例。使用邻接表存储图 G，初始化时 $d[0]=0$，$d[v]=\infty$，将 v_0 加入队列 Q。第一步取出 v_0，从 v_0 可以到达 v_1 和 v_4，$d[v_1]=2$，$d[v_4]=10$，将 v_1 和 v_4 加入队列。第二步取出 v_1，从 v_1 可以到达 v_2 和 v_4，$d[v_2]=5$，$d[v_4]=9$，将 v_2 加入队列。第三步取出 v_4，从 v_4 可以到达 v_2，$d[v_2]$ 不变。第四步取出 v_2，从 v_2 可以到达 v_3，$d[v_3]=9$，将 v_3 加入队列。第五步取出 v_3，从 v_3 可以到达 v_4，$d[v_4]$ 不变。队列为空，算法结束。

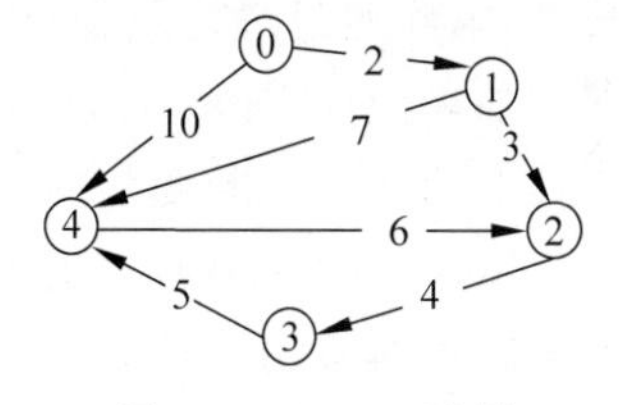

图 7-15 SPFA 示例

表 7-1 SPFA 计算过程表

初始		第一步		第二步		第三步		第四步		第五步	
queue	d	queue	d	queue	d	queue	d	queue	d	queue	d
v_0	0	v_1	0	v_4	0	v_2	0	v_3	0		0
	∞	v_4	2	v_2	2		2		2		2
	∞		∞		5		5		5		5
	∞		∞		∞		∞		9		9
	∞		10		9		9		9		9

SPFA 通过维护一个队列，使得一个节点的当前最短路径被更新之后没有必要立刻去更新其他的节点，大大减少了重复操作的次数。算法的时间复杂度为 $O(km)$，k 一般为 2，最坏为 $n-1$（退化为 Bellman-Ford 算法）。

SPFA 通过判断队列是否为空来结束循环，如果将一个顶点加入队列的次数超过 n，则存在负权回路。

最短路径问题 SPFA：

输入：G，s。

输出：$d[v]$。

```
1.  d[0] = 0
2.  for i = 1 to n - 1 do
3.      d[i] = INF
4.  Initialize - Queue(Q)
5.  Insert(Q, s)
6.  while (not IsEmpty(Q)) do
7.      u = Delete(Q)
8.      for each v∈ adj[u] do
9.          tmp = d[v]
10.         Relax(u, v)                          //松弛操作
11.         if (tmp <> d[v]) and (not v in Q) then Insert(Q, v)
12. return d
```

6. 路由协议

最短路径算法应用领域广泛，例如，应用于互联网通信的路由协议。互联网由不同的路由器将不同的子网链接，路由协议负责路由器之间实时的信息交换，路由器动态维护路由表，完成数据包的转发。数据包从源地址发送到目的地址经过的路由器数称为跳数，即路径长度，因此通过最短路径算法计算路径，提高传递的效率。

如果使用 Dijkstra 算法，需要对全局网络拓扑的信息进行计算，效率低，并且全局网络拓扑的信息是不断变化的，因此每个路由器计算全局路径信息并不适用。

Bellman-Ford 算法通过获取相邻路由器信息计算该节点到目的地址的最短路径，这样每个路由器不用计算全局路径，提高了效率。但如果相邻路由信息没有变化，每次还需要重复计算，则造成不必要的耗费。因此对 Bellman-Ford 算法进一步改进，如果某路由器的路由信息发生变化时主动广播给相邻路由器，则相邻路由器修改相应路径。Bellman-Ford 算法的这种分布式实现就是距离向量协议（Routing Information Protocol，RIP）的基本原理。

RIP 协议效率高，响应快，但会造成无限计数问题，因此每个路由器存储的不仅是到目的地址的最短路径中经过的下一个路由器，还存储整条路径，避免即将删除的边更新其路径，这样距离向量协议变成路径向量协议，这就是边界网关协议（Border Gateway Protocol，BGP）的基本原理。RIP 用于域内同一协议间通信，BGP 用于域间不同协议间通信，因此新的 OSPF 协议综合了两者的特点。

7.6.2 Floyd-Warshall 算法

Floyd-Warshall 算法由 Robert W. Floyd 和 Stephen Warshall 于 1962 年发表。Floyd 在 1978 年获得了图灵奖。Floyd-Warshall 算法可以用于构造无向或有向加权图（不包含负

环)的完全最短路径,即所有两点间的最短路径。

该算法使用权矩阵代替邻接矩阵,权 w_{ij} 定义为

$$w_{ij}=\begin{cases}0, & i=j \\ w_{ij}, & i\neq j \text{ 且}(i,j)\in E \\ \infty, & i\neq j \text{ 且}(i,j)\notin E\end{cases}$$

图 G 和其权矩阵 $\boldsymbol{W}$ 如图 7-16 所示。定义图 G 的距离矩阵为 $\boldsymbol{D}$,$\boldsymbol{D}^{(0)}=\boldsymbol{W}$,$\boldsymbol{D}^{(k)}=(d_{ij}^{(k)})_{n\times n}$,$d_{ij}^{(k)}$ 为图 G 中顶点 v_i 到 v_j 经过 v_x 时的最短路径,$1\leqslant x\leqslant k$,如图 7-16 所示。

首先计算 $\boldsymbol{D}^{(1)}=(d_{ij}^{(1)})_{n\times n}$,$d_{ij}^{(1)}=\min\{d_{ij}^{(0)},d_{ik}^{(0)}+d_{kj}^{(0)}\}$,如图 7-16 所示。$\boldsymbol{D}^{(1)}$ 中不带角标的元素表示从 v_i 到 v_j 的距离(直接有边关联),带角标的元素表示经过 v_1 中间点时的最短路径长度。例如,$d_{23}^{(1)}=\min\{d_{23}^{(0)},d_{21}^{(0)}+d_{13}^{(0)}\}=\{10,5_{21}+1_{13}\}=6$,从 v_2 到 v_3 的距离由 10 减少为 6,从 v_2 到 v_3 的路径经过顶点 1,所以标注为 6_{213}。

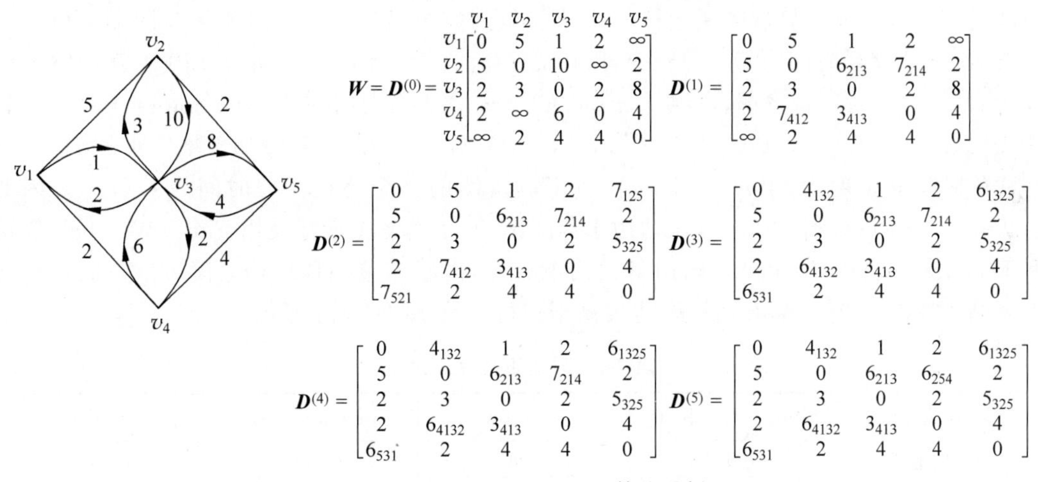

$$\boldsymbol{W}=\boldsymbol{D}^{(0)}=\begin{array}{c|ccccc} & v_1 & v_2 & v_3 & v_4 & v_5 \\ \hline v_1 & 0 & 5 & 1 & 2 & \infty \\ v_2 & 5 & 0 & 10 & \infty & 2 \\ v_3 & 2 & 3 & 0 & 2 & 8 \\ v_4 & 2 & \infty & 6 & 0 & 4 \\ v_5 & \infty & 2 & 4 & 4 & 0\end{array}\quad \boldsymbol{D}^{(1)}=\begin{bmatrix}0 & 5 & 1 & 2 & \infty \\ 5 & 0 & 6_{213} & 7_{214} & 2 \\ 2 & 3 & 0 & 2 & 8 \\ 2 & 7_{412} & 3_{413} & 0 & 4 \\ \infty & 2 & 4 & 4 & 0\end{bmatrix}$$

$$\boldsymbol{D}^{(2)}=\begin{bmatrix}0 & 5 & 1 & 2 & 7_{125} \\ 5 & 0 & 6_{213} & 7_{214} & 2 \\ 2 & 3 & 0 & 2 & 5_{325} \\ 2 & 7_{412} & 3_{413} & 0 & 4 \\ 7_{521} & 2 & 4 & 4 & 0\end{bmatrix}\quad \boldsymbol{D}^{(3)}=\begin{bmatrix}0 & 4_{132} & 1 & 2 & 6_{1325} \\ 5 & 0 & 6_{213} & 7_{214} & 2 \\ 2 & 3 & 0 & 2 & 5_{325} \\ 2 & 6_{4132} & 3_{413} & 0 & 4 \\ 6_{531} & 2 & 4 & 4 & 0\end{bmatrix}$$

$$\boldsymbol{D}^{(4)}=\begin{bmatrix}0 & 4_{132} & 1 & 2 & 6_{1325} \\ 5 & 0 & 6_{213} & 7_{214} & 2 \\ 2 & 3 & 0 & 2 & 5_{325} \\ 2 & 6_{4132} & 3_{413} & 0 & 4 \\ 6_{531} & 2 & 4 & 4 & 0\end{bmatrix}\quad \boldsymbol{D}^{(5)}=\begin{bmatrix}0 & 4_{132} & 1 & 2 & 6_{1325} \\ 5 & 0 & 6_{213} & 6_{254} & 2 \\ 2 & 3 & 0 & 2 & 5_{325} \\ 2 & 6_{4132} & 3_{413} & 0 & 4 \\ 6_{531} & 2 & 4 & 4 & 0\end{bmatrix}$$

图 7-16　Floyd-Warshall 算法示例

再计算 $\boldsymbol{D}^{(2)}=(d_{ij}^{(2)})_{n\times n}$,$d_{ij}^{(2)}=\min\{d_{ij}^{(1)},d_{ik}^{(1)}+d_{kj}^{(1)}\}$,如图 7-16 所示。$\boldsymbol{D}^{(2)}$ 中不带角标的元素表示从 v_i 到 v_j 的距离(直接有边),带角标的元素表示经过 v_x 中间点时的最短路径长度,$1\leqslant x\leqslant 2$。例如,$d_{35}^{(2)}=\min\{d_{35}^{(1)},d_{32}^{(1)}+d_{25}^{(1)}\}=\{8,3_{32}+2_{25}\}=5_{325}$,从 v_3 到 v_5 的距离由 8 减少为 5,从 v_3 到 v_5 的路径经过顶点 2,所以标注为 5_{325}。

同理计算 $\boldsymbol{D}^{(3)}$,$\boldsymbol{D}^{(4)}$,$\boldsymbol{D}^{(5)}$,例如 $d_{15}^{(3)}=\min\{d_{15}^{(2)},d_{13}^{(2)}+d_{35}^{(2)}\}=\min\{7,1_{13}+5_{325}\}=6_{1325}$,从 v_1 到 v_5,经过 v_3 和 v_2,距离由 7 减少为 6,所以标注为 6_{1325}。

注意 $\boldsymbol{D}^{(3)}=\boldsymbol{D}^{(4)}$,说明所有顶点间的距离经过 v_4 并没有缩短路程。$\boldsymbol{D}^{(5)}$ 只有一个新增元素 $d_{24}^{(5)}=\min\{d_{24}^{(4)},d_{25}^{(4)}+d_{54}^{(4)}\}=\min\{7_{214},2_{25}+4_{54}\}=6_{254}$。

最短路问题 Floyd-Warshall 算法:

输入:n,$\boldsymbol{D}$。

输出:min。

```
1.   for i = 0 to n - 1 do
2.       for j = 0 to n - 1 do
3.           min[i][j] = d[i][j]
```

```
4.            pre[i][j] = (i == j)? - 1:i
5.    for k = 0 to n - 1 do
6.        for i = 0 to n - 1 do
7.            for j = 0 to n - 1 do
8.                if (min[i][k] + min[k][j]< min[i][j]) then
9.                    min[i][j] = min[i][k] + min[k][j]
10.                   pre[i][j] = pre[k][j]
11.   return min
```

Floyd-Warshall 算法使用了三重循环，循环次数为 $O(n^3)$；循环体的运行时间是 $O(1)$，因此时间复杂度为 $O(n^3)$。Floyd-Warshall 算法代码编写简单，容易理解，可以算出任意两个顶点之间的最短距离。Floyd-Warshall 算法是动态规划算法，对于稠密图效果最佳，边权可正可负，但时间复杂度比较高，不适合计算大量数据。

最短路径算法的比较如表 7-2 所示。Floyd-Warshall 算法可得到完全最短路径，需要时间为 $O(n^3)$。其余算法需要运行 n 次才能得到完全最短路径。对于稀疏图 $m=O(n)$，Dijkstra 算法需要时间为 $O(n^2\log n)$，Bellman 算法需要时间为 $O(n^3)$，SPFA 算法需要时间为 $O(kn^2)$。对于稠密图，$m=O(n^2)$，Dijkstra 算法需要时间为 $O(n^3\log n)$，Bellman 算法需要时间为 $O(n^4)$，SPFA 算法需要时间为 $O(kn^3)$。另外，斐波那契堆实现的 Dijkstra 算法的时间复杂度为 $O(m+n\log n)$，对于稠密图的完全路径需要时间为 $O(n^3)$。因此 Bellman-Ford 算法和 SPFA 算法适用于稀疏图，对于稠密图最好使用 Floyd-Warshall 算法和 Dijkstra 算法。Floyd-Warshall 算法简单有效，由于三重循环结构紧凑，对于稠密图，效率要高于执行 n 次 Dijkstra 算法，也要高于执行 n 次 SPFA 算法。

表 7-2　最短路径算法比较

算法	Floyd-Warshall	Dijkstra	Bellman-Ford	SPFA
空间复杂度	$O(n^2)$	$O(m)$	$O(m)$	$O(m)$
时间复杂度	$O(n^3)$	$O((m+n)\log n)$	$O(mn)$	$O(km)$
适应情况	稠密图	稠密图	稀疏图	稀疏图
解决负权	可以	不能	可以	可以

Floyd-Warshall 算法计算 $d_{ij}^{(k)}=\min\{d_{ij}^{(k-1)}, d_{ik}^{(k-1)}+d_{kj}^{(k-1)}\}$ 时，使用 min 和 $+$ 求最短路。min 可以变为 max，$+$ 可以变为逻辑与、逻辑或等求解其他问题，例如，使用 max 可以求最长路径；d_{ij} 取值 1 和 0 分别表示连通与否，与操作可以表示路径数。

7.6.3　树状动态规划

树是图的一种特殊形式，树是递归结构，适合使用动态规划。树状动态规划的一般思路是从叶子节点出发，经子树递推到根节点。树状动态规划的必要条件是子树之间的决策不能相互干扰，有时需要添加变量消除子树间的相互影响。

1. 树上的最大权独立集

给定树 T 和顶点权值 $w_v>0, 1\leqslant v\leqslant n$，求 T 的最大权独立集 S，满足 $\max\sum_{v\in S} w_v$。

问题分析：

任选一个点为根节点，使 T 变为有根树。设 $\mathrm{OPT}(u)$ 是根节点为 u 的子树的最大权独立集的权值,有以下两种情况。

(1) 最大权独立集包含 u,使用 $\mathrm{OPT}_{\mathrm{in}}(u)$表示。

(2) 最大权独立集不包含 u,使用 $\mathrm{OPT}_{\mathrm{out}}(u)$表示。

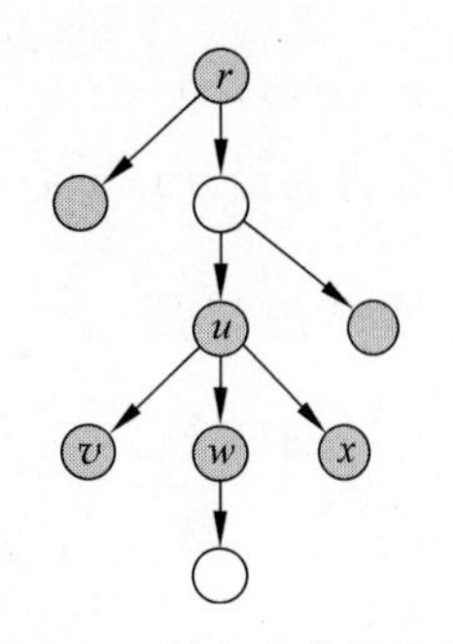

图 7-17　树上最大权独立集示例

设(u,v)为边,最大权独立集包含 u,肯定不包含 v,以 v 为根节点的子树的最大权独立集的权值可以表示为 $\mathrm{OPT}_{\mathrm{out}}(v)$。同理最大权独立集不包含 u,可能包含儿子节点,以 v 为根节点的子树的最大权独立集的权值可以表示为 $\mathrm{OPT}_{\mathrm{in}}(v)$;也可能不包含儿子节点,如图 7-17 所示的灰色顶点,包含 u 的父亲节点和孙子节点,以 v 为根节点的子树的最大权独立集的权值可以表示为 $\mathrm{OPT}_{\mathrm{out}}(v)$。

因此,递推公式为

$$\begin{cases}\mathrm{OPT}_{\mathrm{in}}(u)=w_u+\sum\limits_{v\in\mathrm{children}(u)}\mathrm{OPT}_{\mathrm{out}}(v)\\ \mathrm{OPT}_{\mathrm{out}}(u)=\sum\limits_{v\in\mathrm{children}(u)}\max\{\mathrm{OPT}_{\mathrm{in}}(v),\mathrm{OPT}_{\mathrm{out}}(v)\}\end{cases}$$

树上最大权独立集的动态规划算法 TreeMIS:

输入:T,W。

输出:最大权独立集的权值。

```
1.  for i = 1 to n do                              //顶点按照后序遍历次序,O(m)检查每条边
2.      if (u 为叶子) then
3.          Min[u] = w_u
4.          Mout[u] = 0
5.      else M_in(u) = w_u + Σ_{v∈children(u)} M_out(v)
6.      M_out(u) = Σ_{v∈children(u)} max{M_in(v),M_out(v)}
7.  return max(Min[n],Mout[n])
```

算法使用邻接表遍历每条边,因此算法的时间复杂度为 $O(m+n)$。

2. 树上的最大独立集

如果 $w_v=1$,则树上最大权独立集变成树上最大独立集问题。

定理:如果 v 是叶子节点,则肯定存在包含 v 的最大独立集。

证明:

假定最大独立集为 S,$<u,v>$为边。如果 $v\in S$,显然成立。如果 $u\notin S$ 且 $v\notin S$,$S\cup\{v\}$是独立集,因此 S 非最大独立集。如果 $u\in S$ 且 $v\notin S$,$S\cup\{v\}-\{u\}$也是最大独立集。因此如果 v 是叶子节点,则肯定存在包含 v 的最大独立集。根据这个结论,可以设计树上最大独立集的贪心算法。

树上最大独立集贪心算法 TreeMS:

输入:T。

输出:最大独立集 S。

```
1.  S = ∅
2.  while (T 有边) do
3.      if (v 是叶子节点且 e = (u,v)) then
```

```
4.          v 插入 S
5.          T 删除 u、v 和其关联的所有边
6.   return S
```

算法使用邻接表遍历每条边，因此算法的时间复杂度为 $O(m+n)$。

本节思考题

1. 校车问题：有一个地区需要设置一所学校。该地区分为许多区域，区域 p_i 和 p_j 的距离为 d_{ij}，区域 p_i 的学生数为 n_i，设计算法，如何设置学校使所有学生的总路程最短？如果每个区域设置一个校车点，学校有一辆校车，设计一个算法，如何使校车走的路程最短？

2. 给定图 G 的邻接矩阵，计算图中两个顶点间的路径数量。

3. 求树的最长路径。

视频讲解

7.7 序列相似度

7.7.1 LCS 问题

给定序列 $X=\{x_1,x_2,\cdots,x_m\}$，将 X 删除若干元素得到子序列 $Z=\{z_1,z_2,\cdots,z_k\}$，Z 的下标序列 $j=1,2,\cdots,k$ 对应 X 中的一个严格递增序列 $\{i_1,i_2,\cdots,i_k\}$，使 $z_j=x_{i_j}$。例如，$X=\{A,B,C,B,D,A,B\}$，$Z=\{B,C,D,B\}$，Z 的下标 $\{1,2,3,4\}$ 对于 X 的下标 $\{2,3,5,7\}$。

给定序列 X 和 Y，序列 Z 既是序列 X 的子序列，又是序列 Y 的子序列，则序列 Z 是序列 X 和 Y 的公共子序列，公共子序列中长度(元素数)最长的，称为最长公共子序列，表示为 $\mathrm{LCS}(X,Y)$。例如，$X=\{A,B,C,B,D,A,B\}$，$Y=\{B,D,C,A,B,A\}$。如果 $Z=\{B,C,A\}$，则对应 X 的下标 $\{2,3,6\}$ 和 Y 的下标 $\{1,3,4\}$。如果 $Z=\{B,C,B,A\}$，则对应 X 的下标 $\{2,3,4,6\}$ 和 Y 的下标 $\{1,3,5,6\}$，$\mathrm{LCS}(X,Y)=\{B,C,B,A\}$。

最长公共子序列问题是给定序列 $X_m=\{x_1,x_2,\cdots,x_m\}$ 和 $Y_n=\{y_1,y_2,\cdots,y_n\}$，求 $\mathrm{LCS}(X_m,Y_n)$。

最长公共子序列问题常用于亲缘关系等相似性的度量。给定两条 DNA 链，找其最长公共子序列。最长公共子序列中的字符都出现在两条 DNA 链中，并且出现的前后次序相同。最长公共子序列越长，相似性越高。后面的序列比对问题使用另一种相似性度量方法。

问题分析：使用穷举法，检查 X 的所有子序列，是否也是 Y 的子序列，检查中记录 LCS 长度。X 的子序列数(子集数)为 2^m，在 Y 中检查需要时间为 $O(n)$，因此时间复杂度为 $O(n2^m)$。

设 $\mathrm{LCS}(X_m,Y_n)=Z_k=\{z_1,z_2,\cdots,z_k\}$。

性质 1：若 $x_m=y_n$ 则 $z_k=x_m=y_n$，且 Z_{k-1} 是 X_{m-1} 和 Y_{n-1} 的最长公共子序列。例如，$X=\{A,B,C,B,D,A\}$，$Y=\{B,D,C,A,B,A\}$，$Z=\{B,C,B,A\}$，则 $z_4=x_6=y_6$。

证明：

使用反证法证明。设 Z 最后的元素不是 $z_k=x_m=y_n$。那么在 Z 最后加上 $x_m=y_n$，

它也是公共子序列。这样 Z 不是最长公共子序列,与假设矛盾。

去掉 x_m,y_n 和 z_k 以后,X_m 变为 X_{m-1},Y_n 变为 Y_{n-1},Z_k 变为 Z_{k-1},则 Z_{k-1} 是 X_{m-1} 和 Y_{n-1} 的最长公共子序列。否则如果存在 $|Z'_{k-1}|>|Z_{k-1}|$,Z'_{k-1}加上 z_k 也是 X 和 Y 的公共子序列,且 $|Z'_{k-1}|+1>|Z_{k-1}|+1$,这与 Z 是 X 和 Y 的最长公共子序列相矛盾。

性质 2：若 $x_m \neq y_n$ 且 $z_k \neq x_m$ 则 Z 是 X_{m-1} 和 Y_n 的最长公共子序列。例如,$X=\{A,B,C,B,D,A,B\}$,$Y=\{B,D,C,A,B,A\}$,则 $Z=\{B,C,B,A\}$。

证明：

使用反证法证明。设 Z'是 X_{m-1} 和 Y 的最长公共子序列,则 $|Z'|=|Z|$。假设 $|Z'|>|Z|$,则 Z'也是 X 和 Y 的公共子序列,这与 Z 是 X 和 Y 的最长公共子序列相矛盾。

性质 3：若 $x_m \neq y_n$且 $z_k \neq y_n$,则 Z 是 X_m 和 Y_{n-1} 的最长公共子序列。

同理可证。

设 $c[i][j]$ 是 X_i 和 Y_j 的最长公共子序列的长度。根据上面的性质,得到递推公式如下：

$$c[i][j]=\begin{cases}0, & i=0,j=0,\text{空序列}\\ c[i-1][j-1]+1, & i,j>0,x_i=y_j\\ \max\{c[i][j-1],c[i-1][j]\}, & i,j>0,x_i \neq y_j\end{cases}$$

计算 LCS(X_m,Y_{n-1})和 LCS(X_{m-1},Y_n) 都需计算 X_{m-1} 和 Y_{n-1},这满足重叠子问题的性质。该问题又具有最优子结构的性质,因此使用动态规划算法计算。

LCS 动态规划算法：

输入：X_m,Y_n。

输出：LCS(X_m,Y_n)。

```
1.  for i = 0 to m - 1 do c[i][0] = 0                  //初始化
2.  for i = 0 to n - 1 do c[0][i] = 0
3.  for i = 0 to m - 1 do
4.       for j = 0 to n - 1 do
5.            if(x[i] == y[j]) then                    //b[i][j]记录 c[i][j]的值由哪一子问题得到
6.                 c[i][j] = c[i - 1][j - 1]  + 1
7.                 b[i][j] = "↖"
8.            else if(c[i - 1][j]> = c[i][j - 1]) then
9.                      c[i][j] = c[i - 1][j]
10.                     b[i][j] = "↑"
11.                else c[i][j] = c[i][j - 1]
12.                     b[i][j] = "←"
13. return c[m - 1][n - 1]
```

循环体的运行时间为 $O(1)$,循环次数为 mn 次,因此算法的时间复杂度为 $O(mn)$。LCS 的不同子问题 $c[i][j]$的个数也正好是$\binom{n}{1}\binom{m}{1}=\Theta(mn)$。每个子问题计算一次,时间也是 $O(mn)$。

例如,$X=\{A,B,C,B\}$,$m=|X|=4$; $Y=\{B,D,C,A,B\}$,$n=|Y|=5$,LCS 的求解过程如图 7-18 所示。

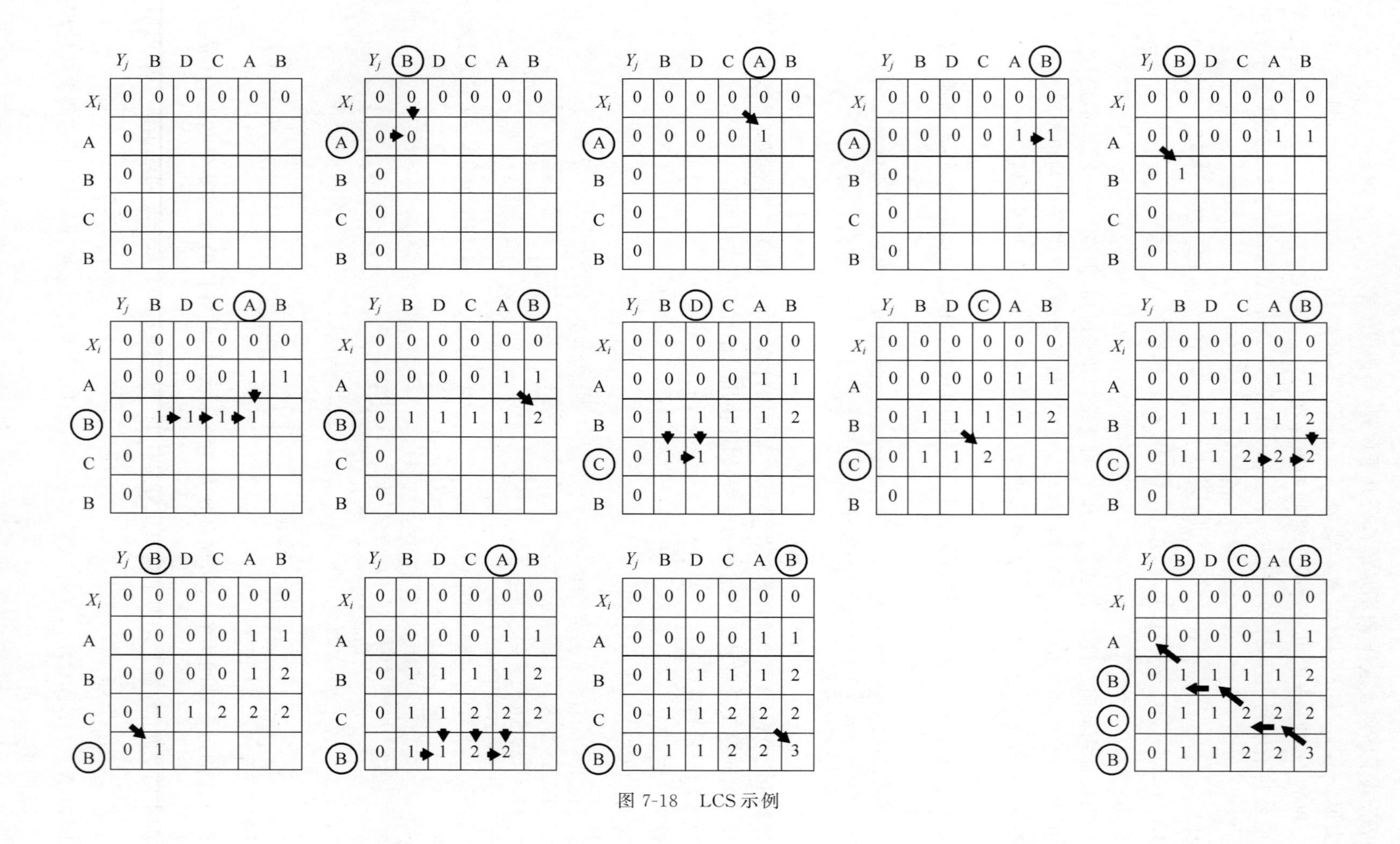

图 7-18　LCS示例

首先初始化，然后计算 $X=\{A\}, Y=\{B\}, A\neq B, c[1][1]=\max\{c[0][1], c[1][0]\}=0$。同理 $c[1][2]=c[1][3]==0$。然后计算 $X=\{A\}, Y=\{B,D,C,A\}, x_1=y_4=A$，因此 $c[1][4]=c[0][3]+1=1$。$c[1][5]=\max\{c[1][4], c[0][5]\}=1$。

当 $i=2$ 时，计算 $X=\{A,B\}, Y=\{B\}, x_2=y_1=B, c[2][1]=c[1][0]+1=1$。然后计算 $c[2][2]=c[2][3]=c[2][4]=1$。最后计算 $X=\{A,B\}, Y=\{B,D,C,A,B\}, x_2=y_5=B, c[2][5]=c[1][4]+1=2$。

当 $i=3$ 时，$X=\{A,B,C\}, c[3][1]=c[3][2]=1$。然后计算 $X=\{A,B,C\}, Y=\{B,D,C\}, x_3=y_3=C, c[3][3]=c[2][2]+1=2$。最后得 $c[3][4]=c[3][5]=2$。

当 $i=4$ 时，计算 $X=\{A,B,C,B\}, Y=\{B\}, x_4=y_1=B, c[4][1]=c[3][0]+1=1$。然后计算 $c[4][2]=1, c[4][3]=c[4][4]=2$。最后计算 $X=\{A,B,C,B\}, Y=\{B,D,C,A,B\}, x_4=y_5=B, c[4][5]=c[3][4]+1=3$。

LCS(X,Y)给出最长公共子序列长度，然后根据保存的数组 b 构造最优解。$b[i][j]$记录 $c[i][j]$的值由哪一个子问题得到。设 $Z=X_i$ 和 Y_j 的最长公共子序列，$b[i][j]=$"↖"，则 $Z=X_{i-1}$ 和 Y_{j-1} 的最长公共子序列$+x_i$；$b[i][j]=$"↑"，则 $Z=X_{i-1}$ 和 Y_j 的最长公共子序列；$b[i][j]=$"←"，则 $Z=X_i$ 和 Y_{j-1} 的最长公共子序列。

后处理算法：

```
LCS (i,j,x,b){
1.  if( i == 0||j == 0) then return
2.      if(b[i][j] == "↖") then
3.          LCS(i - 1,j - 1,X,b)
4.          print x[i]
5.      else if(b[i][j] == "↑") then
6.              LCS(i - 1,j,X,b)
7.          else LCS(i,j - 1,X,b)
}
```

调用 LCS(m,n,x,b)，每次调用时，i 或 j 减 1，调用次数为 $O(m+n)$，因此算法时间复杂度为 $O(m+n)$。

如图 7-18 所示，由 $b[4][5]=$"↖"可得 B∈LCS(X,Y)，转到 $b[3][4]$。由 $b[3][4]=$"←"，转向 $b[3][3]$。由 $b[3][3]=$"↖"可得 C∈LCS(X,Y)，转向 $b[2][2]$。$b[2][2]=$"←"，转向 $b[2][1]$。由 $b[2][1]=$"↖"可得 B∈LCS(X,Y)，转到 $b[1][0]$，算法结束。LCS$(X,Y)=\{B,C,B\}$。

实际上 $c[i][j]$ 仅与 $c[i-1][j-1], c[i-1][j], c[i][j-1], x_i, y_j$ 的值有关，回溯时由这些元素可以确定组成最长公共子序列的子问题，这样可以省略数组 b，空间复杂度降低为 $O(n^2)$，但数组 C 的空间复杂度仍为 $O(n^2)$，仅减少常数因子。另外计算 $c[i][j]$ 时仅用到 c 的第 i 行和 $i+1$ 行，因此用两行空间可计算最长公共子序列，空间复杂度降至 $O(\min\{m,n\})$，但只能得到最优值，不能构造最优解。

7.7.2　序列比对

序列比对是计算生物学的基本问题。给定字符串 $X=x_1x_2\cdots x_m$ 和 $Y=y_1y_2\cdots y_n$，求最小耗费的序列比对。一个比对 M 是一个有序配对 x_i-y_j 集合，每一项至多参与一个配对，并且无交叉，字符间可以插入空格。如果 $i<i'$ 但 $j>j'$，配对 x_i-y_j 和 $x_{i'}-y_{j'}$ 交叉。例如，$X=$ocurrance，$Y=$occurrence，$M=\{x_1-y_1,x_2-y_2,-y_3,x_3-y_4,x_4-y_5,\cdots\}$。

序列比对的耗费使用编辑距离表示。配对的字符不同，称为错配，一个错配的惩罚值为 α_{pq}，p 与 q 为配对的字符。配对的字符，一个为字符，另一个为空格，称为间隔，一个间隔的惩罚值为 δ。序列比对的耗费为所有间隔和错配惩罚值之和。例如，$X=$ocurrance，$Y=$occurrence，序列比对的编辑距离如图 7-19 所示。

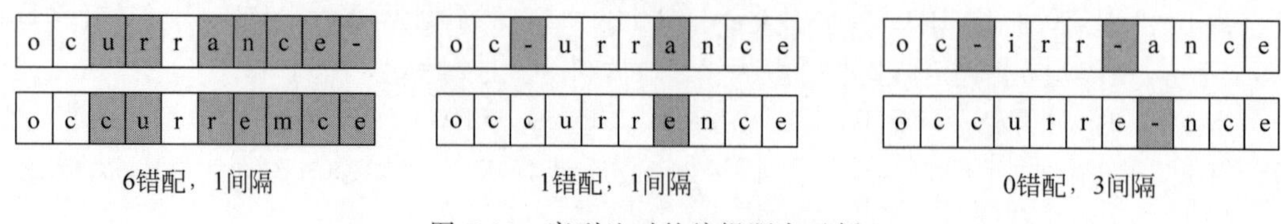

图 7-19 序列比对的编辑距离示例

序列比对来源于生物信息学的亲缘关系鉴定，ACGT 构成的碱基对变异产生差异和基因缺失，如 CG 和 AT 差异小，AC、AG、CT、GT 差异大，因此相似性不同。20 世纪 70 年代，Needlememan 和 Wunsch 提出了序列比对的定义和算法。

问题分析：定义 $\mathrm{OPT}(m,n)$ 为比对串 $X=x_1x_2\cdots x_m$ 和 $Y=y_1y_2\cdots y_n$ 的最小耗费，子问题为 $\mathrm{OPT}(i,j)$，即比对串 $X=x_1x_2\cdots x_i$ 和 $Y=y_1y_2\cdots y_j$ 的最小耗费。配对有如下 3 种情况。

(1) x_i-y_j 错配，惩罚值为 $\alpha_{x_i-y_j}$，然后求 $X=x_1x_2\cdots x_{i-1}$ 和 $Y=y_1y_2\cdots y_{j-1}$ 的最小耗费，使用 $\mathrm{OPT}(i-1,j-1)+\alpha_{x_iy_j}$ 表示。

(2) x_i 未匹配，惩罚值为 δ，然后求 $X=x_1x_2\cdots x_{i-1}$ 和 $Y=y_1y_2\cdots y_j$ 的最小耗费，使用 $\mathrm{OPT}(i-1,j)+\delta$ 表示。

(3) y_j 未匹配，惩罚值为 δ，然后求 $X=x_1x_2\cdots x_i$ 和 $Y=y_1y_2\cdots y_{j-1}$ 的最小耗费，使用 $\mathrm{OPT}(i,j-1)+\delta$ 表示。

因此，递推公式为

$$\mathrm{OPT}(i,j)=\begin{cases} j\delta, & i=0 \\ i\delta, & j=0 \\ \min\begin{cases}\alpha_{x_iy_j}+\mathrm{OPT}(i-1,j-1) \\ \delta+\mathrm{OPT}(i-1,j) \\ \delta+\mathrm{OPT}(i,j-1)\end{cases}, & \text{其他}\end{cases}$$

序列比对算法 sequenceAlign：

输入：X,Y。

输出：$M[m,n]$。

```
1.  for i = 0 to m do
2.      M[0,i] = i * δ
3.  for j = 0 to n do
4.      M[j,0] = j * δ
5.  for i = 1 to m do
6.      for j = 1 to n do
7.          M[i,j] = min(α[xi,yj] + M[i-1,j-1], δ + M[i-1,j], δ + M[i,j-1])
```

```
8.  return M[m,n]
```

算法循环体的运行时间为 $O(1)$，循环次数为 mn，因此时间复杂度为 $O(mn)$。使用数组 M 存储结果，空间复杂度为 $O(mn)$。

7.7.3　动态规划复杂度

动态规划方程可以分为 tD/eD 类，子问题个数为 n^t，依赖的子问题个数为 n^e，其时间复杂度为 $O(n^{t+e})$。典型的 4 类方程如下。

(1) $1D|1D$ 类：$D[j]=\min\limits_{0\leqslant i<j}\{D[i]+w(i,j)$，$w(i,j)$ 为实函数，$1\leqslant i\leqslant j\leqslant n$。

已知 $D[0]$，$D[j]$ 可以根据 $D[i]$ 在常数时间计算，时间复杂度为 $O(n^2)$，如 DAG 图。

(2) $2D|0D$ 类：$D[i,j]=\min\limits_{0\leqslant i<j}\{D[i-1,j]+x_i,D[i,j-1]+y_j,D[i-1,j-1]+z_{ij}\}$，$1\leqslant i\leqslant j\leqslant n$。

已知 $D[i,0]$ 和 $D[0,j]$，x_i，y_j，z_{ij} 可以在常数时间计算，时间复杂度为 $O(n^2)$，如数字三角形。

(3) $2D|1D$ 类：$D[i,j]=\min\limits_{i<k<j}\{D[i,k-1]+D[k,j]\}+w_{ij}$，$w(i,j)$ 为实函数，$1\leqslant i\leqslant j\leqslant n$。

已知 $d[i][i]=0$，$D[i,j]$ 的时间复杂度为 $O(n^3)$，如矩阵连乘。

(4) $2D|2D$ 类：$D[i,j]=\min\limits_{\substack{0\leqslant i'<i\\0\leqslant j'<j}}\{D[i',j']+w_{ij}(i'+j',i+j)\}$，$w(i,j)$ 为实函数，$1\leqslant i,j\leqslant n$。

已知 $D[i,0]$ 和 $D[0,j]$，$D[i,j]$ 可以由 $D[i',j']$ 计算，时间复杂度为 $O(n^4)$。

本节思考题

1. 流水作业调度：n 个作业 $\{1,2,\cdots,n\}$ 要在由两台机器 M_1 和 M_2 组成的流水线上完成加工。每个作业加工的顺序都是先在 M_1 上加工，然后在 M_2 上加工。M_1 和 M_2 加工作业 i 所需的时间分别为 a_i 和 b_i。要求确定这 n 个作业的最优加工顺序，使得从第一个作业在机器 M_1 上开始加工，到最后一个作业在机器 M_2 上完成加工所需的时间最少。

2. n 个无差别的物品，分成不超过 m 组，求出划分方法数模 M 的余数。

本章习题

1. 编程实现赋权的区间调度算法(POJ 3616)。
2. 编程实现数字三角形算法(POJ 1163)。
3. 编程实现 0-1 背包算法(POJ 3624、POJ 1976、POJ 1384、POJ 1276、POJ 1014)。
4. 编程实现区间动态规划算法(POJ 1651、POJ 2955)。
5. 编程实现硬币问题算法(POJ 3260、POJ 1787)。
6. 编程实现最长不降子序列算法(POJ 3903、POJ 1065)。
7. 编程实现最短路径算法(POJ 2139、POJ 3259、POJ 1125)。

8. 编程实现树形动态规划算法(POJ 2342、POJ 2486)。

9. 编程实现 LCS 算法(POJ 1458)。

10. 编程实现序列比对算法(POJ 1080)。

11. 简述动态规划算法的基本要素。

12. 简述动态规划算法的时间复杂度。

13. 简述动态规划算法的常用类型。

14. 城堡问题：公主要找一位如意郎君，她的爸爸——国王，给她修建了一座城堡。这个城堡有很多房间，房间之间有走廊连接，但每进入一个房间必须要花费一定数量的钱币，公主就在某个房间中等待。开始时，国王给每个候选人一样多的钱币，候选人从同一个地点出发，直到找到美丽的公主为止。如果这时哪个人找到了公主，并且钱币刚好用完，那么他将会赢得公主的芳心。

15. n 个作业$\{1,2,\cdots,n\}$要在两台机器上完成加工。设作业 i 在机器 A 上完成加工需要的时间为 A_i，在机器 B 上完成加工需要的时间为 B_i。每个作业只能在一台机器上连续加工，一台机器同时只能加工一个作业。要求为 n 个作业安排一种加工顺序，使得从第一个作业开始加工，直到最后一个作业完成加工，所需要的时间最少，该加工顺序称为最优独立作业调度。如何计算？

16. n 个作业$\{1,2,\cdots,n\}$要在 m 台机器上完成加工。每个作业 i 均被分解为 m 项任务：$T_{i1},T_{i2},\cdots,T_{im}$。设作业 i 在机器 j 上完成加工需要的时间为 T_{ij}，要求为 n 个作业安排一种加工顺序，使得从第一个作业开始加工，直到最后一个作业完成加工，所需要的时间最少，该加工顺序称为最优流水作业调度。假设各个作业加工的优先级都是相同的。$m=3$ 能否计算？$m=2$ 如何计算？

17. 有一座 n 层的楼房，某个人要到第 n 层的任何一个房间买票。每层楼都有 m 个房间。而如果要到第 i 层的第 j 个房间买票，那么必须先在第 $i-1$ 层的第 j 个房间买票或者在第 i 层的与这个房间相邻的房间买过票才行。而每个房间所要收取的票费是不同的，给定每个房间内买票需要的费用，问要在第 n 层的任意一间房间内买到票的最小消费是多少？

18. 石子问题：有一串石头一共 n 个($n\leqslant 100$)，石头有 k 种颜色($k\leqslant 5$)，拿走其中的一些石头使得同种颜色的石头都在一起，求拿走块数的最小值？

19. 资源分配问题：设有资源 a，分配给 n 个项目，$g_i(x)$为第 i 个项目分得资源 x 所得到的利润，求总利润最大的资源分配方案？也就是解下列问题：$\max\{z=g_1(x_1)+g_2(x_2)+\cdots+g_n(x_n)\}$，$x_1+x_2+x_3+\cdots+x_n=a$，$x_i\geqslant 0$，$i=1,2,3,\cdots,n$。

20. 长度为 N 的公路，放广告牌的位置是 x_i，$1\leqslant i\leqslant m$，放在 x_i 相应收益为 r_i，两个广告牌必须相距 5 英里以上，找一组位置，使收益最大。

21. 在一块电路板的上、下两端分别有 n 个接线柱。根据电路设计，要求用导线$(i,\pi(i))$将上端接线柱与下端接线柱相连。其中 π 是$\{1,2,\cdots,n\}$的一个排列。导线$(i,\pi(i))$称为该电路板上的第 i 条连线。对于任何 i,j，$1\leqslant i<j\leqslant n$，第 i 条连线和第 j 条连线相交的充要条件是 $\pi(i)>\pi(j)$。电路布线问题要确定将哪些连线安排在第一层上，使得该层上有尽可能多的连线。换句话说，该问题要求确定导线集 $\mathrm{Nets}=\{(i,\pi(i)),1\leqslant i\leqslant n\}$的最大不相交子集。

22. 用多边形顶点的逆时针序列表示凸多边形，即 $P=\{v_0,v_1,\cdots,v_{n-1}\}$ 表示具有 n 条边的凸多边形。若 v_i 与 v_j 是多边形上不相邻的两个顶点，则线段 v_iv_j 称为多边形的一条弦。弦将多边形分割成两个多边形 $\{v_i,v_{i+1},\cdots,v_j\}$ 和 $\{v_j,v_{j+1},\cdots,v_i\}$。多边形的三角剖分是将多边形分割成互不相交的三角形的弦的集合 T，如图 7-20 所示。给定凸多边形 P，以及定义在由多边形的边和弦组成的三角形上的权函数 w。要求确定该凸多边形的三角剖分，使得该三角剖分中诸三角形的权之和最小。

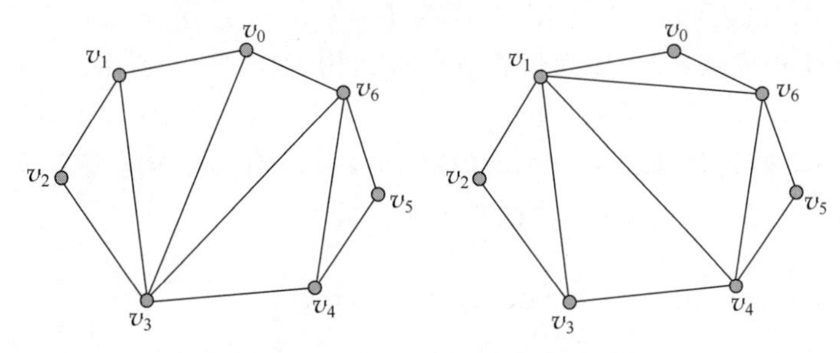

图 7-20　凸三角形三角剖分示例

23. 多边形游戏是一个单人玩的游戏，开始时有一个由 n 个顶点构成的多边形。每个顶点被赋予一个整数值，每条边被赋予一个运算符“+”或“*”。所有边依次用整数从 1 到 n 编号。游戏第 1 步，将一条边删除。随后的 $n-1$ 步按以下方式操作：选择一条边 E 以及由 E 连接着的两个顶点 V_1 和 V_2；用一个新的顶点取代边 E 以及由 E 连接着的两个顶点 V_1 和 V_2。将由顶点 V_1 和 V_2 的整数值通过边 E 上的运算得到的结果赋予新顶点。最后，所有边都被删除，游戏结束。游戏的得分就是所剩顶点上的整数值。对于给定的多边形，计算最高得分。

24. 最大 m 段子段和问题：给定 n 个整数的序列 n，现将序列分成 m 段，如何分割使 m 段子段的和最大？

25. 最大子矩阵和问题：给定矩阵 $\mathbf{A}_{m\times n}$，求其子矩阵，使其各元素之和最大。

26. 简述旅行商问题的动态规划算法

27. 给定二叉搜索树：①若它的左子树不空，则左子树上所有节点的值均小于它的根节点的值；②若它的右子树不空，则右子树上所有节点的值均大于它的根节点的值；③它的左、右子树也分别为二叉搜索树。搜索成功与不成功的概率之和为 $\sum_{i=1}^{n}p_i+\sum_{i=0}^{n}q_i=1$。二叉搜索树的期望耗费(平均路径长度)为

$$E(\text{search cost in } T)=\sum_{i=1}^{n}(\text{depth}_T(k_i)+1)\cdot p_i+\sum_{i=0}^{n}(\text{depth}_T(d_i)+1)\cdot q_i$$
$$=1+\sum_{i=1}^{n}\text{depth}_T(k_i)\cdot p_i+\sum_{i=0}^{n}\text{depth}_T(d_i)\cdot q_i$$

最优二叉搜索树问题是对于有序集 S 及平均概率分布 $(p_0,q_1,p_1,\cdots,q_n,p_n)$，利用二叉搜索树的节点存储有序集中的元素，找平均路径长度最小的二叉搜索树。

28. 分段最小二乘问题：给定平面上 n 个点 $(x_1,y_1),(x_2,y_2),\cdots,(x_n,y_n)$，$x_1<x_2<\cdots<x_n$。利用最小二乘法，找一条线 $y=ax+b$ 使方差和 $\text{SSE}=\sum_{i=1}^{n}(y_i-ax_i-b)^2$ 最

小。根据公式可知：

$$a=\frac{n\sum_i x_i y_i-\left(\sum_i x_i\right)\left(\sum_i y_i\right)}{n\sum_i x_i^2-\left(\sum_i x_i\right)^2},\quad b=\frac{\sum_i y_i-a\sum_i x_i}{n}$$

如何找几段线使 $E+cL$ 达到最小？E 为每段方差之和，L 为线数，c 为常数。

29. RNA 二级结构问题：给定 RNA 序列 $B=b_1b_2\cdots b_n$，$b_i\in\{A,C,G,U\}$。RNA 序列上碱基相互作用构成碱基对，序列折叠成二级结构，如图 7-21 所示。二级结构表示为碱基对的集合 $S=\{(b_i,b_j)\}$，满足 $(b_i,b_j)\in\{(A,U),(U,A),(C,G),(G,C)\}$，$i<j-4$。每个 b_i 只能参与一个碱基对，如果 (b_i,b_j) 和 $(b_k,b_l)\in S$，则二者不能交叉，即不存在 $i<k<j<l$。求 RNA 二级结构 S，使 S 包含的碱基对数最大。

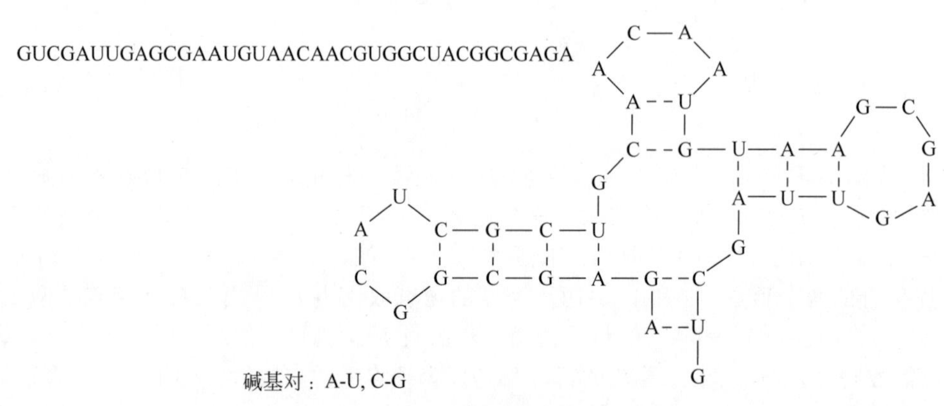

图 7-21 RNA 序列和二级结构示例

30. 给定 $m\times m$ 图像矩阵，矩阵元素 $0\leqslant P_i\leqslant 255$ 表示像素的灰度值。8 位图像矩阵需 $8m^2$ 位存储。图像线性化将 $m\times m$ 图像矩阵变成 $1\times m^2$ 图像矩阵，则图像表示为序列 $\{p_1,p_2,\cdots,p_n\}$。序列分为 m 个连续段 $S_1,S_1,\cdots,S_m$，使每段像素位数相同，且最多 256 个像素，这样每段可以使用至多 8 位进行存储，称为变位压缩。求最优分段，使存储空间最小。

31. 有 F 束不同品种的花束，同时有至少同样数量的花瓶被按顺序摆成一行，其位置固定于架子上，并从 1 至 V 按从左到右顺序编号，V 是花瓶的数目($F\leqslant V$)。花束可以移动，并且每束花用 1 至 F 的整数唯一标识。标识花束的整数决定了花束在花瓶中排列的顺序，如果 $i<j$，花束 i 必须放在花束 j 左边的花瓶中。每个花瓶只能放一束花。如果花瓶的数目大于花束的数目，则多余的花瓶空置。每个花瓶都具有各自的特点。因此，当各个花瓶中放入不同的花束时，会产生不同的美学效果，并以一美学值(一个整数)来表示，空置花瓶的美学值为 0。为取得最佳美学效果，必须在保持花束顺序的前提下，使花束的摆放取得最大的美学值。请求出具有最大美学值的一种摆放方式。

32. 有一场演唱会即将举行，现有 n 个歌迷排队买演唱会的票。每个人买 1 张票，第 i 位歌迷买 1 张票需要时间 $t(i)$。为加快售票过程，售票处规定，队伍中相邻的两位歌迷(第 j 人和第 $j+1$ 人)也可以由其中一人(例如第 j 位)买两张票(每个人每次最多也只能买两张票)，而另外一位就不用排队了(也不再替别人买票)，按这种方式买票，这两位歌迷买两张

票的时间变为 $r(j)$。给出 $n, t(i)$ 和 $r(j)$ 的值，编程求出使每个人都买到一张票的最短时间和方法。

33. 某公司要举办一台晚会，为了使晚会的气氛更加活跃，每个参加晚会的人都不希望在晚会中见到他的上司，要不然他们会很扫兴。现在已知每个人的活跃指数和上司关系（当然不可能存在环），求邀请哪些人来能使得晚会的总活跃指数最大。

34. 给定 n 个英文单词组成的一段文章，每个单词的长度（字符个数）依次为 $l_1, l_2, \cdots, l_n$。要在一台每行最多能打印 $M(l_i \leqslant M, 1 \leqslant i \leqslant n)$ 个字符的打印机上将这段文章"美观"地输出来。"美观"指的是：在打印机输出的每一行中，行首和行尾可以不留空格，行中每两个单词之间留一个空格且不允许将单词拆开。除文章的最后一行外，希望每行多余的空格数的总和尽可能少，同时多余的空格数在每行的分布尽可能均匀，为此，把每行的多余空格数（除最后一行外）的平方和达到最小作为"美观"的标准。请求出一个"美观"的输出方案。

35. 给定 n 天股票的价格 $p(i), 1 \leqslant i \leqslant n$。第 i 天买入，第 j 天卖出，则获得收益 $p(j) - p(i), j > i$，如何使收益最大化？

(1) 请给出 $O(n\log n)$ 的算法。

(2) 请给出 $O(n)$ 的算法。

36. Tom 开了一家汽车零件加工厂制造零件。由于资金有限，他只能先购买一台加工机器。现在他却遇到了麻烦，多家汽车制造商需要他加工一些不同零件（由于厂家和零件不同，所以给的加工费也不同），而且不同厂家对于不同零件的加工时间要求不同（有些加工时间要求甚至是冲突的，但开始和结束时间相同不算冲突）。Tom 当然希望能把所有的零件都加工完，以得到更多的加工费，但当一些零件的加工时间要求有冲突时，在某个时间内他只能选择某种零件加工（因为他只有一台机器），为了赚得尽量多的加工费，Tom 如何进行取舍？

37. 硬币问题：给出 n 种硬币的面值，总面值 M 有多少种不同的表示方法？

38. 求 $(a+b)^n$ 展开式各项的系数。

39. 求树的重心，以该点为根节点的树，其最大子树的节点数最小。

40. 给定有根树，求树的最长路径，即找两个点，其距离最长。

41. 如何调用 DFS 计算图 G 的拓扑排序？

42. 给定有向图 $G=(V,E)$ 的邻接矩阵，计算其传递闭包 T（任意顶点 i 和 j 之间存在有向路径，则 $T_{ij}=1$）。计算传递闭包有著名的 Floyd-Warshall 算法，证明其正确性并实现算法。

43. 给定 m 行 n 列的整数矩阵，从第一列任何位置出发，可以往右上、右和右下走一格，最终到达最后一列。求经过的方格的整数之和最小的路径。

44. 滑雪的滑道必须向下倾斜，求一个区域中最长的滑道。区域由一个二维数组给出，数组的每个数字代表点的高度。可以从某个点滑向上下左右相邻四个点之一，当且仅当高度减小。

第8章

回溯算法

回溯算法是最常用的解题方法之一,有“通用解题法”之称。回溯算法是一种选优搜索法,按选优条件向前搜索,以达到目标。但是,当搜索到某一步时,发现原先选择并不优或达不到目标,就退回一步重新选择,这种走不通就退回再走的技术,称为回溯算法。本章介绍回溯算法的基本思想和适用条件,算法的设计步骤和算法框架,效率影响因素和分析与改进方法。

回溯算法是以深度优先方式系统搜索问题解的算法。从根节点出发,按深度优先策略,搜索问题的解空间树。算法搜索至解空间树的任意一点时,先判断该节点是否包含问题的解:若肯定不包含问题的解,则跳过对该节点为根的子树的搜索,逐层向其祖先节点回溯;否则,进入该子树,继续按深度优先策略搜索。

回溯算法求解全部解或最优解时需要回溯到根节点,且根节点的所有子树都已被搜索才结束;求解一个解时只要搜索到叶子节点即可。求解一个或全部解是搜索问题,求解一个或全部最优解是优化问题。

视频讲解

8.1 装载问题

给定 n 个集装箱和两艘载重量分别为 C_1 和 C_2 的轮船。其中,第 i 个集装箱的重量为 w_i,且 $\sum_{i=1}^{n} w_i \leqslant C_1+C_2$。要求确定一个合理的装载方案,可将集装箱装上这两艘轮船。例如,当 $n=3, C_1=C_2=50$ 时,如果 $w=[10,40,40]$时,则可以将集装箱 1 和 2 装到第 1 艘轮船上,而将集装箱 3 装到第 2 艘轮船上;如果 $w=[20,40,40]$,则不能将这 3 个集装箱都装上轮船。

8.1.1 装载问题分析

如果装载问题有解,则采用下面的最优装载策略。

(1) 首先将第 1 艘轮船尽可能装满。

(2) 然后,将剩余的集装箱,装上第2艘轮船。

将第1艘轮船尽可能装满,等价于选取全体集装箱的一个子集,使该子集中集装箱重量之和最接近 C_1。

问题的解能够表示成一个 n 元组$(x_1,x_2,\cdots,x_n)$的形式,称为解向量。问题的显式约束条件是对分量 x_i 取值的限定,例如,装载问题中 $x_i \in \{0,1\}$分别表示不装入和装入。隐式约束条件是为满足问题的解而对不同分量之间施加的约束,例如,装载问题中 $\sum_{i=1}^{n} w_i x_i \leqslant C_1$。

对于问题的一个实例,满足显式约束条件的所有解向量,构成了该实例的一个解空间,又称为搜索空间。解空间通常组织成树或图的形式,例如,装载问题的解空间可用完全二叉树表示,左分支 $x_i=1$,表示选择该集装箱;右分支 $x_i=0$,表示不选择该集装箱;根节点到叶子节点的路径对应解空间的元素。如图8-1所示,$n=3$ 时装载问题的解空间为{(0,0,0),(0,1,0),(0,0,1),(1,0,0),(0,1,1),(1,0,1),(1,1,0),(1,1,1)},有 2^3 个解向量,正好对应 n 个元素的子集数,因此这个解空间称为子集树。路径 $ACFL$ 对应元素(0,1,1),表示选择第2个和第3个物品放入第1个集装箱。

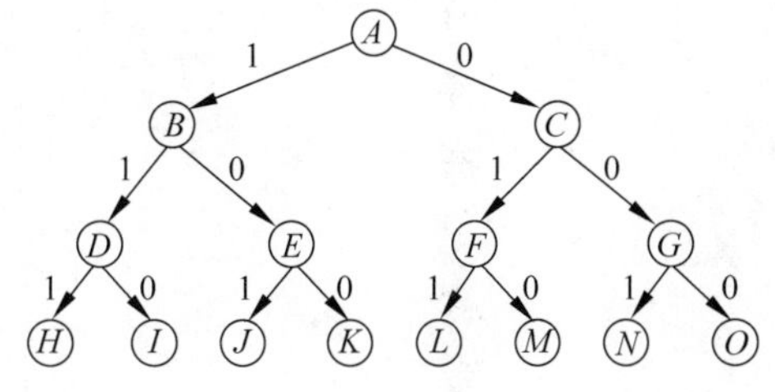

图 8-1　装载问题的解空间示例

注意:同一个问题可以有多种表示方法,有些表示方法更简单,所需表示的状态空间更小(存储量少,搜索方法简单)。

8.1.2　装载问题的回溯算法

回溯算法的解空间以树或图的形式表示,以深度优先方式(DFS)生成解空间。节点类型如下。

(1) 扩展节点:正在产生儿子节点的节点。

(2) 活节点:自身已生成,但其儿子节点还没有全部生成的节点。

(3) 死节点:所有儿子节点已经产生的节点。

深度优先生成法中扩展节点1,一旦产生了它的一个儿子节点2,就把节点2当作新的扩展节点;在完成以节点2为根节点的子树的穷尽搜索之后,将节点1重新变成扩展节点,继续产生节点1的下一个儿子节点。

与深度优先生成法不同,广度优先生成法在一个扩展节点变成死节点之前,它一直是扩展节点;一旦扩展节点1,就生成节点1所有的儿子节点,然后节点1变为死节点,第一个儿子节点变为扩展节点。$n=3$ 时装载问题的解空间和两种方法的生成顺序如图8-1所示。

为避免生成不可能产生最优解的问题状态,要不断地利用限界函数剪去那些实际上不可能产生所需解的活节点,以减少问题的计算量。具有剪枝函数的深度优先生成法称为回溯算法。剪枝函数分为可行性约束函数和限界函数，前者剪去不满足约束条件的分支，后者剪去肯定得不到最优解的分支，改进算法效率。

设 C_w 是当前载重量，装载问题的可行性约束函数为：在解空间树的 $j+1$ 层的节点 z 处，当前载重量 $C_w=\sum_{i=1}^{j} w_i x_i \leqslant C_1$。当 $C_w > C_1$ 时，以节点 z 为根节点的子树中，所有节点都不满足约束条件，因而该子树中的解均为不可行解，故可将其剪去。该约束函数可以剪去不可行解，得到所有可行解。因此，剪去不满足约束条件的子树的函数，称为可行性约束函数。

设 bestw 是当前最优载重量；r 是剩余集装箱的重量。装载问题的上界函数为 C_w+r：在以当前扩展节点 z 为根节点的子树中，任一叶子节点对应的载重量均不超过 C_w+r。当 $C_w+r \leqslant \text{bestw}$ 时，可将 z 为根节点的子树剪去。

当 $n=3, C_1=C_2=50, w=[10,40,40]$ 时装载问题的计算过程如图 8-2 所示。首先访问左分支，放入第一个集装箱和第二个集装箱，当放入第三个集装箱时，由于 $C_w=10+40+40>C_1=50$，不满足约束函数，剪去该分支，如图 8-2(a)所示。

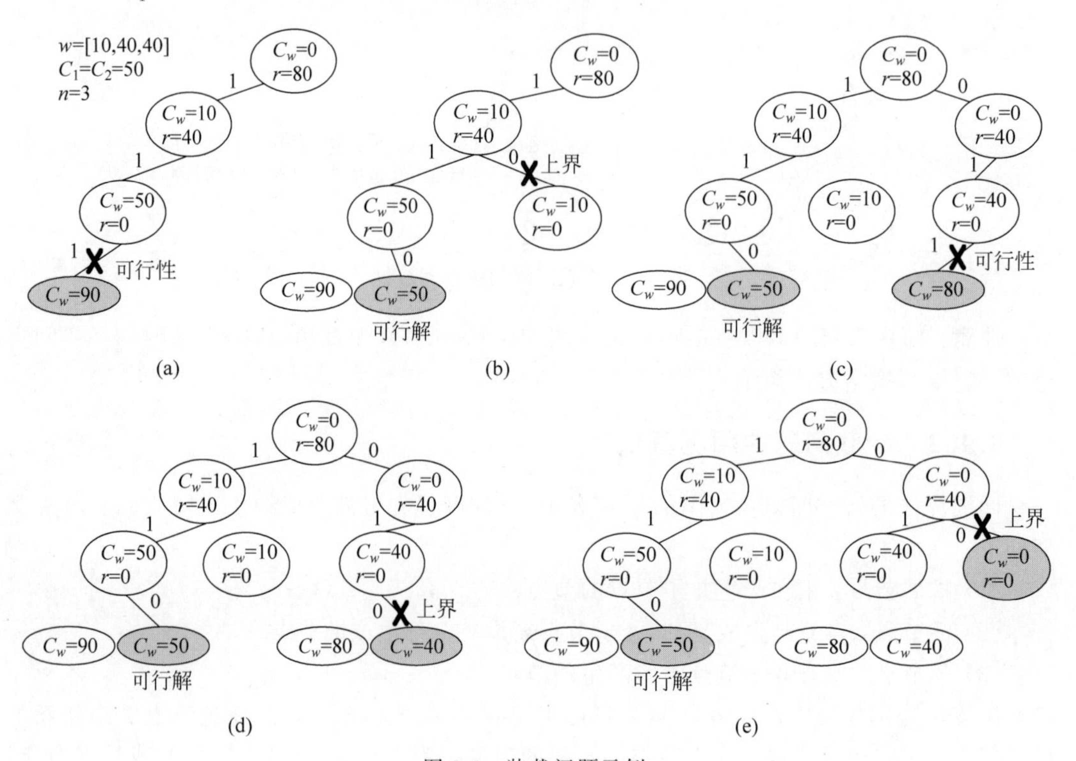

图 8-2 装载问题示例

然后回溯访问父节点，不放入第三个集装箱，$C_w+r=10+40+0>\text{bestw}=0$，因此进入右分支得到可行解，bestw$=50$。回溯访问爷爷节点，不放入第二个集装箱，此时 $C_w+r=10+40=\text{bestw}=50$，不满足上界函数，因此剪去右分支，如图 8-2(b)所示。

然后回溯访问根节点，进入右分支，不放入第一个集装箱，放入第二个集装箱。放入第三个集装箱时，$C_w=0+40+40>C_1=50$，不满足约束函数，剪去该分支，如图 8-2(c)所示。

然后回溯访问父节点，此时 $C_w+r=40+0<\text{bestw}=50$，不满足上界函数，因此剪去右

分支,如图 8-2(d)所示。

然后回溯访问父节点,此时 $C_w + r = 0 + 40 < \text{bestw} = 50$,不满足上界函数,因此剪去右分支,如图 8-2(e)所示。

装载问题的回溯算法 loadBacktrack:

输入: $C, w_i, 1 \leqslant i \leqslant n$。

输出: bestw。

```
1.  r = cw = bestw = 0
2.  for j = 1 to n do
3.       r = r + w[j]
4.  bestw = backtrack (1)
5.  return bestw
backtrack (i) {                                    //搜索第 i 层节点
1.  if (i > n) then
2.       bestw = cw                                //到达叶子节点,更新最优解,并返回
3.       return bestw
4.  r -= w[i]
5.  if (cw + w[i]<= C) then                        //搜索左子树
6.       x[i] = 1
7.       cw  += w[i]
8.       backtrack(i + 1)
9.       cw -= w[i]
10. if (cw + r > bestw) then                       //搜索右子树
11.      x[i] = 0
12.      backtrack(i + 1)
13. r  += w[i]
    }
```

进入左子树时检查可行性约束函数,只要左儿子节点是一个可行节点,搜索就进入左子树。由于可行节点的右儿子节点总是可行的,故进入右子树时不需检查可行性。进入右子树时检查限界函数,右子树可能包含最优解时才进入搜索,否则剪去。

子集树中的节点数为 2^n,每个节点的访问时间为 $O(1)$,因此整个算法的计算时间复杂度为 $O(2^n)$。上述算法只记录最优值,如果求最优解,需要回溯时设置 $\text{bestx}[i] = x[i]$。如果求所有最优解,可以第一遍求出最优值 W,然后运行第二遍时设置 $\text{bestw} = W$,$C_w + r < \text{bestw}$ 时将 z 为根节点的子树剪去,$C_w + r = \text{bestw}$ 时找到最优解进行动态输出或存储。整个算法的计算时间复杂度保持为 $O(2^n)$。

8.2 旅行商问题

视频讲解

先引入旅行商问题。给定 n 个城市相互间的距离,找经过所有城市一次且仅一次,然后回到起始城市的最短路径。

8.2.1 旅行商问题分析

用无向赋权图表示旅行商问题,如图 8-3 所示。城市间的路线长度为路线中的边权之

和。旅行商的一条周游路线为包括图中每个顶点在内的一条回路。周游路程为这条路线上所有的边权之和。旅行商问题变为在赋权图中找出最短的周游路线。

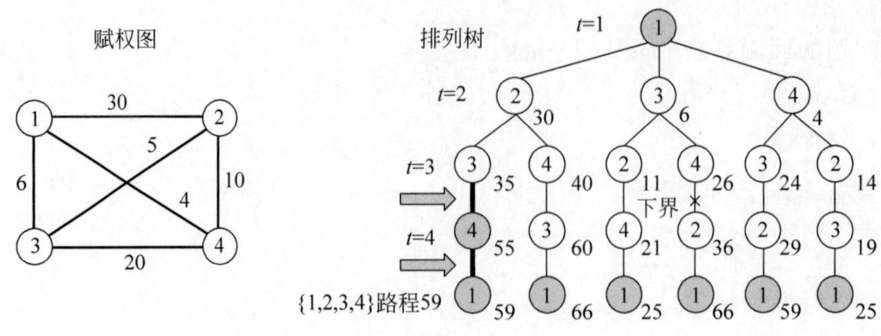

图 8-3 旅行商示例

如果使用穷举法,需要列举除起始城市外所有城市的排列,然后选取路程最短的路线。$n-1$ 个城市的排列数为$(n-1)!$,计算一条路线的路程需要的时间为 $O(n)$,因此算法的时间复杂度为 $O(n!)$。若有 20 个城市,计算机运算速度为 10^7 次/秒,计算时间约为 7700 年。故穷举法的时间复杂度太高,不适用。

8.2.2 旅行商问题的回溯算法

旅行商问题的解空间,可以组织成一棵树,包含了所有城市的排列,因此称之为排列树。排列树的根节点到任一叶子节点的路径,定义了一条周游路线。旅行商问题共有$(n-1)!$条路线。旅行商问题的剪枝函数如下。

(1) 约束函数:路线中相邻节点有边关联。若两节点间没有边,则不能到达。

(2) 下界函数:设当前路径长度为 cc。当前扩展节点为根的子树中,任意节点到根节点的路径大于 cc,因此 cc 是下界函数。设 bestc 是当前最小路径长度,如果 bestc<cc,则当前扩展节点为根的子树中,任意节点到根节点的路径都大于当前最小路径,因此可以剪除。

问题的求解过程如图 8-3 所示。首先访问路径 12341,得到路径长度 59,bestc=59。然后回溯访问路径 12431,得到路径长度 66。接着回溯访问路径 13241,得到路径长度 25,bestc=25。随后回溯访问 13421,当访问到 134 时路径长度 cc=26>bestc=25,不满足限界函数,因此剪去该分支。继续回溯访问 14321,得到路径长度 59。最后回溯访问 14231,得到路径长度 25。因此最小路径长度为 25,最小路径为 13241 和 14231。

旅行商回溯算法 TravelBacktrack:

输入:A。

输出:bestc。

```
1.  for i = 1 to n do
2.      x[i] = i
3.  bestc = INF
4.  cc = 0
5.  call Backtrack (2)
6.  return bestc
Backtrack (i){
1.  if(i == n) then                //搜索到第 n 层,当前扩展节点 x[n]为叶子节点的父节点
```

```
2.      if(a[x[n-1]][x[n]]<> INF AND a[x[n]][1]<> INF AND (cc + a[x[n-1]][x[n]] + a[x[n]][1]<
  bestc)) then              //检查 x[n-1]→x[n]、x[n]→x[1]是否存在边,是否存在当前最小路径
3.          for j = 1 to n do       //存储当前最小路径
4.              bestx[j] = x[j]
5.          bestc = cc + a[x[n-1]][x[n]] + a[x[n]][1]
6.   else for j = i to n do          //搜索子树
7.                                  /* 检查 x[i-1]→x[j]是否存在边,是否满足限界函数 */
8.          if(a[x[i-1]][x[j]]<> INF AND (cc + a[x[i-1]][x[j]]< bestc)) then
9.                  Swap(x[i],x[j])
10.                 cc += a[x[i-1]][x[i]]
11.                 Backtrack(i+1)
12.                 cc -= a[x[i-1]][x[i]]
13.                 Swap(x[i],x[j])
  }
```

当 $t=n$ 时,排列树搜索到第 n 层,当前扩展节点为 $x[n]$,检查 $(x[n-1],x[n])$ 和 $(x[n],x[1])$ 是否存在边?如果存在边,再判断当前路程是否小于 bestc,如果是,更新当前最小路程 bestc 和最优解 bestx。当 $t<n$ 时,排列树搜索到第 t 层,判断是否满足约束函数和限界函数,如果满足则继续搜索其子树。最坏情况下更新当前最小路径需 $(n-1)!$ 次,每次更新 bestx 的时间为 $O(n)$,因此整个算法的计算时间为 $O(n!)$

本节思考题

旅行商问题的限界函数如何改进?

8.3 基本特征

8.3.1 解题步骤

回溯算法的一般解题步骤如下。

(1) 定义问题的解空间。

(2) 确定易于搜索的解空间结构。例如,旅行商问题的排列树、装载问题的子集树。

(3) 以深度优先方式搜索解空间,搜索过程中用剪枝函数避免无效搜索。约束函数在扩展节点处,剪去不满足约束的子树。限界函数剪去得不到最优解的子树。

8.3.2 回溯方式

回溯算法有递归回溯和迭代回溯两种回溯方式。

1. 递归回溯

在一般情况下,用递归方法实现回溯算法,称为递归回溯。设 t 为递归深度,n 为解树的高度。递归回溯算法如下。

```
Backtrack(t){
1.   if (t > n) then output(x);                    //已到达叶子节点,输出结果
2.   else for i = f(n,t) to g(n,t) do
3.   /* 非叶子节点,深度优先搜索。f(n,t),g(n,t)为当前扩展节点处子树的起始和终止编号。 */
```

```
4.          x[t] = h(i)                          //h(i)为当前扩展节点处 x[t]的第 i 个可选值
5.          if (constraint(t) AND bound(t)) then  //是否满足剪枝函数
6.               backtrack(t + 1)
    }
```

2. 迭代回溯

非递归回溯算法称为迭代回溯。采用树的非递归深度优先遍历算法。

Iterative-Backtrack 算法：

```
1.  t = 1
2.  while (t > 0) do
3.       if (f(n,t)< = g(n,t)) then
4.            for i = f(n,t) to g(n,t) do
5.                 x[t] = h(i)
6.                 if (constraint(t) AND bound(t)) then
7.                      if (solution(t)) then output(x)
8.                      else t++
9.       else t --
```

8.3.3 解空间结构

回溯算法的解空间一般以树或图的形式表示。例如，旅行商问题的排列树、装载问题的子集树。

1. 子集树

当所给的问题是从 n 个元素的集合 S 中，找出满足某种性质的子集时，相应的解空间称为子集树。例如，装载问题相应的解空间树就是子集树。

子集树节点数：通常有 2^n 个叶子节点，其节点总个数为 $2^{n+1}-1$。

子集树时间复杂度：遍历子集树的任何算法，计算时间均为 $O(2^n)$。

子集树算法：

```
Backtrack(t){
1.  if (t > n) then output(x);                    //已到达叶子节点,输出结果
2.  else for i = 0 to 1 do                        //未到叶子节点,继续深度优先搜索
3.           x[t] = i
4.           if (constraint(t) AND bound(t)) then  //是否满足剪枝函数
5.                backtrack(t + 1)
    }
```

2. 排列树

当所给问题是确定 n 个元素满足某种性质的排列时，相应的解空间树称为排列树。例如，旅行商问题相应的解空间树，就是排列树。

排列树节点数：通常有 $n!$ 个叶子节点。

排列树时间复杂度：遍历排列树，需要的计算时间为 $O(n!)$。

排列树算法：

```
Backtrack (t){
1.  if (t > n) then output(x);                    //已到达叶子节点,输出结果
```

```
2.  else for i = t to n do                          //未到叶子节点,继续深度优先搜索
3.          Swap(x[t],x[i])
4.          if (constraint(t) AND bound(t)) then    //是否满足剪枝函数
5.              backtrack(t + 1)
6.          Swap(x[t],x[i])
    }
```

用回溯法解题的一个显著特征是在搜索过程中动态产生问题的解空间。在任何时刻，算法只保存从根节点到当前扩展节点的路径，避免存储整个解空间。如果解空间树中，从根节点到叶节点的最长路径的长度为 $h(n)$，则回溯法所需的计算空间通常为 $O(h(n))$。而显式地存储整个解空间需要的内存空间为 $O(2^{h(n)})$ 或 $O(h(n)!)$。

8.3.4 算法效率

从以上实例可以看出，回溯法的效率在很大程度上依赖于以下因素。

(1) 产生扩展节点 $x[k]$的时间。

(2) 满足显式约束的扩展节点 $x[k]$值的个数。

(3) 计算可行性约束函数和上界函数的时间。

(4) 满足可行性约束函数和限界函数的所有扩展节点 $x[k]$的个数。

好的剪枝函数，能显著地减少所生成的节点数。但是，这样的剪枝函数往往计算量较大。因此，选择剪枝函数时，通常存在生成节点数与剪枝函数计算量之间的折衷。

实际上回溯算法使用 C_w+r 作为限界函数进行剪枝时，回溯算法变为 A^* 算法。A^* 算法使用启发式函数 $f(n)=g(n)+h(n)$，$g(n)$表示从初始状态到当前状态的代价，$h(n)$表示从当前状态到目标状态的估计代价。C_w 实际就是 $g(n)$，r 就是 $h(n)$。$h(n)$的好坏直接影响评估函数的优劣，直接影响 A^* 算法的效率。

A^* 算法不是盲目搜索，而是有提示的搜索，因此显著提高了效率。但 A^* 算法增加了剪枝函数的计算和中间值的存储空间，因此需要综合考虑二者的影响，在后面 0-1 背包问题中可以看到二者比较的情况。

对于可以使用回溯法求解但解空间树的深度没有明显上限的问题，可以使用迭代加深搜索(ID)。迭代加深搜索从小到大枚举深度上限 max d，每次执行只考虑深度不超过 max d 的节点。这样深度有限，可以在有限时间枚举到解。

深度上限可以用来剪枝。当前节点 n 的深度为 $g(n)$，乐观估计函数是 $h(n)$，当 $g(n)+h(n)>\max d$ 时进行剪枝。如果可以设计出一个乐观估计函数，预测从当前节点至少还需要扩展几层节点才能得到解，则迭代加深搜索变为 IDA* 算法。

8.4 0-1 背包问题

先引入 0-1 背包问题。给定 n 种物品和 1 个背包，物品 i 有重量 w_i 和价值 p_i，背包容量为 C，$1\leqslant i\leqslant n$。每种物品只有 1 个，如果物品不允许切分，求装入背包物品的最大价值和。

设每个物品装入比例为 x_i，则 $x_i=\{0,1\}$，这表示不能部分装入背包，要么不装入，要么整个装入，并且只装入一次。问题的约束条件为 $\sum w_i x_i \leqslant C$，目标函数为 $\max(\sum p_i x_i)$，$1\leqslant i\leqslant n$。这是 0-1 背包问题的形式化描述。

0-1 背包问题的解可以使用 n 元组 $\{x_1,x_2,\cdots,x_n\}$ 表示，$x_i=\{0,1\}$，因此解空间大小为 2^n。例如，$n=3$ 时解空间为$\{(0,0,0),(0,1,0),(0,0,1),(1,0,0),(0,1,1),(1,0,1),(1,1,0),(1,1,1)\}$。问题的解是 n 个物品的一个子集，因此可以使用子集树表示，根节点到叶子节点的路径对应解空间的元素。

8.4.1 0-1 背包问题的回溯算法

根据以上分析，可以使用子集树回溯算法求解 0-1 背包问题。使用的剪枝函数如下。

(1) 约束函数 $C_w=\sum_{i=1}^{j} w_i x_i \leqslant C$，放入背包中物品的重量之和不超过背包容量。进入左子树时检查是否满足约束函数。如果满足约束函数，左儿子节点是一个可行节点，搜索就进入左子树。由于可行节点的右儿子节点总是可行的，故进入右子树时不需要检查可行性。

(2) 上界函数 C_p+r，C_p 是当前扩展节点的价值，r 为当前尚未考虑的剩余物品的价值总和。当前扩展节点为根节点的子树中任意节点的价值小于或等于 C_p+r，因此如果 C_p+r 小于或等于当前最优值 bestp 时可以剪除该扩展节点为根节点的子树。进入右子树时检查是否满足限界函数，右子树可能包含最优解时才进入搜索，否则剪去右子树。由于左儿子节点 C_p+r 的值与父节点相同，因此进入左子树时不需要检查是否满足限界函数。

0-1 背包问题的回溯算法与装载问题类似，在 C_w 之后增加 C_p 的计算即可。例如，$n=4$，$C=7$，$p=[4,7,9,10]$，$w=[1,2,3,5]$，0-1 背包问题的求解过程如图 8-4(a)所示。首先选择物品 1、2 和 3，到达节点 H，此时 $C_p=4+7+9=20$，$r=0$，$C_w=1+2+3=6$；走左分支放入物品 4，$C_w=6+5=11>C=7$，不满足约束函数，因此剪除左分支；$C_p+r=20>$ bestp$=0$，走右分支，得到可行解 bestp$=20$。

然后回溯到 D 节点，$C_p+r=21>$ bestp，走右分支到达节点 I，此时 $C_p=11$，$r=0$，$C_w=3$；走左分支放入物品 4，$C_w=8>C=7$，不满足约束函数，因此剪除左分支；$C_p+r=11<$ bestp，因此剪除右分支。

再回溯到 B 节点，$C_p+r=23>$ bestp，走右分支到达节点 E，此时 $C_p=4$，$r=10$，$C_w=1$；走左分支放入物品 3 到达节点 J，此时 $C_p=13$，$r=0$，$C_w=4$；走左分支放入物品 4，$C_w=9>C=7$，不满足约束函数，因此剪除左分支；$C_p+r=13<$ bestp，因此剪除右分支。回溯到 E 节点，$C_p+r=14<$ bestp，因此剪除右分支。

继续回溯到根节点，$C_p+r=26>$ bestp，走右分支到达节点 C，放入物品 2 和 3，到达节点 L，此时 $C_p=16$，$r=0$，$C_w=5$；走左分支放入物品 4，$C_w=10>C=7$，不满足约束函数，因此剪除左分支；$C_p+r=16<$ bestp，因此剪除右分支。回溯到 F 节点，$C_p+r=17<$ bestp，因此剪除右分支。回溯到 C 节点，$C_p+r=19<$ bestp，因此剪除右分支。继续回溯到根节点，算法结束。

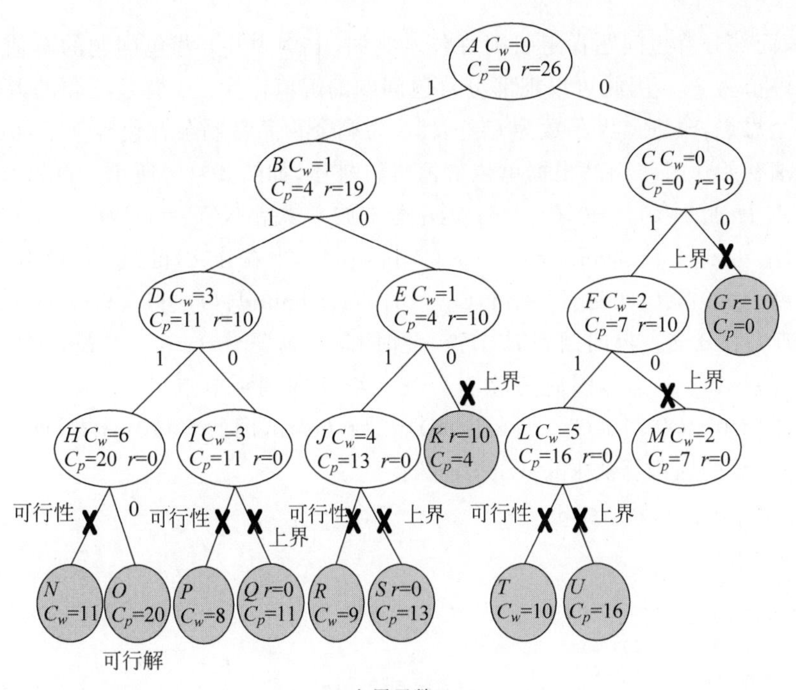

(a) 上界函数C_p+r

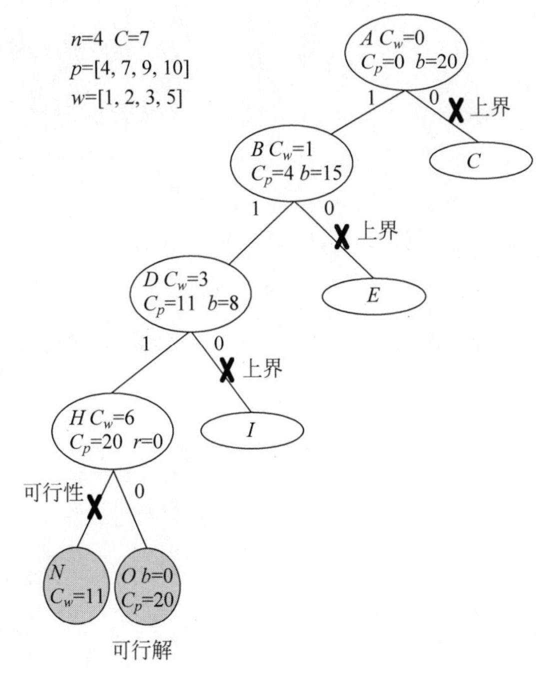

(b) 改进上界函数C_p+b

图 8-4　0-1 背包问题示例

8.4.2　改进上界函数

给定 n 种物品和 1 个背包，物品 i 有重量 w_i 和价值 p_i，背包容量为 C，$1 \leqslant i \leqslant n$。同样的输入，部分背包问题的最优解值大于或等于 0-1 背包的最优解值，因为 0-1 背包问题可能装不满背包，而部分背包问题肯定装满背包。例如，上例中0-1背包问题的解值为20，部分背包问题的解值为22。因此可以把部分背包问题的解值作为0-1背包问题的解值的上界。

根据这个思想，改进上界函数为C_p+b，b为剩余物品在剩余背包容量下部分背包问题的解值。算法初始化时将物品根据单位价值进行排序，如图8-4(b)所示。首先选择物品1、2和3，到达节点H，此时$C_p=20$，$C_w=6$；走左分支放入物品4，$C_w=11>C=7$，不满足约束函数，因此剪除左分支；$C_p+\text{bound}(5)=20+0>\text{bestp}=0$，走右分支，得到可行解bestp=20。

然后回溯到D节点，此时$C_p=11$，$C_w=3$；$C_p+\text{bound}(4)=11+(7-3)\times10/5=19<\text{bestp}$，因此剪除右分支。再回溯到$B$节点，此时$C_p=4$，$C_w=1$；$C_p+\text{bound}(3)=4+(9+(7-4)\times10/5)=19<\text{bestp}$，因此剪除右分支。继续回溯到节点$A$，此时$C_p=0$，$C_w=0$；$C_p+\text{bound}(2)=0+(7+9+(7-5)\times10/5)=20=\text{bestp}$，因此剪除右分支，算法结束。

0-1背包问题的回溯算法knapBacktrack：

输入：$C,w_i,v_i,n,1\leqslant i\leqslant n$。

输出：bestp。

```
1.  cp = cw = bestp = 0
2.  bestp = backtrack(1)
3.  return bestp
backtrack(i) {                                   //搜索第 i 层节点
1.  if (i > n)  then
2.      bestp = cp                               //到达叶节点,更新最优解,并返回
3.      return bestp
4.  if (cw + w[i]< = C)  then                    //搜索左子树
5.      x[i] = 1
6.      cw = cw + w[i]
7.      cp = cp + v[i]
8.      backtrack(i + 1)
9.      cw -= w[i]
10.     cp = cp - v[i]
11. if (cp + bound(i + 1)> bestp)  then          //搜索右子树
12.     x[i] = 0
13.     backtrack(i + 1)
  }
bound(i){                                        //计算上界
1.  cleft = C - cw                               //剩余容量
2.  b = 0
3.  while (i < = n AND w[i]< = cleft) do         //以物品单位重量价值递减序装入物品
4.      cleft = cleft - w[i]
5.      b = b + v[i]
6.      i++
7.  if (i < = n) then b = b + cleft * v[i]/w[i]  //装满背包
8.  return b
}
```

算法增加了bound(i)的计算。计算bound(i)的时间为$O(n)$，子集树的节点数为2^n，因此算法的时间复杂度为$O(n2^n)$。但从图8-4可以看到，改进上界函数后，算法访问的节点数明显减少，上例中实际访问的节点数为$O(n)$，需要的时间为$O(n^2)$，远小于理论最坏

复杂度时间 $O(n2^n)$。数组 x 记录了从根节点到扩展节点的路径，这些信息已包含回溯算法所需信息，非递归表示可进一步省去 $O(n)$ 的栈空间。

8.5 *n* 皇后问题

先引入 n 皇后问题。在 $n\times n$ 格的棋盘上放置彼此不受攻击的 n 个皇后。按照国际象棋的规则，皇后可以攻击与之处在同一行、同一列或同一斜对角线上的棋子。n 皇后问题等价于在 $n\times n$ 格的棋盘上放置 n 个皇后，任何两个皇后不放在同一行、同一列和同一斜对角线上。

8.5.1 *n* 皇后问题分析

给棋盘的行和列分别编号为 1 到 n。假定皇后 i 将放在行 i 上，n 皇后问题可以表示成 n 元组 $(x_1,x_2,\cdots,x_n)$，其中 x_i 是放置皇后 i 所在的列号。使用这种表示的显式约束条件是 $x_i=\{1,2,\cdots,n\}$，$1\leqslant i\leqslant n$。问题的隐式约束条件是，没有两个 x_i 可以相同而且没有两个皇后可以在同一条斜对角线上。由前一个约束条件可得解空间由 n 元组 $(1,2,\cdots,n)$ 的 $n!$ 种排列组成，可以形成一棵排列树。后一个约束条件可以表示为：(1)不同列：$x_i\neq x_j$，(2)不处于同一正、反对角线：$|i-j|\neq|x_i-x_j|$。图 8-5 所示为四皇后的解树，图中的解表示为一个 4 元组就是(2,4,1,3)或(3,1,4,2)，满足 $x_i\neq x_j$ 且 $|i-j|\neq|x_i-x_j|$。

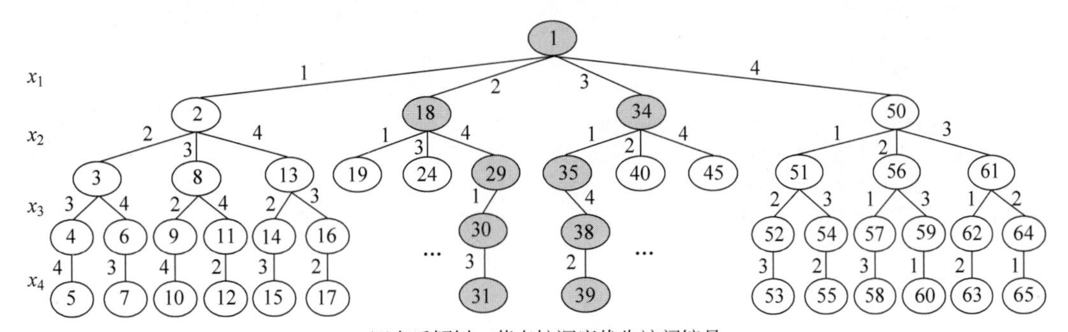

图 8-5 四皇后解树示例

8.5.2 *n* 皇后问题的回溯算法

用回溯算法解 n 皇后问题时，用可行性约束函数 place 剪去不满足行、列和斜线约束的子树，sum 记录找到的可行的方案数。如图 8-6 所示四皇后问题的求解过程。

当 $x_1=1$ 时，x_2 取值 2 不满足约束函数，剪去该分支。x_2 取值 3，x_3 取任何值都不满足约束函数，剪去该分支。如图 8-6(a)所示。x_2 取值 4，x_3 取值 2，x_4 取任何值都不满足约束函数，剪去该分支；x_3 取值 3，不满足约束函数，剪去该分支；如图 8-6(b)所示。

当 $x_1=2$ 时，x_2 取值 1 或 3，不满足约束函数，剪去该分支，如图 8-6(c)所示。x_2 取值 4 时，x_3 取值 1，x_4 取值 3，满足约束函数，得到可行解，如图 8-6(d)所示；x_3 取值 3，不满足约束函数，剪去该分支，如图 8-6(e)所示。

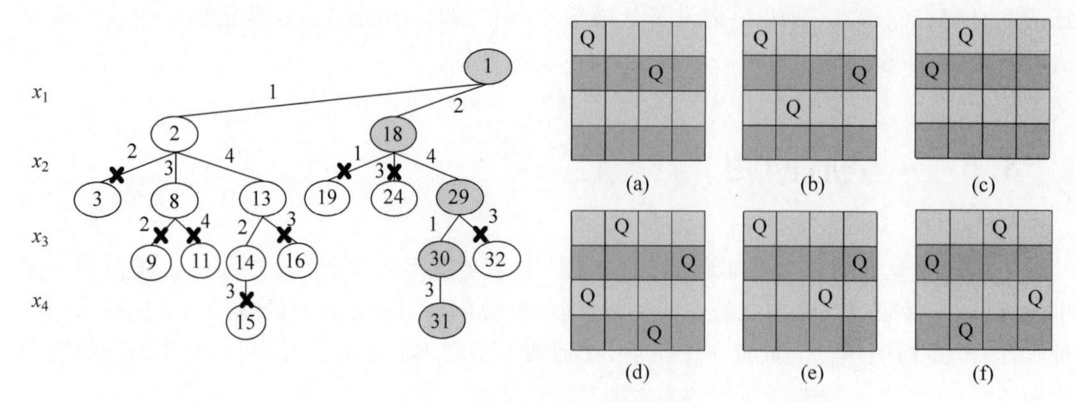

图 8-6　四皇后求解过程示例

图 8-6(f)也是四皇后的一个可行解，与图 8-6(d)比较可知，两者沿 y 轴对称。根据这一特性，可以求当 $x_1=1$ 和 2 时的可行解，当 $x_1=3$ 和 4 时的可行解使用对称得到，这样将减少一半的计算量。

n 皇后问题回溯算法 nqueen：

输入：n, V, C。

输出：sum。

```
1.  sum = 0
2.  for i = 0 to n do
3.       x[i] = 0
4.  k = 1
5.  while(k > 0) do
6.       x[k] = x[k] + 1
7.       while(x[k]< = n AND NOT Place(k))
8.            x[k] = x[k] + 1
9.       if(x[k]< = n) then
10.           if (k == n) then
11.                sum++
12.           else k++
13.                x[k] = 0
14.       else k --
15. return sum
place(k) {
1.  for j = 1 to k - 1 do
2.       if((abs(k - j) == abs(x[j] - x[k]))||(x[j] == x[k])) then     //皇后冲突
3.            return false
4.  return true
}
```

8.6　效率改进与估计

8.6.1　效率估计

回溯算法的效率主要取决于剪枝后节点的个数。即使同一个问题的不同实例，回溯算法产生的节点也有很大区别。理论上最坏情况下回溯算法的效率是$O(2^n)$或$O(n!)$,但实际上剪枝以后,当n比较大时所用的时间一般远小于理论值。为了更精确估计算法的效率,一般使用概率方法估算剪枝后的节点数。主要思想是在解空间中随机产生一条路径,估计该条路径剪枝后的节点数。复制相同结构的路径构成一棵树,以该树的节点数作为本次遍历的节点数。为准确起见,一般随机产生多条路径,得到多棵树,取这些树节点数的平均值。

如图8-6所示,如果选择路径1-3(图8-6(a)),x_1有4种可能,x_2有两种可能($x_1=1$,$x_2=3$或4),因此节点数为$1+4+2\times4=13$。如果选择路径1-4-2(图8-6(b)),x_1有4种可能,x_2有两种可能,x_3有1种可能,因此节点数为$1+4+2\times4+2\times4=21$。如果选择路径2-4-1-3(图8-6(d)),x_1有4种可能,x_2有1种可能,x_3有1种可能,x_4有1种可能,因此节点数为$1+4+4+4+4=17$。假如随机抽样5次,第1种两次,第2种两次,第3种1次,则节点数为$(2\times13+2\times21+17)/5=15.4$。如图8-6所示,实际剪枝后的节点数为17。四皇后问题的解空间树的节点数为$1+\sum_{j=0}^{3}\left(\prod_{i=0}^{j}(4-i)\right)=65$。

对于八皇后问题,给出算法的5条随机路径对应的8×8棋盘状态。这5条随机路径的平均值为1702。八皇后的解空间树的节点总数为$\sum_{j=0}^{7}\left(\prod_{i=0}^{j}(8-i)\right)=109\,601$。回溯算法访问的节点数为解空间节点数的1.55%。因此回溯算法的效率大大高于穷举法。

8.6.2 效率改进

回溯算法效率改进的常用途径如下。

(1) 选用接近解值的限界函数。例如,0-1背包问题使用C_p+b代替C_p+r后,节点数显著减少。

(2) 利用对称性。例如,n皇后问题,利用y轴对称性,可以减少一半计算量。

(3) 使用分治法,分解为子问题,先求解子问题,然后组合为原问题的解。假如遍历搜索空间需要的时间为$c2^n$,分成k个大小为n/k的子问题,则$T(n)=kc2^{n/k}+f(n)$。如果$f(n)<O(2^{n/k})$,则算法效率有明显改进。

(4) 利用重排原理。对于许多问题而言,在搜索时选取$x[i]$的值的顺序是任意的。在其他条件相当的前提下,让取值最少的$x[i]$优先可以显著改进算法效率。图8-7所示为同一问题的两棵不同解空间树。图8-7(a)中,从第1层剪去1棵子树,则从所有应当考虑的3元组中一次消去12个3元组。对于图8-7(b),虽然同样从第1层剪去1棵子树,却只消去8个3元组。前者的效果明显比后者好。

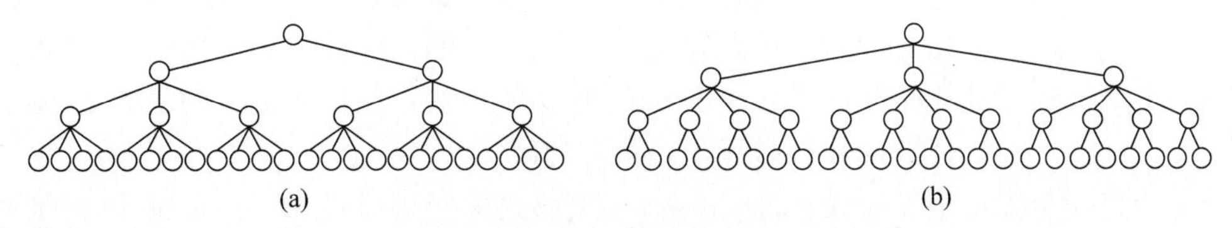

图8-7 重排原理示例

8.6.3 适用条件

要使用回溯算法需要满足多米诺性质：假设 $P(x_1,x_2,\cdots,x_i)$ 是关于向量 $<x_1,x_2,\cdots,x_i>$ 的某个性质，则有 $P(x_1,x_2,\cdots,x_{i+1})\Rightarrow P(x_1,x_2,\cdots,x_i)$，$0<i<n$。例如，前 $i+1$ 个皇后处于不相互攻击的位置，则前 i 个皇后肯定处于不相互攻击的位置。

但并不是所有问题都满足多米诺性质。例如，求解下列不等式的所有整数解：

$$5x_1+4x_2-x_3\leqslant 10,\quad 1\leqslant x_i\leqslant 3,\quad i\in\{1,2,3\}$$

令 $P(x_1,x_2,x_3)$ 表示 $5x_1+4x_2-x_3\leqslant 10$。$<1,2,3>$ 为 $P(x_1,x_2,x_3)=(5x_1+4x_2-x_3\leqslant 10)$ 的解，但 $P(x_1,x_2)=(5x_1+4x_2\leqslant 10)$ 不成立。使用回溯算法搜索时，节点 $<1,2>$ 会因为不满足约束函数而被剪掉。

设 $x_3'=4-x_3$，则 $5x_1+4x_2-x_3\leqslant 10$ 变为 $5x_1+4x_2+x_3'\leqslant 14$，$1\leqslant x_1,x_2,x_3'\leqslant 3$。$<1,2,1>$ 为 $P(x_1,x_2,x_3')=(5x_1+4x_2+x_3'\leqslant 14)$ 的解，也是 $P(x_1,x_2)=(5x_1+4x_2\leqslant 14)$ 的解。变换后的不等式满足多米诺性质，可以使用回溯算法求解，求得解后很容易变换为原不等式的解。

本章习题

1. 编程实现回溯算法(POJ 2488、POJ 3009、POJ 1321、POJ 2676、POJ 1129、POJ 1011)。
2. 简述回溯算法的剪枝函数。
3. 简述回溯算法的回溯方式。
4. 简述回溯算法的解树。
5. 简述回溯算法的效率影响因素和改进措施。
6. 图的 m 可着色判定问题：给定无向连通图 G 和 m 种不同的颜色。用这些颜色为图 G 的各顶点着色，每个顶点着一种颜色。是否有一种着色法使 G 中每条边的两个顶点着不同颜色？

图的 m 可着色优化问题：若一张图最少需要 m 种颜色才能使图中每条边连接的两个顶点着不同颜色，则称这个数 m 为该图的色数。求一张图的色数 m。

7. 由 14 个"+"和 14 个"−"组成的符号三角形，如图 8-8 所示。两个同号下面都是"+"，两个异号下面都是"−"。在一般情况下，符号三角形的第一行有 n 个符号。符号三角形问题要求对于给定的 n，计算有多少个不同的符号三角形，使其所含的"+"和"−"的个数相同。

```
+ + - + - + +
 + - - - - +
  - + + + -
   - + + -
    - + -
     - -
      +
```

图 8-8 符号三角形

8. 给定无向图 $G=(V,E)$。如果 $U\subseteq V$，且对任意 u、$v\in U$ 有 $(u,v)\in E$，则称 U 是 G 的完全子图。G 的完全子图 U 是 G 的团当且仅当 U 不包含在 G 的更大的完全子图中。求 G 的最大团，最大团是指 G 中所含顶点数最多的团。

9. 给定 n 个大小不等的圆 c_i，$1\leqslant i\leqslant n$，现要将这 n 个圆排进一个矩形框中，且要求各圆与矩形框的底边相切。圆排列问题要求从 n 个圆的所有排列中找出最小长度的圆排列。例如，当 $n=3$ 且 3 个圆的半径分别为 1、1、2 时，这 3 个圆的最小长度的圆排列如图 8-9 所示，其最小长度为 $2+4\sqrt{2}$。

10. 在一个 3×3 的方框内放有 8 个编号的小方块，紧邻空位的小方块可以移入空位上，通过平移小方块可将某一布局变换为另一布局，如图 8-10 所示。请给出从初始状态到目标状态移动小方块的操作序列。

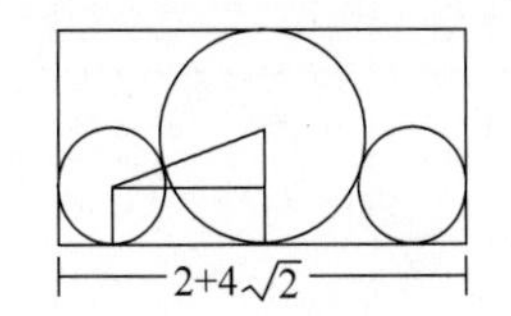

图 8-9　圆排序问题示例

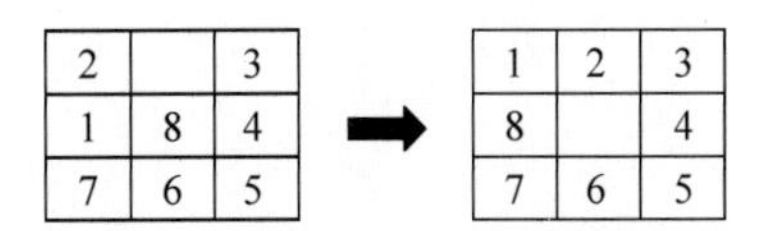

图 8-10　方块移动问题示例

11. 编写一个计算机程序，模拟老鼠走迷宫。该程序假定老鼠具有稳定记忆力，能记住以前走过的失败路径，而不会重蹈覆辙。

12. 给定 n 个作业的集合 $\{J_1, J_2, \cdots, J_n\}$。每个作业必须先由机器 1 处理，然后由机器 2 处理。作业 J_i 需要机器 j 的处理时间为 t_{ji}。对于一个确定的作业调度，设 F_{ji} 是作业 i 在机器 j 上完成处理的时间。所有作业在机器 2 上完成处理的时间和称为该作业调度的完成时间和。批处理作业调度问题要求对于给定的 n 个作业，制定最佳作业调度方案，使其完成时间和达到最小。

13. 假设国家发行了 n 种不同面值的邮票，并且规定每张信封上最多只允许贴 m 张邮票。连续邮资问题要求对于给定的 n 和 m 的值，给出邮票面值的最佳设计，在 1 张信封上可贴出从邮资 1 开始，增量为 1 的最大连续邮资区间。

14. 电路板排列问题：将 n 块电路板以最佳排列方式插入带有 n 个插槽的机箱中。n 块电路板的不同排列方式对应不同的电路板插入方案。设 $B=\{1,2,\cdots,n\}$ 是 n 块电路板的集合，$L=\{N_1, N_2, \cdots, N_m\}$ 是连接这 n 块电路板中若干电路板的 m 个连接块。N_i 是 B 的一个子集，且 N_i 中的电路板用同一条导线连接在一起。设 x 表示 n 块电路板的一个排列，即在机箱的第 i 个插槽中插入的电路板编号是 $x[i]$。x 所确定的电路板排列密度 Density(x)定义为跨越相邻电路板插槽的最大连线数。在设计机箱时，插槽一侧的布线间隙由电路板排列的密度所确定。因此，电路板排列问题要求对于给定的电路板连接条件，确定电路板的最佳排列，使其具有最小密度。

15. 印制电路板将布线区域划分为 $n\times m$ 个方格阵列，如图 8-11 所示。精确的电路板布线问题要求确定连接方格 a 的中点到方格 b 的中点的最短布线方案。布线时电路只能沿直线或直角布线。为避免线路相交，已布线方格做上封闭标记，其他线路布线不允许穿过封闭区域。

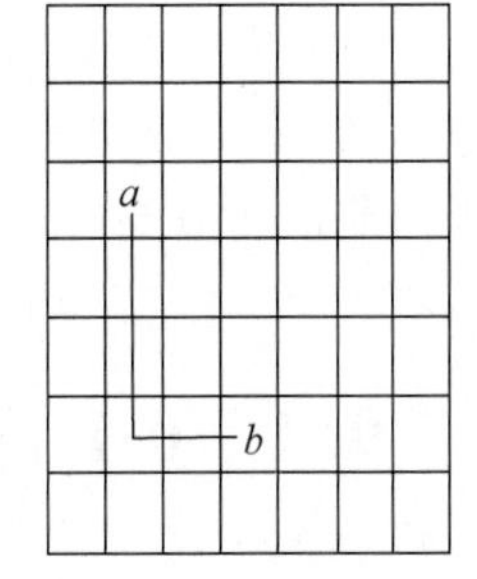

图 8-11　印制电路板问题示例

第9章

分支限界

分支限界是一种在问题的解空间树上搜索问题解的算法，是回溯算法的变种，用于求解组合优化问题。分支限界法以广度优先或以最小耗费(最大效益)优先的方式产生解空间树的节点，并使用剪枝函数修剪解空间树。分支指的是采用广度优先策略，依次生成扩展节点的所有分支(儿子节点)。限界指的是节点扩展过程中，计算节点的上界或下界，边搜索边剪枝，提高搜索效率。

分支限界的基本步骤是按广度优先策略进行搜索，每个活节点只有一次机会成为扩展节点。活节点一旦成为扩展节点，就一次性产生其所有儿子节点。在这些儿子节点中：导致不可行解的儿子节点被舍弃，其余儿子节点加入活节点表中。此后，从活节点表中取下一个节点成为当前扩展节点，并重复上述节点扩展过程。这个过程一直持续到找到所需的解或活节点表为空时为止。

分支限界根据从活节点表中选择下一个扩展节点的方式，分为队列式分支限界和优先队列式分支限界。

(1) 队列式分支限界：按照队列先进先出的原则，选取下一个节点为扩展节点。

(2) 优先队列式分支限界：按照优先队列中规定的优先级，选取优先级最高的节点，成为当前扩展节点。

视频讲解

9.1　0-1背包问题

先引入0-1背包问题。给定 n 种物品和1个背包，背包容量为 C，物品 i 的重量和价值分别为 w_i 和 p_i，$1 \leqslant i \leqslant n$。每种物品只有1个，如果物品不允许切分，求装入背包物品的最大价值和。0-1背包问题是一个特殊的整数规划问题，求满足约束条件的一个整数集合 $(x_1, x_2, \cdots, x_n)$ 是问题的一个最优解，$x_i \in \{0,1\}$。0-1背包问题的解空间树是子集树，可行性约束函数是放入背包的物品的重量之和 $\sum w_i \leqslant C$，$1 \leqslant i \leqslant n$。

9.1.1 0-1背包问题的队列式分支限界

使用队列式分支限界求解，按照队列先进先出的原则选取扩展节点。首先，检查当前扩展节点的左儿子节点的可行性($C_w+w[i]\leqslant C$)，C_w 是当前扩展节点的重量。如果该左儿子节点是可行节点，则将它加入子集树和活节点队列中。当前扩展节点的右儿子节点一定是可行节点，仅当右儿子节点满足上界函数($C_p+r>\text{bestp}$)时，才将它加入子集树和活节点队列，C_p 是当前扩展节点的价值，r 为当前尚未考虑的剩余物品的价值总和。重复扩展过程，直至获得可行解或队列为空为止。例如，$n=4, C=7, p=[4,7,9,10], w=[1,2,3,5]$ 时0-1背包问题的求解过程如图9-1所示。

按照广度优先搜索的顺序生成解树。初始队列为空，生成节点 A 放入队列，$r=7+9+10=26$。取出节点 A，生成节点 A 的儿子节点 B 和 C，并放入队列，$r=9+10=19$。同样取出节点 B 和 C，生成节点 D、E、F 和 G 并放入队列，$r=10$。取出节点 D、E、F 和 G，生成节点 H、I、J、K、L、M、N 和 O 并放入队列，$r=0$。

取出节点 H，H 的左分支 $C_w=6+5=11$，不满足约束条件而被剪枝；右分支为叶子节点，得到可行解，$\text{bestp}=C_p=4+7+9=20$。取出节点 I，I 的左分支 $C_w=1+2+5=8$，不满足约束条件而被剪枝；I 的右分支 $C_p+r=11+0<\text{bestp}$，得不到最优解而被剪枝。取出节点 J，J 的左分支 $C_w=1+3+5=9$，不满足约束条件而被剪枝；J 的右分支 $C_p+r=13+0<\text{bestp}$，得不到最优解而被剪枝。取出节点 K，K 的左分支 $C_p=14$，得到可行解 $<\text{bestp}=20$；K 的右分支 $C_p+r=4+0<\text{bestp}$，得不到最优解而被剪枝。

类似地取出节点 L 和 N，左分支不满足约束条件而被剪枝，右分支 $C_p+r<\text{bestp}$，得不到最优解而被剪枝。取出节点 M 和 O，左分支得到可行解 $<\text{bestp}=20$；右分支 $C_p+r<\text{bestp}$，得不到最优解而被剪枝。队列为空，算法结束。

由图9-1可知，初始时 $\text{bestp}=0$，只有搜索到第一个叶子节点 Q 时，$\text{bestp}=20$。在 Q 之前的节点总有 $\text{bestp}=0, r>0$，从而满足 $C_p+r>\text{bestp}$，也就是说右分支的剪枝不起作用。因此对算法进行改进，提前更新bestp。只有进入左分支时，价值增加，因此在进入左分支时，增加对 $C_p+p[i]>\text{bestp}$ 的检查，如果成立则更新bestp的值，用于后面右分支的剪枝。改进后的计算过程如图9-2所示。

取出节点 A，加入节点 B 时更新 $\text{bestp}=C_p+p[1]=0+4=4$，然后检查 $C_p+r=0+26>\text{bestp}=4$，加入节点 C。取出节点 B，加入节点 D 时更新 $\text{bestp}=C_p+p[2]=4+7=11$，然后检查 $C_p+r=4+19>\text{bestp}=11$，加入节点 E。取出节点 C，加入节点 F，$C_p+p[2]=7<\text{bestp}=11$，不更新bestp，然后检查 $C_p+r=0+19>\text{bestp}=11$，加入节点 G。取出节点 D，加入节点 H 时更新 $\text{bestp}=C_p+p[3]=11+9=20$，然后检查 $C_p+r=11+10>\text{bestp}=20$，加入节点 I。取出节点 E、F 和 G，加入节点 J、L 和 N，然后检查 $C_p+r<\text{bestp}$，剪掉节点 K、M 和 O。取出节点 H，$C_w+w[4]=6+5=11>C$，剪掉节点 P，然后检查 $C_p+r=20+0=\text{bestp}$，得到可行解 Q，更新最优解路径。继续取出节点 I、J、L 和 N，左分支不满足约束函数，右分支不满足限界函数，剪掉这些节点，队列空，算法结束。从示例可以看出，改进后生成的节点数明显减少。

0-1背包问题队列式分支限界算法：

输入：$C, p_i, w_i, n, 1\leqslant i\leqslant n$。

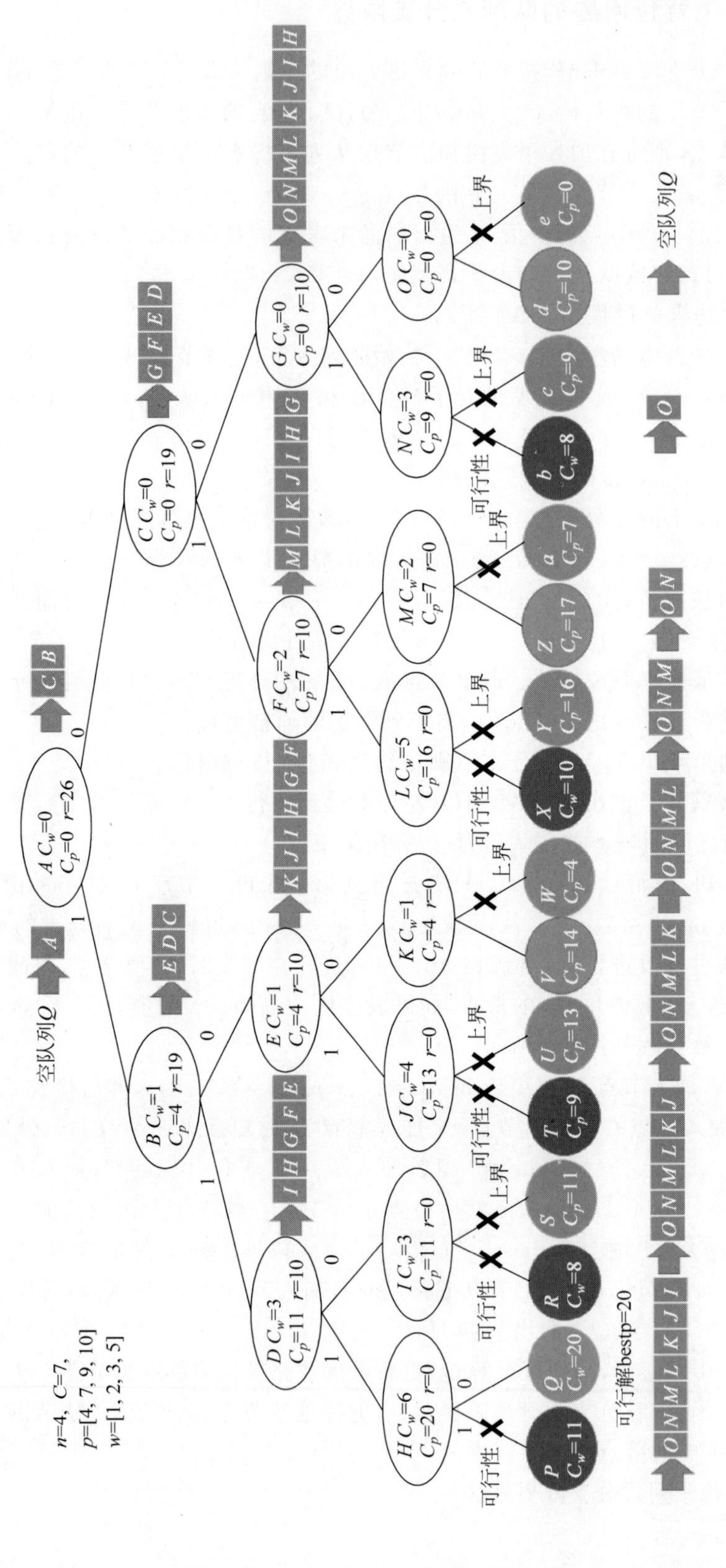

图 9-1 0-1背包问题队列式分支限界示例

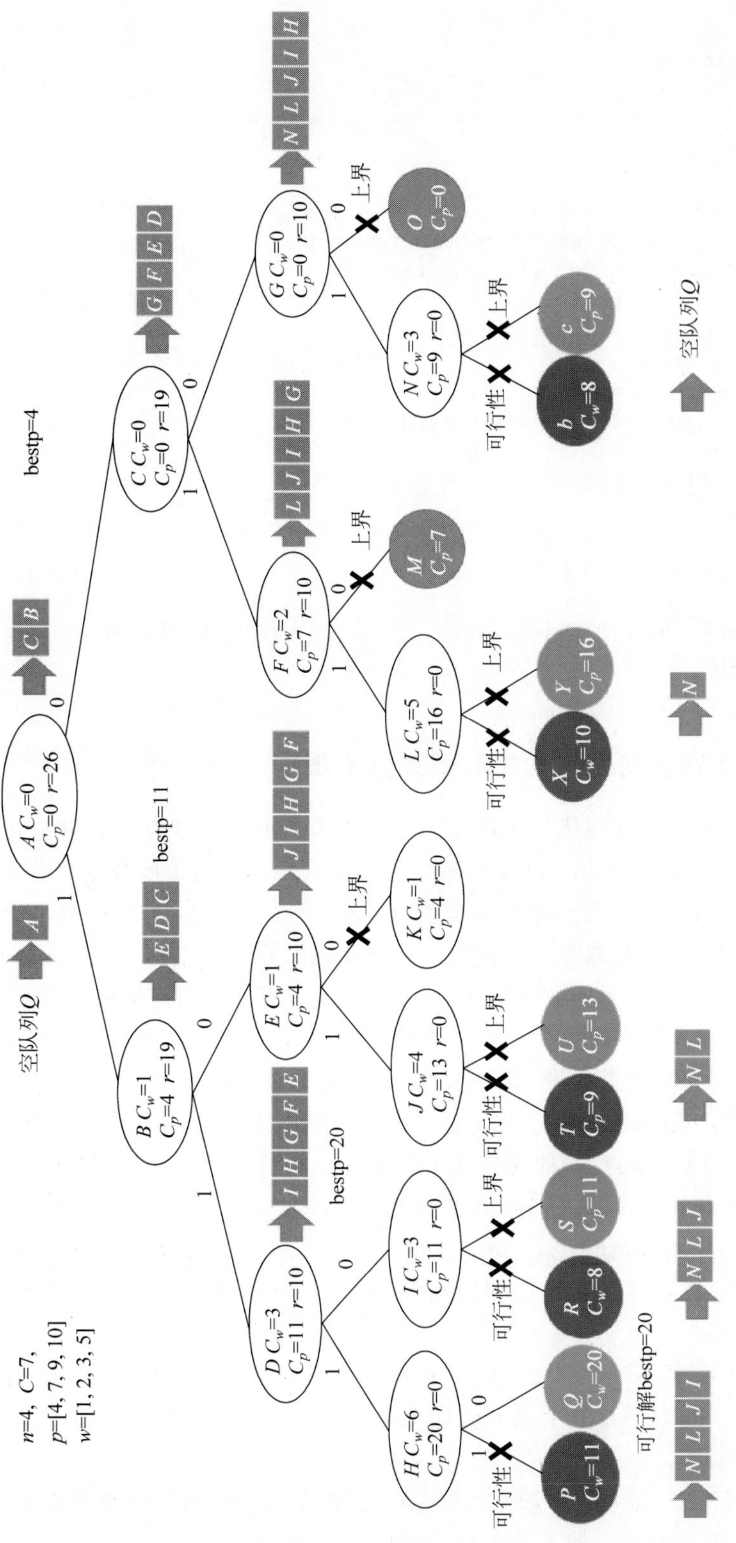

图 9-2 0-1 背包问题队列式分支限界改进示例

输出：bestp。

```
1.   cp = cw = bestp = r = 0
2.   for j = 2 to n do
3.        r = r + p[j]
4.   i = 1
5.   Insert(Q, - 1)
6.   while(true) do
7.        if (cw + w[i]< = C) then                        //左儿子节点为可行节点
8.           if (cp + p[i]> bestp) then bestp = cp + p[i]
9.           Enqueue(Q,cw + w[i],cp + p[i],bestp,i,n)
10.       if (cp + r > = bestp) then                      //右子树可能含最优解
11.          Enqueue(Q,cw,cp,bestp,i,n)
12.       cw = Delete(Q)                                  //取下一个扩展节点
13.       if(cw == - 1) then                              //当前层扩展结束
14.          if(IsEmpty(Q)) then return bestp             //队列空,所有节点已扩展
15.          Insert(Q, - 1)
16.          cw = Delete(Q)
17.          i++
18.          r = r - p[i]
Enqueue(Q,cw cp,bestp,i,n) {
1.   if (i == n) then
2.        if(cp > = bestp) then bestp = cp                //可行解,更新解路径
3.    else Insert(Q,cw)
}
```

9.1.2 0-1 背包问题的优先队列式分支限界

按照队列的优先级,选取优先级最高的节点成为当前扩展节点。如果左儿子节点是可行节点($C_w+w[i]\leqslant C$),则加入子集树和活节点队列中。当前扩展节点的右儿子节点一定是可行节点,仅当右儿子节点满足上界函数($C_p+r>$bestp)时,才将它加入子集树和活节点队列。再从活节点表中,取下一个优先级别最高的节点为当前扩展节点,……,直到扩展到叶子节点为止。选取限界函数为优先级,一旦叶子节点成为当前扩展节点,就得到问题的最优值。使用 C_p+r 限界函数作为优先级的 0-1 背包问题示例如图 9-3 和图 9-4 所示。

首先初始化子集树和最大堆,计算节点 A 的优先级$=C_p+r=0+(4+7+9+10)=30$。取出 A 节点,更新 bestp$=C_p+p[1]=0+4=4$,因为 $C_w+w[1]=0+1<C$,加入节点 B,节点 B 的优先级$=$节点 A 的优先级$=30$;然后计算节点 C 的优先级$=C_p+r=0+26>$bestp$=4$,加入节点 C,如图 9-4(b)所示。

取出节点 B,更新 bestp$=C_p+p[2]=4+7=11$,加入节点 D,节点 D 的优先级$=$节点 B 的优先级$=30$;然后计算节点 E 的优先级$=C_p+r=4+19>$bestp$=11$,加入节点 E,如图 9-4(c)所示。

取出节点 D,更新 bestp$=C_p+p[3]=11+9=20$,加入节点 H,节点 H 的优先级$=$节点 D 的优先级$=30$;然后计算节点 I 的优先级$=C_p+r=11+10>$bestp$=20$,加入节点 I,如图 9-4(d)所示。

取出节点 H,$C_w+w[4]=6+5=11>C$,剪掉节点 P;然后计算节点 Q 的优先级$=C_p+r=20+0=$bestp$=20$,加入节点 Q,如图 9-4(e)所示。

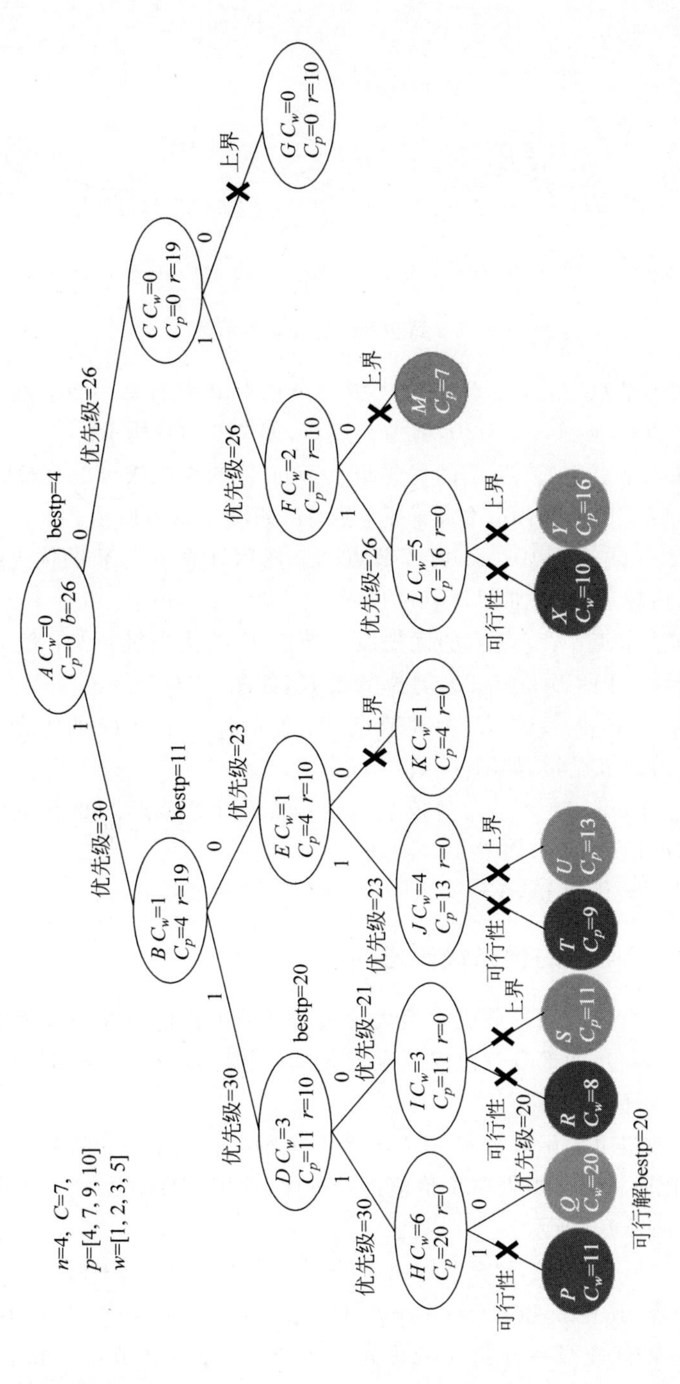

图 9-3　0-1背包问题优先队列式分支限界子集树示例

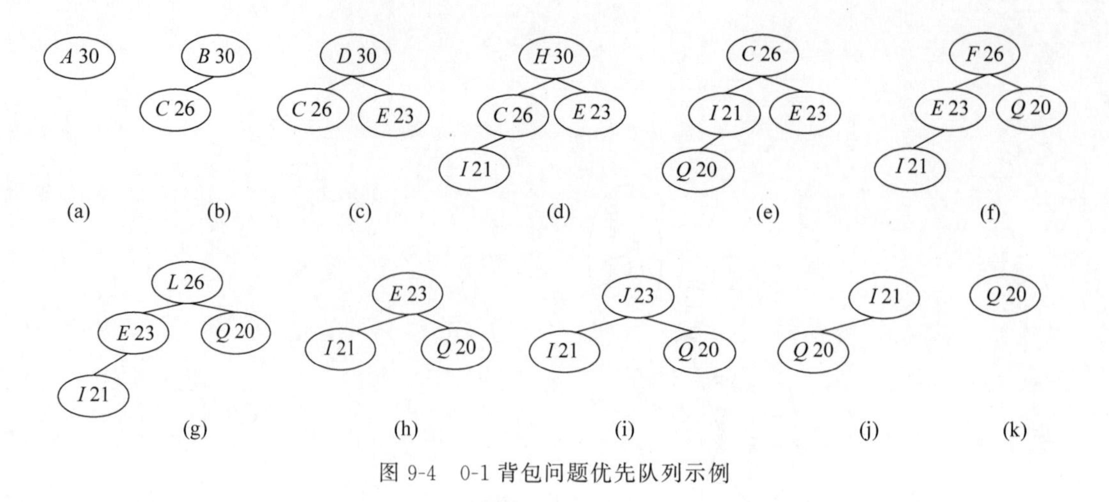

图 9-4　0-1 背包问题优先队列示例

取出节点 C，加入节点 F，节点 F 的优先级＝节点 C 的优先级＝26；然后计算节点 G 的优先级＝$C_p+r=0+19<\text{bestp}=20$，剪掉节点 G，如图 9-4(f)所示。

取出节点 F，加入节点 L，节点 L 的优先级＝节点 F 的优先级＝26；然后计算节点 M 的优先级＝$C_p+r=7+10<\text{bestp}=20$，剪掉节点 M，如图 9-4(g)所示。

取出节点 L，$C_w+w[4]=10>C$，剪掉节点 X；然后计算节点 Y 的优先级＝$C_p+r=16+0<\text{bestp}=20$，剪掉节点 Y，如图 9-4(h)所示。

取出节点 E，加入节点 J，节点 J 的优先级＝节点 E 的优先级＝23；然后计算节点 K 的优先级＝$C_p+r=4+10<\text{bestp}=20$，剪掉节点 K，如图 9-4(i)所示。

取出节点 J，$C_w+w[4]=9>C$，剪掉节点 T；然后计算节点 U 的优先级＝$C_p+r=13+0<\text{bestp}=20$，剪掉节点 U，如图 9-4(j)所示。

取出节点 I，$C_w+w[4]=8>C$，剪掉节点 R；然后计算节点 S 的优先级＝$C_p+r=11+0<\text{bestp}=20$，剪掉节点 S，如图 9-4(k)所示。

取出节点 Q，得到最优解 bestp＝20。

9.1.3　0-1 背包问题的优先级改进

同样的输入，部分背包问题的最优解值大于或等于 0-1 背包问题的最优解值，因为 0-1 背包问题可能装不满背包，而部分背包问题肯定装满背包。因此可以把部分背包问题的解值作为 0-1 背包问题解值的上界。

根据这个思想，改进上界函数为 C_p+b，b 为剩余物品在剩余背包容量下部分背包问题的解值。算法初始化时将物品根据单位价值进行排序，使用上界函数 C_p+b 作为优先级的 0-1 背包问题示例，如图 9-5 所示。

首先初始化子集树和最大堆，计算节点 A 的优先级＝$C_p+b=0+(4+7+9+(7-6)\times 10/5)=22$。取出节点 A，更新 bestp＝$C_p+p[1]=0+4=4$，因为 $C_w+w[1]=0+1<C$，加入节点 B，节点 B 的优先级＝节点 A 的优先级＝22；然后计算节点 C 的优先级＝$C_p+r=0+(7+9+(7-5)\times 10/5)=20>\text{bestp}=4$，加入节点 C，如图 9-5(b)所示。

取出节点 B，更新 bestp＝$C_p+p[2]=4+7=11$，加入节点 D，节点 D 的优先级＝节点 B 的优先级＝22；然后计算节点 E 的优先级＝$C_p+b=4+(9+(7-4)\times 10/5)=19>$

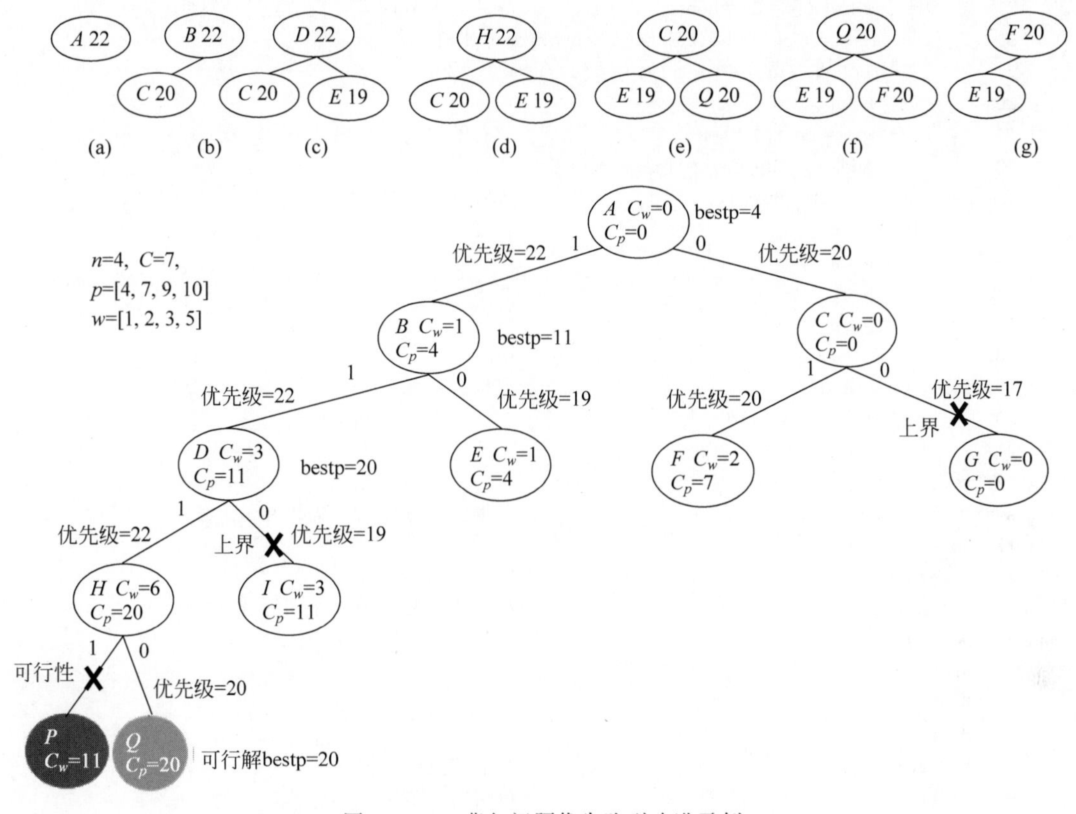

图 9-5 0-1 背包问题优先队列改进示例

bestp=11,加入节点 E,如图 9-5(c)所示。

取出节点 D,更新 bestp$=C_p+p[3]=11+9=20$,加入节点 H,节点 H 的优先级=节点 D 的优先级=22;然后计算节点 I 的优先级$=C_p+b=11+((7-3)\times 10/5)=19<$ bestp=20,剪掉节点 I,如图 9-5(d)所示。

取出节点 H,$C_w+w[4]=6+5=11>C$,剪掉节点 P;然后计算节点 Q 的优先级$=C_p+b=20+0=20=$bestp,加入节点 Q,如图 9-5(e)所示。

取出节点 C,加入节点 F,节点 F 的优先级=节点 C 的优先级=20;然后计算节点 G 的优先级$=C_p+b=0+(9+(7-3)\times 10/5)=17<$bestp=20,剪掉节点 G,如图 9-5(f)所示。

取出节点 Q,Q 为叶子节点,得到最优解 bestp=20,如图 9-5(g)所示,算法结束。

0-1 背包问题优先队列式分支限界算法 Knapsack:

输入:$C,p_i,w_i,n,1\leqslant i\leqslant n$。 //以物品单位重量价值递减序装入物品

输出:bestp。

```
1.  cp = cw = bestp = 0
2.  BUILD - MAX - HEAP(H)
3.  Node E = 0
4.  i = 1
5.  up = bound(1)
6.  while(i <> n + 1) do                          //非叶子节点
```

```
7.        if (cw + w[i]<= C) then                  //左儿子节点为可行节点
8.            if (cp + p[i]> bestp) then bestp = cp + p[i]
9.            AddNode (up,cw + w[i],cp + p[i],true,i + 1)
10.       up = bound(i + 1) + cp
11.       if (up >= bestp) then                    //右子树可能含最优解
12.           AddNode (up,cw,cp,false,i + 1)
13.       N = Extract - Max(H)                     //取下一个扩展节点
14.       E = N.ptr
15.       cw = N.cw
16.       cp = N.cp
17.       up = N.up
18.       i = N.level
19. for j = n to 1 do                              //构造最优解
20.       bestx[j] = E.Lchild
21.       E = E.parent
22. return bestp
AddNode(up,cw,cp,ch,level) {                       //将活节点插入子集树和最大堆中
1.  Node b
2.  b.parent = E
3.  b.lchild = ch                                  //左儿子节点为 1,右儿子节点为 0
4.  Heapnode N
5.  N.up = up
6.  N.cp = cp
7.  N.cw = cw
8.  N.level = level                                //活节点所在层
9.  N.ptr = b                                      //指向活节点
10. Insert(H,N)
}
Bound(i){                                          //计算节点的上界
1.  cleft = C - cw                                 //剩余容量
2.  b = 0
3.  while (i <= n AND w[i]<= cleft) do             //以物品单位重量价值递减序装入物品
4.      cleft = cleft - w[i]
5.      b = b + p[i]
6.      i++
7.  if (i <= n) then b = b + p[i] * cleft/w[i]     //装满背包
8.  return b
}
```

视频讲解

9.2 旅行商问题

先引入旅行商问题。给定 n 个城市相互间的距离,找经过所有城市一次且仅一次,然后回到起始城市的最短路径。旅行商问题的解空间是一棵排列树,从树的根节点到任一叶子节点的路径,定义了一条周游路线。旅行商问题要找出路程最小的周游路线。

9.2.1 旅行商问题的优先队列式分支限界

优先队列式分支限界按照队列的优先级,选取优先级最高的节点成为当前扩展节点。

如果与左儿子节点有边邻接，则左儿子节点是可行节点，加入子集树和活节点队列中。当前扩展节点的右儿子节点一定是可行节点，仅当右儿子节点满足下界函数（当前路径长度cc<bestc）时，才将它加入子集树和活节点队列。再从活节点表中，取下一个优先级别最高的节点为当前扩展节点，……，直到扩展到叶子节点为止。选取限界函数为优先级，一旦叶子节点成为扩展节点，就得到问题的最优值。使用 cc 限界函数作为最小费用优先级的旅行商问题示例，如图 9-6 所示。

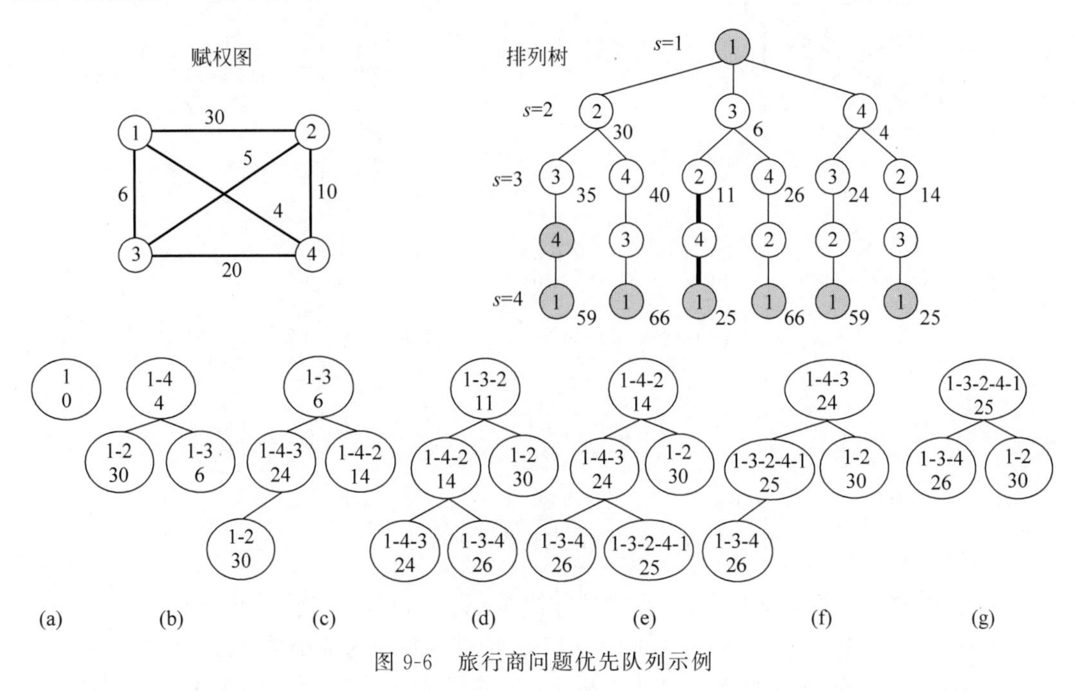

图 9-6 旅行商问题优先队列示例

首先初始化最小堆。取出节点 1，分别计算节点 1-2、1-3 和 1-4 的优先级 cc＝30、6 和 4，并加入最小堆，如图 9-6.2(b)所示。

取出节点 1-4，分别计算节点 1-4-2 和 1-4-3 的优先级 cc＝14 和 24，并加入最小堆，如图 9-6(c)所示。

取出节点 1-3，分别计算节点 1-3-2 和 1-3-4 的优先级 cc＝11 和 26，并加入最小堆，如图 9-6(d)所示。

取出节点 1-3-2，计算叶子节点 1-3-2-4-1 的优先级 cc＝25，并加入最小堆，bestc＝25，如图 9-6(e)所示。

取出节点 1-4-2，计算叶子节点 1-4-2-3-1 的优先级 cc＝25＝bestc，剪掉该节点，如图 9-6(f)所示。

取出节点 1-4-3，计算叶子节点 1-4-3-2-1 的优先级 cc＝59＞bestc，剪掉该节点，如图 9-6(g)所示。

取出叶子节点 1-3-2-4-1，得到最优解 bestc＝25，算法结束。

9.2.2 旅行商问题的优先级改进

限界函数 cc 只定义了当前路径长度，如果加上从当前节点到叶子节点长度和的估计，将会更接近最小费用。因此计算每个顶点最小出边之和作为最小耗费的估计值。如果已经从节点 1 访问到节点 x 的路径长度为 cc，将 cc＋rcost（节点 x 和当前路径没有访问的所有节点的最小出边之和）作为节点 x 的优先级，将加快搜索，如图 9-7 所示。

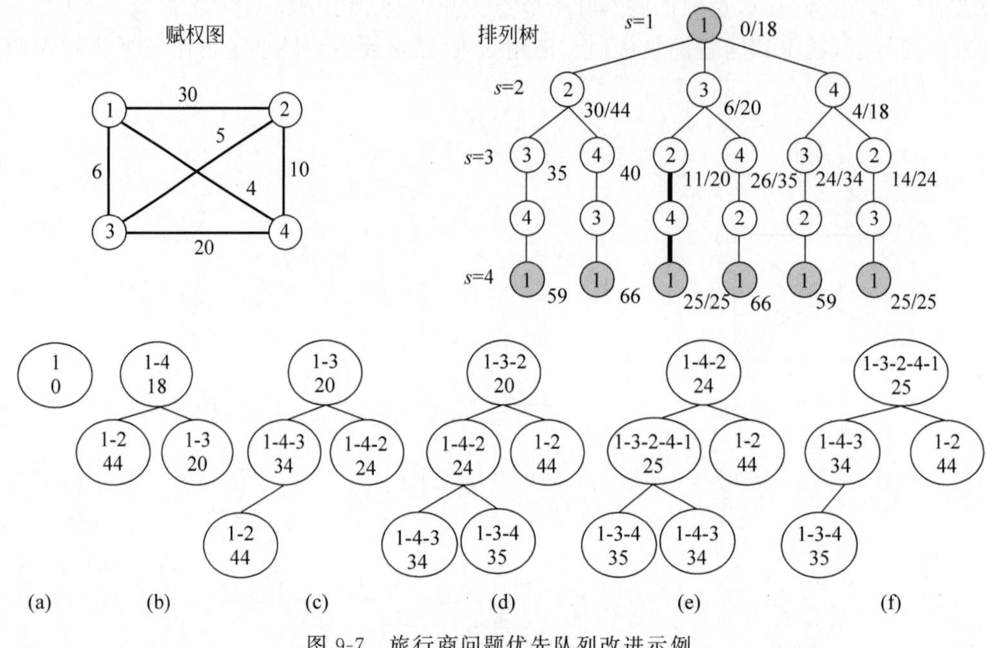

图 9-7 旅行商问题优先队列改进示例

首先初始化最小堆。取出节点 1，分别计算节点 1-2、1-3 和 1-4 的优先级 cc＋rcost＝30＋5＋5＋4＝44、6＋5＋5＋4＝20 和 4＋5＋5＋4＝18，并加入最小堆，如图 9-7(b)所示。

取出节点 1-4，分别计算节点 1-4-2 和 1-4-3 的优先级＝24 和 34，并加入最小堆，如图 9-7(c)所示。

取出节点 1-3，分别计算节点 1-3-2 和 1-3-4 的优先级 cc＝20 和 35，并加入最小堆，如图 9-7(d)所示。

取出节点 1-3-2，计算叶子节点 1-3-2-4-1 的优先级＝25，并加入最小堆，bestc＝25，如图 9-7(e)所示。

取出节点 1-4-2，计算叶子节点 1-4-2-3-1 的优先级＝25＝bestc，删除该节点，如图 9-7(f)所示。

取出叶子节点 1-3-2-4-1，得到最优解 bestc＝25，算法结束。

旅行商问题优先队列式分支限界算法 Traveler：

输入：A。

输出：bestc。

```
1.  minsum = 0
2.  for i = 1 to n do                              //计算最小出边和最小费用和
3.      min = INF
4.      for j = 1 to n do
5.          if (a[i][j]<> INF AND a[i][j]< min) then min = a[i][j]
6.      if (min == INF) then return INF            //无旅游回路
```

```
7.         minout[i] = min                          //计算最小出边
8.         minsum = minsum + min                    //计算最小费用和
9.     BUILD - MIN - HEAP(H)
10.    Node E = 0
11.    for i = 1 to n do
12.        E.x[i] = i
13.    E.s = 1                                      //根节点到当前节点的路径 x[1:s]
14.    E.cc = 0                                     //当前路径费用
15.    E.rcost = minsum                             //x[s:n]路径的最小费用和
16.    bestc = INF
17.    while(E.s < n)                               //非叶子节点
18.        if(E.s == n - 1) then                    //叶子节点的父亲
19.            if (a[E.x[n - 1]][E.x[n]]<> INF AND a[E.x[n]][1]<> INF AND (E.cc +
       a[E.x[n - 1]][E.x[n]] + a[E.x[n]][1]< bestc)) then
//检查 x[n - 1]→x[n]、x[n]→x[1]是否存在边,是否存在当前最小路径。若满足条件则求当前最优解
20.                bestc = E.cc + a[E.x[n - 1]][E.x[n]] + a[E.x[n]][1]
21.                E.cc = bestc                     //当前路径费用
22.                E.lcost = bestc                  //当前优先级 = 下界
23.                E.s++
24.                Insert(H,E)
25.            else Delete(E)
26.        else for i = E.s + 1 to n do
27.            if (a[E.x[s]][E.x[i]]<> INF) then//检查 x[i - 1]→x[j]是否存在边
                   cc = E.cc + a[E.x[i - 1]][E.x[i]]
28.                rcost = E.rcost - minout[E.x[E.s]]
29.                b = cc + rcost                   //优先级 = 下界
30.                if(b < bestc) then
31.                    Node N
32.                    for j = 1 to n do
33.                        N.x[j] = E.x[j]
34.                    N.x[E.s + 1] = E.x[i]
35.                    N.x[i] = E[E.s + 1]
36.                    N.cc = cc
37.                    N.s = E.s + 1
38.                    N.lcost = b
39.                    N.rcost = rcost
40.                    Insert(H,N)
41.                else Delete(E)
42.        E = Extract - Min(H)                     //取下一个扩展节点
43.    if (bestc == INF) then return INF
44.    for i = 1 to n do
45.        P[i] = E.x[i]
46.    return bestc
```

本节思考题

给定旅行商问题,如果每个顶点选取关联该顶点的最小的两条边,是否会改进分支限界的效率？如何实现？

视频讲解

9.3 分支限界

分支限界算法的基本思想是以广度优先或以最小耗费(最大效益)优先的方式产生解空间树的节点,并使用剪枝函数修剪解空间树。

分支限界算法是一种在问题的解空间树上搜索问题解的算法。该算法只找出满足约束条件的一个最优解,并且以广度优先或最小耗费优先的方式搜索解空间树。在搜索时,每个节点只有一次机会成为扩展节点,并且一次性产生其所有儿子节点。

9.3.1 分支限界方式

从活节点表中,选择下一扩展节点有队列式和优先队列式两种方式。

1. 队列式分支限界法

按照队列先进先出原则,选取下一个节点为扩展节点。例如,9.1 节中 0-1 背包问题的队列式分支限界算法。

队列式分支限界的搜索策略:一开始,根节点是唯一的活节点,将根节点入队。然后,从活节点队列中取出根节点后,作为当前扩展节点。对当前扩展节点,先从左到右地产生它的所有儿子节点,并用剪枝函数检查,把所有满足剪枝函数的儿子节点加入活节点队列中。再从活节点表中取出队列首节点(队列中最先进来的节点)为当前扩展节点,……,直到找到一个解或活节点队列为空为止。

2. 优先队列式分支限界法

为了加速搜索的进程,按照队列中规定的优先级,选取优先级最高的节点,成为当前扩展节点。使用限界函数作优先级,第一个扩展的叶子节点就是最优解。例如,9.2 节中旅行商问题的优先队列式分支限界算法。

优先队列式分支限界的搜索策略:首先,对每个活节点,计算一个优先级(某些信息的函数值)。然后,根据这些优先级,从当前活节点表中优先选择一个优先级最高(最有利)的节点作为扩展节点,使搜索朝着解空间树上有最优解的分支推进,以便尽快地找出一个最优解。再从活节点表中取下一个优先级最高的节点为当前扩展节点,……,直到找到一个解或活节点队列为空为止。

9.3.2 分支限界与回溯算法

分支限界与回溯算法都是在问题的解空间树上搜索问题的解,但有许多不同之处。

1. 求解目标

回溯算法:找出解空间树中满足约束条件的所有解。

分支限界:找出解空间树中满足约束条件的一个解,或是在满足约束条件的解中,找出在某种意义下的最优解。

2. 搜索方式

回溯算法:以深度优先的方式搜索解空间树。

分支限界:以广度优先或最小耗费优先的方式搜索解空间树。优先队列式分支限界使用限界函数作为优先级，剪枝效率高。

3. *扩展方式*

回溯算法：每个活节点有多次机会成为扩展节点，活节点的所有可行子节点被遍历后才被从栈中弹出，变为死节点。

分支限界：每个活节点只有一次机会成为扩展节点。活节点一旦成为扩展节点，就一次性产生其所有儿子节点并将儿子节点加入活节点队列，该活节点变为死节点。

4. *存储方式*

回溯算法：使用堆栈结构，动态保存从根节点到当前扩展节点的路径，占用空间小。

分支限界：使用队列或优先队列，需要存储所有活节点的路径，存储空间比回溯算法大。

9.3.3 剪枝函数

回溯算法和分支限界都使用剪枝函数减少搜索，用约束函数在扩展节点处剪去不满足约束的子树；用限界函数剪去得不到最优解的子树。优先队列式分支限界比较特殊的是使用每个节点的限界函数的界值作为优先级，选取下一个扩展节点；使用限界函数作优先级，第一个扩展的叶子节点就是最优解。

对于最大问题，限界函数为上界函数。如果当前扩展节点为根节点的子树的上界函数值小于目前最优值，则该子树肯定得不到最优解，将被剪枝。

对于最小问题，限界函数为下界函数。如果当前扩展节点为根节点的子树的下界函数值大于目前最优值，则该子树肯定得不到最优解，将被剪枝。

对于同一个子问题，可以有多个不同的限界函数。越接近最优解的限界函数，剪掉的分支越多，搜索量越小；但相应限界函数的计算量可能越大。例如，0-1 背包问题有限界函数 C_p+r 和 C_p+b，C_p+b 剪掉的分支多，但计算 b 的时间大于计算 r 的时间。旅行商问题有限界函数 cc 和 cc+rcost，cc+rcost 剪掉的分支多，但增加了计算 rcost 的时间。因此需要在限界函数的计算量和剪掉分支减少的搜索量之间进行权衡，选取合适的限界函数。

9.3.4 双向广度搜索

双向广度搜索是沿正向(从初始节点向目标方向)和逆向同时进行搜索，当两个方向上的搜索生成同一子节点时完成搜索。双向广度搜索理论上可以减少二分之一的搜索量，从而提高搜索效率。

双向广度搜索一般有两种方法：一种是两个方向交替扩展，另一种是选择节点个数少的方向先扩展。交替扩展容易实现，但第 2 种方法克服了节点生成速度不平衡的状态，效率比第 1 种高。

9.4 算法总结

前面学习了枚举、递推、贪心、分治、动态规划、回溯和分支限界算法，这些算法大致分为 3 类。

1）逐一尝试策略

蛮力、枚举、回溯与分支限界都属于这一类。改进措施是如何优化或剪枝以减少计算量。解决的问题中不易找到信息间的相互关系，也不能分解为独立的子问题，只有把各种可能情况都考虑到，并把全部解都列出来之后，才能判定和得到最优解。

2）分解解决策略

分治与备忘录算法都属于这一类。问题分解策略需满足可分、可解、可合并的特性，分治与备忘录算法的不同在于子问题独立与交叉重叠。子问题存在交叉重叠的情况，这两种方法都可以解决，但分治算法的计算量大大增加，因此一般使用备忘录算法。

3）多阶段分步解决策略

贪心、递推与动态规划算法都属于这一类。多阶段过程就是按一定顺序（从前向后或从后向前等）和一定的策略，逐步解决问题的方法。分治算法是逐步分解，逐步合并。贪心、递推与动态规划算法没有明显分解步骤，侧重于分步解决。

贪心算法每一步得到一个局部最优解，每一步的局部最优解构成全局最优解。而动态规划每一阶段得到一组局部最优解，这些局部最优解在后面可能多次使用，但不一定出现在全局最优解中。

动态规划使用不同规模问题间的递推关系求解局部最优解，在多个不同规模子问题最优解中决策选取哪个转换为当前局部最优解。递推算法更注重每一步之间的关系，决策的因素较少，较适合解决判定性问题和计算问题。动态规划比递推复杂，在于存在交叉重叠子问题，使用动态规划，每个子问题只计算一次，减少了重复计算量。

所有算法策略的中心思想就是用算法的基本工具循环机制和递归机制实现算法。枚举、贪心、分治、动态规划、回溯和分支限界算法较适合解最优化问题。贪心、分治和动态规划算法都具有最优子结构的性质，贪心与动态规划还具有无后效性的性质。枚举、回溯和分支限界算法的限制条件少，更通用，但时间复杂度高。

本章习题

1. 编程实现分支限界算法（POJ 2049、POJ 3278、POJ 3126、POJ 1729、POJ 2312）。

2. 简述分支限界的类型和算法。

3. 简述分支限界与回溯算法异同。

4. 简述分支限界效率的改进措施。

5. 由 14 个“＋”和 14 个“－”组成的符号三角形如图 9-8 所示。两个同号下面都是“＋”，两个异号下面都是“－”。在一般情况下，符号三角形的第一行有 n 个符号。符号三角形问题要求对于给定的 n，计算有多少个不同的符号三角形，使其所含的“＋”和“－”的个数相同。

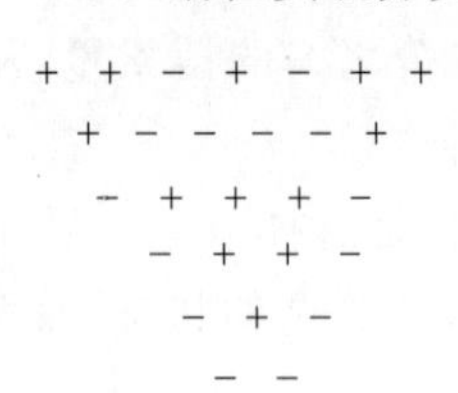

图 9-8　符号三角形

6. 给定无向图 $G=(V,E)$。如果 $U\subseteq V$，且对任意 u、$v\in U$ 有 $(u,v)\in E$，则称 U 是 G 的完全子图。G 的完全子图 U 是 G 的团当且仅当 U 不包含在 G 的更大的完全子图中。求 G 的最大团，最大团是指 G 中所含顶点数最多的团。

7. 图的 m 可着色判定问题：给定无向连通图 G 和 m 种不同的颜色。用这些颜色为图

G 的各顶点着色，每个顶点着一种颜色。是否有一种着色法使 G 中每条边的两个顶点着不同颜色？

图的 m 可着色优化问题。若一个图最少需要 m 种颜色才能使图中每条边连接的两个顶点着不同颜色，则称这个数 m 为该图的色数。求一个图的色数 m。

8. 给定 n 个大小不等的圆 c_i，$1\leqslant i\leqslant n$，现要将这 n 个圆排进一个矩形框中，且要求各圆与矩形框的底边相切。圆排列问题要求从 n 个圆的所有排列中找出最小长度的圆排列。例如，当 $n=3$ 且所给的 3 个圆的半径分别为 1，1，2 时，这 3 个圆的最小长度的圆排列如图 9-9 所示，其最小长度为 $2+4\sqrt{2}$。

9. 在一个 3×3 的方框内放有 8 个编号的小方块，紧邻空位的小方块可以移入空位上，通过平移小方块可将某一布局变换为另一布局，如图 9-10 所示。请给出从初始状态到目标状态移动小方块的操作序列。

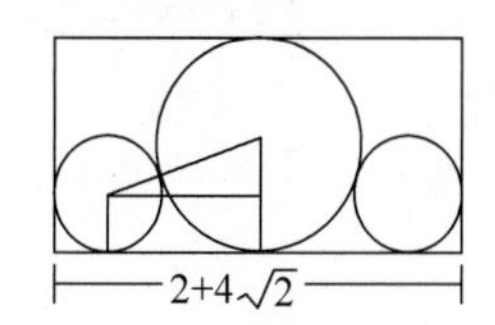

图 9-9 圆排序问题

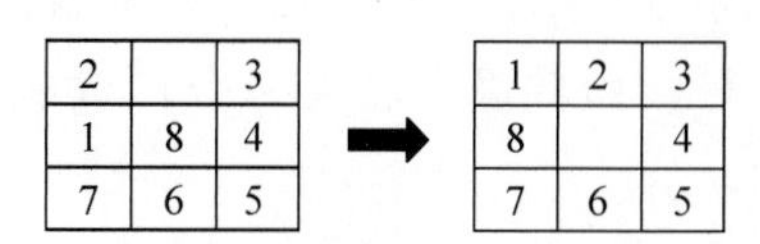

图 9-10 移动方块问题

10. 编写一个计算机程序，模拟老鼠走迷宫。该程序假定老鼠具有稳定记忆力，能记住以前走过的失败路径，而不会重蹈覆辙。

11. 给定 n 个作业的集合 $\{J_1,J_2,\cdots,J_n\}$。每个作业必须先由机器 1 处理，然后由机器 2 处理。作业 J_i 需要机器 j 的处理时间为 t_{ji}。对于一个确定的作业调度，设 F_{ji} 是作业 i 在机器 j 上完成处理的时间。所有作业在机器 2 上完成处理的时间和称为该作业调度的完成时间和。批处理作业调度问题要求对于给定的 n 个作业，制定最佳作业调度方案，使其完成时间和达到最小。

12. 假设国家发行了 n 种不同面值的邮票，并且规定每张信封上最多只允许贴 m 张邮票。连续邮资问题要求对于给定的 n 和 m 的值，给出邮票面值的最佳设计，在 1 张信封上可贴出从邮资 1 开始，增量为 1 的最大连续邮资区间。

13. 电路板排列问题：将 n 块电路板以最佳排列方式插入带有 n 个插槽的机箱中。n 块电路板的不同排列方式对应不同的电路板插入方案。设 $B=\{1,2,\cdots,n\}$ 是 n 块电路板的集合，$L=\{N_1,N2,\cdots,N_m\}$ 是连接这 n 块电路板中若干电路板的 m 个连接块。N_i 是 B 的一个子集，且 N_i 中的电路板用同一条导线连接在一起。设 x 表示 n 块电路板的一个排列，即在机箱的第 i 个插槽中插入的电路板编号是 $x[i]$。x 所确定的电路板排列密度 Density(x)定义为跨越相邻电路板插槽的最大连线数。在设计机箱时，插槽一侧的布线间隙由电路板排列的密度所确定。因此，电路板排列问题要求对于给定的电路板连接条件，确定电路板的最佳排列，使其具有最小密度。

14. 印制电路板将布线区域划分为 $n\times m$ 个方格阵列，如图 9-11 所示。精确的电路板布线问题要求确定连接方格 a 的中点到方格 b 的中点的最短布线方案。布线时电路只能沿直线或直角布线。为避免线路相交，已布线方格做上封闭标记，其他线路布线不允许穿过封闭区域。

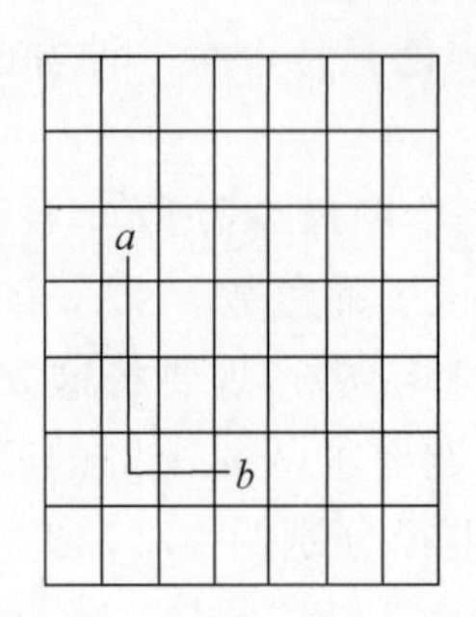

图 9-11　印制电路板问题

15. 马的遍历问题：在 $n\times m$ 的棋盘中，马只能走"日"字，从位置 (x,y) 出发，把棋盘每格都走一次，且只走一次，找出所有路径。

16. 素数环问题：把 1～20 这 20 个数摆成一个环，要求相邻的两个数之和为素数。

17. 找 n 个数中 r 个数的组合。例如，$n=5$，$r=3$，有(1,2,3)、(1,2,4)等 10 种组合。

18. 括号检验问题：输入一个代数表达式，对表达式进行验证，判断括号匹配是否正确。

19. n 长的数字串，如何将"+"号插入其中，使算术表达式的值最小。

20. n 个不同的正整数构成集合 S，求出使得和数为 M 的 S 的所有子集。

21. n 个人分配 n 件工作，第 i 个人分配第 j 件工作的成本是 $c(n,j)$，求成本最小的分配方案。

第10章

网络流算法

1955 年，T. E. Harris 在研究铁路最大通量时，首先提出在一个给定的网络上寻求两点间最大运输量的问题。1956 年，L. R. Ford 和 D. R. Fulkerson 等给出了解决这类问题的算法，从而建立了网络流理论。本章介绍最大流、最小割、最小费用流、二分匹配和最佳匹配算法，算法的改进、推广与应用。

10.1 最大流和最小割

10.1.1 最大流

设有向连通图 $N=(V,E)$，N 中有且仅有一个入度为 0 的点 s 和一个出度为 0 的点 t，分别称为源和汇。$\forall <i,j> \in E$，都被赋予非负实数权 $c(i,j)$，称为$<i,j>$的容量。则称 N 为容量网络，如图 10-1 所示。

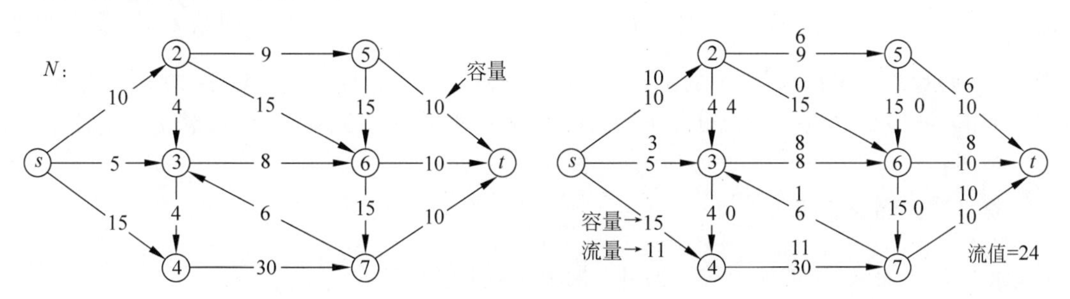

图 10-1　容量网络示例

设 f 是满足如下条件的函数：

(1) $\forall e \in E$：$0 \leqslant f(e) \leqslant c(e)$，$f(e) \in \mathbf{R}$。(容量条件)；

(2) $\forall v \in V-\{s,t\}$：$\sum\limits_{<j,i> \in E} f(j,i) = \sum\limits_{<i,k> \in E} f(i,k)$。(守恒条件)；

则称 f 是 N 上的一个可行流。

设 f 的流量为 $v(f)$，则 $v(f)=\sum_{<s,i>\in E} f(s,i)=\sum_{<j,t>\in E} f(j,t)$，源点 s 的流出量等于汇点 t 的流入量。网络中至少有一个可行流 $v(f)=0$。如图 10-1 所示，网络 N 中每条边中的数字为容量，边旁的数字为流量，网络的流量 $v(f)=f(s,2)+f(s,3)+f(s,4)=f(5,t)+f(6,t)+f(7,t)=24$。对于中间点，例如，顶点 2，$f(s,2)=f(2,3)+f(2,5)+f(2,6)=10$。

设边 $<v,w>\in E$，如果 $f(v,w)=c(v,w)$，则称 $<v,w>$ 为饱和边；如果 $f(v,w)<c(v,w)$，则称 $<v,w>$ 为非饱和边；如果 $f(v,w)=0$，则称 $<v,w>$ 为零流边。如图 10-1 所示，$(s,2)$、$(2,5)$ 和 $(2,6)$ 分别为饱和边、非饱和边和零流边。

流量最大的可行流称为最大流。网络 G 的最大流如图 10-2 所示，$v(f)=10+4+14=28$。

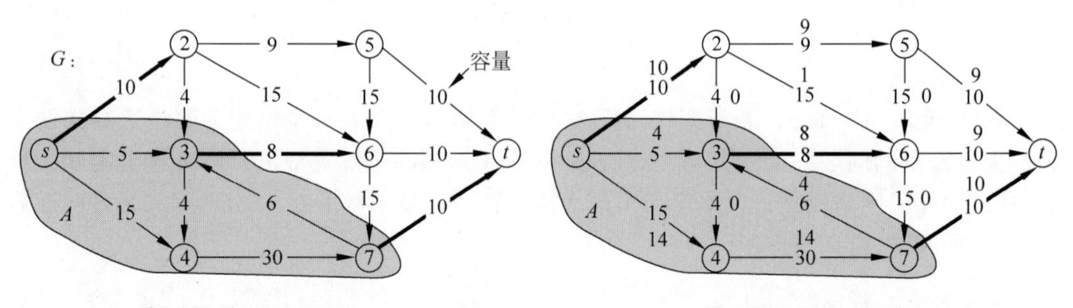

图 10-2　最小割与最大流示例

10.1.2　最小割

给定容量网络 $N=(V,E)$，一个 s-t 割是顶点 V 的一个划分 (A,B)，使 $s\in A$ 且 $t\in B$。$E'=\{(i,j)\mid(i,j)\in E, i\in A$ 且 $j\in B\}$，称为 N 的割集，删除割集后网络不再连通。

设 (A,B) 是任意 s-t 割，A 部分所有出边的容量之和称为割 (A,B) 的容量 $\text{cap}(A,B)$，即 $\text{cap}(A,B)=\sum_{e \text{ out of } A} c(e)$。具有最小容量的 s-t 割称为最小割。网络 G 的最小割如图 10-2 所示，$A=\{s,3,4,7\}$，A 的出边为 $(s,2)$、$(3,6)$、$(7,t)$，对应割的容量 $=10+8+10=28$。

流值引理：设 f 是任意流，(A,B) 是任意 s-t 割，则穿过割的净流量等于离开 s 的流量。

证明：

穿过割的净流量为 $\sum_{e \text{ out of } A} f(e)-\sum_{e \text{ in to } A} f(e)$。

根据流量定义，G 的流值等于离开 s 的流量，即 $v(f)=\sum_{e \text{ out of } s} f(e)$。

根据流值守恒条件，对于 A 部分除了 s 外的中间节点，其流值都为零。因此有

$$v(f)=\sum_{e \text{ out of } s} f(e)=\sum_{v\in A}\left(\sum_{e \text{ out of } v} f(e)-\sum_{e \text{ in to } v} f(e)\right)=\sum_{e \text{ out of } A} f(e)-\sum_{e \text{ in to } A} f(e)$$

弱对偶性：设 f 是任意流，(A,B) 是任意 s-t 割，则 $v(f)$ 至多等于割的容量。

证明：

$$v(f)=\sum_{e \text{ out of } A} f(e)-\sum_{e \text{ in to } A} f(e)\leqslant\sum_{e \text{ out of } A} f(e)\leqslant\sum_{e \text{ out of } A} c(e)=\text{cap}(A,B)$$

最大流最小割定理：设 f 是任意流，(A,B) 是任意 s-t 割，如果 $v(f)=\text{cap}(A,B)$，则 f 是最大流，(A,B) 是最小割。

根据弱对偶性，可以证明该定理。如图 10-2 所示，$A=\{s,3,4,7\}$，$v(f)=\text{cap}(A,B)=28$。

10.1.3　最大流算法

1. 贪心算法

Step1：初始化，对所有边 $e\in E$，$f(e)=0$。

Step2：找一条 s-t 路径 P，每条边满足 $f(e)<c(e)$，沿路径 P 增流。

Step3：重复 Step2 直至找不到路径为止。

在图 10-3 中首先找路径 s-1-2-t，可以流过大小为 20 的流。然后找不到从 s 到 t 的路径了，算法终止，$v(f)=20$，如图 10-3(b)和图 10-3(c)所示。算法的最优解如图 10-3(e)所示，$v(f)=30$。因此贪心算法得到的只是局部最优解，不一定得到最优解。

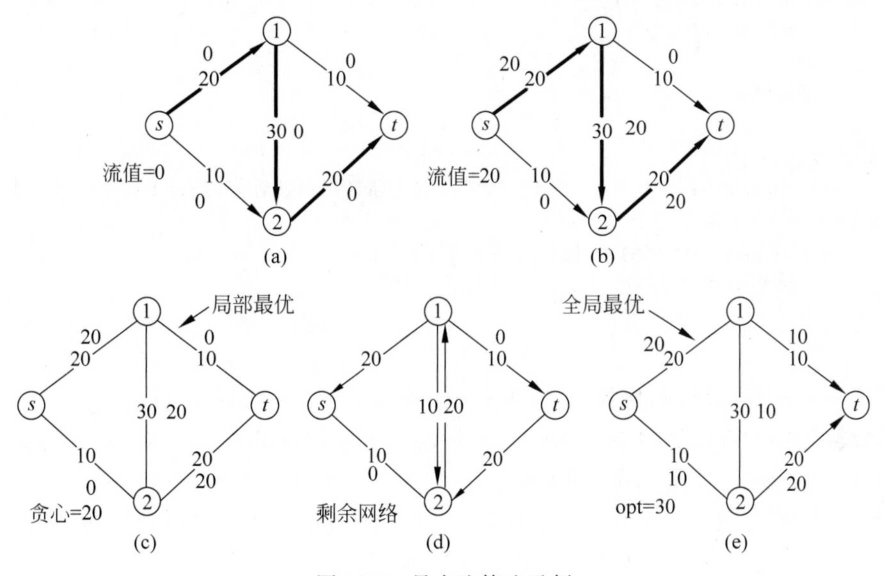

图 10-3　最大流算法示例

2. 剩余网络

比较图 10-3(e)和图 10-3(c)可以看到，在图 10-3(c)中由于 s-1-2-t 流过大小为 20 的流，所以 s-2 可以流过大小为 10 的流，但从顶点 2 流不出去。而在图 10-3(e)中由于 s-1-2-t 流过大小为 10 的流，所以 s-2-t 可以流过大小为 10 的流。

如果可以设置容错机制，在图 10-3(c)中从 s-2-1-t 流过大小为 10 的流，也可以得到最优解 $v(f)=30$。对于边(1,2)，开始流过大小为 20 的流，又反向流过大小为 10 的流，相当于边(1,2)流过大小为 10 的流，这样得到的结果和图 10-3(e)相同。这就是剩余网络或残量网络的思想。

给定网络 $G=(V,E)$和流 f，G 的剩余网络 $G_f=(V,E_f)$定义如下：$\forall e=<u,v>\in E$ 且 $f(e)<c(e)$，$\exists e_f=<u,v>\in E_f$ 且 $c(e_f)=c(e)-f(e)$，e_f 称为前向边；$\exists e'_f=<v,u>\in E_f$ 且 $c(e'_f)=f(e)$，e'_f 称为后向边。如果 $e=<u,v>\in E$ 且 $f(e)=c(e)$，则 $\exists e'_f=<v,u>\in E_f$ 且 $c(e'_f)=f(e)$。

图 10-3(c)变为剩余网络图 10-3(d)，路径 s-1-2-t 中 s-1 变为 1-s 是容量为 20 的反向边，1-2 变为容量为 10 的正向边和容量为 20 的反向边，2-t 变为容量为 20 的反向边。剩余网络中可以找到路径 s-2-1-t，流过流量 10，这样可以得到最优解 $v(f)=20+10=30$。

3. Ford-Fulkerson 算法

L. R. Ford 和 D. R. Fulkerson 把原始对偶算法应用于最大流问题，以后又改进使用剩余网络。

Ford-Fulkerson 增广路算法：

输入：N,s,t,c。

输出：$v(f)$。

```
1.  for each e∈E do
2.      f(e) = 0
3.  Gf = G
4.  while (存在增广路 P) do
5.      f' = Augment(f,c,P)
6.      f = f'
7.      更新剩余网络 Gf 为 Gf'
8.  return f
Augment(f,c,P) {                        //增广
1.  b = bottleneck(P)                   //取得路径的瓶颈容量(路径上各边的最小剩余容量)
2.  for each e∈P do
3.      if (e∈E) then f(e) = f(e) + b   //前向边
4.      else f(e) = f(e) - b            //后向边
5.  return f
}
```

Ford-Fulkerson 算法示例如图 10-4 所示。初始，$v(f)=0, G_f=G$。

找到增广路 s-2-5-t，如图 10-4(b)所示；$f(e)=\min\{10,8,10\}=8, v(f)=8$，如图 10-4(c)所示；更新剩余网络，如图 10-4(d)所示。

再找增广路 s-2-3-5-t，如图 10-4(d)所示；$f(e)=\min\{2,2,9,2\}=2, v(f)=8+2=10$，如图 10-4(e)所示；更新剩余网络，如图 10-4(f)所示。

再找增广路 s-3-5-4-t，如图 10-4(f)所示；$f(e)=\min\{10,7,6,10\}=6, v(f)=16$，如图 10-4(g)所示；更新剩余网络，如图 10-4(h)所示。

再找增广路 s-3-2-4-t，如图 10-4(h)所示；$f(e)=\min\{4,2,4,4\}=2, v(f)=18$，如图 10-4(i)所示；更新剩余网络，如图 10-4(j)所示。注意(3,2)为反向边，因此 $f(3,2)=2-2=0$。

再找增广路 s-3-5-2-4-t，如图 10-4(j)所示；$f(e)=\min\{4,1,8,2,2\}=1, v(f)=19$，如图 10-4(k)所示；更新剩余网络，如图 10-4(l)所示。注意(5,2)为反向边，因此 $f(3,2)=8-1=7$。

图 10-4(l)中找不到增广路，算法终止，因此最大流 $v(f)=19$。

在剩余网络图 10-4(l)中，从 s 出发只能到达顶点 3，因此 $A=\{s,3\}$，最小割容量$=10+9=19$。

4. 增广路定理

增广路定理：$v(f)$是最大流 iff Ford-Fulkerson 算法无增广路径。

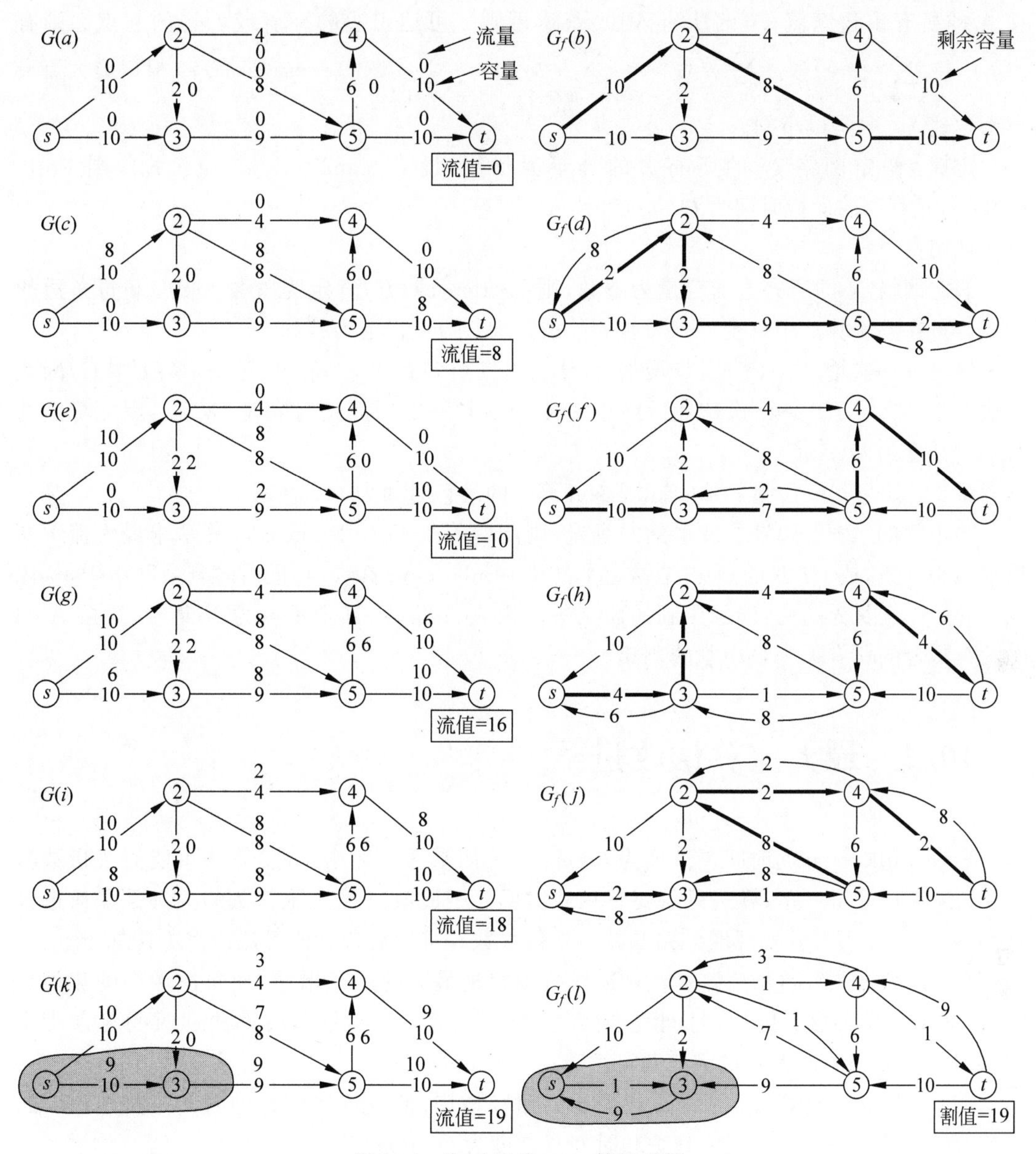

图 10-4　Ford-Fulkerson 算法示例

证明：

(1) 存在割(A,B)使 $v(f)=\text{cap}(A,B)$。

(2) 流 f 是最大流。

(3) 无增广路径。

先证(1)⇒(2)，由弱对偶性引理可知成立。

再证(2)⇒(3)，设 f 是最大流，如果存在增广路径，沿增广路径增加流 f'，则 $f+f'>f$，这与 f 是最大流相矛盾。

最后证(3)⇒(1)，设 Ford-Fulkerson 算法得到流 f，并且不存在增广路径。设 A 为剩余网络中从 s 可达的顶点集合，由 A 的定义，有 $s\in A$；由于不存在增广路径，因此 $t\notin A$，并

且 A 的所有出边满流，A 的所有入边零流，否则 s 可达出边的终点或入边的起点。则有 $v(f)=\sum_{e \text{ out of } A} f(e)-\sum_{e \text{ in to } A} f(e)=\sum_{e \text{ out of } A} f(e)=\sum_{e \text{ out of } A} c(e)=\text{cap}(A,B)$，根据最大流最小割定理，$v(f)$是最小割。

定理：假定网络 N 的所有边的容量为整数，设 $C=\max(c(e)\mid e\in E)$，则 Ford-Fulkerson 算法的运行时间为 $O(mnC)$。

证明：

假定网络 N 的所有边的容量为整数，则 bottleneck(P)肯定为整数，$v(f)$和每条边的剩余容量在整个算法中肯定保持整数，最大流 $v(f^*)$也肯定为整数。

算法每一次增广，$v(f)$至少增加 1，从 s 出发至多有 $n-1$ 条边，每条边容量$\leqslant C$，因此算法在至多 $v(f^*)\leqslant nC$ 次迭代后终止。又 BFS 找一次增广路时间是 $O(m)$，因此算法的时间复杂度为 $O(mnC)$。

推论：如果 $C=1$，则 Ford-Fulkerson 算法的运行时间为 $O(mn)$。

最小割的求解：如果求最小割的容量，则问题等于 Ford-Fulkerson 算法求最大流。如果求最小割集，或 s-t 割的划分，首先运行 Ford-Fulkerson 算法，在最后的剩余网络中，从源点 s 开始深度优先遍历，能遍历到的顶点集合构成 A 集合，其余顶点为 B 集合，连接 A 和 B 两个集合的所有弧为最小割的割集。

视频讲解

10.2 最大流算法改进

Ford-Fulkerson 的时间复杂度为 $O(mnC)$。如果选择坏增广路，算法可能需要指数时间；如果选择好增广路，算法只需要多项式时间。因此改进最大流算法的关键是如何选择好的增广路，使得有效发现增广路和减少迭代次数。常用的最大流算法改进方法如下。

(1) 最大瓶颈容量增广路算法：选择瓶颈容量最大的路径增广，使每次增广的流值尽量大，减少迭代次数。例如，时间复杂度为 $O(m^2\log C)$的容量缩放算法和时间复杂度为 $O(m^2\log n\log C)$的最大容量增广路算法。

(2) 最短增广路算法：选择边数最少的路径增广，使发现增广路的时间尽量短，例如，时间复杂度为 $O(nm^2)$的 EK 算法和时间复杂度为 $O(n^2m)$的 Dinic 算法。

10.2.1 容量缩放算法

容量缩放算法由 Gabow 于 1985 年提出。设 $G_f(\Delta)$是剩余网络的子图 Δ-剩余网络，由 G_f 中容量至少是 Δ 的边组成。初始时，$v(f)=0$，$G_f=G$。构造 $G_f(\Delta)$，在 $G_f(\Delta)$找所有增广路径进行增广。然后 $\Delta=\Delta/2$，构造 $G_f(\Delta)$，继续增广，直至 $\Delta<1$ 为止。

容量缩放算法的示例如图 10-5 所示。初始时，$v(f)=0$，$G_f=G$，$\Delta=128$。构造 $G_f(\Delta=128)$，没有增广路。构造 $G_f(\Delta=64)$，如图 10-5(b)所示，找到增广路 s-1-t，流量为 102；然后找到增广路 s-2-t，流量为 122。构造 $G_f(\Delta=32)$，没有增广路。构造 $G_f(\Delta=16)$，没有增广路。构造 $G_f(\Delta=8)$，如图 10-5(c)所示，没有增广路。继续该过程，直至构造 $G_f(\Delta=1)$，如图 10-5(d)所示，找到增广路 s-1-2-t，流量为 1。剩余网络如图 10-5(e)所示，没有增广路，

算法终止，$v(f)=225$。

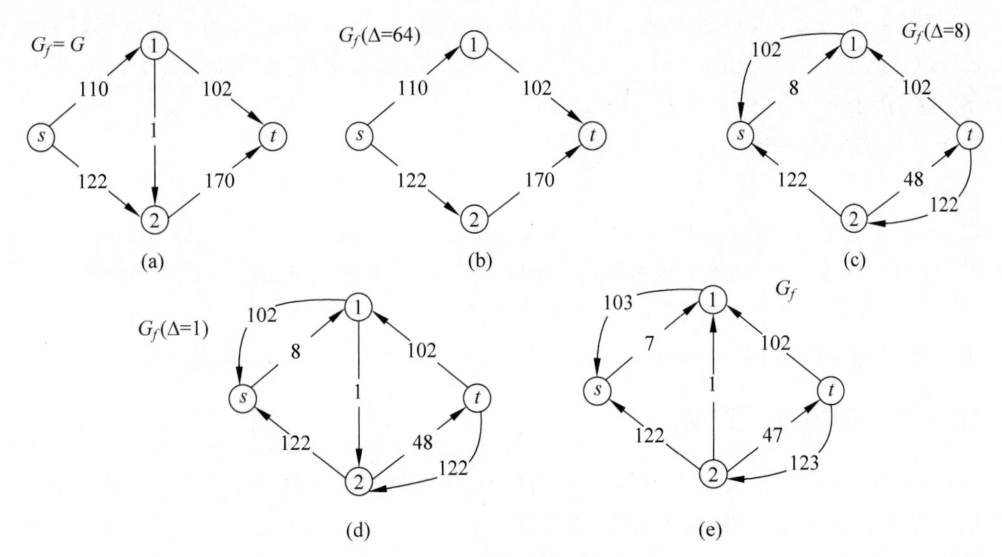

图 10-5　容量缩放算法示例

容量缩放算法 Scaling-Max-Flow：

输入：N,s,t,c。

输出：最大流 f。

```
1.  for each e∈E do                        //初始化
2.      f(e) = 0
3.  Δ = max(2^x)<= C                       //C = max(c(e)|e∈E)
4.  Gf = G
5.  while (Δ>= 1) do
6.      Gf(Δ) = Δ- 剩余网络
7.      while (Gf(Δ)中存在增广路径 P ) do
8.          f = augment(f,c,P)
9.          更新 Gf(Δ)
10.     Δ = Δ/ 2
11. return f
```

定理：假定所有边的容量是整数，容量缩放算法终止，得到的流 $v(f)$ 是最大流。

证明：

所有边的容量是整数，根据整数不变性，所有流和剩余容量是整数。因此当 $\Delta=1$ 时，$G_f(\Delta)=G_f$，因此当算法终止时，无增广路径，得到的流 $v(f)$ 是最大流。

引理：设 $C=\max(c(e)|e\in E)$，外层 while 迭代次数最多为 $1+\lceil\log_2 C\rceil$ 次。

证明：

初始时 $C/2<\Delta\leqslant C$，每次迭代 Δ 减少因子 2，因此外层 while 迭代次数最多为 $1+\lceil\log_2 C\rceil$ 次。

引理：设 f 是 Δ-缩放阶段结束的流，最大流值至多是 $v(f)+m\Delta$。

证明：

Δ-缩放阶段，每次增加的流值，至少是 Δ。f 是 Δ-缩放阶段结束的流，Δ-缩放阶段结束

的剩余网络中，设 $A=\{v|G_f$ 中从 s 可达$\}$，则割集中每条边 $<u,v>$，$u\in A$ 且 $v\in B$，满足 $c(u,v)<f(u,v)+\Delta$，否则因为从 s 可达 u，从 u 可达 v，与 A 的定义相矛盾。同理对于边 $<v,u>$，$u\in A$ 且 $v\in B$，满足 $c(v,u)<f(v,u)+\Delta$。割集至多有 m 条边，因此 $\text{cap}(A,B)\leqslant v(f)+m\Delta$，因此最大流值至多是 $v(f)+m\Delta$。

引理：每个阶段至多进行 $2m$ 次增广。

证明：

设 f 是 Δ-缩放上一阶段的流，上一阶段 $\Delta'=2\Delta$，根据上一引理，最大流 $\leqslant v(f)+m\Delta'=v(f)+2m\Delta$。在当前 Δ-缩放阶段，每次增广至少增加 Δ 流值，因此至多增广 $2m$ 次。

定理：容量缩放算法进行 $O(m\log C)$ 次增广可找到最大流，时间复杂度为 $O(m^2\log C)$。

由上述引理可以得证。

10.2.2 最短增广路算法

Ford-Fulkerson 算法每次只是在所有增广路中随便地找一条进行增广，如果每次都找一条包含弧数最少的增广路，称为最短增广路。

最短增广路算法在最坏情况下找增广路的次数不超过 $nm/2$ 次，不同的最短增广路算法找增广路的时间不同。

(1) EK 算法使用 BFS 需要 $O(m)$ 时间找增广路，因此算法时间复杂度为 $O(nm^2)$。

(2) Dinic 算法使用 BFS＋DFS 需要 $O(n)$ 时间找增广路，因此算法时间复杂度为 $O(n^2m)$。

(3) ISAP(Improved Shortest Augmenting Path)算法引入标号＋重标号，需要 $O(n)$ 时间找增广路，因此算法时间复杂度为 $O(n^2m)$。

1. *层次网络*

从源点出发，BFS 搜索将网络分层。源点层次为 L_0，从源点有边直达的顶点的层次为 L_1，从层次 L_1 有边直达的顶点的层次为 L_2，……，直到没有顶点为止。因此顶点所在的层次就是该顶点到 s 的最短距离(最少边数)。分层后任意一条边关联的两个顶点有 3 种情形：处于相邻层，处于同层，从高层指向低层。删除比汇点层次高的顶点和关联边，删除和汇点同层的顶点和关联边，删除同层边和从高层指向低层的边，剩余边的容量与剩余网络相同，这个子网络称为层次网络。注意有些网络不能分层。

层次网络中的边满足 $l(u)+1=l(v)$，$<u,v>\in E$，称为允许边。层次网络中只包含允许边，从源点出发，经过允许边到达终点，肯定是最短路径。因此层次网络为剩余网络基础上的最短路径图。实际上不需要真正构造层次网络，只要标记层次，增广时判断是否满足 $l(u)+1=l(v)$ 即可。

2. *Dinic 算法*

Dinic 算法：

输入：N,s,t,c。

输出：最大流 f。

Step1：初始化流量 f 为 0，$G_f=G$。

Step2：根据 G_f 用 BFS 建立层次网络 G_l，若汇点不在层次网络内，则算法结束。G_f 中的边仅当 $l(u)+1=l(v)$ 成立时才成为层次网络 G_l 中的一条边。

Step3：在层次网络中使用 DFS 进行增广，直到 DFS 找不到新的路径为止。

Step4：更新 G_f 中的流 f，转 Step2。

Dinic 算法示例如图 10-6 所示。初始时，$v(f)=0$，$G_f=G$。构造 G_l，从顶点 1 出发进行 BFS 搜索，顶点 1 为 L_0 层，顶点 2 和 3 是 L_1 层，顶点 4 和 5 是 L_2 层，顶点 6 是 L_3 层。删除同层边< 2,3 >和< 5,4 >得到由允许边构成的层次网络，如图 10-6(b)所示。在层次网络中进行 DFS 搜索，得到路径 1-2-4-6，流量为 5；回溯满流边< 2,4 >，从顶点 2 搜索，得到路径 1-2-5-6，流量为 3，如图 10-6(b)所示。回溯到顶点 1，得到路径 1-3-4-6，流量为 5；再回溯到满流边< 3,4 >，从顶点 3 搜索得到路径 1-3-5-6，流量为 3，如图 10-6(c)所示。进行一次 BFS+DFS，可实现多路增广。

更新剩余网络，如图 10-6(d)所示。构造 G_l，从顶点 1 出发进行 BFS 搜索，顶点 1 为 L_0 层，顶点 2 是 L_1 层，顶点 3 是 L_2 层，顶点 5 是 L_3 层，顶点 4 和 6 是 L_4 层。删除同层边< 4,6 >，删除与顶点 6 同层的顶点 4 及关联边，得到由允许边构成的层次网络，如图 10-6(e)所示。在层次网络中进行 DFS 搜索，得到路径 1-2-3-5-6，流量为 2。

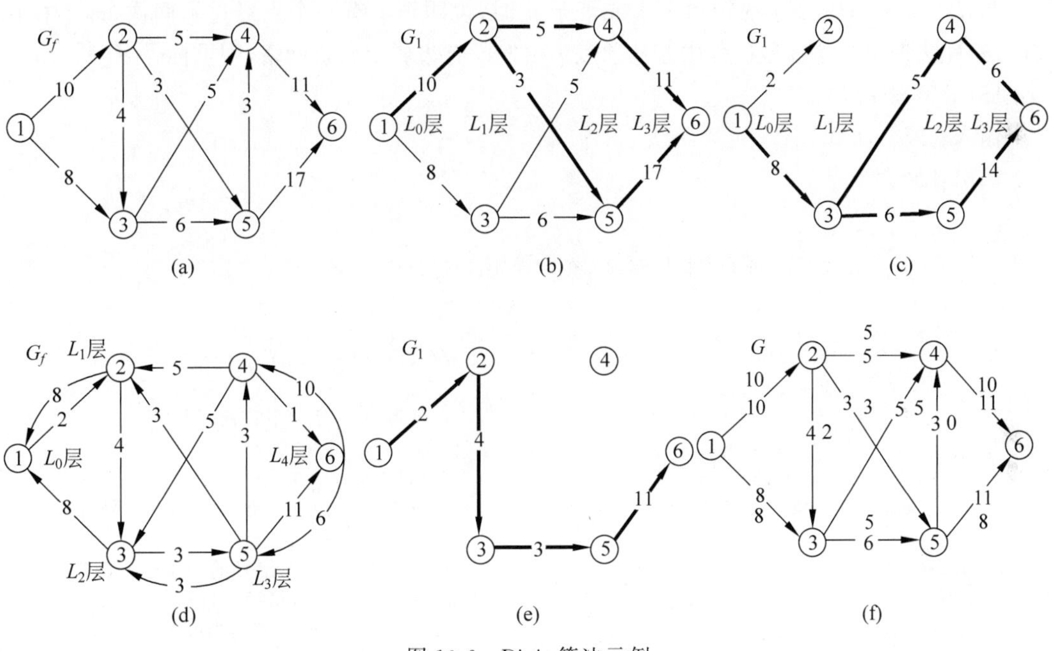

图 10-6　Dinic 算法示例

更新剩余网络，由于从顶点 1 出发的边都满流，因此没有层次网络到达顶点 6，算法结束，$v(f)=18$，如图 10-6(f)所示。

引理：Dinic 算法最多有 n 个阶段。

证明：

每个阶段 s-t 的距离(t 的层次)至少增加 1，s-t 的距离最大为 $n-1$。因此 Dinic 算法最多有 n 个阶段。

定理：Dinic 算法的时间复杂度为 $O(n^2m)$。

证明：

根据引理，Dinic 算法最多有 n 个阶段。

每个阶段建层次网络，n 个阶段最多建 n 次层次网络，每个层次网络使用 BFS 搜索需要 $O(m)$ 时间遍历得到，所以建层次网络的总的复杂度为 $O(mn)$。

每增广 1 次，层次网络中必定有 1 条边会被删除(满流边)。层次网络中最多有 m 条边，所以最多增广 m 次。在最短路径增广中 1 次增广的复杂度为 $O(n)$，所以在每阶段增广的复杂度为 $O(nm)$。一共有 n 个阶段，因此增广的时间复杂度为 $O(n^2m)$。

综上所述，Dinic 算法的时间复杂度为 $O(n^2m)$。

3. ISAP 算法

ISAP(Improved Shortest Augmenting Path)算法逆向进行 BFS 一次，然后从汇点进行 DFS 并更新 L 值，后面不再使用 BFS 构建层次网络。ISAP 算法引入标号和重标号。设 $d[x]$ 表示剩余网络上顶点 x 到汇点 t 的最短距离，每次沿着 $d[x]=d[v]+1$ 的路径增广。如果从顶点 x 出发没有允许边，则重标号，让 x 出发至少有一条允许边可增广，所以取 $d[x]=\min\{d[v]|(x,v)\in E\}+1$ 即可。这样在遍历的同时构建了新的层次网络，提高了效率。

当 $d[s]=n$，即 s 到 t 的距离大于或等于 n 时，说明至少有一个点经过了两次，即不存在增广路，算法退出。重标号过程中若从顶点 i 出发没有边属于剩余网络，则重标号 $d[i]=n$。

ISAP 算法：

输入：N,s,t,c。

输出：最大流 f。

```
1.  f = 0
2.  从汇点 t 出发反向 BFS,求得所有顶点的起始距离标号 d(i)
3.  i = s
4.  while d(s)< n do
5.      if(i == t) then                          //找到增广路,增广
6.          call Augment()
7.          i = s                                //从源点 s 开始下一次寻找
8.      if (允许弧< i,j >∈ Gf) then              //d[i] = [j] + 1
9.          call Advance(i)                      //前进
10.     else call Retreat(i)                     //没有从 i 出发的允许边则重标号,回退
11. return f
Advance(i){                                      //(< i,j >为从 i 出发的一条允许弧)
1.  p(j) = i                                     //保存一条反向路径,为回退时准备
2.  i = j                                        //前进一步,使 j 成为当前节点
}
Retreat(i){
1.  d(i) = 1 + min{d(j):< i,j >∈ Gf}             //重标号,取邻接顶点的最小标号 + 1
2.  if(i <> s) then i = p(i)                     //回退一步
}
Augment {
1.  p 中记录当前找到的增广路 P
2.  delta = min{rij :< i,j >属于 P}               //最小瓶颈容量,rij 为剩余容量
3.  沿路径 P 增广 delta 流量
4.  更新剩余网络 Gf
}
```

图 10-7 为 ISAP 算法的示例。初始时，$v(f)=0, G_f=G$。构造 G_l，从顶点 4 出发进行 BFS 搜索，顶点 4 为 L_0 层，顶点 2 和 3 是 L_1 层，顶点 1 是 L_2 层。删除同层边< 2,3 >得到

由允许边构成的层次网络，如图 10-7(b)所示。在层次网络中进行 DFS 搜索，得到路径 1-3-4，流量为 4；回溯从顶点 1 搜索，得到路径 1-2-4，流量为 1，如图 10-7(b)所示。更新剩余网络，如图 10-7(c)所示。回溯从顶点 2 搜索，没有允许弧，重标号 $d(2)=d(3)+1=2$，$d(1)=d(2)+1=3$，如图 10-7(d)所示。搜索得到路径 1-2-3-4，流量为 1，更新剩余网络，如图 10-7(e)所示。回溯从顶点 1 搜索，没有出边，重标号 $d(1)=4$，算法结束，$v(f)=6$。

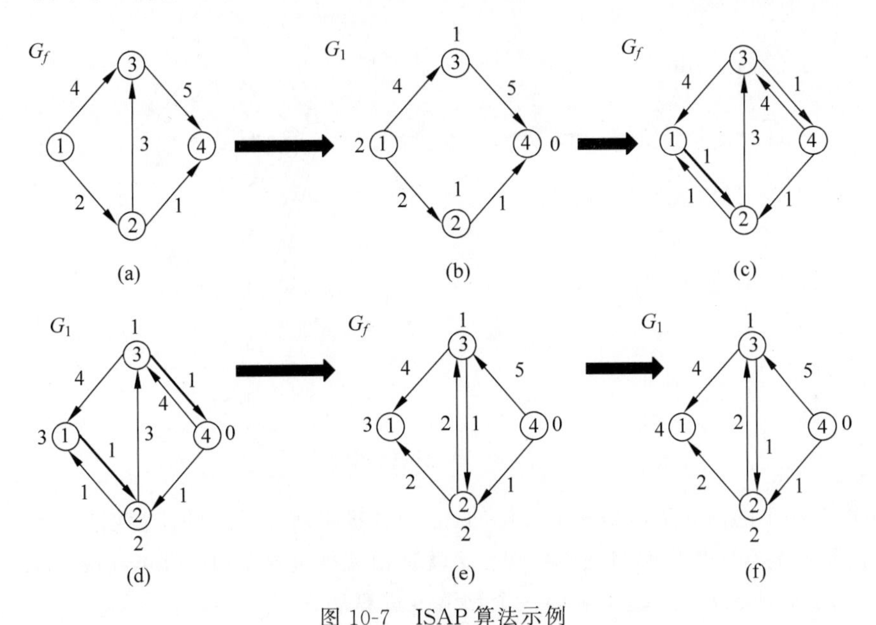

图 10-7　ISAP 算法示例

ISAP 算法的时间复杂度与 Dinic 算法相同，都是 $O(n^2m)$，但在实际表现中要好得多。实际使用中可以进一步进行 GAP 优化：由于从 s 到 t 的一条最短路径的顶点距离标号单调递减，且相邻顶点标号差严格等于 1，因此如果在当前网络中距离标号为 $k(0\leqslant k<n)$ 的顶点数为 0，则一定不存在一条从 s 到 t 的增广路径，可直接跳出主循环。

从目前已有的理论分析和计算经验来看，最短增广路算法是所有增广路算法中效果最好的算法，可以设计出 $O(\log n)$ 的平均时间内找到一条最短增广路，即算法复杂度为 $O(mn\log n)$。对于边的容量都为 1、中间节点入度为 1 或出度为 1 的简单网络，最短增广路算法时间复杂度为 $O(mn^{1/2})$。

本节思考题

教师与课程问题：有 n 个教师和 n 门课程，某个教师能教有限的几门课程，每门课程只有有限的几个教师能讲授，如何安排使一个教师教一门课程，一门课程由一个教师讲授？能否变换为独立集问题？

10.3　预流推进算法

1. 算法思想

如图 10-8 所示网络，前面边的容量全为 10，后面边的容量全为 1。无论采用何种增广路算法，都会找到 10 条增广路，每条增广路长度为 10，容量为 1。因此总共需要 10 次增广，每次增广 1 个流量单位，对 10 条弧进行操作。

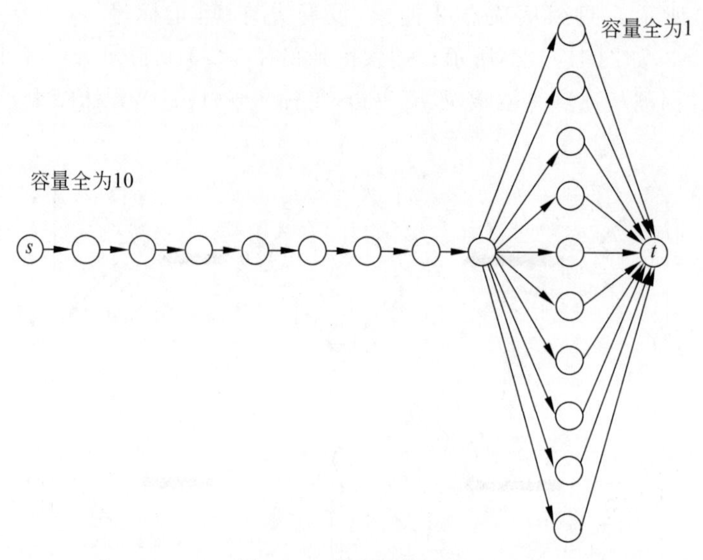

图 10-8 预流网络示例

10 条增广路中的前 8 条边是完全一样的，能否直接将前 8 条边的流量增广 10，而只对后面长为 2 的不同的有向增广路单独操作呢？这就是预流推进算法(Preflow Push Algorithm)的思想。1974 年，Karzanov 提出了第一个预流推进算法。

预流是定义在网络 $N=(V,E)$的边集 E 上的一个正边流函数，满足如下条件：

(1) 容量约束为 $0\leqslant f(v,w)\leqslant c(v,w)$

(2) 对于除源点外的其他节点 v，有 $\sum\limits_{e \text{ into } v} f(e) \geqslant \sum\limits_{e \text{ out of } e} f(e)$。

预流满足容量约束，但一般不满足流量守恒约束。记 $e(v)=\sum\limits_{e \text{ into } v} f(e)-\sum\limits_{e \text{ out of } v} f(e)$，称为节点 v 的盈余，节点 v 称为溢出节点。

预流推进算法的思想是从源点出发，每条边的流量等于其容量。不断将溢出节点的盈余往后推进，直到盈余都聚集在 t 点。多推的流量，可以推回去，最终达到流量守恒。也就是说，预流推进算法关注于对每一条边的操作和处理，而不必每次一定处理一条增广路。

2. 高度函数

如图 10-9 所示，从 s 出发，$<s,v_1>$流过流 $f(s,v_1)=c(s,v_1)=4$，(s,v_2)流过流 $f(s,v_2)=c(s,v_2)=3$，v_1 和 v_2 称为溢出节点。从 v_1 出发，$<v_1,v_2>$流过流 $f(v_1,v_2)=c(v_1,v_2)=2$，$<v_1,t>$流过流 $f(v_1,t)=\min(c(v_1,t),e(v_1))=2$，$<v_2,t>$流过 $f(v_2,t)=c(v_2,t)=2$，v_2 仍为溢出节点。正确方法是 $f(v_1,v_2)=0$，$f(v_1,t)=c(v_1,t)=4$，$<v_2,s>$推回 1，达到流量守恒。

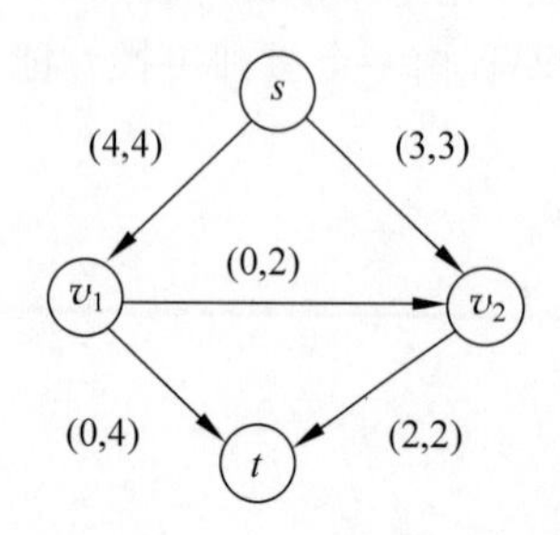

图 10-9 预流盈余示例

把流推错可能导致产生的流不是最大流，这需要一个引导机制，引导流的推进方向，当发现先前的推进出现错误时，沿着正确的边回推，达到流量守恒。这个引导机制就是高度标号和重标号机制。只有当中间节点的盈余全部流到汇点或流回源点后，流才合法。一开始流错了方向，通过重标号被回推，等于被改正了。

定义高度函数 $h(v)$ 为顶点 v 的高度标号，满足以下3个基本条件：

（1）源点条件：$h(s)=|V|=n$；

（2）汇点条件：$h(t)=0$；

（3）陡度条件：剩余网络中的每一条 $c(u,v)>0$ 的边 $<u,v>$，有 $h(u)\leqslant h(v)+1$。

源点和汇点条件保证流从源点 s 流出，流入汇点 t。陡度条件保证流只能从高处（高标号）流向低处（低标号），并且足够缓慢到达汇点，避免流错。h 函数的缓慢下降，保证了算法的正确性。

3. 关键操作

预流推进算法有两个关键操作：推进操作和重标号操作。

1）推进操作

$h(u)=h(v)+1$，$<u,v>$ 称为允许边。从源点到汇点，完全由允许边组成的路径，是最短增广路。将沿一条允许边增流的运算称为一次推进（push）。一次推进将一个节点的盈余推到另一个节点。

推进的使用对象：一条边 $<u,v>\in$ 剩余网络。

推进的使用条件：$e(u)>0, c(u,v)>0, h(u)=h(v)+1$。

```
Push(u,v){
1.   x = min{e(u),c(u,v)}                    //推进量,推进时同时更改相关的 c 与 e 的值
2.   Dec(c(u,v),x)                           //正向边容量减推进量
3.   Inc(c(v,u),x)                           //反向边容量增推进量
4.   Dec(e(u),x)                             //u 的盈余减推进量
5.   Inc(e(v),x)                             //v 的盈余增推进量
}
```

2）重标号操作

更改一个节点的高度值，使其盈余能朝着更多的地方流动。使用了重标号操作后，至少存在一条边 $<u,v>$ 满足 $h(u)=h(v)+1$。

重标号的使用对象：一个节点 u。

重标号的使用条件：节点 u 溢出；剩余网络中周围所有顶点的高度 $\geqslant h(u)$。

```
Relabel(u){
h(u) = min{h(v)|<u,v>∈剩余网络} + 1          //标号上升到比周围最低节点的高度 + 1
}
```

4. 预流推进算法

预流推进算法首先进行初始化操作，将源点 s 的出边满流。

```
Init - Preflow(N){
1.   h(s) = n,h(t) = 0 (t <> s)              //初始化高度函数
2.   从 t 开始 BFS 设置 h(v),与 t 邻接的顶点 h(v) = 1,以此类推
3.   for each v∈adj(s) do
4.        f(e) = c(e)                         //源点 s 的出边满流
5.        Inc(e(v),c(s,v)),Dec(e(s),c(s,v))   //顶点 v 增盈余,s 减盈余
```

```
6.        剩余网络中边<s,v>反向,变成<v,s>
7.   其余边 f(e) = 0
}
```

图 10-10 给出了预流推进算法的示例。初始化,如图 10-10(a)所示,从顶点 s 出发的所有边满流,顶点 2 和 3 变为溢出节点。$h(s)=n$,$h(t)=0$,从顶点 t 开始 BFS,设置顶点 2 和 3 的标号,$h(2)=h(3)=1$。

v_2 是溢出点,$h(2)=h(t)+1$,执行推进操作,推进流值$=\min\{3,1\}=1$,$e(v_2)=3-1=2$,$e(v_t)=0+1=1$,如图 10-10(b)所示。v_2 是溢出点,没有允许边,执行重标号操作 $h(2)=\min\{1,4\}+1=2$。$h(2)=h(3)+1$,执行推进操作,推进流值$=\min\{3,2\}=2$,$e(v_2)=2-2=0$,$e(v_3)=4+2=6$,如图 10-10(c)所示。

v_3 是溢出点,$h(3)=h(t)+1$,执行推进操作,推进流值$=\min\{6,5\}=5$,$e(v_3)=6-5=1$,$e(v_t)=1+5=6$,如图 10-10(d)所示。

v_3 是溢出点,没有允许边,执行重标号操作 $h(3)=\min\{2,4\}+1=3$。$h(3)=h(2)+1$,执行推进操作,推进流值$=\min\{1,2\}=1$,$e(3)=1-1=0$,$e(2)=0+1=1$,如图 10-10(e)所示。

v_2 是溢出点,没有允许边,执行重标号操作 $h(2)=\min\{3,4\}+1=4$。$h(2)=h(3)+1$,执行推进操作,推进流值$=\min\{1,2\}=1$,$e(2)=1-1=0$,$e(3)=0+1=1$,如图 10-10(f)所示。

v_3 是溢出点,没有允许边,执行重标号操作 $h(3)=\min\{4,4\}+1=5$。$h(3)=h(s)+1$,执行推进操作,推进流值$=\min\{1,4\}=1$,$e(3)=1-1=0$,$e(s)=-7+1=-6$,如图 10-10(g)所示。

除 s 和 t 外,没有溢出点,算法结束,得到 $v(f)=6$,如图 10-10(h)所示。

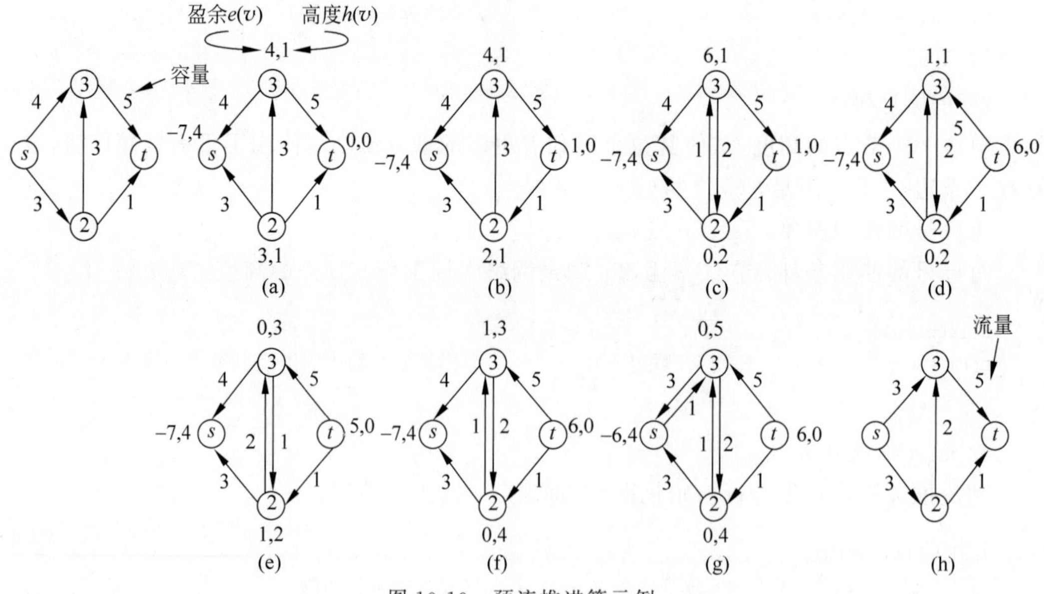

图 10-10 预流推进算示例

预流推进算法:

输入:N,s,t,c。

输出：最大流 f。

```
1.  Init - Preflow(N)                //初始化预流
2.  while (存在溢出节点) do
3.      选一个溢出节点 u              //队列存储溢出节点,取出 u,推出所有盈余 e(u)
4.      while(e(u)> 0) do
5.          if (h(u) = h(v) + 1) then
                call Push(u,v)
6.          else call Relabel(u)
8.  return f
```

从顶点 t 的邻接顶点回退到 s，至多经过 $n-1$ 个顶点，$h(s)=n$，根据陡度条件，顶点最高标号小于 $2n-1$。每个顶点至多执行 $O(n)$ 次重标号，n 个顶点至多执行 $O(n^2)$ 次重标号。每个顶点重标号时间为 $O(n)$，n 个顶点重标号需要时间为 $O(n^3)$。

设势函数 $\Phi(f,h)=\sum_{v:\,e(v)>0} h(v)$，初始时 $\Phi(f,h)=\sum_{v:\,e(v)>0 \text{且} <s,v>\in E} h(v)<(n-1)^2$。每个顶点至多执行 $O(n)$ 次重标号，n 个顶点至多使 $\Phi(f,h)$ 增加 $O(n^2)$ 次重标号。边 $<u,v>$ 饱和推进 $(e(u)\geqslant c(u,v))$ 一次，使 $\Phi(f,h)$ 至多增加 $h(v)=O(n)$ 次推进操作。由于推进操作需满足 $h(u)=h(v)+1$ 或 $h(v)=h(u)+1$，因此每条边至多饱和推进 $O(n)$ 次，m 条边至多饱和推进 $O(nm)$ 次，使 $\Phi(f,h)$ 至多增加 $O(n^2m)$ 次推进操作，因此 $\Phi(f,h)=O(n^2m)$。非饱和推进 $(e(u)<c(u,v))$ 使 $\Phi(f,h)$ 至少减一，并且 $\Phi(f,h)\geqslant 0$，因此非饱和推进次数为 $O(n^2m)$。因此推进操作次数为 $O(n^2m+nm)$，一次推进操作的时间为 $O(1)$，因此推进操作需要时间为 $O(n^2m)$。故预流推进算法的时间复杂度为 $O(n^2m)$。

先进先出预流推进算法，在剩余网络中以先进先出队列维护溢出点，时间复杂度为 $O(n^3)$。Goldberg 和 Tarjan 提出最高标号预流推进算法，在剩余网络中每次从具有最大标号的溢出节点开始预流推进，并使用优先队列维护溢出点，Cheryian 和 Maheshwari 证明了其时间复杂度为 $O(n^2m^{1/2})$。最高标号预流推进算法使小标号的溢出顶点累积尽可能多地来自大标号节点的流量，然后对累积的盈余进行推进，减少了非饱和推进的次数。

10.4 最大流算法推广

视频讲解

10.4.1 多源点多汇点问题

某公司有 x_1 和 x_2 两个生产地点，生产同一产品销往 y_1 和 y_2 两个城市，给定交通图和每条边的容量(该路线最大货物运送量)，求公司每天的最大货物运送量，这是典型的多源点多汇点问题，如图 10-11(a)所示。

问题变换：多个源点和多个汇点的网络可以通过增加一个"超源点"和"超汇点"转化为单源点和单汇点的网络，如图 10-11(b)所示。增加一个超级源点 x，x 连接原网络中的源点 x_1 和 x_2，新增加的两条边的容量均是 ∞。增加一个超级汇点 y，原网络中的汇点 y_1 和 y_2 连接 y，新增加的两条边的容量均是 ∞。源网络中的边及容量在变换后的网络中不变，如图 10-11 所示。变换后网络的最大流等于原网络的最大流。

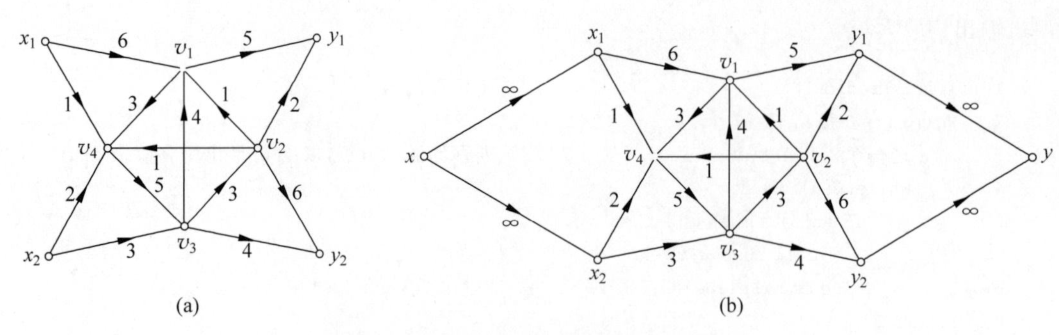

图 10-11 多源点多汇点问题的变换示例

10.4.2 无向图的最大流问题

给定无向连通图，求最大流。由于网络 N 是有向连通图，因此无向图的最大流问题需要进行问题变换。

问题变换：$\forall(u,v)\in G$，变换为方向相反的两条边 $<u,v>$ 和 $<v,u>$，两条边的容量都等于 $c(u,v)$。变换后网络 N 的最大流等于 G 的最大流。

10.4.3 顶点容量限制问题

某公司在 x 城市生产产品，销往 y 城市。给定交通图、每条边的容量和每个城市的容量，求公司每天的最大货物运送量。这是顶点容量限制问题，网络中有顶点容量限制的顶点，流经该顶点 u 的流量不能超过给定的限制容量，如图 10-12(a)所示。

问题变换：任意有容量限制的顶点 $u\in N$，用一条边 $<u,v>$ 代替，相当于城市 u，从东边进从西边出，$<u,v>$ 是城市的内部道路，有容量限制。顶点 u 的入边仍为 u 的入边，顶点 u 的出边变为顶点 v 的出边，$<u,v>$ 的容量等于顶点 u 的容量。变换后网络的最大流等于原网络的最大流。如图 10-12(b)所示，顶点 v_1 和 v_2 被拆分成 $<v_1,v_1'>$ 和 $<v_2,v_2'>$，容量分别是 v_1 和 v_2 的容量，入边不变，出边分别变为 v_1' 和 v_2' 的出边。$<v_1,v_2>$ 变成 $<v_1',v_2>$。

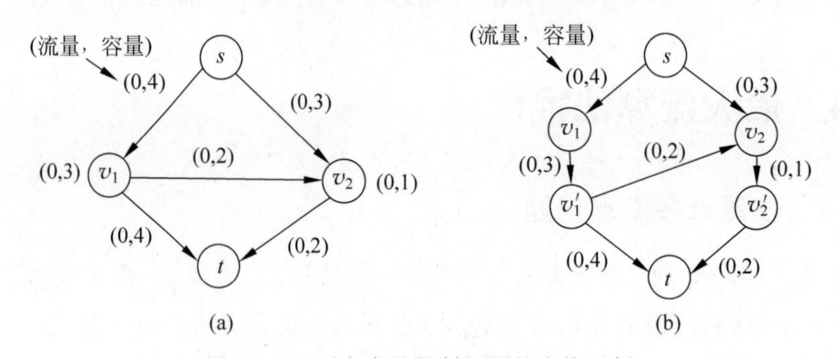

图 10-12 顶点容量限制问题的变换示例

10.4.4 带需求的流通问题

给定容量网络 $N=(V,E,c,d)$ 和边的容量 $c(e)$，$e\in E$；顶点的供给或需求记为 $d(v)$，$v\in V$。$d(v)>0$ 称为需求，$d(v)<0$ 称为供给。流通是满足下列条件的函数 f：

(1) 对于任意边 $e \in E$：$0 \leqslant f(e) \leqslant c(e)$（容量条件）；

(2) 对于任意顶点 $v \in V$：$\sum_{e \text{ into } v} f(e) - \sum_{e \text{ out of } v} f(e) = d(v)$ （需求条件）。

流通问题：给定网络 $N(V,E,c,d)$，是否存在一个可行的流通？

引理：如果网络 N 有一个可行的流通，则供给和＝需求和，即 $\sum_{v:\, d(v)>0} d(v) = \sum_{v:\, d(v)<0} (-d(v))$。

证明：

根据流通的定义，对于任意顶点 $v \in V$：$\sum_{e \text{ into } v} f(e) - \sum_{e \text{ out of } v} f(e) = d(v)$。

因此有 $\sum_{v \in V} \left(\sum_{e \text{ into } v} f(e) - \sum_{e \text{ out of } v} f(e) \right) = \sum_{v \in V} d(v)$。任意边 $e \in E$，在上式被计算两次，一次作为入边，一次作为出边，刚好抵消，因此等式左边等于零，即 $0 = \sum_{v \in V} d(v)$，故有 $\sum_{v:\, d(v)>0} d(v) = \sum_{v:\, d(v)<0} (-d(v)) = D$。

问题变换：给定网络 $G(V,E,c,d)$，增加源点 s 和汇点 t。对于每一个 $d(v)<0$ 的顶点 v，增加容量为 $-d(v)$ 的边 (s,v)。对于每一个 $d(v)>0$ 的顶点 v，增加容量为 $d(v)$ 的边 (v,t)，则带需求的网络 N 变换为不带需求的网络 N'。

图 10-13 给出了带需求的流通的变换示例。增加新源点 s 和汇点 t。增加 s 分别到 $d(v)=-6$、-8 和 -7 的顶点的边，容量分别为 6、8 和 7。分别增加 $d(v)=10$ 和 11 的顶点到 t 的边，容量分别为 10 和 11。

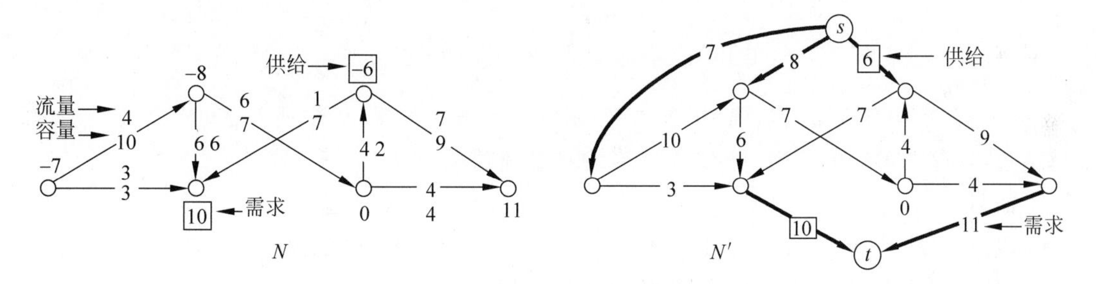

图 10-13 带需求的流通的变换示例

定理：N 有可行流通 iff N' 有值为 D 的最大流。如果 N 中所有需求、容量都是整数，且存在可行的流通，那么 N 中存在整数流值的流通。

证明：

设 $A=\{s\}$，则 N' 中 $\text{cap}(A,B) = \sum_{v:\, d(v)<0} (-d(v)) = D$。假设 N' 存在流值 $v(f)=D$，则 D 是最大流，从 s 流出和流入 t 的所有边满流，即 $v(f) = \sum_{v:\, d(v)>0} d(v) = \sum_{v:\, d(v)<0} (-d(v)) = D$。删除 s 和 t 及关联的边，变成 N 中一个可行的流通。反之，假设 N 中存在可行的流通 f，则有 $\sum_{v:\, d(v)>0} d(v) = \sum_{v:\, d(v)<0} (-d(v)) = D$。让 N' 中从 s 流出和流入 t 的所有边满流，存在 $v(f)=D$。根据最大流最小割定理，因为 $\text{cap}(A,B)=D$，因此这是 N' 的最大流。

10.4.5 带需求和下界的流通

给定网络 $N(V,E,l,c,d)$，边容量 $c(e)$ 和下界 $l(e)$，$e\in E$；顶点的供给或需求为 $d(v)$，$v\in V$。N 中一个可行的流通是满足下述条件的函数 f：

(1) $\forall e\in E$：$l(e)\leqslant f(e)\leqslant c(e)$ （容量条件）；

(2) $\forall v\in V$：$\sum\limits_{e\text{ into }v} f(e)-\sum\limits_{e\text{ out of }v} f(e)=d(v)$ （需求条件）。

带需求和下界的流通问题：给定网络 $N(V,E,l,c,d)$，是否存在一个可行流通。

带需求和下界的网络不一定有可行的流通，如图 10-14 所示，顶点 2 最少流出 3+4=7 的流，但最大流入值为 4 的流。顶点 2 没有需求，因此不满足容量守恒条件。

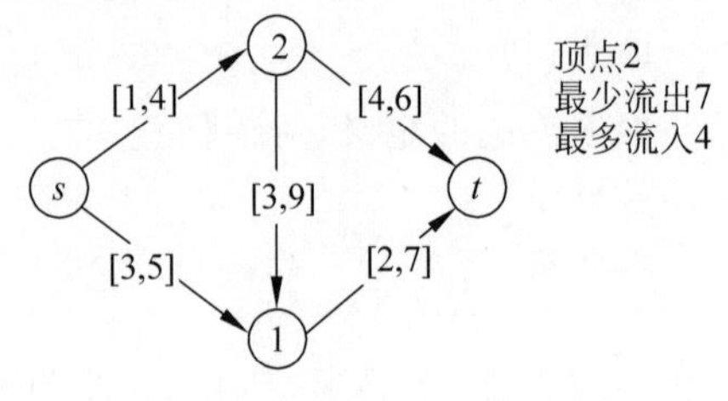

图 10-14 带下界的流通无解的示例

问题变换：给定网络 $N(V,E,l,c,d)$，$(v,w)\in E$，且 $l(v,w)>0$，边的容量变为 $c(v,w)-l(v,w)$，更新两个端点的需求分别为 $d(v)+l(v,w)$ 和 $d(w)-l(v,w)$，则带需求和下界的网络 N 变换为带需求的网络 N'，如图 10-15 所示。

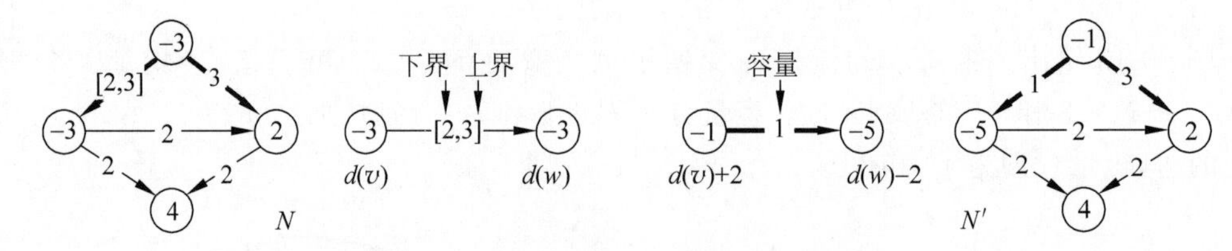

图 10-15 带需求和下界的流通的变换示例

定理：N 中存在可行流通 iff N'中存在可行流通。如果 N 中所有需求、容量、下界都是整数，且存在可行的流通，那么 N 中存在整数流值的流通。

证明：

假设 $f(e)$是 N 中的流通 iff $f'(\mathrm{e})=f(e)-l(e)$是 N'中的流通。

假设 N'中存在可行流通 f'，根据守恒条件有

$$\sum_{e\text{ into }v} f(e)'-\sum_{e\text{ out of }v} f(e)'=d(v)'=d(v)-\sum_{e\text{ into }v} l(e)+\sum_{e\text{ out of }v} l(e)$$

通过 $f(e)=f(e)'+l(e)$ 在 N 中定义一个流通 f，则 f 满足 N 的容量条件：

$$l(e)\leqslant f(e)=f(e)'+l(e)\leqslant c(e)$$

并且

$$\begin{aligned}\sum_{e\text{ into }v} f(e)-\sum_{e\text{ out of }v} f(e)&=\sum_{e\text{ into }v}(f(e)'+l(e))-\sum_{e\text{ out of }v}(f(e)'+l(e))\\&=\sum_{e\text{ into }v} l(e)-\sum_{e\text{ out of }v} l(e)+\sum_{e\text{ into }v} f(e)'-\sum_{e\text{ out of }v} f(e)'=d(v)\end{aligned}$$

满足需求条件。

因此，N'有可行流通 f'，N 有可行流通 f，反之亦成立。故 N'有可行流通 f' iff N 有可行流通 f，而 N'有可行流通 iff 转换后不带需求的网络 N''有值为 D 的最大流，则

$$D = \sum_{v:\, d(v)'>0} d(v)' = \sum_{v:\, d(v)'<0} -d(v)'$$

10.4.6　调查设计

一个公司做顾客调查，询问 n_1 个消费者有关 n_2 种产品的问题。只有消费者 i 买过产品 j，才能调查有关 j 的问题。每个消费者 i 可以回答 $c_i - c_i'$ 个产品的问题，每个产品需要对 $p_j - p_j'$ 个消费者询问。是否可以设计一个满足上述条件的调查？

这是最大流问题的应用实例。$c_i = c_i' = p_i = p_i' = 1$ 时变为二分完美匹配问题。

问题变换：调查设计问题转换为带需求和下界的流通问题，如图 10-16 所示。增加 n_1 个消费者顶点和 n_2 种产品顶点。如果消费者 i 买过产品 j，增加一条边 $<i,j>$，下界为 0，上界为 1。增加源点 s，连接 s 和消费者 i，下界为 c_i，上界为 c_i'。增加汇点 t，连接产品 j 和 t，下界为 p_j，上界为 p_j'。连接 t 和 s，下界为 0，上界为∞。所有顶点的需求为 0。变换后网络 N 有可行流通 iff 调查设计有可行的方案。

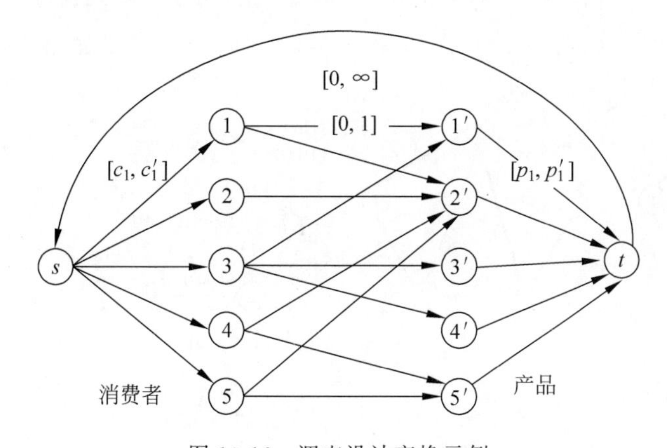

图 10-16　调查设计变换示例

10.5　最小费用流

对于可行流，有时需要考虑费用。给定容量网络 $N=(V,E,c,b)$，边 (v_i,v_j) 的容量 c_{ij}、单位流量费用 b_{ij} 和流量 f_{ij}。对于网络 N 中一个给定的流 f，其费用定义为 $b(f) = \sum_{<i,j>\in E} b(i,j)\times f(i,j)$。

最小费用流问题就是给定网络 $N(V,E,c,b)$，求 N 的一个最大流 f，使流的总费用最小。最小费用最大流问题的求解途径有两种。

（1）最小费用路算法：始终保持网络中的可行流是最小费用流，然后不断调整，使流量逐步增大，最终成为最小费用最大流。

（2）消圈算法：始终保持可行流是最大流，通过不断调整使费用逐步减小，最终成为具有最大流量的最小费用流。

10.5.1 最小费用路算法

1961 年，Busacker 和 Gowan 提出最小费用路算法。最小费用路算法寻找从源点 s 到汇点 t 的最小费用路，然后沿最小费用路增流，不断进行直至找到最小费用最大流。剩余网络中从源点 s 到汇点 t 的最小费用路是剩余网络中从 s 到 t 的以费用为权的最短路。

剩余网络中边的费用定义为：当剩余网络中边 (v,w) 是前向边时，其费用为 $b(v,w)$；当 (v,w) 是后向边时，其费用为 $-b(w,v)$。对于零流边（$f_{ij}=0$），保持原边不变，将单位费用作为权值，即 $w_{ij}=b_{ij}$；对于饱和边（$f_{ij}=c_{ij}$），去掉原有边，添加以单位费用的负数作为权值的后向边（虚线）；对于非饱和且非零流边（$0<f_{ij}<c_{ij}$），原有边以单位费用作权值，并添加以单位费用的负数作为权值的后向边（虚线）。

图 10-17 给出了最小费用路算法的示例，边上的数字为 (c_{ij},b_{ij})。首先 $f=0,G_f=G$。保持原边不变，单位费用为边权，构造费用网络 G_b，在 G_b 上求得长度为 4 的最短路 s-2-1-t，即最小费用增广路，如图 10-17(a)所示。沿着 s-2-1-t 增广，得到流 $f=\min\{8,5,7\}=5$，费用为 $b(f)=\sum\limits_{<i,j>\in E} b(i,j)\times f(i,j)=(1+2+1)\times 5=20$，如图 10-17(b)所示。

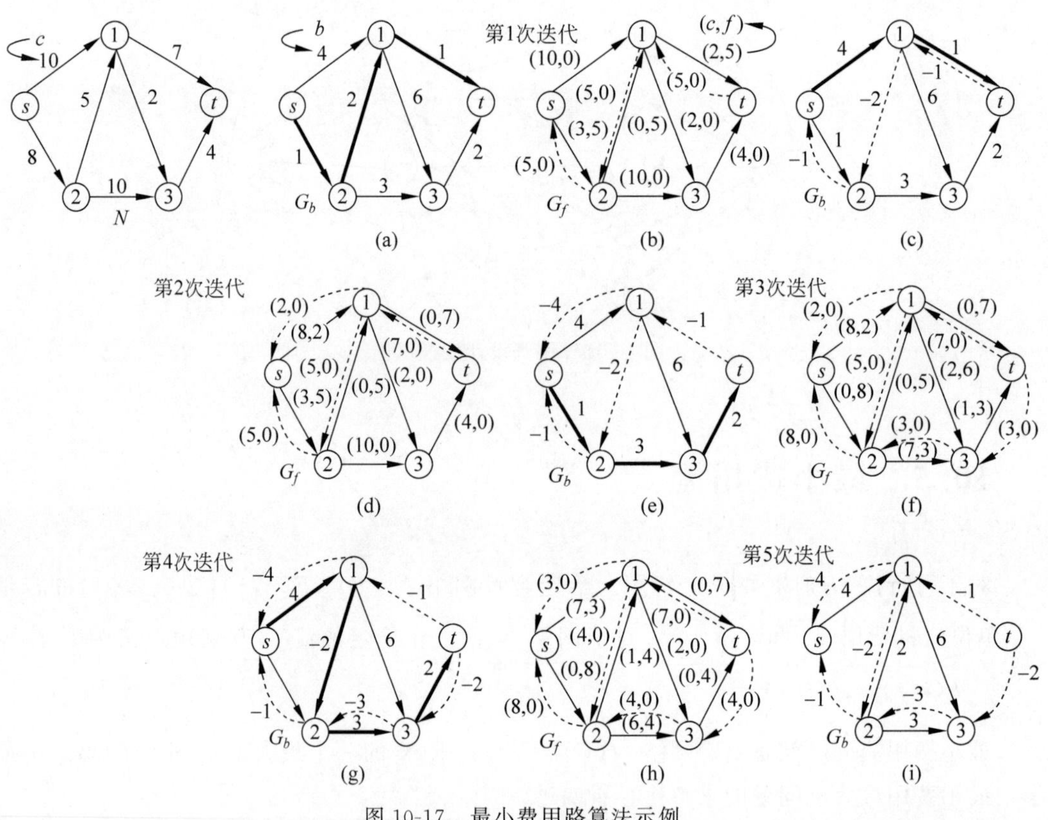

图 10-17 最小费用路算法示例

构造剩余网络 G_f 和费用网络 G_b，在 G_b 上求得长度为 5 的最短路 s-1-t，即最小费用增广路，如图 10-17(c)所示。沿着 s-1-t 增广，得到流 $f=\min\{10,7-5\}=2$，费用为 $b(f)=$

$\sum_{<i,j>\in E} b(i,j)\times f(i,j)=(1+2+1)\times 5+(4+1)\times 2=30$，如图 10-17(d) 所示。

构造剩余网络 G_f 和费用网络 G_b，在 G_b 上求长度为 6 的最短路 s-2-3-t，即最小费用增广路，如图 10-17(e)所示。沿着 s-2-3-t 增广，得到流 $f=\min\{8-5,10,4\}=3$，费用为 $b(f)=\sum_{<i,j>\in E} b(i,j)\times f(i,j)=(1+2+1)\times 5+(4+1)\times 2+(1+3+2)\times 3=48$，如图 10-17(f)所示。

构造剩余网络 G_f 和费用网络 G_b，在 G_b 上求长度为 7 的最短路 s-1-2-3-t，即最小费用增广路，如图 10-17(g)所示。沿着 s-1-2-3-t 增广，得到流 $f=\min\{10-2,5,10-3,4-3\}=1$，费用为 $b(f)=\sum_{<i,j>\in E} b(i,j)\times f(i,j)=(1+2+1)\times 5+(4+1)\times 2+(1+3+2)\times 3+(4-2+3+2)\times 1=55$，如图 10-17(h)所示。

构造剩余网络 G_f 和费用网络 G_b，在 G_b 上找不到 s-t 的最短路，如图 10-17(i)所示。算法结束，得到大小为 11 的流，费用为 $b(f)=\sum_{<i,j>\in E} b(i,j)\times f(i,j)=(1+2+1)\times 5+(4+1)\times 2+(1+3+2)\times 3+(4-2+3+2)\times 1=55$。

最小费用路算法：

输入：$G(V,E,c,b)$。

输出：最小费用最大流。

Step0：初始化 $f=0,G_f=G$。

Step1：以费用为边权，构造费用网络 G_b，用最短路算法计算最小费用路。

Step2：如果不存在最小费用路，则算法结束，已经找到最小费用流。否则在剩余网络中沿找到的最小费用可增广路增流。

Step3：构造剩余网络 G_f，并转 Step1。

算法的主要计算量在于连续寻找最小费用路并增流。给定网络中有 n 个顶点和 m 条边，且源点出边的容量和不超过 C，每条边的费用不超过 M。每次增流至少使得流值增加 1 个单位，因此最多执行 C 次找最小费用路算法。费用可能为负，因此可以使用 Bellman-Ford 等算法求最小费用路。如果找一次最小费用路需要的计算时间为 $s(m,n,M)$，则求最小费用流的最小费用路算法需要的计算时间为 $O(s(m,n,M)C)$。

10.5.2　最小逃逸问题

给定 m 行 n 列栅格状无向图，第 i 行第 j 列的节点表示为 (i,j)，给定 f 个起始点 (x_i,y_i)，$1\leqslant x_i,y_i\leqslant n$，是否存在从起点开始到边界的 f 条不交路径？设每格长度为 1，找出总长度最短的逃逸路径。如图 10-18(a)和图 10-18(b)所示为两种逃逸路径，图 10-18(c)没有逃逸路径。

问题变换：每个节点 (i,j) 拆分为两个顶点 $v(i,j,1)$ 和 $v(i,j,2)$，用一条边连接这两个顶点，容量为 1，费用为 0。与 (i,j) 相邻的 4 个格栅点变为 8 个顶点，连接如图 10-18(d)所示，每条边容量为 1，费用为 1。增加源点和汇点，构造网络流图。对每个起点 (x_i,y_i)，增加边 $(s,v(x_i,y_i,1))$，容量为 1，费用为 0。对每个边界点，增加边 $(v(x_i,y_i,2),t)$，容量为 1，费用为 0。求变换后网络的最小费用最大流，对应最小逃逸路径。

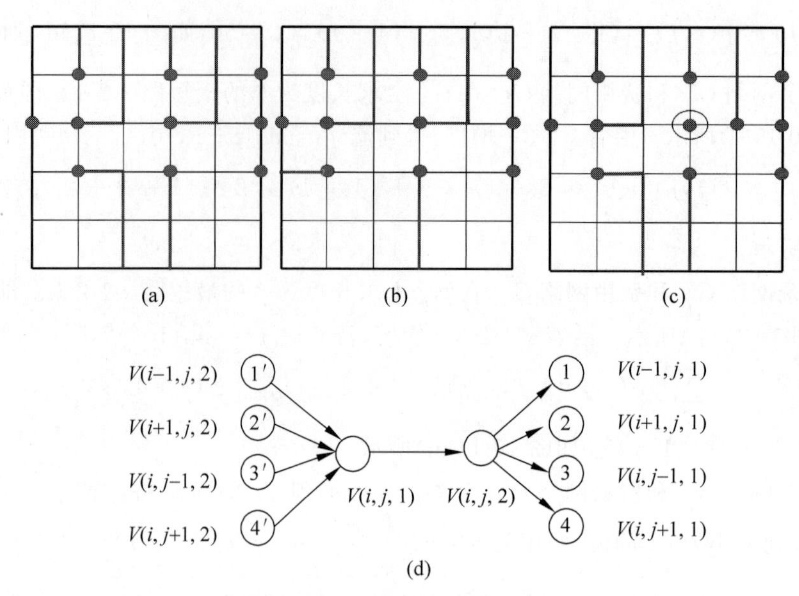

图 10-18　最小逃逸问题示例

视频讲解

10.6　二分测试与二分匹配

设无向图 $G=(V,E)$，如果顶点 V 可分割为两个互不相交的子集 L 和 R，L 着红色，R 着蓝色，并且图中的每条边的一端为红色，另一端为蓝色，则称图 G 为一个二分图或二部图，如图 10-19(a)所示。例如，稳定匹配问题中男孩着红色，女孩着蓝色，边表示配对关系，则构成一个二分图。

彩图 10-19

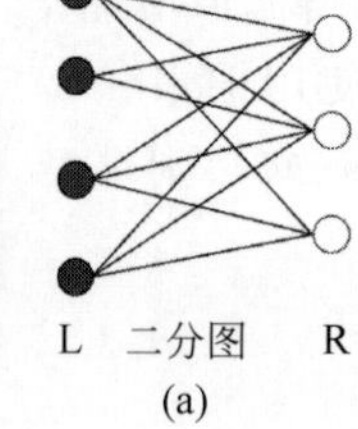

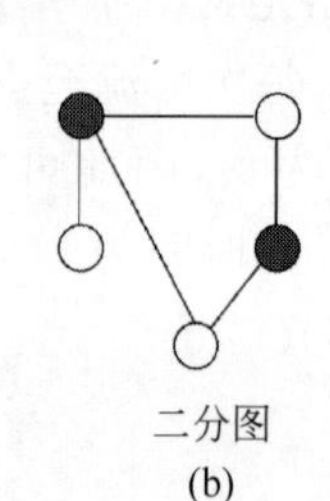

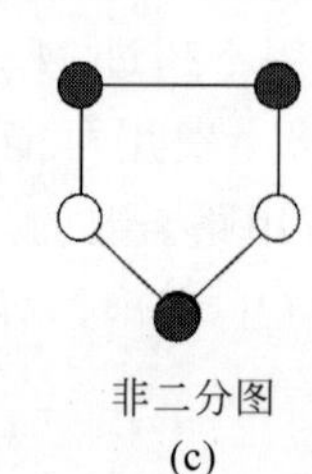

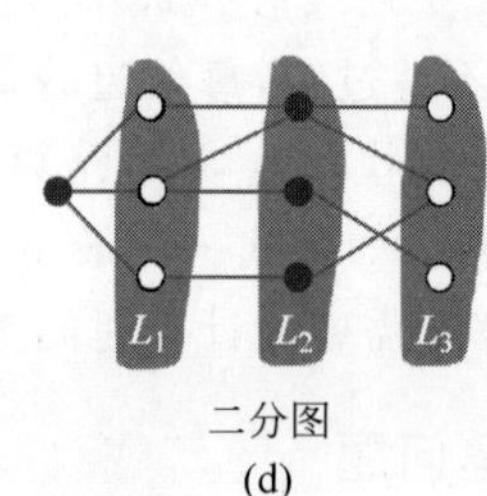

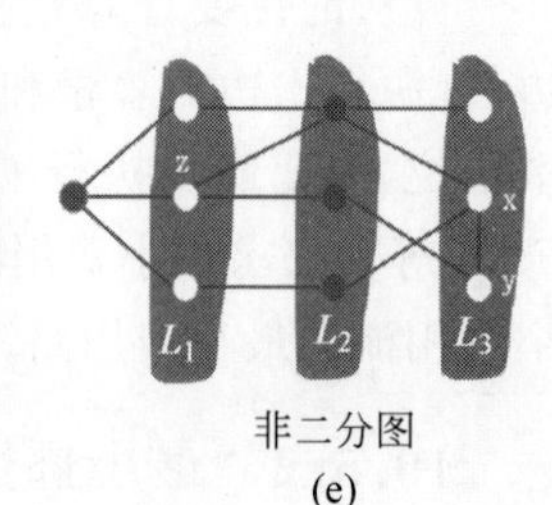

图 10-19　二分图示例

10.6.1　二分测试

引理：给定二分图 $G=(L\cup R,E)$，则 G 无奇数长的环。

证明：

假定 G 有奇数长的环，则有奇数条边，奇数个顶点。根据二分图的定义，肯定存在某条边的两个端点着同样的颜色，如图 10-19(c)所示。这与二分图的定义矛盾，因此 G 无奇数长的环。

定理：给定连通图 G，设 $L_0,L_1,\cdots,L_k$ 是 BFS 中从顶点 s 到达的层，那么下面之一成立。

(1) 同一层中的节点无边相连,并且 G 是二分图。

(2) 同一层中存在连接两个节点的边,并且 G 含有奇数长的环,因此不是二分图。

证明:

(1) 假定同一层中的节点无边相连,G 中所有边的两个顶点不在同一层上。让奇数层节点着红色,偶数层节点着蓝色,这样任意一条边满足一端着红色,另一端着蓝色。根据二分图的定义,G 为二分图,如图 10-19(d)所示。

(2) 假定(x,y)是同一层 L_j 的一条边。设 $z=LCA(x,y)$ 为 x 和 y 最近的共同祖先。设 z 所在层为 L_i,对于从 x 到 y 的环,存在从 y 到 z 的路径,长度为$|i-j|$;也存在从 z 到 x 的路径,长度为$|j-i|$。则环的长度为 $1+|j-i|+|j-i|$,为奇数环,如图 10-19(e)所示。由引理可知,G 不是二分图。

推论:图 G 是二分图 iff 无奇数长的环。

二分测试问题:给定图 $G=(V,E)$,判断 G 是否为二分图。

根据上述定理和推论,图 G 运行 BFS 搜索,检查是否存在同层边。如果有同层边,则不是二分图,否则是二分图。BFS 的时间复杂度为 $O(n+m)$,检查同层边时间为 $O(1)$,边搜索边检查,因此算法的时间复杂度为 $O(n+m)$。

10.6.2 二分匹配

给定无向图 $G=(V,E)$,$M\subseteq E$,如果任意一个顶点至多出现在 M 中的一条边中,则 M 是一个匹配。M 中任意两条边没有公共顶点。G 中边数最多的匹配,称为最大匹配。

设有 m 位待业者,n 项工作,每项工作需要招聘一个人,给出他们各自能胜任工作的情况,要求设计一个就业方案,使尽量多的人能就业。

记待业者为 L 集合,工作为 R 集合,待业者 i 胜任工作 j,增加边$<i,j>$,构成二分图。图中的最大匹配就是问题的解。给定二分图 $G=(L\cup R,E)$,G 的最大匹配称为二分匹配,如图 10-20 所示。

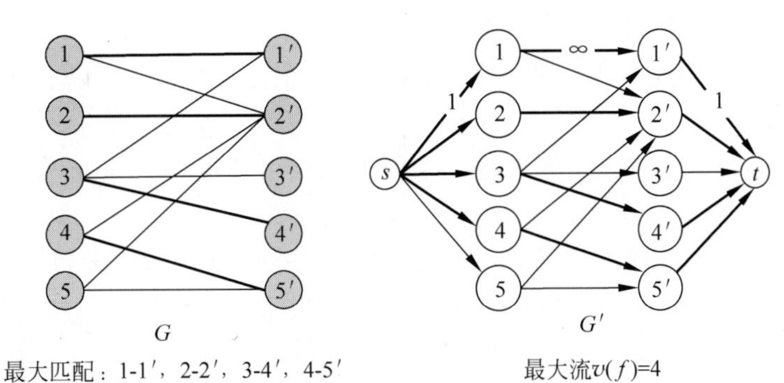

图 10-20 二分匹配示例

求解二分图最大匹配的常用算法有如下 3 种。

(1) 网络流算法。

(2) 匈牙利算法。

(3) Hopcroft-Karp 算法。

10.6.3 网络流算法

问题变换：给定二分图 $G=(L\cup R,E)$，创建有向图 $G'=(L\cup R\cup\{s,t\},E')$，如图 10-20 所示。设置 G 中每条边在 G' 中的方向为从 L 到 R，容量为无穷大或 1。增加源点 s，从 s 到 L 中每个顶点增加一条有向边，容量为 1。增加汇点 t，从 R 中每个顶点到 t 增加一条有向边，容量为 1。求解 G' 的最大流。从 L 指向 R 的边集中，流量为 1 的边对应二分图的匹配边，最大流值 f 对应二分图的最大匹配的边数。

定理：G 中的最大匹配数等于 G' 中的最大流值。

证明：

由于从 s 到 L 的边的容量为 1，从 R 到 t 的边的容量也为 1，因此从 s 到 t 的每条增广路只能流过大小为 1 的流。

假设 G 中最大匹配为 M，匹配数为 k。则 G' 中存在流 f，$v(f)=k$，对应 k 条路径，每条路径的流值为 1，如图 10-20 所示。而 f 不一定是 G' 的最大流，因此最大匹配数 $\leqslant$ 最大流值 $v(f)$。

反之，假设 G' 的最大流为 f，$v(f)=k$，从 L 指向 R 的边集中，流量为 1 的边对应二分图的匹配边。则 G 中存在匹配 M，匹配数为 k，如图 10-20 所示。但 M 不一定是 G 的最大匹配，因此最大匹配数 $\geqslant$ 最大流值 $v(f)$。

如果两者都成立，则必须满足 G 中的最大匹配数等于 G' 中的最大流值，因此定理得证。

二分匹配的时间复杂度取决于采用的最大流算法。

(1) 一般增广路算法：时间复杂度为 $O(mnC)=O(mn)$。

(2) 容量缩放算法：时间复杂度为 $O(m^2\log C)=O(m^2)$。

(3) 最短增广路算法：时间复杂度为 $O(mn^{1/2})$。

10.6.4 匈牙利算法

匈牙利算法由匈牙利数学家 Egerváry 首先提出，1965 年，Edmonds 基于 Berge 定理和 Hall 定理进行了改进，目前最快的算法由 John E. Hopcroft 于 1973 年提出。匈牙利算法既能判定一个二分图中完美匹配是否存在，又能在存在完美匹配时得以求解。

1. 完美匹配

给定图 $G=(V,E)$，$M\subseteq E$，如果每一个顶点正好出现在 M 中的一条边中，则称 M 为完美匹配。

给定二分图 $G=(L\cup R,E)$，$|L|\leqslant|R|$，M 为 G 中一个最大匹配，且 $|M|=|L|$，则称 M 为 L 到 R 的完备匹配。若 $|L|=|R|$，则 M 为完美匹配。若 $|L|<|R|$，则完备匹配为 G 中的最大匹配。例如，设有 m 位待业者，n 项工作，每个人适合做其中一项或几项工作，问能否每个人都分配到一项合适的工作？这是完备匹配问题。如果 $n=m$，能否每个人都分配到一项合适的工作？这是完美匹配问题。

Hall 定理：给定二分图 $G=(L\cup R,E)$ 且 $|L|=|R|$，设 S 是顶点子集，$N(S)$ 是邻接到 S 的顶点集合，则 G 有完美匹配 iff $\forall$ 子集 $S\subseteq L$ 有 $|N(S)|\geqslant|S|$。

证明：

图 G 有完美匹配，S 中的每一个顶点都与 $N(S)$ 中不同的顶点匹配，因此有 $|N(S)|\geqslant$

$|S|$。

反之，$|N(S)| \geqslant |S|$，假定图 G 没有完美匹配，将 G 变换为网络 G' 求最大流，如图 10-21 所示。设 (A,B) 是 G' 中的最小割，由最大流最小割定理，$\text{cap}(A,B)<|L|$。

定义 $L_A=L\cap A, L_B=L\cap B, R_A=R\cap A$，则 $\text{cap}(A,B)=|L_B|+|R_A|$，如图 10-21 所示，$L_A=\{2,4,5\}, L_B=\{1,3\}, R_A=\{2',5'\}, N(L_A)=\{2',5'\}$。

由于最小割不能使用容量无穷大的边，因此 $N(L_A)\subseteq R_A$。故有 $|N(L_A)|\leqslant|R_A|=\text{cap}(A,B)-|L_B|<|L|-|L_B|=|L_A|$，这与 $|N(S)|\geqslant|S|$ 相矛盾。因此如果 $|N(S)|\geqslant|S|$，则 G 有完美匹配。

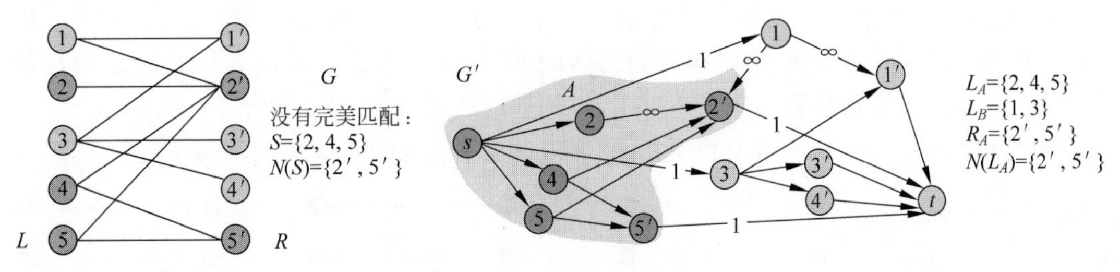

图 10-21　完美匹配示例

2. 交错路径

设 M 是二分图 G 的一个匹配，P 是图 G 的一条路径，P 的任意两条相邻边一定是一条边属于匹配 M 而另一条边不属于 M，则称 P 为 M 交错路径，如图 10-22(b)和图 10-22(c)所示。若 P 仅含一条边，无论该边是否属于匹配 M，P 一定是一条交错路径。

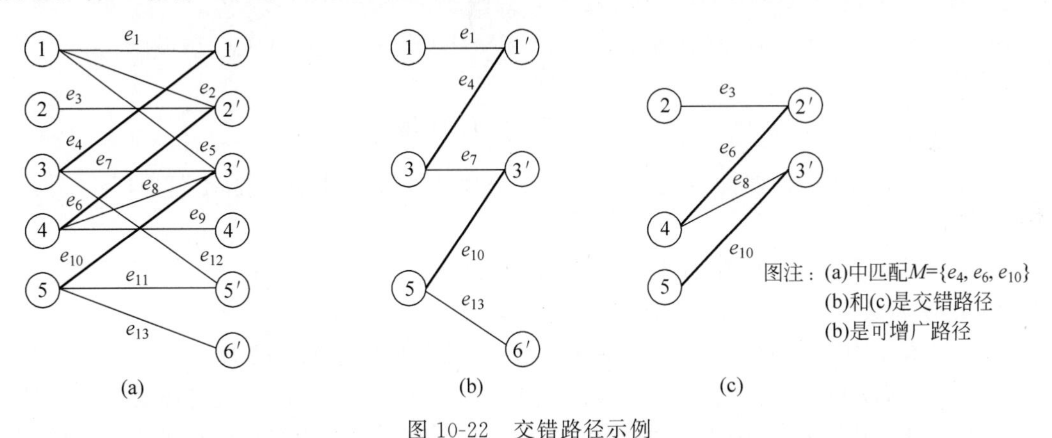

图 10-22　交错路径示例

匹配 M 关联的顶点称为 M 饱和点，起点和终点都是非饱和点的交错路径，称为 M 可增广路径，如图 10-22(b)所示。可增广路径中第一条边不属于匹配 M，第二条边属于匹配 M，第三条边不属于匹配 M，……，最后一条边不属于匹配 M，并且起点和终点都是非饱和点。显然可增广路径有奇数条边。单独的一条连接两个非饱和点的边也是可增广路径。

引理：设 M 是图 G 的一个匹配，P 是图 G 的一条 M 可增广路径，则 $M'=M\oplus E(P)$ 是比 M 更大的匹配，$|M'|=|M|+1$。$E(P)$ 是 P 的边集，$M\oplus E(P)$ 将 P 中匹配边变成未匹配边，将未匹配边变成匹配边。

证明：

P 有奇数条边，未匹配边数=匹配边数+1，$M \oplus E(P)$将 P 中匹配边变成未匹配边，将未匹配边变成匹配边，因此$|M'|=|M|+1$。

3. 匈牙利算法

匈牙利算法的基本思想是从一个匹配开始，找集合 X 中的一个非饱和点，从该点开始找一条增广路径 P，$M'=M \oplus E(P)$，$|M'|=|M|+1$，重复这个过程，直至没有增广路径为止。

图 10-23(a)给出了图 G 的初始匹配$M=\{2\text{-}2',4\text{-}5'\}$，找非饱和点 $S=\{1\}$。从 1 出发找增广路 1-1′，$M \oplus E(P)$，得到新的匹配 $M=\{1\text{-}1',2\text{-}2',4\text{-}5'\}$。然后找非饱和点 $S=\{3\}$，从 3 出发找增广路 3-4′，$M \oplus E(P)$，得到新的匹配 $M=\{1\text{-}1',2\text{-}2',3\text{-}4',4\text{-}5\}$。再找非饱和点 $S=\{5\}$，从 5 出发找增广路 5-5′-4-2′-2-3′，得到新的匹配 $M=\{1\text{-}1',2\text{-}3',3\text{-}4',4\text{-}2',5\text{-}5'\}$。再找非饱和点 $S=\{6\}$，从 6 出发找不到增广路，也没有其他的非饱和点，算法结束。

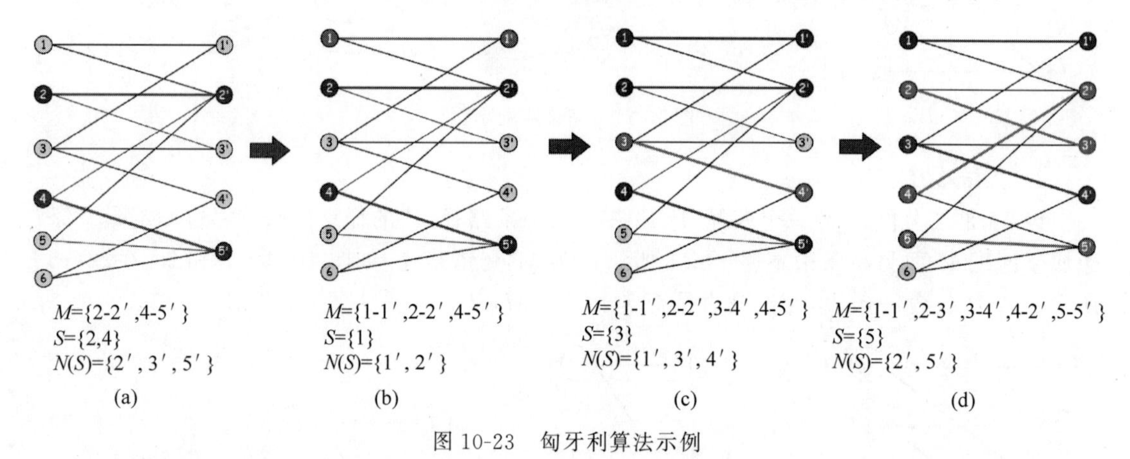

图 10-23 匈牙利算法示例

Berge 定理：图 G 的匹配 M 是最大匹配的充要条件是 G 中不存在 M 可增广路。

证明：

M 是最大匹配，假定 G 中有 M 可增广路，根据引理，$|M'|=|M|+1$，M 不是最大匹配。因此 M 是最大匹配，G 中不存在 M 可增广路。

G 中没有 M 可增广路，假定 M 不是最大匹配，最大匹配为 M''，设 $H=M \oplus M''=\{M \cup M''-M \cap M''\}$，$H$ 中不存在度为 0 的节点(度为 1 或 2)，则 H 中存在交错环或交错路径。又$|M''|>|M|$，因此 H 存在从M''的饱和点出发到M''的饱和点为终点的交错路径，根据定义这个路径是 M 可增广路，$|M'|=|M|+1$，这与 G 中没有 M 可增广路矛盾。因此 G 中没有 M 可增广路，匹配 M 肯定是最大匹配。定理得证。

二分匹配匈牙利算法：

输入：$G(L \cup R,E)$。

输出：M。

```
1.  从图 G 的任何匹配 M 开始
2.  while (L 中选择一个 M 非饱和点 x)
3.      if(存在以 x 为起点的 M 可增广路 P) then
4.          M = M ⊕ E(P)                    //由引理知,且有 M′ = M ⊕ E(P) = |M| + 1
```

```
5.        else print G 不存在完美匹配        //由 Hall 定理|N(S)|<|S|
6.        if(M 饱和 L) then return M
7.    return M
```

注意：每个 L 节点最多作一次增广路的起点；如果一个 R 节点已经匹配，增广路到该节点时唯一的路径是走到 R 节点的匹配点(最大流算法的后向边)。

匈牙利算法根本上是最大流算法，但是它不需要建网络模型，所以图中不再需要源点和汇点，仅仅是一个二分图。每条边也不需要有方向。

设 $|L|=n$，则 $|M|\leqslant n$，每次循环 $|M'|=|M|+1$，匈牙利算法至多运行 n 次循环而结束。匈牙利算法每次找增广路和操作 $\oplus$ 的时间为 $O(m)$。因此算法的时间复杂度为 $O(nm)$。

根据从非饱和点出发寻找增广路的方法，匈牙利算法可分为以下几种。

(1) DFS 增广：时间复杂度为 $O(n^3)$，适用稠密图，找增广路很快，实现简洁，理解容易。

(2) BFS 增广：时间复杂度为 $O(nm)$，适用稀疏图，边少，增广路短。

(3) 多增广路(Hopcroft-Karp 算法)：一次找到多条不相交的增广路，改进的时间复杂度为 $O(mn^{1/2})$。

对于一般图的最大匹配算法，Edmonds 于 1965 年提出了时间复杂度为 $O(n^4)$ 的花算法，目前最好的算法是 Micali-Vazirani 于 1980 年提出的时间复杂度为 $O(mn^{1/2})$ 的算法。

10.7 应用实例

视频讲解

10.7.1 二分匹配公式

设图 $G=<V,E>$，$V^*\subseteq V$，若对于 $\forall e\in E$，$\exists v\in V^*$，使得 v 与 e 相关联，则称 v 覆盖 e，并称 V^* 为 G 的顶点覆盖。G 中所有的边至少有一个顶点属于 V^*。顶点个数最少的顶点覆盖称为最小顶点覆盖；最小顶点覆盖的顶点数称为顶点覆盖数，记作 $\alpha_0(G)$，简记为 α_0，如图 10-24 所示，$V^*=\{v_1,v_3,v_5,v_6\}$ 是最小顶点覆盖，$\alpha_0=4$。

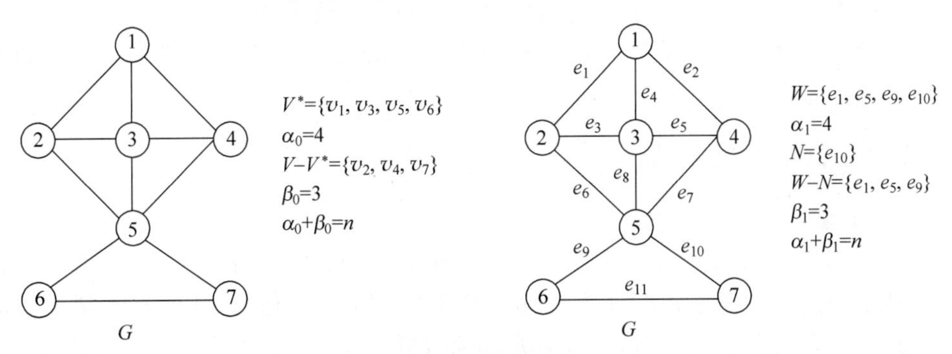

图 10-24 二分匹配应用示例

设图 $G=<V,E>$，$V^*\subseteq V$，若 V^* 中任何两个顶点均不相邻接，则称 V^* 为 G 的独立集。顶点数最多的独立集称为最大独立集；最大独立集的顶点数称为独立数，记作 $\beta_0(G)$，

简记为 β_0，如图 10-24 所示，$V-V^*=\{v_2,v_4,v_7\}$是最大独立集，$\beta_0=3$。

定理：设 $G=<V,E>$，$V^*(V^*\subseteq V)$为 G 的顶点覆盖，当且仅当 $V-V^*$ 为 G 的独立集。

如图 10-24 所示，$V^*=\{v_1,v_3,v_5,v_6\}$是最小顶点覆盖，$V-V^*=\{v_2,v_4,v_7\}$是最大独立集，$\alpha_0+\beta_0=n$。G 中最小顶点覆盖和最大独立集是互补关系。

证明：

先证必要性。假设存在 $v_i,v_j\in V-V^*$，且$(vi,vj)\in E$。由于顶点 v_i 和 v_j 都不在 V^* 中，这显然与"V^* 是顶点覆盖"相矛盾。所以 $V-V^*$ 为独立集。

再证充分性。假设 $V-V^*$ 是独立集，则任意一条边的两个端点至少有一个在 V^* 中。由定义可知，V^* 是 G 的顶点覆盖。

设图 $G=<V,E>$，$E^*\subseteq E$，若 $\forall v\in V$，$\exists e\in E^*$，使得 v 与 e 相关联，则称 e 覆盖 v，并称 E^* 为边覆盖。G 中所有的顶点都是 E^* 中边的顶点(边覆盖顶点)。边数最少的边覆盖集称为最小边覆盖；最小边覆盖所含的边数称为边覆盖数，记作 $\alpha_1(G)$或简记为 α_1，如图 10-24 所示，$W=\{e_1,e_5,e_9,e_{10}\}$是最小边覆盖，$\alpha_1=4$。

设图 $G=<V,E>$，若 $E^*(E^*\subseteq E)$中任何两条边均不相邻接，则称 E^* 为 G 的匹配。E^* 任何两条边都没有公共顶点。边数最多的匹配称为最大匹配；最大匹配的边数称为匹配数，记作 $\beta_1(G)$，简记为 β_1，如图 10-24 所示，$W-N=\{e_1,e_5,e_9\}$是最大匹配，$\beta_1=3$。

定理：设 $G=<V,E>$中无孤立点。M 为 G 的最大匹配，对于 G 中每个未覆盖顶点 v，选取与 v 关联的边组成集合 N，则 $M\cup N$ 是 G 的最小边覆盖。设 W 为 G 的最小边覆盖，若 G 中存在邻接边就移去其中一条，设移去的边集为 N，则 $W-N$ 是 G 的最大匹配。

如图 10-24 所示，$W=\{e_1,e_5,e_9,e_{10}\}$是最小边覆盖，$N=\{e_{10}\}$，$W-N=\{e_1,e_5,e_9\}$是最大匹配，$\alpha_0+\beta_0=n$。最大匹配和最小边覆盖的边有重叠，数量上满足 $\alpha_0+\beta_0=n$。

König 定理：给定二分图 $G=(L\cup R,E)$，G 的最大匹配数 β_1 等于这个图中的最小顶点覆盖数 α_0。

König 定理：设二分图 $G=(L\cup R,E)$中无孤立点，G 的最大独立数 β_0 等于这个图中的最小边覆盖数 α_1。

根据上述定理，又二分图的最大匹配数等于最大流的流值，可以得出：最大匹配数 $\beta_1=$ 最大流值 $v(f)=$ 最小顶点覆盖数 α_0。最大独立数 $\beta_0=$ 最小边覆盖数 $\alpha_1=n-\beta_1=n-v(f)$。因此通过计算二分图的最大流，得到最大匹配、最小顶点覆盖、最大独立集和最小边覆盖。

10.7.2 二分匹配应用

1. 机器调度问题(POJ 1325)

给定两台机器 A 和 B 以及 n 个任务。每台机器有 M 种不同的模式，而每个任务都恰好在一台机器上运行。任务 $i(i=1,2,\cdots,n)$如果在机器 A 上运行，则机器 A 需要设置为模式 a_i；如果它在机器 B 上运行，则机器 B 需要设置为模式 b_i。每台机器上的任务可以按照任意顺序执行，但是每台机器每转换一次模式需要重启一次。请为每个任务安排一台机器并合理安排顺序，使得机器重启次数尽量少。

问题变换：模式为顶点，任务为边，L 为 A 模式，R 为 B 模式，构造二分图，如图 10-25

所示。求模式变换最少，又完成所有任务，即求最小顶点覆盖。二分图的最小顶点覆盖数＝二分图的最大匹配数。

2. 同学缘分问题(POJ 1466)

大学二年级的时候，一些同学开始研究男女同学之间的缘分问题。研究者试图找出没有缘分的同学的最大集合，输出这个集合中学生的数量。

问题变换：以人为顶点，关系为边，L 为男孩，R 为女孩，构造二分图。如果某男孩 i 和某女孩 j 之间有缘分，就连线(L_i, R_j)，如图 10-26 所示。求没有缘分的最大集合的元素数，即求最大独立集的独立数。最大独立数＝n－最大匹配数。

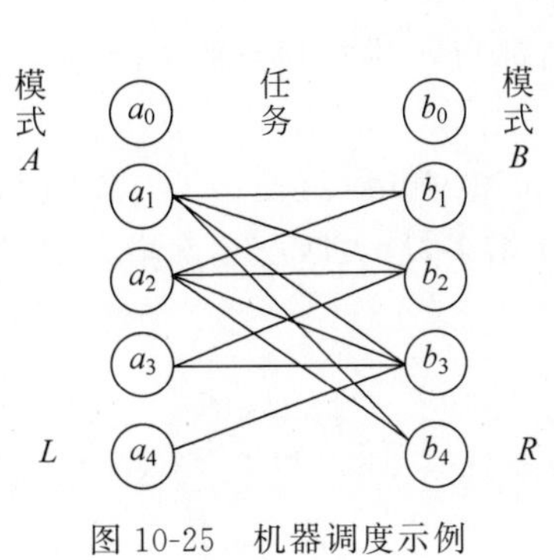

图 10-25　机器调度示例

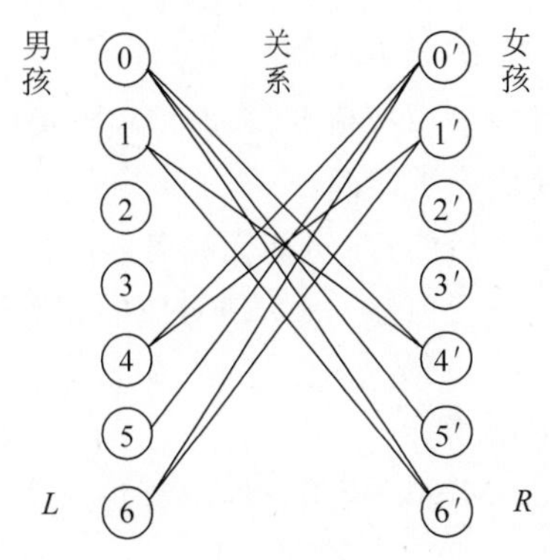

图 10-26　同学缘分示例

本节思考题

1. 给定图 $G=<V,E>$，求从 s 到 t 的最多不相交路径(没有共同边)。
2. 求 DAG 图的最小路径覆盖。

10.8　二分图最佳匹配

视频讲解

G 是赋权二分图，顶点划分成工作人员集合 $X=\{X_1,X_2,\cdots,X_m\}$ 和工作集合 $Y=\{Y_1,Y_2,\cdots,Y_n\}$，每个人做同一项工作的效率不一样，$w(X_i,Y_j)\geqslant 0$ 表示工作人员 X_i 做工作 Y_j 时的效益，求权值总和最大的完备匹配称为最佳匹配。同样对于表示成本、时间等权值，最佳匹配则是求权值总和最小的完备匹配。

1. 相等子图

引入可行顶标和相等子图的概念。

对二分图的每个顶点设一个可行顶标，顶标函数 l 对任意边(x,y)满足 $l(x)+l(y)\geqslant w(x,y)$。

相等子图 G_l 是G 的生成子图，包含 G 的所有顶点，但只包含满足 $l(x)+l(y)=w(x,y)$的所有边。

定理：如果相等子图有完美匹配 M^*，则 M^* 是原图的最大权匹配。

证明：

设 M^* 是相等子图的完美匹配,则 M^* 覆盖 X 和 Y,根据相等子图的定义有 $w(M^*)=\sum_{e\in M^*} w(e)=\sum_{v\in X\cup Y} l(v)$。设 M 是原图的任意完美匹配,则 $w(M)=\sum_{e\in M} w(e)\leqslant \sum_{v\in X\cup Y} l(v)=w(M^*)$。因此 M^* 是原图的最大权匹配。

根据定理,求最佳匹配的关键是寻找好的可行顶标,使相等子图有完美匹配。因此可以构造一个可行顶标,然后求相等子图的最大匹配。

设 $l(x)=\max(w(x,y))$,即 X 节点的顶标为其出边的最大权值;$l(y)=0$,即 Y 节点顶标为 0。这样满足 $l(x)+l(y)\geqslant w(x,y)$。然后使用匈牙利算法求相等子图的完备匹配,$W(Y)=0$,最大匹配$=\sum W(X)$。如果存在完备匹配,则算法终止。如果 $|X|\neq|Y|$,可以通过增加虚拟顶点,和虚拟顶点关联的边的权值都为 0,虚拟顶点的顶标为 0,这样完备匹配就变成完美匹配。

标号之后的 G_l 可能无完备匹配。1957 年,Kuhn 和 Munkras 提出了有效的 KM 算法:逐次修改可行顶标 $l(v)$,使对应的相等子图的边逐次增多,最大匹配逐次增大,最后出现完备匹配。

2. KM 算法

Kuhn-Munkras 最佳匹配算法:

输入:$G\ (L\cup R,E),W$。

输出:最佳匹配。

Step1:初始化可行顶标。

Step2:用匈牙利算法寻找相等子图的完备匹配。

Step3:若未找到完备匹配则修改可行顶标。

Step4:重复 Step2 和 Step3,直到找到相等子图的完备匹配。

表 10-1 给出了最佳匹配的示例,若工人 x 完全不能参与工作 y,则 $w(x,y)=0$。首先初始化可行顶标,Y 节点顶标为 0,即 $l(Y)=0$;x 节点的顶标为其出边的最大权值,即 $l(x)=\max(w(x,y))$,具体如下:$l(y_i)=0,0\leqslant i\leqslant 5$。$l(x_1)=\max(3,5,5,4,1)=5$,$l(x_2)=\max(2,2,0,2,2)=2$,$l(x_3)=\max(2,4,4,1,0)=4$,$l(x_4)=\max(0,1,1,0,0)=1$,$l(x_5)=\max(1,2,1,3,3)=3$。

表 10-1 最佳匹配示例

	y_1	y_2	y_3	y_4	y_5
x_1	3	5	5	4	1
x_2	2	2	0	2	2
x_3	2	4	4	1	0
x_4	0	1	1	0	0
x_5	1	2	1	3	3

选取 $l(x)+l(y)=w(x,y)$的所有边构造相等子图 G_l,并求其最大匹配,如图 10-27 所示。选择非饱和点 x_1,沿路径 x_1-y_2 增广,得到匹配(x_1,y_2)。再选择非饱和点 x_2,沿路径 x_2-y_2-x_1-y_3 增广,得到匹配$\{(x_2,y_2),(x_1,y_3)\}$,如图 10-27(b)所示。再选择非饱和点 x_3,沿路径 x_3-y_3-x_1-y_2-x_2-y_1 增广,得到匹配$\{(x_1,y_2),(x_2,y_1),(x_3,y_3)\}$,如

图 10-27(c)所示。再选择非饱和点 x_4,找不到增广路,如图 10-27(d)所示。再选择非饱和点 x_5,沿路径 x_5-y_5 增广,得到匹配$\{(x_2,y_1),(x_1,y_2),(x_3,y_3),(x_5,y_5)\}$,如图 10-27(e)所示。

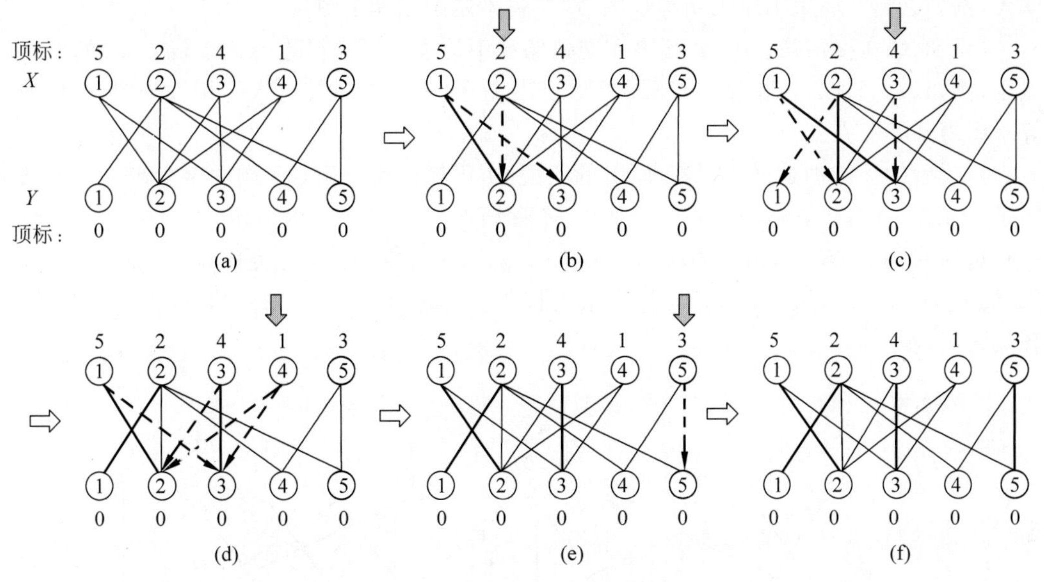

图 10-27　相等子图求解示例

匹配数 $M=4<n$,因此 M 非完备匹配。将 X 中一个未被匹配的顶点 u 做一次搜索(x_4-y_2-x_1-y_3-x_3),构成交错路径 T,记下被访问节点$(x_1,x_3,x_4)\in X$ 和没有被访问节点$(y_1,y_4, y_5)\in Y$,如图 10-27(d)所示。求出 $d=\min\{l(x)+l(y)-w(x,y)\}$,$x$ 为 X 中被访问的节点,y 为 Y 中没有被访问的节点,如表 10-2 所示,最终求得 $d=1$。

表 10-2　d 求解示例

	y_1	y_4	y_5
$d(x_1,Y)$	2	1	4
$d(x_3,Y)$	2	3	4
$d(x_4,Y)$	1	1	1

修改顶标,调整 $l(x)$ 和 $l(y)$:对于所有访问过的 x 顶点,将它的可行顶标减去 d;对于所有访问过的 y 顶点,将它的可行顶标增加 d,如表 10-3 所示。

表 10-3　修改顶标示例

	x_1	x_3	x_4	y_2	y_3
原顶标	5	4	1	0	0
新顶标	4	3	0	1	1

修改后,边分成 4 种情况。

(1) 两端都在交错路径中的边(i,j),$l(x_i)+l(y_j)$的值没有变化,例如(4,2)和(1,2),原来属于相等子图,现在仍属于相等子图。

(2) 两端都不在交错路径中的边(i,j)，$l(x_i)+l(y_j)$都没有变化，例如(5,4)和(5,1)，原来属于(或不属于)相等子图，现在仍属于(或不属于)相等子图。

(3) X 端不在交错路径中，Y 端在交错路径中的边(i,j)，它的 $l(x_i)+l(y_j)$的值有所增大，例如，(5,2)原来不属于相等子图，现在仍不属于相等子图。

(4) X 端在交错路径中，Y 端不在交错路径中的边(i,j)，它的 $l(x_i)+l(x_j)$的值有所减小，例如(1,4)、(4,1)和(4,5)，原来不属于相等子图，现在可能进入了相等子图，因而使相等子图得到了扩大。

修改后的顶标仍是可行顶标，原来的匹配 M 仍然存在。相等子图中至少出现了一条不属于 M 的边((1,4)，(4,1)，(4,5))，所以 M 逐渐增大，如图 10-28 所示。

选择非饱和点 x_4，沿路径 x_4-y_3-x_3-y_2-x_1-y_4 增广，得到完美匹配$\{(x_1,y_4),(x_2,y_1),(x_3,y_2),(x_4,y_3),(x_5,y_5)\}$，其最大权为 $4+2+3+1+1+3=14$，如图 10-28 所示，算法结束。

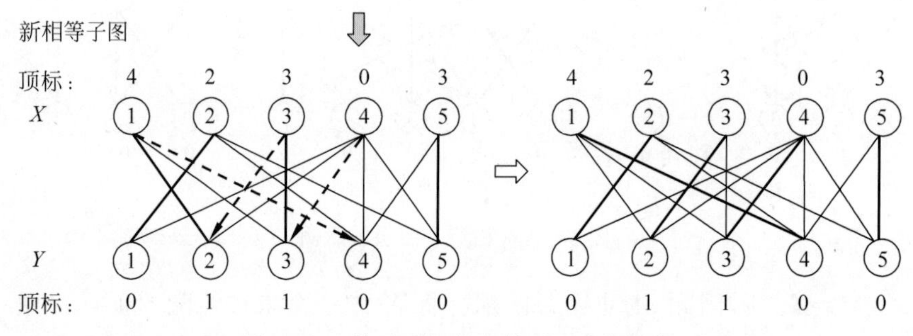

图 10-28 修改顶标的相等子图求解示例

对于顶标的修改，有两种方法。

(1) 根据定义计算最小值，每次修改的时间为 $O(n^2)$，增广的时间为 $O(n^2)$，因此算法需要的时间为 $O(n^4)$。

(2) 对于每个元素 y，定义松弛量 $\text{slack}(y)=\min\limits_{x\in T}\{l(x)+l(y)-w(x,y)\}$。增广时，更新对应的 y 顶点的松弛量 slack(y)。$d=\min\limits_{y\in \overline{T}}\{\text{slack}(y)\}$，这样计算 d 值只需 $O(n)$时间。修改顶标后所有 X-Y 弧的增量相同，因此修改每个 slack 值只需要常数时间，计算所有 slack 值需要 $O(n)$时间，其余计算与匈牙利算法相同，因此算法的总时间复杂度变为 $O(n^3)$。

Kuhn-Munkras 最佳匹配算法：

输入：$G(L\cup R,E,W)$。

输出：最佳匹配。

```
1.  for i = 0 to n - 1 do                    //初始化可行顶标
2.      for j = 0 to n - 1 do
3.          l(x[i]) = max(w(x[i],y[j]))
4.      l(y[i]) = 0
5.  for i = 0 to n - 1 do
6.      if (Find(i)) then continue           //找交错路增广
7.      flag = false
8.      if (not flag) then
```

```
9.          for j = 0 to n - 1 do
10.             if (y[j]未访问)  then 计算 a = min(a,slack(j))
11.         for j = 0 to n - 1 do
12.             if (x[j]访问过) then x[j] -= a
13.             if (y[j]访问过) then y[j] += a
14.             else slack[j] -= a
15.         for j = 0 to n - 1
16.             if (j 未访问过且 not slack[j]) then
17.                 if (j 未匹配) then
18.                     i 与 j 匹配,更新 M
19.                     flag = true
20.                     break
21.                 else if(Find(j 匹配的 x)) then
22.                           flag = true
23.                           break
24. return M
Find(i)
1.  for j = 0 to n - 1 do
2.      if( y[j]未访问) then
3.          更新 slack[j]                  //增广时更新
4.          if (x[i] + y[j] = w[i][j]) then
5.              if(j 未匹配) then
6.                  i 与 j 匹配,更新 M
7.                  return true
8.              else if (j 匹配的 x 访问过) then continue
9.                   if Find (j 匹配的 x) then return true
10. return false
```

KM算法求最大权完备匹配，将所有的边权值取其相反数，求最大权完备匹配，匹配的值再取反即可求最小权完备匹配。最小权匹配问题还可以转化为最小费用最大流问题求解。

KM算法要求必须存在一个完备匹配。如果边不存在，可以设置该边存在但边权为0，这样可以求完备匹配。如果 $X|\neq|Y|$，可以设置虚拟点，和虚拟顶点关联的边的权值都为0，虚拟顶点的顶标为0，这样可以求完美匹配。

KM算法求得的最大权匹配使边权值和最大，如果对每条边的权值均取自然对数，然后求最大权匹配，求得结果 a 后再计算 e^a 就是最大积匹配，因为 $e^{(\ln a+\ln b)}=ab$。

本章习题

1. 编程实现最大流算法(POJ 1273、POJ 1087)。
2. 编程求最小割(POJ 2914、POJ 3469)。
3. 编程实现多源多汇算法(POJ 1459)。
4. 编程实现顶点容量限制最大流算法(POJ 3498)。
5. 编程实现带下界流通算法(POJ 2396)。
6. 编程实现最小费用最大流算法(POJ 2195、POJ 3068、POJ 2516)。
7. 编程实现二分匹配算法(POJ 1469、POJ 3041)。
8. 编程实现最小顶点覆盖算法(POJ 1325)。

9. 编程实现最大独立集算法(POJ 1466)。

10. 编程实现最小边覆盖算法(POJ 1422、POJ 2594)。

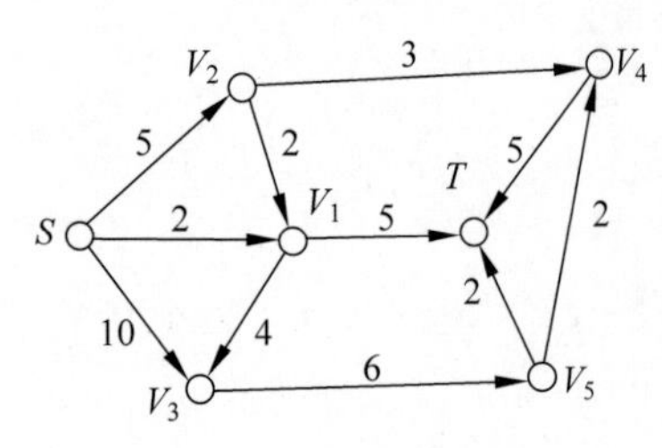

图 10-29 网络流示例-12

11. 任务安排问题：某公司有 5 个工作岗位，每个岗位需要 1 个人，现接到 5 位待业者申请。待业者 A 申请岗位 1、2 和 3，待业者 B 申请岗位 1 和 4，待业者 C 和待业者 D 申请岗位 4 和 5，待业者 E 申请岗位 5。请给出安排方案，使每位待业者都有工作。

12. 给定网络 G，如图 10-29 所示，求最大流和最小割。

13. 给定网络 G，如图 10-30 所示，求最大流和最小割。

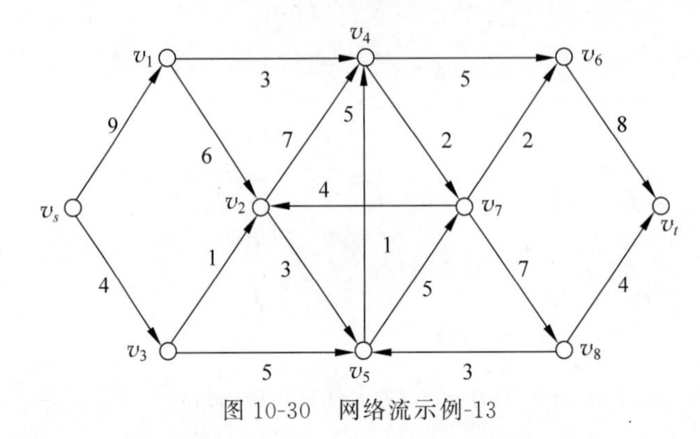

图 10-30 网络流示例-13

14. 指派问题：n 项任务分配给 n 个人，一个人一项任务，第 i 项任务分给第 j 个人有成本 $c[i,j]$。求总成本最小的方案。

$$c[i,j]=\begin{bmatrix}8 & 7 & 8 & 4 & 4\\2 & 4 & 7 & 2 & 9\\8 & 3 & 3 & 1 & 8\\5 & 9 & 9 & 5 & 6\\4 & 1 & 7 & 9 & 2\end{bmatrix}$$

15. 给定 G，求从 s 到 t 的最大边不相交路径。

16. 给定网络 G，如图 10-31 所示，求最小费用最大流。

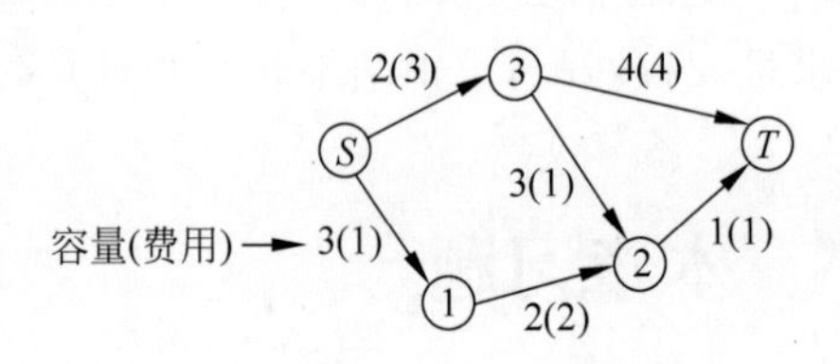

图 10-31 最小费用网络

17. 某公司有 3 个工厂和 4 个销售中心，各工厂的产量、销售中心的销量和单位运费如表 10-4 所示。请制定调运方案使总运费最小。

表 10-4 销量、运费和产量示例

工 厂	单 位 运 费				产量
	销售中心 1	销售中心 2	销售中心 3	销售中心 4	
工厂 A	3	2	7	6	5
工厂 B	7	5	2	3	6
工厂 C	2	5	4	5	2.5
销量	6	4	2	1.5	13.5

18. 地球环境发生了连锁崩溃，人类必须在最短的时间内迁往月球。现有 n 个太空站位于地球与月球之间，且有 m 艘公共交通太空船在其间来回穿梭。每个太空站可容纳无限多的人，而每艘太空船 i 只可容纳 $H[i]$个人。每艘太空船将周期性地停靠一系列的太空站，例如：(1,3,4)表示该太空船将周期性地停靠太空站 134134134…。每艘太空船从一个太空站驶往其他任一太空站耗时均为 1。人们只能在太空船停靠太空站(或月球、地球)时上船、下船。初始时所有人全在地球上。给定太空船一个周期停靠的太空站个数和编号，时刻 0 时，所有太空船都在初始站，然后开始运行。在时刻 1,2,3 等正点时刻各艘太空船停靠相应的太空站。人只有在 0,1,2 等正点时刻才能上下太空船。试设计一个算法，找出让所有人尽快地全部转移到月球上的运输方案。

19. 一个餐厅在相继的 n 天里，每天需用的餐巾数不尽相同。假设第 i 天需要 r_i 块餐巾。餐厅可以购买新的餐巾，每块餐巾的费用为 p 分；或者把旧餐巾送到快洗部，洗一块需 m 天，其费用为 f 分；或者送到慢洗部，洗一块需 $n(n>m)$天，其费用为$(s<f)s$ 分。每天结束时，餐厅必须决定将多少块脏的餐巾送到快洗部，多少块餐巾送到慢洗部，以及多少块保存起来延期送洗。但是每天洗好的餐巾和购买的新餐巾数之和，要满足当天的需求量。试设计一个算法为餐厅合理地安排好。

20. 假设一个试题库中有 n 道试题。每道试题都标明了所属类别。同一道题可能有多个类别属性。现要从题库中抽取 m 道题组成试卷。并要求试卷包含指定类型的试题。试设计一个满足要求的组卷算法。

21. 假设有来自 m 个不同单位的代表参加一次国际会议。每个单位的代表数分别为 $r_i(i=1,2,\cdots,m)$。会议餐厅共有 n 张餐桌，每张餐桌可容纳 $c_i(i=1,2,\cdots,n)$个代表就餐。为了使代表们充分交流，希望从同一个单位来的代表不在同一个餐桌就餐。试设计一个算法，给出满足要求的代表就餐方案。

22. W 教授正在为国家航天中心计划一系列的太空飞行。每次太空飞行可进行一系列商业性实验而获取利润。现已确定了一个可供选择的实验集合 $E=\{E_1,E_2,\cdots,E_m\}$和进行这些实验需要使用的全部仪器的集合 $I=\{I_1,I_2,\cdots,I_n\}$。实验 E_j 需要用到的仪器是 I 的子集 $R_j\subseteq I$。配置仪器 I_k 的费用为 c_k 美元。实验 E_j 的赞助商已同意为该实验结果支付 p_j 美元。W 教授的任务是找出一个有效算法，确定在一次太空飞行中要进行哪些实验并因此而配置哪些仪器才能使太空飞行的净收益最大。这里净收益是指进行实验所获得的全部收入与配置仪器的全部费用的差额。对于给定的实验和仪器配置情况，编程找出净收益最大的试验计划。

23. 图像分割把一幅图像的像素划分为前景或背景。给定像素集合 V，像素邻接增加边连接，边集为 E。每个像素属于前景的可能性为 $a_i\geqslant 0$，属于背景的可能性为 $b_i\geqslant 0$。如果像素 i 和 j 一个为前景另一个为背景，则赋予一个惩罚值 $p_{ij}\geqslant 0$。如果 $a_i>b_i$ 倾向于划分 i 为前景。如果 i 的许多邻居都划分为前景，那么倾向于划分 i 为前景。找一个划分方案，使 $\sum\limits_{i\in A}a_i+\sum\limits_{j\in B}b_j-\sum\limits_{\substack{(i,j)\in E\\ |A\cap\{i,j\}|=1}}p_{ij}$ 最小。

24. 医院有 n 个医生，有一个节日集合$|C|=k$，每个节日有一个假日集合，每个医生有一个放假日加班集合 $1\leqslant c<k$。每个节日每个医生最多加班一天。给出一个多项式时间算法，确定能否在上述约束下，确保每个假日都选到一个医生加班。

25. 编程实现多增广路 Hopcroft-Karp 算法。

第11章

随机算法

随机算法如随机抽样调查等,在现实生活中经常被用到。许多问题的随机算法比确定性算法的效率更高,算法更简单。本章介绍随机算法的分类,伪随机数的生成算法,4 种随机算法的特点和常用问题的随机算法。

视频讲解

11.1 随机算法概述

11.1.1 确定性算法和随机算法

前面讨论的算法都是确定性算法。确定性算法的每一计算步骤都是确定的,每一步只有一种选择,求解同一实例用同一算法求解两次,所用时间和所得结果完全相同。

随机算法是一种使用概率和统计方法在其执行过程中对于下一计算步骤作出随机选择的算法。随机算法求解同一实例用同一随机化算法求解两次,所用时间和所得结果可能完全不同。随机算法的共同点在于计算时间越多或运行次数越多,正确性越高。

随机算法一般比较简单并且时间复杂性比较低。随机算法运行时间的衡量有两种:对于输入随机的随机算法使用平均时间衡量,对于算法内的随机策略使用运行时间的期望值衡量。

11.1.2 随机算法分类

随机算法一般分为数值随机算法、舍伍德算法、蒙特卡罗算法和拉斯维加斯算法。

1. 数值随机算法

数值随机算法常用于数值问题求解,一般为近似解(逼近),且随着计算时间的增加,近似解的精确度不断增加。

2. 舍伍德算法

舍伍德算法总是有解,且解总是正确的,但平均性能未改变。当确定性算法最坏情况和平均情况的复杂度差别较大时,舍伍德算法可以消除或减少好坏实例的差别,达到平均实例的性能。舍伍德算法的精髓不是避免最坏情况，而是设法消除最坏情况和特定实例的关联性。

3. 蒙特卡罗算法

蒙特卡罗算法用于求问题的准确解。蒙特卡罗算法总能求得问题的一个解，但可能给出错误解。蒙特卡罗算法可以显著改进算法的复杂度，但结果未必正确，并且无法有效判定是否正确。随着计算时间的增加，蒙特卡罗算法求得正确解的概率也增加。

4. 拉斯维加斯算法

拉斯维加斯算法肯定得到正确解或找不到解，一旦找到一个解，一定是正确解。增加对问题反复求解次数，可使拉斯维加斯算法求解无效的概率任意小。

11.1.3 伪随机数

现实计算机上无法产生真正的随机数，因此在随机算法中使用的随机数都是一定程度上随机的，即伪随机数。线性同余法是产生伪随机数的最常用的方法。由线性同余法产生的随机序列 $a_0, a_1, \cdots, a_n$ 满足

$$\begin{cases} a_0 = d \\ a_n = (ba_{n-1} + c) \bmod m \quad n = 1, 2, \cdots \end{cases}$$

其中，$b \geqslant 0, c \geqslant 0, d \geqslant m$。$d$ 称为该随机序列的种子。

如何选取该方法中的常数 b、c 和 m，直接关系到所产生的随机序列的随机性能。直观上，m 应取得充分大，因此可取 m 为机器数中的大数，另外应取最大公因数 $\gcd(m, b) = 1$，因此可取 b 为一素数。

一般设计随机化类产生常用的随机数，下面是随机化类的 C++实现。

```
1.  const unsigned long maxshort = 65536L;           //m
2.  const unsigned long multiplier = 1194211693L;    //b
3.  const unsigned long addr = 12345L;               //c
4.  class RandomNumber {
5.  private unsigned long randSeed;                  //用户或系统选定种子 d
6.  public RandomNumber(unsigned long s = 0);        //构造函数,0 表示系统自动产生种子
7.  public unsigned short Random(unsigned long n);   //产生 0～n-1 的随机整数
8.  public double fRandom(void);                     //产生[0,1)区间的随机实数
9.  }
10. RandomNumber::RandomNumber(unsigned long s = 0) {
11. if(s == 0)
12.     randSeed = time(0);                          //系统时间产生种子
13. else randSeed = s;                               //用户选定种子
14. }
15. unsigned short RandomNumber::Random(unsigned long n) {  //n <= 65536L
16. randSeed = multiplier * randSeed + addr;         //an = ban-1 + c
17. return (unsigned short) ((randSeed >> 16) % n);  //(ban-1 + c)mod m 限制 an 在 0～n-1 范围
18. }
19. double RandomNumber::fRandom(void){
20. return Random(maxshort)/double(maxshort);        //n = 65536L,产生[0,1)区间的随机实数
21. }
```

Random 函数每次计算,使用线性同余方法产生新种子 randSeed,将产生种子右移 16 位,得到高 16 位的随机整数,这样的随机数的随机性能更好。

fRandom 函数,通过调用 Random 函数,产生 $0 \sim n-1$ 的随机数,然后除以 n,得到[0, 1)区间的随机实数。

下面用伪随机数模拟抛硬币试验:

```
TossCoins(numberCoins) {
1.  RandomNumber coinToss
2.  tosses = 0                                  //总抛次
3.  for i = 0 to numberCoins - 1 do
4.       tosses += coinToss.Random(2)           //Random(2) = 1 或 0 分别表示正面或反面
5.  return tosses
}
```

通过反复调用 Random(2),得到抛硬币实验的正面频率,每一次抛硬币都是随机的,因此硬币实验的正面频率符合随机分布。

实际上在 C/C++ 中使用 srand()和 rand()函数可以生成随机数种子和随机数。srand((unsigned)time(NULL))可以生成时间种子,rand()会返回范围在 0 至 RAND_MAX(32 767)之间的随机数,rand()%$(Y-X+1)+X$ 可以生成 X 至 Y 之间的随机数。

11.1.4 模运算

随机算法中经常使用模运算。常用模运算公式如下,其中 $r=n \bmod m$ 表示 n 对 m 取模后的余数为 r,$a \equiv b \bmod m$ 表示 a 和 b 对 m 取模后余数相等。注意:当 $a<0$ 时,$r<0$,$0 \leqslant r+m \leqslant m-1$。

交换律:$(a+b) \bmod m=(b+a) \bmod m$,$(a \times b) \bmod m=(b \times a) \bmod m$。

结合律:$[(a+b) \bmod m+c] \bmod m=[a+(b+c) \bmod m] \bmod m$,$[(a \times b) \bmod m \times c] \bmod m=[(b \times c) \bmod m \times a] \bmod m$。

分配律:$(a+b) \bmod m=(a \bmod m+b \bmod m) \bmod m$,$(a-b) \bmod m=(a \bmod m-b \bmod m) \bmod m$,$(a \times b) \bmod m=((a \bmod m) \times (b \bmod m)) \bmod m$,$a^b \bmod m=(a \bmod m)^b \bmod m$,$[(a+b) \bmod m \times c] \bmod m=[(a \times c) \bmod m+(b \times c) \bmod m] \bmod m$。

$a \bmod b=a-b[a/b]$,$[a/b]$表示整数商。

若 $a \equiv b \bmod m$,则对于 $\forall c$,有$(a+c) \equiv (b+c) \bmod m$,$(a \times c) \equiv (b \times c) \bmod m$。

若 $a \equiv c \bmod m$ 且 $b \equiv d \bmod m$,则 $a+b \equiv c+d \bmod m$,$a-b \equiv c-d \bmod m$,$a \times b \equiv c \times d \bmod m$。

视频讲解

11.2 数值随机算法

11.2.1 计算 π 值

设有一个半径为 r 的圆及其外切正方形,向该正方形随机地投掷 n 次,如图 11-1 所示。设落入圆内的点数为 k。由于所投入的点在正方形上均匀分布,因而所投入的点落入圆内

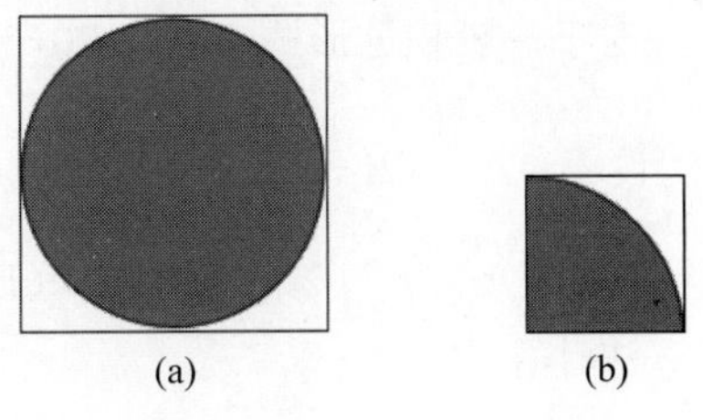

图 11-1 计算 π 值示例

的概率为 $\pi r^2/4r^2=\pi/4$。所以当 n 足够大时，k 与 n 之比就逼近这一概率，即 $k/n\approx\pi/4$，因此 $\pi\approx 4k/n$。

实际随机投掷算法如图 11-1(b)所示，选取第一象限部分进行计算，满足$(x^2+y^2)\leqslant 1$ 则落入圆内。

π 值的随机投掷算法：

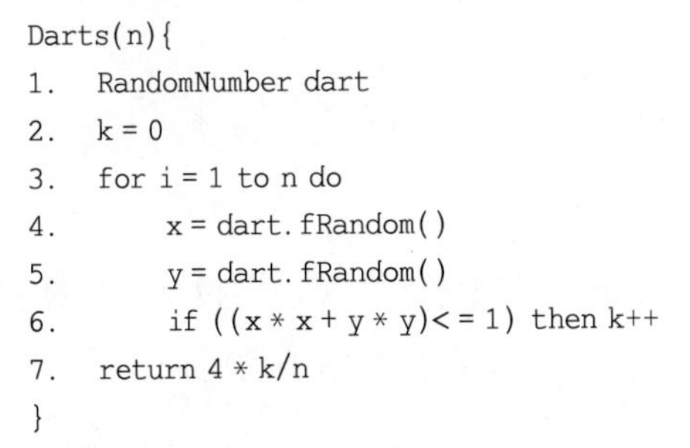

```
Darts(n){
1.   RandomNumber dart
2.   k = 0
3.   for i = 1 to n do
4.        x = dart.fRandom()
5.        y = dart.fRandom()
6.        if ((x * x + y * y)<= 1) then k++
7.   return 4 * k/n
}
```

11.2.2 计算定积分

设 $f(x)$是$[0,1]$上的连续函数，且 $0\leqslant f(x)\leqslant 1$，计算定积分 $I=\int_0^1 f(x)\mathrm{d}x$。根据积分的定义，积分 I 等于图 11-2(a)中的面积 G。在图 11-2(a)所示的单位正方形内均匀地进行投点试验，则随机点落在曲线下面的概率为 $P_r\{y\leqslant f(x)\}=\int_0^1\int_0^{f(x)}\mathrm{d}y\mathrm{d}x=\int_0^1 f(x)\mathrm{d}x$。假设向单位正方形内随机地投入 n 个点(x_i,y_i)，如果有 m 个点落入 G 内，则随机点落入 G 内的概率为 $I\approx m/n$。因此可以使用 m/n 表示 $f(x)$的定积分。

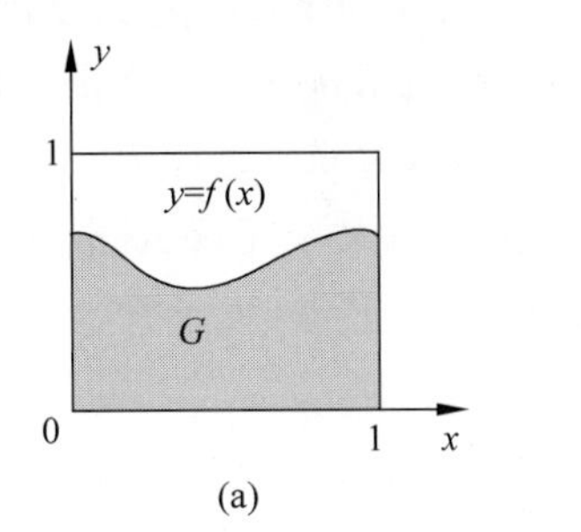

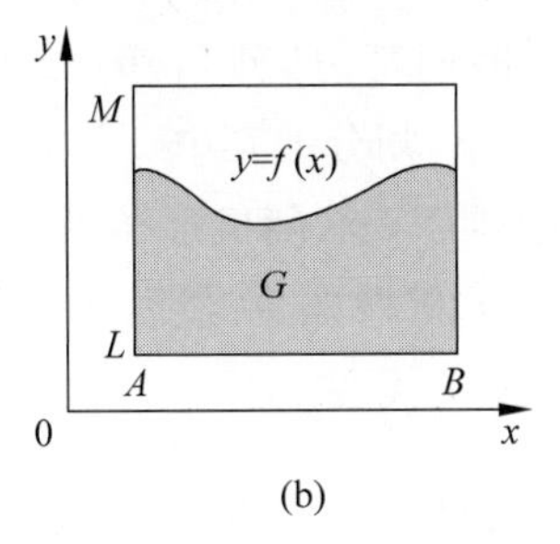

图 11-2 计算定积分示例

计算定积分的概率算法：

```
Darts(n) {
//用随机投点法计算定积分
1.   RandomNumber dart
2.   k = 0
3.   for int i = 1 to n do
4.        double x = dart.fRandom()
5.        double y = dart.fRandom()                    //随机确定的 x 坐标和 y 坐标
6.        if (y <= f(x)) then k++
7.   return k/n
}
```

对于一般积分形式 $I=\int_A^B f(x)\mathrm{d}x$，$L\leqslant f(x)\leqslant M$，其值等于图 11-2(b)中的阴影面积 G。设 $x=A+(B-A)z$，则积分 $I=cI^*+d$，$I^*=\int_0^1 f^*(z)\mathrm{d}z$，$c=(M-L)(B-A)$，$d=L(B-A)$，$f^*(z)=(f(A+(B-A)z)-L)/(M-L)$，$0\leqslant f^*(z)\leqslant 1$，$I^*$ 可用随机投掷算法计算。

11.3 舍伍德算法

设 A 是一个确定性算法，输入实例 x 时所需的计算时间记为 $t_{\mathrm{A}}(x)$。设 X_n 是算法 A 的输入规模为 n 的实例的全体，则当问题的输入规模为 n 时，算法 A 的平均时间为 $\bar{t}_{\mathrm{A}}(n)=\sum_{x\in X_n} t_{\mathrm{A}}(x)/|X_n|$。显然不能排除存在 $x\in X_n$ 使得 $t_{\mathrm{A}}(x)\gg\bar{t}_{\mathrm{A}}(n)$ 的可能性。希望获得一个概率算法 B，使得对问题的输入规模为 n 的每一个实例均有 $t_{\mathrm{B}}(x)=\bar{t}_{\mathrm{A}}(n)+s(n)$。算法 B 关于规模为 n 的随机实例的平均时间为 $\bar{t}_{\mathrm{B}}(x)=\sum_{x\in X_n} t_{\mathrm{B}}(x)/|X_n|=\bar{t}_{\mathrm{A}}(n)+s(n)$。当 $s(n)$ 与 $\bar{t}_{\mathrm{A}}(n)$ 相比可忽略时，算法 B 可获得很好的平均性能。这就是舍伍德(Sherwood)算法的基本思想。

11.3.1 随机快速排序算法

第 5 章的快速排序算法选取 $A[p,r]$ 数组的最左边元素 $A[p]$ 为基准将数组分成大于 $A[p]$ 和小于 $A[p]$ 的两部分，然后递归求解。平均情况下，快速排序的时间复杂度为 $O(n\log n)$。最坏情况下，划分的其中一部分没有元素，时间复杂度为 $O(n^2)$。

舍伍德随机快速排序算法随机选择 $A[p,r]$ 数组的某个元素 $A[q]$ 为基准，将数组分成大于 $A[q]$ 和小于 $A[q]$ 的两部分，然后递归求解。

舍伍德随机快速排序算法：

```
RandomquickSort(a,p,r)
1.  if (p<r) then
2.      q = Randompartion(a,p,r)
3.      RandomquickSort(a,p,q-1)
4.      RandomquickSort(a,q+1,r)
5.  return a
RandomPartion (a,leftEnd,rightEnd) {
1.  i = Random(leftEnd,rightEnd)
2.  Swap(a[i],leftEnd)
3.  return Partion (a,leftEnd,rightEnd)
}
```

如果数组已经有序，快速排序算法以 $A[p]$ 为基准划分后，一部分包含 $r-p$ 个元素，另一部分没有元素，算法的时间复杂度为 $O(n^2)$。随机快速排序算法通过随机选择基准元素，避免最坏情况与数组有序的关联，使算法的时间复杂度达到平均性能，即时间复杂度为$O(n\log n)$。

11.3.2 随机选择算法

给定 n 个元素的数组，找第 k 小的元素。前面使用确定性算法，选取中位数作为划分标准，保证最大分组不大于原数组的 9/10 倍，最坏情况下使用线性时间可以完成查找。

使用舍伍德随机算法，随机选择一个数组元素作为划分标准，可以保证线性时间的平均性能，又避免计算中位数的麻烦。随机选择元素划分的数组，较大数组含 i 个元素的概率为 $1/n$，则有

$$T(n) \leqslant \frac{1}{n}\sum_{i=1}^{n-1} T(\max(i,n-i)) + O(n) \leqslant \frac{2}{n}\sum_{i=\frac{n}{2}}^{n-1} T(i)) + O(n) = O(n)$$

证明：

$T(n)=cn$。

$n=1$ 时，$T(n)=c=O(1)$成立。

设 $k<n$ 时，$T(k)=ck$ 成立，则有 $T(n)=(2/n)(c(n-1)+\cdots+c(n/2))+tn=3cn/4-c/2+tn\leqslant(3c/4+t)n$，取 $c\geqslant 4t$ 时成立。

11.3.3 随机洗牌算法

有的确定性算法无法直接改造成舍伍德算法，可借助于随机预处理技术，不改变原有的确定性算法，仅对其输入进行随机洗牌，同样可收到舍伍德算法的效果。例如，对于确定性选择算法，可以用下面的洗牌算法(Shuffle 算法)将数组 a 中元素随机排列，然后用确定性选择算法求解。这样收到的效果与舍伍德算法的效果是一样的。

随机洗牌算法：

输入：数组 A。

输出：洗牌后数组 A。

```
Shuffle(a,n)  {                          //随机洗牌算法
1.  RandomNumber rnd
2.  for i = 0 to n - 1 do
3.      j = rnd.Random(n - i) + i         //Random(n - i)产生 0～(n - i - 1)范围的随机数
4.      Swap(a[i],a[j])
}
```

11.3.4 搜索有序表

有序字典是表示有序集的抽象数据类型，支持对有序集的搜索、插入、删除、前驱、后继等运算。有许多基本数据结构可用于实现有序字典，下面使用数组模拟有序链表，如表 11-1 所示，其中 Value(i)为元素值，Link(i)为元素 Value(i)的指针，Value(Link(0))为最小元素。如果 Value(i)为第 k 小元素，则 Value(Link(i))为第 $k+1$ 小元素。有序集{1,2,3,5,8,13,21} 的表示如表 11-1 所示。

表 11-1 数组表示有序链表示例

i	0	1	2	3	4	5	6	7
Value(i)	∞	2	3	13	1	5	21	8
Link(i)	4	2	5	6	1	7	0	3

在有序链表中查找元素 x,可以使用顺序查找,时间复杂度为 $O(n)$;也可以使用随机算法搜索有序表,时间复杂度为 $O(\sqrt{n})$。

随机查找有序链表算法:

输入:数组 A,x。

输出:x 的位置。

Step1:随机抽取数组元素 k 次。

Step2:从 k 个元素中查找最接近搜索元素 x 的位置。

Step3:从该位置顺序搜索,查找元素 x。

随机抽取数组元素 k 次,将数组分成 $k+1$ 段,每一段平均长度为 $n/(k+1)$,因此顺序搜索的平均比较次数为 $O(n/(k+1))$。如果取 $k=\sqrt{n}$,则算法的平均计算时间为 $O(\sqrt{n})$。

如果在有序链表中插入元素 x,首先查找确认元素 x 不在当前数组中,然后将 x 存储在 Value[$n+1$]中,查找位置并修改指针,平均计算时间为 $O(\sqrt{n})$。

如果在有序链表中删除元素 x,首先查找元素 x,然后修改 x 的前驱指针指向其后继元素. 删除元素 x,以最大元素代替,平均计算时间也为 $O(\sqrt{n})$。

11.4 拉斯维加斯算法

拉斯维加斯(Las Vegas,LV)算法的显著特征是可能找不到解,但可显著改进算法的有效性。设 $p(x)$是对输入 x 调用拉斯维加斯算法获得问题的一个解的概率。一个正确的拉斯维加斯算法应该对所有输入 x 均有 $p(x)>0$。由于 $p(x)>0$,因此反复调用拉斯维加斯算法总能找到问题的解,算法如下。

```
solve(x,y) {                    //反复调用拉斯维加斯算法 Lv(x,y),直到找到问题的一个解 y
1.  success = false
2.  while (!success) do
3.        success = Lv(x,y)
}
```

设 $t(x)$是算法找到具体实例 x 的一个解的平均时间,$s(x)$和 $e(x)$分别是算法对于具体实例 x 求解成功和求解失败的平均时间,则有 $t(x)=p(x)s(x)+(1-p(x))(e(x)+t(x))$,解此方程可得

$$t(x)=s(x)+\frac{1-p(x)}{p(x)}e(x)$$

前面使用回溯算法求解 n 皇后问题,解空间大小为 $O(n!)$。下面使用随机算法(LV 算法)求解 n 皇后问题。从第一行开始,随机选取位置放置皇后,使新放置的皇后与已放置的皇后不冲突;……;直至 n 个皇后放置好或下一个皇后没有可放置位置为止。

```
Lv(x,y) {                                   //随机放置 n 皇后的拉斯维加斯算法
1.  RandomNumber rnd
2.  k = 1                                   //下一个放置的 n 皇后编号
3.  while((k <= n) and (count > 0) do
4.      count = 0
5.      for i = 1 to n do
6.          x[k] = i
7.          if Place(k) then y[count++] = i //第 k 行可放置皇后的位置
8.      if(count > 0) then                  //从 count 个可行位置中随机选取并放置皇后
9.          x[k] = y[rnd.random(count)]
10.         k++
11. return (count > 0)                      //count > 0 表示放置成功
}
```

调用 solve(x,y) 直至找到放置方案为止。Lv(x,y)一旦找不到可放置位置,需要重新开始。可以将随机算法和回溯算法相结合,前 m 行随机放置皇后,后 $n-m$ 行使用回溯算法求解,直至找到一个解或宣告失败,这样可提高求解效率,如表 11-2 所示。

表 11-2　拉斯维加斯算法与回溯算法求解 12 皇后问题的求解效率

m	p (成功概率)	s/个 (一次成功的节点数的平均值)	e/个 (一次不成功的节点数的平均值)	t/个 (找到解所访问的节点数的平均值)
0	1.0000	262.00	—	262.00
5	0.5039	33.88	47.23	80.39
12	0.0465	13.00	10.20	222.11

表 11-2 中 $m=5$ 时,使用随机算法放置前 5 行的皇后,然后使用回溯算法求解,求解的成功概率为 0.5039,找到解平均需要访问的节点数为 $t(5)=33.88+(1-0.5039)/0.5039\times 47.23=80.39$。$m=0$ 时,使用回溯算法求解的成功概率为 1,找到解平均需要访问 262 个节点。$m=12$ 时,使用随机算法求解的成功概率为 0.0465,找到解平均需要访问 222.11 个节点。随机放置的皇后越多,后继回溯算法搜索所需的时间就越少,但失败的概率也就越大。因此随机算法和回溯算法适当结合,算法的效率会更高。

11.5　蒙特卡罗算法

在实际应用中常会遇到一些问题,不论采用确定性算法或随机算法都无法保证每次都得到正确的解答。蒙特卡罗(Monte Carlo)算法则在一般情况下可以保证对问题的所有实例都以高概率给出正确解,但是通常无法判定一个具体解是否正确。

如果对于同一实例,蒙特卡罗算法不会给出两个不同的正确解答,则称该蒙特卡罗算法是一致的。

设 p 是一个实数,且 $1/2<p<1$。如果一个蒙特卡罗算法对于问题的任一实例得到正确解的概率不小于 p,则称该蒙特卡罗算法是 p 正确的,且称 $p-1/2$ 是该算法的优势。调用一个一致的 p 正确的蒙特卡罗算法,要提高正确解的概率,只要多次执行该算法,选择出现频率最高的解即可。

设 MC(x)是解某个判定问题的蒙特卡罗算法。MC(x)返回 true 时,解总是正确的;MC(x)返回 false 时,有可能产生错误解。则称上述算法 MC(x)是偏真的算法。多次调用一个偏真的蒙特卡罗算法,只要返回一次 true,就可得到正确解。对于偏真的 1/2 正确的蒙特卡罗算法,重复调用 4 次,正确率从 55%提高到 95%,调用 6 次,正确率提高到 99%。对于偏真的蒙特卡罗算法,甚至可以不要求 $p>1/2$,只要求 $p>0$,通过多次调用,同样可以给出问题的解。

蒙特卡罗算法的优点是误差容易确定,对本身具有统计性质的非确定性问题,不需要转换为确定性问题再求解,而是直接模拟原问题的过程进行求解。缺点是对于维数较少的问题、大系统或小概率问题,计算结果并不理想。

11.5.1 主元素问题

设 T 是一个含有 n 个元素的数组。当 $|\{i|T[i]=x\}|>n/2$ 时,称元素 x 是数组 T 的主元素。主元素问题可以使用确定性算法求解。

主元素问题的确定性算法:

输入:T。

输出:是否有主元素。

```
1.  for i = 1 to n/2 do                    //对于元素 T[1]~T[n/2],检测是否是主元素
2.      for j = i + 1 to n do
3.          if (T[j] == x) then k++
4.      if(k > n/2))then return true       //k > n/2 时,T 含有主元素
5.  return false
```

上述确定性算法的时间复杂度为 $T(n)=n-1+n-2+\cdots+n/2-1=O(n^2)$。实际上可以进一步改进,例如,如果 T 中存在主元素,主元素一定是 T 的中位数。求解 T 的中位数 x 的时间是 $O(n)$,验证中位数是否是主元素的时间是 $O(n)$,因此改进后算法的时间复杂度是 $O(n)$。

主元素问题的蒙特卡罗算法随机选择数组元素 $x=T[i]$,测试其是否为主因素。如果返回 true,肯定存在主元素。如果返回 false,不一定没有主元素。这是一个偏真的蒙特卡罗算法。非主元素个数小于 $n/2$,因此算法是偏真的 1/2 正确的算法。如果存在主元素,以大于 1/2 概率返回真,没有主元素,肯定为假。调用两次,正确概率为 $p+(1-p)p>3/4$,错误概率小于 1/4。调用 k 次,错误概率小于 2^{-k}。对于任何给定的 $\varepsilon>0$,算法 MajorityMC(T,n,e)重复调用$\lceil\log(1/\varepsilon)\rceil$次算法 Majority($T,n$),错误概率小于 $2^{-\log(1/\varepsilon)}=2^{\log(\varepsilon)}=\varepsilon$。算法所需的计算时间显然是 $O(n\log(1/\varepsilon))$。

主元素问题的蒙特卡罗算法:

```
MajorityMC(T,n,e)                          //重复调用算法 Majority()
1.  k = ceil(log(1/e)/log(2))              //⌈log(1/ε)⌉
```

```
2.  for i = 1 to k do
3.       if (Majority(T,n)) then return true
4.  return false
Majority(T,n) {                                    //判定主元素的蒙特卡罗算法
1.  i = rnd.Random(n) + 1
2.  x = T[i]                                         //随机选择数组元素
3.  k = 0
4.  for j = 1 to n do
5.       if (T[j] == x) then k++
6.  return (k > n/2)                                 //k > n/2 时,T 含有主元素
}
```

11.5.2 素数检测

素数又称质数。一个大于1的自然数,除了1和它自身外,不能被其他自然数整除的数叫作素数;否则称为合数。

判断一个数是否素数,称为素数检测。素数检测的确定性算法是检查 n 是否被$[2, n^{1/2}]$范围内的整数整除,时间复杂度为 $O(n^{1/2})$。

素数检测确定性算法:

输入:n。

输出:n 是否为素数。

```
1.  for i = 2 to n^(1/2) do
2.       if (x mod i == 0) then return false
3.  return true
```

Wilson(威尔逊)定理:对于给定的正整数 n,判定 n 是一个素数的充要条件是$(n-1)! \equiv -1(\bmod n)$。

根据 Wilson 定理直接计算,素数检测工作量太大。

素数检测的随机算法是从$[2, n^{1/2}]$范围内随机选取整数 x,检查 n 是否被 x 整除,时间复杂度为 $O(1)$。例如,$n=2363$,当 $x=43$ 或 61 时,返回 true,正确率约为 2%。当 n 增大时正确率更低。

素数检测的随机算法:

输入:n。

输出:n 是否为素数。

```
1.  RandomNumber rnd
2.  m = ⌊n^(1/2) ⌋
3.  x = rnd.random(m - 1) + 2
4.  if (n mod x) then return false
5.  else return true
```

Fermat(费尔马)小定理:如果 p 是一个素数,且 $0<a<p$,则 $a^{p-1} \equiv 1(\bmod p)$。

例如,67 是素数,取 $a=2$,$2^{66} \bmod 67=1$。反之不一定成立,如 $2^{560} \bmod 561=1$,但 $561=187\times 3$,561 是合数,不是素数。因此,费尔马小定理只是素数判定的必要条件,而非充分条件。素数肯定符合费尔马小定理,但符合费尔马小定理的不一定是素数。符合费尔

马小定理的合数称为 Carmichael 数，如 561、1105、1709 等。

费尔马小定理素数检测算法：

输入：$a, p, B=b_k \cdots b_0$ 是 $p-1$ 的二进制形式。

输出：是否是素数。

```
1.  c = 1
2.  for j = k to 0 do                          //计算 a^(p-1) ≡1(mod p)
3.      c = c^2 mod p
4.      if (b_j = 1) then c = ac mod p
5.  if (c == 1) then return true
6.  else return false
```

算法的时间复杂度为 $O(k)=O(\log p)$。使用费尔马小定理判定素数，可以通过两种方法提高正确率。

(1) a 取多个值进行测试。例如，$2^{340}(\bmod 341)\equiv 1$，$3^{340}(\bmod 341)\equiv 56$，因此 341 不是素数。

(2) 使用二次探测定理。

二次探测定理：如果 p 是一个素数，且 $0<x<p$，则方程 $x^2\equiv 1\ (\bmod p)$ 的解为 $x=1$ 或 $x=p-1$。

证明：

$$x^2(\bmod p)\equiv 1 \Leftrightarrow x^2-1\equiv 0(\bmod p)\Leftrightarrow (x+1)(x-1)\equiv 0(\bmod p)\Leftrightarrow x+1\equiv 0$$

或

$$x-1\equiv 0(\bmod p)\ (\text{域中没有零因子})\Leftrightarrow x=p-1 \text{ 或 } x=1$$

$x\neq \pm 1$ 的根为非平凡根。因此，如果方程有非平凡根，则 n 为合数。例如，$x^2(\bmod 12)\equiv 1\Leftrightarrow x=1$ 或 $x=11$。而 $x=5$ 或 $x=7$ 也是方程的解。由于 5 和 7 是非平凡根，因此 12 是合数。

结合上述改进进行素数检测。不断检查 $z^2\equiv 1\ (\bmod n)$ 是否符合二次探测定理，如果违背二次探测定理肯定为非素数；最后检测是否符合费尔马小定理 $a^{p-1}\equiv 1(\bmod p)$，如果违背费尔马小定理肯定为非素数。

素数检测的 Miller-Rabin 算法：

输入：n, k。

输出：n 是否是素数。

```
1.  RandomNumber rnd
2.  q = n - 1
3.  composite = false
4.  for i = 1 to k do
5.      z = a = rnd.Random(n - 2) + 2
6.      m = q
7.      y = 1
8.      while(m > 0) do
9.          while(m mod 2 == 0) do              //m 为偶数
10.             x = z
11.             z = (z * z) mod n               //二次探测.z 是非平凡根,则 n 为合数
12.             if ((z == 1) and (x <> 1)and(x <> q) then return false
13.             m = m/2
```

```
14.           m = m - 1                        //m为奇数
15.           y = y * z mod n
16.       if (y <> 1) then return false        //a^(n-1) != 1,n为合数
17. return true
```

算法返回假，一定是合数；返回真，高概率为素数。对于随机选择的 a，存在合数，回答为真。当 n 充分大时，这样的 a 不超过 $(n-9)/4$，因此 Miller-Rabin 算法是一个偏假 3/4 正确的蒙特卡罗算法。通过 k 次重复调用错误概率不超过 $(1/4)^k$，实际效果要好得多。算法的时间复杂度为 $O(k\log n)$。如果 $k=\log n$，时间复杂度为 $O(\log^2 n)$。

随机算法简单、高效，不但可以得到更好的运行时间，实际使用中也很有竞争力。当然随机算法有一定的失败概率，虽然失败概率很小，但在某些关键应用场合，如核反应堆等，不允许使用。

本节思考题

1. 集合相等问题：给定两个集合，设计判断两个集合相等的蒙特卡罗算法。
2. 设计 $O(n^{3/2})$ 的舍伍德排序算法。
3. 请给出主元素问题的至少 5 种算法。

本章习题

1. 编程实现随机算法（POJ 3318、POJ 2454、POJ 1379、POJ 2531）。

2. 编程实现素数检测算法（POJ 1811、POJ 2689）。

3. 如果用有序链表来表示一个含有 n 个元素的有序集 S，则在最坏情况下，搜索 S 中一个元素需要的计算时间为 $\Omega(n)$。提高有序链表效率的一个技巧是在有序链表的部分节点处增设附加指针以提高其搜索性能。这种增加了向前附加指针的有序链表称为跳跃表。如何增加跳跃表附加指针，使搜索、插入、删除操作的期望时间为 $O(\log n)$？

4. 使用随机算法求解下面的非线性方程组。其中，$x_1,x_2,\cdots,x_n$ 是实变量，f_i 是 $x_1,x_2,\cdots,x_n$ 的非线性实函数。要求确定方程组在指定求根范围内的一组解。

$$\begin{cases} f_1(x_1,x_2,\cdots,x_n)=0 \\ f_2(x_1,x_2,\cdots,x_n)=0 \\ \quad\vdots \\ f_n(x_1,x_2,\cdots,x_n)=0 \end{cases}$$

5. 使用随机算法求解因子分解问题。设 $n>1$ 是一个整数。关于整数 n 的因子分解问题是找出 n 的如下形式的唯一分解式：$n=p_1^{m_1}p_2^{m_2}\cdots p_k^{m_k}$。其中，$p_1<p_2<\cdots<p_k$ 是 k 个素数，$m_1,m_2,\cdots,m_k$ 是 k 个正整数。如果 n 是一个合数，则 n 必有一个非平凡因子 x，$1<x<n$，使得 x 可以整除 n。给定一个合数 n，求 n 的非平凡因子的问题称为整数 n 的因子分解问题。

6. 使用随机算法求解最小割问题。n 个顶点的无向连通图 G，顶点集划分为 C 和 $V-C$，割集是所有 G 中连接 C 和 $V-C$ 的边的集合。

7. 随机抽样算法：设一个文件有 n 个记录，试设计一个算法随机抽取 m 个记录。如果不知道记录个数，如何随机抽取 m 个记录？

8. 生日问题：试设计一个随机算法计算 $365!/340!365^{25}$，并精确到4位有效数字。

9. 易验证问题是指给定问题实例的每个解，都可以有效验证其正确性。例如，合数问题的非平凡因子。但易验证问题未必是易解的。给定一个易验证问题 P 的蒙特卡罗算法，设计问题 P 的拉斯维加斯算法。

10. 设算法A和B是问题 P 的两个有效的蒙特卡罗算法。算法A是 p 正确偏真的算法。算法B是 q 正确偏假的算法。试利用这两个算法设计问题 P 的拉斯维加斯算法，并且对任何实例的成功率尽量高。

11. 设计偏真的蒙特卡罗素数检测算法。

12. 给定偏假的蒙特卡罗素数检测算法，设计素数检测的拉斯维加斯算法。

13. n 皇后问题：设计拉斯维加斯算法，计算 $n \times n$ 的棋盘上最少放置多少个皇后，才能控制所有方格。

14. 设计圆排列问题的随机算法。

15. 蒙特卡罗算法A，可以在 T 时间解决问题 P。输出正确答案的概率为 $c > 1/2$。如何改动A，使其在 $O(T\log n)$ 时间大概率输出正确答案？

16. 选择手套：一个抽屉有5双红手套、4双黄手套和2双绿手套，在黑暗中挑选手套，选好之后才能检查其颜色。最优情况下，最少选几只手套就能找到一双匹配的手套？最差情况呢？

17. 丢失的袜子：洗了5双各不相同的袜子后，发现2只袜子找不到了。最好情况是留下4双袜子，最坏情况是留下3双袜子。假设10只袜子中，每只袜子丢失的概率相同，最好情况和最坏情况发生的概率是多少？等概率情况下能留下几双袜子？

第12章

计算复杂性

20 世纪早期,可计算理论关注问题的可解性,产生了图灵机等计算模型。计算机出现后,算法的效率成为计算复杂性理论关注的重点。到目前为止,本书涉及的范围广泛的问题都有有效的算法。而人工智能、组合数学、逻辑处理、图论等领域的许多问题,至今没有有效的算法,这涉及计算复杂性理论,特别是 NP 完全性理论。本章主要研究计算模型、问题的分类、问题的归约、难解问题的证明与求解策略。

12.1 P 与 NP

视频讲解

12.1.1 易解与难解问题

在第 2 章中,给出了多项式时间算法是好算法、是有效算法的概念。求解同一问题有多种算法,问题的计算复杂度就是求解该问题所需的最小的工作量,也就是求解该问题的最好算法的复杂度。因此存在多项式时间算法的问题是易解问题,而不存在多项式时间算法的问题是难解问题。

在已证明的难解问题中,有一类是不可计算的问题,即根本不存在求解的算法。例如,图灵停机问题:任意给计算机输入一个程序,运行该程序是否能在有限的时间之内停机?再如,著名的希尔伯特第十问题:任意的整系数多元代数方程是否有整数解?另一类问题有算法,但至少需要指数或更多时间和空间。还有一些问题,例如,哈密顿回路问题、货郎问题、0-1 背包问题等,既没有证明是难解问题,又没有找到多项式时间算法。本章主要研究刻画这类问题难度的方法。

12.1.2 判定与优化问题

研究问题的计算复杂性一般限制在判定问题上。判定问题就是答案只有“是”与“否”的问题。相应的优化问题是构造一个解使目标函数最大或最小的问题。例如,k 独立集问题:给定图 G,是否存在大小等于 k 的独立集?这是判定问题。再如,最大独立集问题:给定图

G,求 G 的最大独立集,这是优化问题。

旅行商问题优化形式如下。

实例:城市集合 $C=\{c_1,c_2,\cdots,c_m\}$,距离 $d(c_i,c_j)\in Z^+$,$c_i,c_j\in C$。

询问:求城市排列 $c_{\pi(1)}c_{\pi(2)}\cdots c_{\pi(m)}$,使得 $\min\{d(c_{\pi(1)},c_{\pi(2)})+d(c_{\pi(2)},c_{\pi(3)})+\cdots+d(c_{\pi(m-1)},c_{\pi(m)})+d(c_{\pi(m)},c_{\pi(1)})\}$。

旅行商问题判定形式如下。

实例:城市集合 $C=\{c_1,c_2,\cdots,c_m\}$,距离 $d(c_i,c_j)\in Z^+$,$c_i,c_j\in C$,正整数 K。

询问:是否存在城市排列 $c_{\pi(1)}c_{\pi(2)}\cdots c_{\pi(m)}$,使 $d(c_{\pi(1)},c_{\pi(2)})+d(c_{\pi(2)},c_{\pi(3)})+\cdots+d(c_{\pi(m-1)},c_{\pi(m)})+d(c_{\pi(m)},c_{\pi(1)})\leqslant K$?

如果旅行商问题的优化形式有多项式时间算法,调用该算法,当最短回路长度$>K$ 时回答否,否则回答是,则判定问题也可以在多项式时间可解。反过来,如果判定问题没有多项式时间算法,则优化问题也没有多项式时间算法。同样,如果独立集问题的判定形式有多项式时间算法 A,则优化形式可以调用 A 至多 n 次($k=n,n-1,\cdots,1$),对于回答"是"的最大 k 值,遍历大小为 k 的顶点子集,可以找出最大独立集。因此判定问题和优化问题的难度是一样的。

12.1.3 计算模型

在进行问题的计算复杂性分析前,首先必须建立求解问题所用的计算模型。建立计算模型的目的是使问题的计算复杂性分析有一个共同的客观尺度。最重要的 3 个基本计算模型是随机存取机(Random Access Machine,RAM)、随机存取存储程序机(Random Access Stored Program Machine,RASP)和图灵机(Turing Machine)。这 3 个计算模型在计算能力上是等价的,但在计算速度上是不同的。

1. 随机存取机

随机存取机计算模型是一台单累加器计算机,由只读输入带、只写输出带、程序存储部件、内存储器和指令计数器组成,如图 12-1 所示。

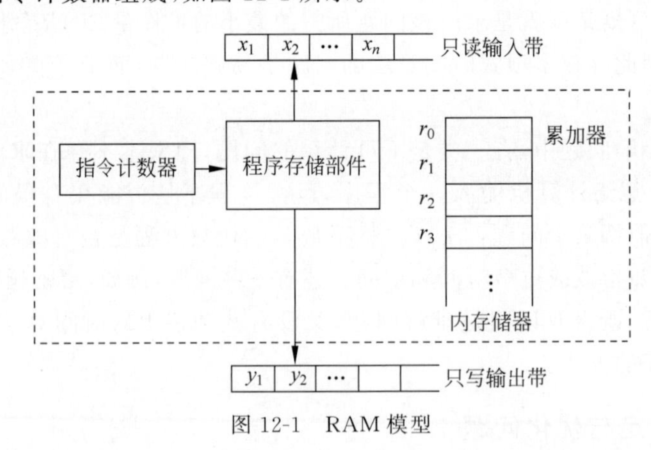

图 12-1 RAM 模型

只读输入带由一系列方格组成,每格可以存放一个整数,从只读输入带读取一个数后,读写头向右移动一格。初始时各格均为空,每执行一次写操作,在读写头对应的方格写入一个数。

内存储器由一系列寄存器组成。0号寄存器用作累加器。每个寄存器存放一个不超过计算机字长的整数,寄存器数量不受限制。

RAM程序不存放在内存储器中,因此不允许程序修改自身。程序是带标号的指令序列,包含常用的输入输出、算术运算、存取和转移指令,有直接寻址和间接寻址两种寻址方式。RAM指令由操作码和操作数两部分组成,指令按照顺序执行。一个RAM程序定义了从输入到输出的一个映射(函数或语言)。

如果一个RAM程序从输入的n个方格中读入n个整数x_i,$1 \leqslant i \leqslant n$,并且在输出带的第一个方格输出$y$后停机,则称程序计算了函数$f$,$f(x_1, x_2, \cdots, x_n) = y$。

设字符串$S = s_1, s_2, \cdots, s_n$,$s_i \in$字母表$L$,$1 \leqslant i \leqslant n$。将$S$放入输入带,如果程序$P$读取$S$后,输出1并停机,则称程序$P$接受字符串$S$。$P$可以接受的语言$L$是$P$可以接受的所有字符串集合。这样RAM程序变成语言接受器。

RAM程序的复杂度分析有均匀耗费标准和对数耗费标准。在均匀耗费标准下,每条RAM指令需要一个单位时间;每个寄存器占用一个单位空间。除特别注明外,RAM程序的复杂性将按照均匀耗费标准衡量。

对数耗费标准是基于这样的假定,即执行一条指令的耗费与以二进制表示的指令的操作数长度成比例。在RAM计算模型下,假定一个寄存器可存放一个任意大小的整数。因此若设$l(i)$是整数i所占的二进制位数,则$l(i) = \lceil \log i \rceil$。讨论数论和密码学问题时更经常使用对数耗费标准。

2. RASP

RASP的整体结构类似于RAM,所不同的是RASP的程序存储在寄存器中。每条RASP指令占据2个连续的寄存器。第1个寄存器存放操作码的编码,第2个寄存器存放地址。RASP指令用整数进行编码。

不管是在均匀耗费标准下,还是在对数耗费标准下,RAM程序和RASP程序的复杂性只差一个常数因子。在一个计算模型下$T(n)$时间内完成的输入—输出映射可在另一个计算模型下模拟,并在$kT(n)$时间内完成,其中k是一个常数因子。空间复杂性的情况也是类似的。

3. 图灵机

确定型图灵机(DTM)由存储带、读写头和有限状态控制器组成,如图12-2所示。

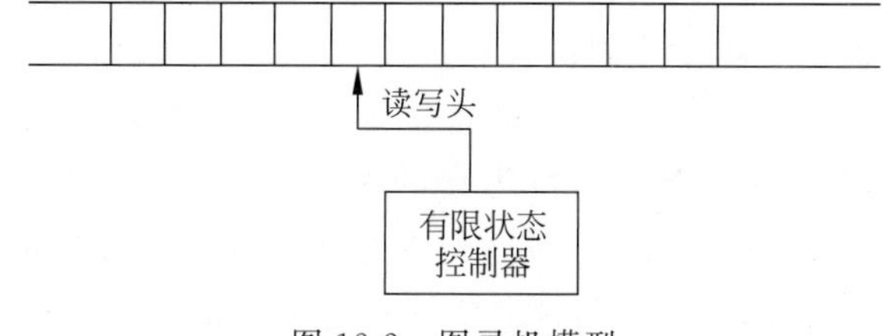

图12-2　图灵机模型

存储带中一个方格存一个符号,符号属于$\Gamma = \sum \cup \{b\}$,$\sum$是输入符号集合,b为空白符号。符号有限个,不能有无限多个。读写头由状态控制器控制,可以左右移动,一次移动一个方格。状态控制器可以读写存储带方格中的内容,包含有限个状态$Q = \{q_0, q_1, \cdots, q_y, q_n\}$,$q_0$为起始状态,$q_y$和$q_n$都是停机状态,$q_y$表示停机时回答yes,$q_n$表示停机时回答 no。$q_f=\{q_y,q_n\}$。对于确定的问题，状态个数不随问题实例长度的变化而变化。

DTM 使用三要素表示状态：(q_k，读写头位置，读写头指向位置的存储带符号)。状态转移规则是一个映射：$(Q-\{q_f\})\times\Gamma\rightarrow Q\times\Gamma\times\Delta$。

$\delta(q_i,s_i)\rightarrow(q_i',s_i',\Delta)$：表示当前状态为 q_i，当前读写头所指方格中的符号为 s_i，则下一个状态为 q_i'，将带方格中的符号修改为 s_i'，读写头移动一个位置：$\Delta=\{L,R,S\}$。L、R 和 S 分别表示向左移动一格、向右移动一格和不移动。

程序实际就是状态转换规则：初始状态为 q_0，按照程序转换状态，到结束时状态为 q_f，回答 yes 或 no。根据有限状态控制器的当前状态及每个读写头读到的存储带符号，图灵机的一个计算步可实现下面 3 个操作之一或全部。

(1) 改变有限状态控制器中的状态。

(2) 清除当前读写头下的方格中原有存储带符号并写上新的存储带符号。

(3) 将读写头向左移动一个方格(L)或向右移动一个方格(R)或停在当前单元不动(S)。

例 1：利用图灵机判断正整数的奇偶性。

(1) $\Gamma=\{0,1,b\}$。

(2) $Q=\{q_0,q_1,q_2,q_y,q_n\}$。

(3) 状态转换规则如表 12-1 所示。

表 12-1　奇偶校验状态转换规则

Q	0	1	b
q_0	$(q_0,0,r)$	$(q_0,1,r)$	(q_1,b,l)
q_1	$(q_2,0,s)$	$(q_2,1,s)$	(q_2,b,s)
q_2	$(q_y,0,s)$	$(q_n,1,s)$	(q_2,b,s)

奇偶校验过程如图 12-3 所示。初始状态为 q_0，读写头在位置 1 读取符号 1，根据表 12-1，转换规则为 $(q_0,1,r)$，读写头右移一格到位置 2，状态不变。读写头在位置 2 读取符号 0，根据表 12-1，转换规则为 $(q_0,0,r)$，读写头右移一格到位置 3，状态不变。读写头在位置 3 读取符号 1，根据表 12-1，转换规则为 $(q_0,1,r)$，读写头右移一格到位置 4，状态不变。读写头在位置 4 读取符号 b，根据表 12-1，转换规则为 (q_1,b,l)，读写头左移一格到位置 3，状态变为 q_1。读写头在位置 3 读取符号 1，根据表 12-1，转换规则为 $(q_2,1,s)$，读写头不变，状态变为 q_2。读写头在位置 3 读取符号 1，根据表 12-1，转换规则为 $(q_n,1,s)$，读写头不变，状态变为 q_n。图灵机停机并回答 101 不是偶数。

与 RAM 模型类似，图灵机既可作为语言接受器，也可作为计算函数的装置。图灵机 M 的时间复杂度 $T(n)$ 是它处理所有长度为 n 的输入所需的最大计算步数。如果对某个长度为 n 的输入，图灵机不停机，则 $T(n)$ 对这个 n 值无定义。图灵机的空间复杂度 $S(n)$ 是它处理所有长度为 n 的输入时，在存储带上所使用过的方格数的总和。如果某个读写头无限地向右移动而不停机，则 $S(n)$ 也无定义。

12.1.4　P 类

问题 π 的任意实例 I 输入给 DTM，都能经过 DTM 有限步计算到达停机状态 $q_f\in\{q_y,q_n\}$，则称问题 π 是确定图灵机可计算的，否则称之为确定图灵机不可计算的。问题 π

是用某个 DTM 程序可解的，则对于任意实例 I，只要 I 写在存储带上，从 q_0 状态开始执行，总可经过有限步计算停机，且在存储带上保留着该问题的解答 $\phi(I)\in\{\text{yes},\text{no}\}$。

图灵机 M 的时间复杂性 TM(n)是它处理所有长度为 n 的输入所需的最大计算步数。如果存在多项式函数 $P(n)$，使 $\text{TM}(n)\leqslant P(n)$，则称问题 π 是多项式时间可计算的。所有多项式时间可计算的判定问题组成的问题类称为 P 类。类似地，所有指数时间可计算的判定问题组成的问题类称为 EXP 类。P 类问题是 DTM 多项式时间可计算的问题。P 类的覆盖范围很广，但并不是 P 类中的每一个问题都有实用的有效算法，例如，具有大系数或高指数的多项式时间算法。但不属于 P 类的问题，肯定没有实用的有效算法。

N=101

q_0	b	1	0	1	b
q_0	b	1	0	1	b
q_0	b	1	0	1	b
q_0	b	1	0	1	b
q_1	b	1	0	1	b
q_2	b	1	0	1	b
q_N	b	1	0	1	b

图 12-3　图灵机奇偶校验示例

12.1.5　NP 类

有许多问题至今还没有找到多项式时间算法，也没有人能够证明这些问题需要超多项式时间下界。在图灵机计算模型下，这类问题的计算复杂度至今未知。为了研究这类问题的计算复杂度，人们提出了另一个能力更强的计算模型，即非确定性图灵机计算模型(Nondeterministic Turing Machine，NTM)。

非确定性图灵机在确定性图灵机基础上增加了猜测部件和猜测头，如图 12-4 所示。机器符号和状态集合不变，状态转移函数中至少有一步由猜测部件确定，然后状态控制器去执行动作，回答结果。非确定性图灵机实际就是验证机器，由猜测部件猜测最好的动作。猜测一个动作就相当于猜测一个解，猜测部件猜测正确，则多项式时间内可以回答正确答案。

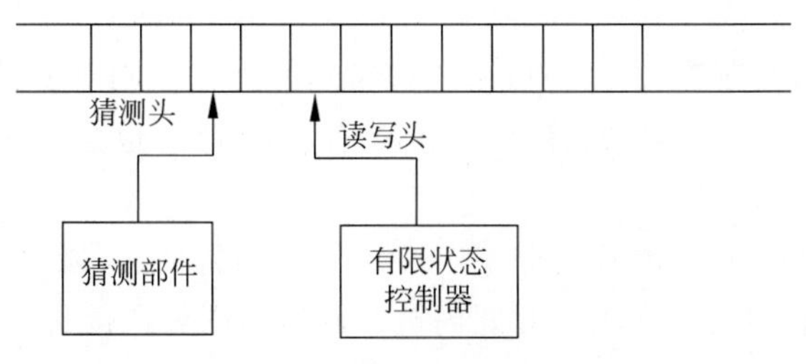

图 12-4　非确定性图灵机模型

给定问题 π，对于任意输入实例 I，NTM 总是在有限步停机，给出正确答案，则称问题 π 是非确定性图灵机可计算的。

非确定性图灵机的时间复杂度 NTM(n)是它处理所有长度为 n 的输入所需的最大计

算步数。如果存在多项式函数 $P(n)$，使 $\mathrm{NTM}(n) \leqslant P(n)$，则称问题 π 是 NTM 多项式时间可计算的。所有 NTM 多项式时间可计算的判定问题组成的问题类称为 NP 类。NTM 对应的一般非确定算法如下。

非确定算法：

```
NDA(s){
1.   t = genCertif()                          //猜测一个证书 t,|t|<= p(|I|)
2.   OK = C(s,t)                              //验证算法
3.   if (OK) then return "yes"
4.   return "no"
     }
```

给定判定问题 X，如果存在两个输入变量的多项式时间算法 $C(s,t)$ 和多项式 p，对于问题 X 的每个输入示例 s，s 有解当且仅当存在证书 t，$|t| \leqslant p(|I|)$，使 $C(s,t)=\mathrm{yes}$，则算法 $C(s,t)$ 是问题 X 的多项式时间验证算法，X 是多项式时间可验证的问题。

若 X 是多项式时间可验证的问题，则有非确定算法 NDA(s)，使之在非确定性图灵机多项式时间可计算。因此 NP 类又称为多项式时间可验证的问题类。NTM 多项式时间可计算的问题实际表示该问题多项式时间可验证。例如，对于独立集问题的判定形式，猜测一个大小为 k 的顶点子集，可以在 $O(k^2)$ 时间内验证 k 个顶点是否相互无边相连，如果回答 yes 则该子集为问题的解，因此独立集问题是 NP 类问题。

例 2：合数问题。给定整数 s，判定 s 是否是合数。

存在 s 的非平凡因子 t iff s 是合数，而且 $|t| \leqslant |s|$。验证算法如下。

```
boolean C(s,t)  {
1.   if (t == 1 or t == s) then return false
2.   else if (t 整除 s) then
3.              return true
4.         else return false
}
```

调用非确定算法 NDA(s)，若回答 yes，则 s 为合数。例如，$s=437\ 669$，猜测证书 $t=541$ 或 809，算法回答 yes，则 s 是合数。因此合数问题属于 NP 类。

定理：$\mathrm{P} \subseteq \mathrm{NP}$。

证明：

任意 P 类问题 X，存在算法 A(s)可多项式时间解决 X。则对于 X 的任意输入 s，运行验证算法 $C(s,t)=A(s)$。$A(s)$ 回答 yes，则 X 有解。$A(s)$ 也是 X 的多项式时间验证算法，因此 $\mathrm{P} \subseteq \mathrm{NP}$。

由于一台确定性图灵机可看作是非确定性图灵机的特例，所以可在多项式时间内被确定性图灵机接受的语言也可在多项式时间内被非确定性图灵机接受。故 $\mathrm{P} \subseteq \mathrm{NP}$。

定理：$\mathrm{NP} \subseteq \mathrm{EXP}$。

判定问题和验证问题是否一样容易？ P=NP? 是 Clay 研究所的七个百万美元大奖问题之一。大多数计算机科学家认为 NP 类包含了不属于 P 类的语言，即 $\mathrm{P} \neq \mathrm{NP}$，但至今还没有人证明。P、NP 和 EXP 的关系如图 12-5 所示。

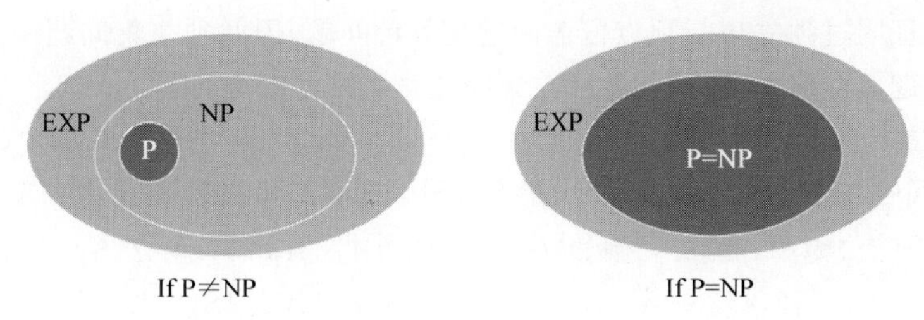

图 12-5　P、NP 和 EXP 的关系

12.1.6　COOK 归约与 KARP 归约

如果对于问题 X 的任意实例，通过多项式次计算以及多项式次调用 Y 的算法，可解决 X，则称 X 多项式时间可归约到 Y，记为 $X \leqslant_P Y$。多项式时间归约又称为 COOK 归约。

定理：如果 $X \leqslant_P Y$ 且 Y 可以多项式时间求解，那么 X 也可以多项式时间求解。

由该定理可得以下性质。

难解性：如果 $X \leqslant_P Y$ 且 X 不能多项式时间求解，那么 Y 也不能多项式时间求解。

等价性：如果 $X \leqslant_P Y$ 且 $Y \leqslant_P X$，那么 $X \equiv Y$。

传递性：如果 $X \leqslant_P Y$ 且 $Y \leqslant_P Z$，那么 $X \leqslant_P Z$。

给定问题 X 的任何实例 x，构造问题 Y 的实例 y，$y \leqslant p(x)$，X 回答是 iff Y 回答是，则称 X 多项式时间变换为 Y。相当于把 X 的输入多项式时间变换为 Y 的输入，通过黑箱 Y，得到 X 的解。多项式时间变换又称为 KARP 归约。

可以看出多项式时间变换是多项式时间归约的特例。多项式时间归约可以调用 Y 多项式次，而多项式时间变换仅在最后调用 Y 一次。大多数归约属于多项式时间变换。

自归约性：优化问题 $\leqslant_P$ 判定问题，例如，顶点覆盖优化问题 $\leqslant_P$ 顶点覆盖判定问题。

顶点覆盖判定问题：给定图 $G=(V,E)$ 和整数 k，是否存在顶点子集 $S \subseteq V$ 使 $|S| \leqslant k$，且每条边至少有一个顶点在 S 中？

顶点覆盖优化问题：给定图 $G=(V,E)$，找最小顶点子集 $S \subseteq V$，使每条边至少有一个顶点在 S 中。

假定存在顶点覆盖判定问题的算法 Y，则对于顶点覆盖优化问题可以多次调用 Y，k 先后取值 $1,2,\cdots,n$，一旦判定问题回答 yes，则相应的优化问题找到大小为 k 的最小顶点覆盖。

12.1.7　多项式时间变换

1. 独立集问题

独立集问题：给定图 $G=(V,E)$ 和整数 k，是否存在顶点子集 $S \subseteq V$，使 $|S| \geqslant k$，且每条边至多有一个顶点在 S 中？

定理：独立集问题 $\equiv_P$ 顶点覆盖问题。

证明：

设 S 是图 G 的独立集 iff $V-S$ 是顶点覆盖。对于任意一条边 $e=(u,v) \in E$，u 和 v 至多有一个顶点在 S 中，至少有一个顶点在 $V-S$ 中，因此 $V-S$ 覆盖任意一条边，故 S 是图 G 的独立集 iff $V-S$ 是顶点覆盖。

在第 10 章证明过独立集与顶点覆盖问题是等价问题，因此独立集问题$\leqslant_P$ 顶点覆盖问题，顶点覆盖问题$\leqslant_P$ 独立集问题，即独立集问题$\equiv_P$ 顶点覆盖问题。

2. 集合覆盖

集合覆盖问题：给定集合 U，U 的子集 $S_1, S_2, \cdots, S_m$ 和整数 k，是否存在至多 k 个 S_i，使$\bigcup_k(S_i, S_j)=U, 1\leqslant i\leqslant j\leqslant m$。例如，$U=\{1,2,3,4,5,6,7\}, k=2, S_1=\{3,7\}, S_2=\{3,4,5,6\}, S_3=\{1\}, S_4=\{2,4\}, S_5=\{5\}, S_6=\{1,2,6,7\}$。$S_2\cup S_6=U$。

定理：顶点覆盖问题$\leqslant_P$ 集合覆盖问题。

证明：

给定顶点覆盖问题的任意一个实例 I，图 $G=(V, E)$ 和整数 k，构造一个集合覆盖问题的实例 I'。$k=k, U=E, S_v=\{e\in E: e$ 邻接 $v\}$，变换的时间为 $O(n+m)$，如图 12-6 所示。

实例 I 存在小于或等于 k 的顶点覆盖 iff 实例 I'存在小于或等于 k 的集合覆盖，如图 12-6 所示，$S=\{c, f\}$ 覆盖所有边，对应集合覆盖的实例中 $S_c=\{3,4,5\}$和 $S_f=\{1,2,6,7\}$，$S_c\cup S_f=U$。因此顶点覆盖问题$\leqslant_P$ 集合覆盖。

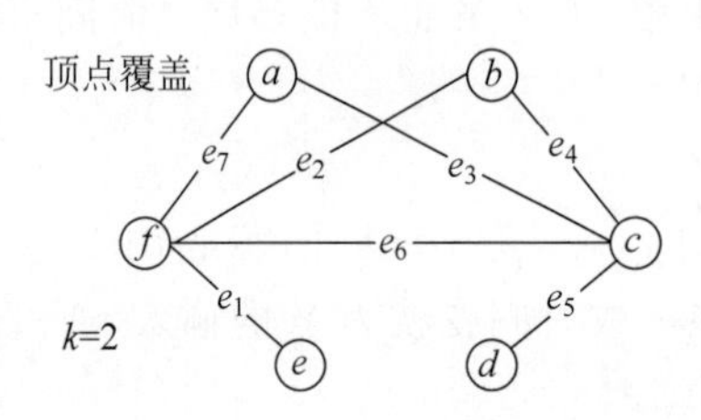

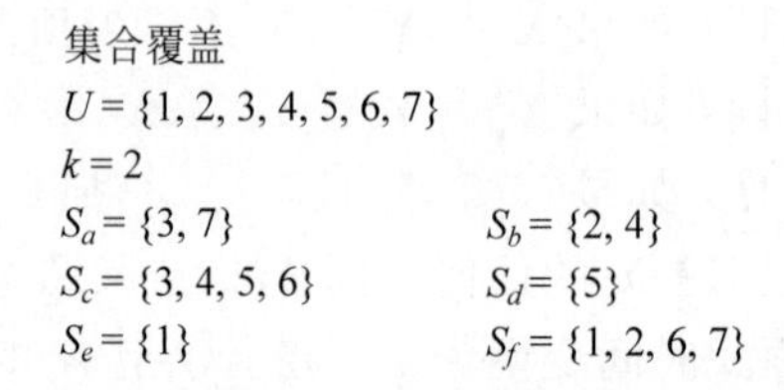

图 12-6 顶点覆盖和集合覆盖示例

3. 集合包装问题

集合包装问题：给定 n 个元素的集合 U，U 的子集 $S_1, S_2, \cdots, S_m$ 和整数 k，是否存在至多 k 个两两不相交的 S_i，使$\bigcap_k(S_i, S_j)=\varnothing, 1\leqslant i\leqslant j\leqslant m$？例如，$U=\{1,2,3,4,5,6,7\}$，$k=4, S_1=\{3,7\}, S_2=\{3,4,5,6\}, S_3=\{1\}, S_4=\{2,4\}, S_5=\{5\}, S_6=\{1,2,6,7\}$。$S_1\cap S_3\cap S_4\cap S_5=\varnothing$。

定理：独立集问题$\leqslant_P$ 集合包装问题。

证明与顶点覆盖问题$\leqslant_P$ 集合覆盖问题类似。

4. SAT 问题

SAT 问题：给定 n 个布尔变量 $x_1, x_2, \cdots, x_n$ 的集合 X 和 X 上的 k 个子句 $C_1, C_2, \cdots, C_K$，是否存在可满足的真值指派？每个子句正好包含 3 个文字的 SAT 问题，称为 3-SAT 问题。

布尔变量 x_i 和布尔补 $\bar{x}_i$ 称为文字，文字析取式(逻辑或)称为子句。给定每个布尔变量赋值为 true 或 false，使子句的合取范式 Φ(逻辑与)为真，称为真值指派，例如 $\Phi=C_1\wedge C_2\wedge C_3$，$C_1=x_1\vee\bar{x}_2$，$C_2=\bar{x}_1\vee\bar{x}_3$，$C_3=x_2\vee\bar{x}_3$，$x_1=x_2=x_3=$false 时 $\Phi=$true。

定理：3-SAT 问题$\leqslant_P$ 独立集问题。

证明：

给定 3-SAT 问题的任意实例和集合 X 上的 k 个子句，构造独立集问题的实例(G, k)，每个子句以 3 个文字为顶点构造一个三角形，增加边连接每个布尔变量和布尔补，问题变换

的时间为 $O(n+k)$，如图 12-7 所示。

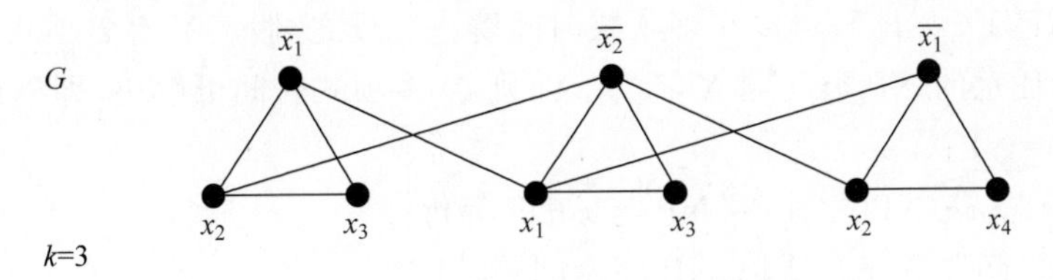

图 12-7　独立集问题和 3-SAT 问题示例

设 S 是大小为 k 的独立集，S 正好包含每个三角形的一个顶点，设置顶点对应的文字为真，则所有的子句可满足，对应的 3-SAT 问题有真值指派。同理，如果 3-SAT 问题有真值指派，则每个子句肯定存在一个文字为真，k 个子句中 k 个为真的文字对应的顶点在 G 中正好对应大小为 k 的独立集。因此独立集问题有大小为 k 的独立集 iff 3-SAT 问题是可满足。

故 3-SAT 问题 $\leqslant_P$ 独立集问题。

根据多项式归约的传递性，有 3-SAT 问题 $\leqslant_P$ 独立集问题 $\leqslant_P$ 顶点覆盖问题 $\leqslant_p$ 集合覆盖问题，则 3-SAT 问题 $\leqslant_P$ 集合覆盖问题。上面证明多项式归约的实例中，通过独立集问题和顶点覆盖问题的等价关系，顶点覆盖问题与集合覆盖问题的特殊与一般关系，3-SAT 问题的子句构造独立集问题的三角形分量的关系予以证明，这是多项式归约常用的证明策略。

本节思考题

1. 证明：独立集问题 $\leqslant_P$ 团问题。

2. 给出下列算法的时间复杂度。如果 $A[j]$ 变为 j，原问题变为数论问题，以输入的二进制编码长度 $k=\lceil\log(n+1)\rceil$ 作为问题的规模，请给出算法的时间复杂度。该算法是多项式时间算法，还是指数时间算法？

```
1.  sum = 0
2.  for j = 1 to n
3.        sum = sum + A[j]
4.  return sum
```

12.2　NP 完全问题

12.2.1　NP 完全

所有的 NP 问题都可以多项式归约到问题 Y，则称 Y 是 NP 难（NP hard）问题，即所有的 NP 类问题都可以多项式归约到 NP 难问题。问题 $Y\in$ NP 且 $Y\in$ NP hard，则称问题 Y 是 NP-完全问题，记为 NPC。

定理：假定 $Y\in$ NPC，Y 可以在多项式时间解决，当且仅当 P=NP。

证明：

如果 P＝NP，$Y\in$ NP，Y 可以在多项式时间解决。反之，假定 Y 有多项式时间算法，$Y\in$ NPC，因此对于任意的 NP 类问题 X，$X\leqslant_P Y$，则 X 多项式时间可解决，即 NP⊆P。又已知 P⊆NP，因此 P＝NP。

定理：若问题 $\pi\in$ NPC，则 P≠NP 与 $\pi\notin$ P 等价。

推理：∃NP 问题 $X\notin P$，则∀NP-完全问题∉P。

12.2.2 COOK 定理

20 世纪 70 年代，S. A. Cook 和 L. A. Levin 分别独立证明了第一个 NP 完全问题。1972 年，Richard Karp 相继证明了 24 个 NP 完全问题。Cook 和 Karp 都获得了图灵奖。

CIRCUIT-SAT 问题：给定电路，电路由与、或、非门组成，是否存在对输入的赋值，使输出为 1？如果存在使输出为 1 的赋值，则该电路可满足。

COOK 定理：CIRCUIT-SAT∈NPC。

COOK 定理的证明略，其主要思想是任意输入 n 位且回答 yes 或 no 的算法都可以用电路表示。实际上，任何 NP 问题的算法的实现最终在计算机中都会通过变换为与、或、非门组成的电路实现，并且可以多项式时间进行变换。例如，给定独立集问题的实例，如图 12-8(a)所示，是否存在大小为 2 的独立集？可以在 $O(n^2)$时间变换为图 12-8(b)所示的电路，独立集问题有解 iff CIRCUIT-SAT 问题输出为 1。如果独立集问题输入 101(选择顶点 u 和 w)，CIRCUIT-SAT 问题输入 101，则存在大小为 2 的独立集 iff CIRCUIT-SAT 问题可满足，如图 12-8(c)所示。

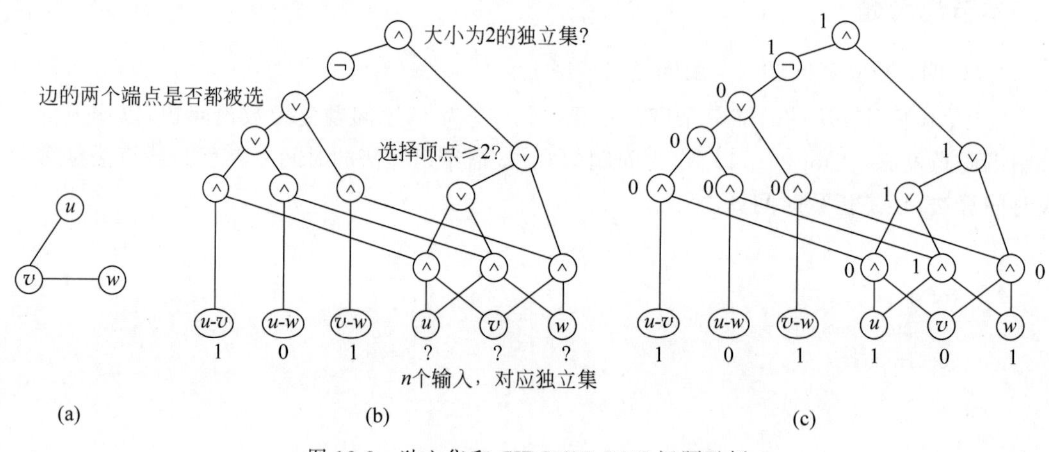

图 12-8　独立集和 CIRCUIT-SAT 问题示例

NP 完全问题有一种令人惊奇的性质，即如果一个 NP 完全问题能在多项式时间内得到解决，那么 NP 中的每一个问题都可以在多项式时间内求解，即 P＝NP。目前还没有一个 NP 完全问题有多项式时间算法。若遇到新问题，首先试图开发有效的算法；如果没有找到有效的算法，再证明该问题是 NP-完全问题。

常用的有 6 类 NP-完全问题。

包装问题(Packing problems)：SET-PACKING，INDEPENDENT SET。

覆盖问题(Covering problems)：SET-COVER，VERTEX-COVER。

可满足性问题(Satisfiability problem)：SAT，3-SAT。

排列问题(Sequencing problem)：HAMILTONIAN-CYCLE，TSP。

划分问题(Partitioning problem)：3D-MATCHING，3-COLOR。

数值问题(Numerical problem)：SUBSET-SUM，KNAPSACK。

12.3 NP完全问题证明

定理：假定问题 $Y \in NP$，$X \in NPC$，$X \leqslant_P Y$，则 $Y \in NPC$。

证明：

问题 $X \in NPC$，则 $\forall$ NP 问题 Z，$Z \leqslant_P X$。又问题 $Y \in NP$，$X \leqslant_P Y$，由多项式归约的传递性，$Z \leqslant_P Y$，根据 NPC 定义，$Y \in NPC$。

因此 NP-完全问题的一般证明步骤如下。

Step 1：证明 $Y \in NP$。

Step 2：选择 NP-完全问题 X。

Step 3：证明 $X \leqslant_P Y$。

NP-完全问题有局部替换、分支设计和限制技术等常用的证明方法，后面将举例说明。

12.3.1 局部替换

局部替换技术就是将已知 NP-完全问题的某些元素，多项式时间替换为将证明问题实例的组成元素。本质上这些替换是相互独立的，仅仅改变局部结构。

定理：3-SAT∈NPC。

证明：

给定 3-SAT 问题的实例，例如，合取范式 $\Phi = (\overline{x_1} \vee x_2 \vee x_3) \wedge (\overline{x_2} \vee x_1 \vee x_3) \wedge (\overline{x_1} \vee x_2 \vee x_4)$，可以多项式时间验证对应布尔变量的赋值 $x_1 = x_2 = x_3 = x_4 = T$ 是否是问题的真值指派，因此 3-SAT∈NP。

给定任意 SAT 问题的实例：$\Phi = C_1 \wedge C_2 \wedge C_3 \wedge C_4 \wedge C_5$，$U = \{u_1, u_2, u_3, u_4, u_5\}$，$C = \{C_1, C_2, C_3, C_4, C_5\}$，$C_1 = \{u_1\}$，$C_2 = \{u_2, \bar{u}_4\}$，$C_3 = \{u_1, \bar{u}_3, u_5\}$，$C_4 = \{\bar{u}_1, u_3, \bar{u}_4, u_5\}$，$C_5 = \{u_1, \bar{u}_2, \bar{u}_3, \bar{u}_4, u_5\}$。

将每个 SAT 子句替换为若干 3-SAT 子句，把 SAT 实例多项式时间变成 3-SAT 的实例。

(1) 针对 C_1 增加 2 个变量 $\{y_{11}, y_{12}\}$。

把 C_1 变成 4 个子句：(u_1, y_{11}, y_{12})，$(u_1, \bar{y}_{11}, y_{12})$，$(u_1, y_{11}, \bar{y}_{12})$，$(u_1, \bar{y}_{11}, \bar{y}_{12})$。若 C_1 满足，则上述 4 项均满足；若 C_1 不满足，则上述 4 项总有一个子句不满足。

(2) 针对 C_2 增加 1 个变量 $\{y_{21}\}$。

把 C_2 变成 2 项：$(u_2, \bar{u}_4, y_{21})$，$(u_2, \bar{u}_4, \bar{y}_{21})$。$C_2$ 满足，则上述 2 项都满足，否则总有一个子句不满足。

(3) 针对 3 项：$(u_1, \bar{u}_3, u_5)$。

一切不变，$(u_1, \bar{u}_3, u_5)$ 已经是 3-SAT 项。

(4) 针对 C_4 增加 1 个变量 $\{y_{41}\}$。

将 $C_4=\{\bar{u}_1,u_3,\bar{u}_4,u_5\}$ 变成两项：$(\bar{u}_1,u_3,y_{41})$，$(\bar{y}_{41},\bar{u}_4,u_5)$。$C_4$ 满足，则上述两项都满足，否则总有一个子句不满足。

(5) 针对 C_5 增加两个变量 $\{y_{51},y_{52}\}$。

将 $C_5=\{u_1,\bar{u}_2,\bar{u}_3,\bar{u}_4,u_5\}$ 变成 3 项：$(u_1,\bar{u}_2,y_{51})$，$(\bar{y}_{51},\bar{u}_3,y_{52})$，$(\bar{y}_{52},\bar{u}_4,u_5)$。假设 $u_1,\bar{u}_2,\bar{u}_3,\bar{u}_4,u_5$ 都取假，就会观察到 y_{51},y_{52} 的取值总会导致一个子句不满足，因此三项都满足，一定 C_5 满足。

SAT 满足⇒3-SAT 满足，反之 3-SAT 满足→SAT 满足，因此 SAT$\leqslant_P$ 3-SAT。而根据 COOK 定理，SAT∈NPC，故 3-SAT∈NPC。

前面证明了 3-SAT 问题$\leqslant_P$ 独立集问题$\leqslant_P$ 顶点覆盖问题$\leqslant_p$ 集合覆盖问题，独立集问题、顶点覆盖问题和集合覆盖问题都是 NP 问题(给定可能解，可以在多项式时间验证是否是问题的解)，SAT∈NPC，因此上述问题都属于 NP-完全问题类。

团问题：给定图 $G=(V,E)$ 和非负整数 $k\leqslant|V|$，是否存在 V 的子集 $V'\subseteq V$，$|V'|=k$，使任意 u、$v\in V'$，总有 $(u,v)\in E$？

定理：团问题∈NPC。

证明：

给定团问题实例 G 和整数 k，可以多项式时间验证 k 大小的子集 $V'\subseteq V$ 是否是一个团，因此团问题∈NP 问题类。

给定独立集问题实例：图 G 和整数 k。构造团问题的实例：G 的补图 G' 和整数 k，如图 12-9 所示。G 和 G' 构成完全图。

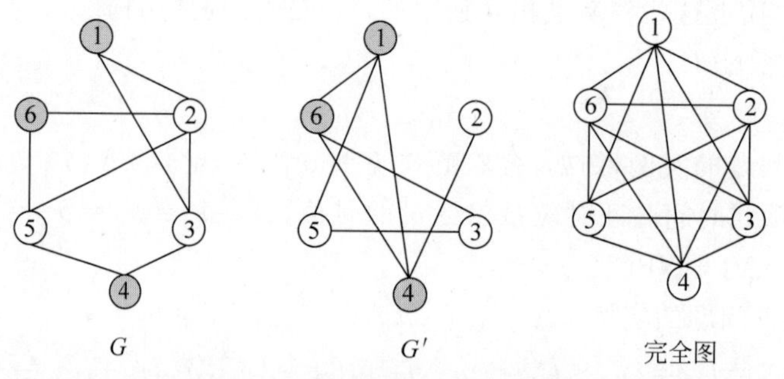

图 12-9　独立集和团问题示例

G 中有 k 大小独立集 $S\subseteq V$，S 中顶点两两无边相连，则 G' 中 S 中顶点两两有边相连，反之亦然。因此独立集问题$\leqslant_P$ 团问题，而独立集问题∈NPC，故团问题∈NPC。

12.3.2　分支设计技术

分支设计技术将证明问题实例的组成元素设计成某些分支(量或图)，然后将这些分支与已知 NPC 问题的实例关联。有两种类型的分支设计技术，一种是作为选择功能(顶点、真值指派等)的分支设计，另一种是作为性质检验功能(边是否被覆盖、逻辑项是否满足等)的分支设计，然后用一定的方法把各分支联系起来。

1. 顶点覆盖问题

定理：顶点覆盖问题∈NPC。

证明：

给定顶点覆盖问题的任意实例$G=(V,E)$和整数k，可以多项式时间验证k大小的子集$S\subseteq V$是否是G的顶点覆盖，因此顶点覆盖问题∈NP。

给定任意n个布尔变量和m个子句的3-SAT实例：$U=\{u_1,u_2,u_3,u_4\}$，$C=\{\{u_1,u_2,u_3\},\{\bar{u}_1,u_3,\bar{u}_4\},\{u_2,\bar{u}_3,u_4\}\}$。构造顶点覆盖问题实例，$k=n+2m$，每个子句以3个文字为顶点构造一个三角形，每个布尔变量和相应布尔补为顶点连一条蓝边，三角形顶点分别与对应的布尔变量连一条红边，如图12-10所示。实例中包含$2n+3m$个顶点和$n+6m$条边，因此可以在多项式时间构造顶点覆盖问题的实例。覆盖蓝边最少需要n个点，覆盖三角形最少需要$2m$个点。

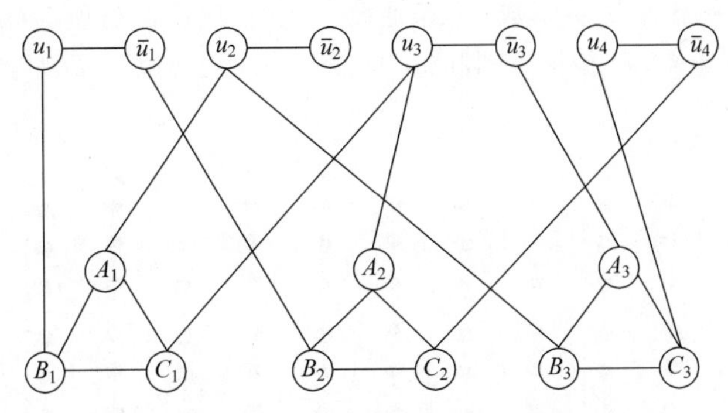

彩图 12-10

图 12-10 3-SAT问题和顶点覆盖问题示例

如图12-10所示，真值指派u_1,u_2,u_3,u_4全部赋真，则u_1,u_2,u_3,u_4覆盖全部蓝边和每个三角形上至少一条红边。其余边只用六个点可全部覆盖，$k=n+2m$，即3-SAT→顶点覆盖。

若存在顶点覆盖S，一定是每个三角形两个点和每条蓝边一个点，这样不会冲突。取顶点覆盖中蓝边对应的顶点为真，则相应的子句都为真，3-SAT问题有真值指派，反之亦然。因此3-SAT$\leqslant_P$顶点覆盖。而根据3-SAT∈NPC，因此顶点覆盖问题∈NPC。

顶点覆盖问题的证明中，设计文字和子句两种分支，检验可满足性，然后添加边连接两种分支，关联可满足性和顶点覆盖。

2. 哈密顿圈问题

哈密顿圈问题(HC)：给定图$G=(V,E)$，G中是否有一个哈密顿圈(经过所有顶点一次且仅有一次的圈)?

定理：HC∈NPC。

证明：

给定n个顶点的序列，可以多项式时间验证是否是哈密顿圈，因此哈密顿圈问题∈NP问题类。

给定任意顶点覆盖问题的实例：$G=(V,E)$和整数k。构造哈密顿圈问题的实例G'：$\forall e\in E$，构造相应的检测覆盖子图，如图12-11所示，共m个检测子图。每个检测覆盖子图包含14条边和12个点，有两种方法经过所有顶点一次且仅有一次。一次走完：$a^*b=a$-1-

2-3-7-8-9-10-11-12-4-5-6-a' 或 $b^*a=b$-7-8-9-1-2-3-4-5-6-10-11-12-b'。两次走完：$a^*=a$-1-2-3-4-5-6-a'，$b^*=b$-7-8-9-10-11-12-b'。

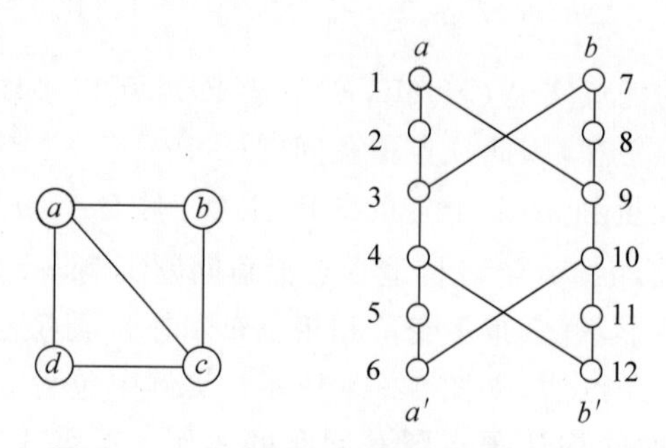

图 12-11　顶点覆盖示例和检测覆盖子图

每个顶点对应一条通路，共形成$|V|$条通路。例如，顶点 a 与顶点 b、c 和 d 邻接，则 ab 检测子图和 ac 检测子图、ac 检测子图和 ad 检测子图间均连边 a'-a，形成 a-a'-a-a'-a-a'的通路，如图 12-12 所示。

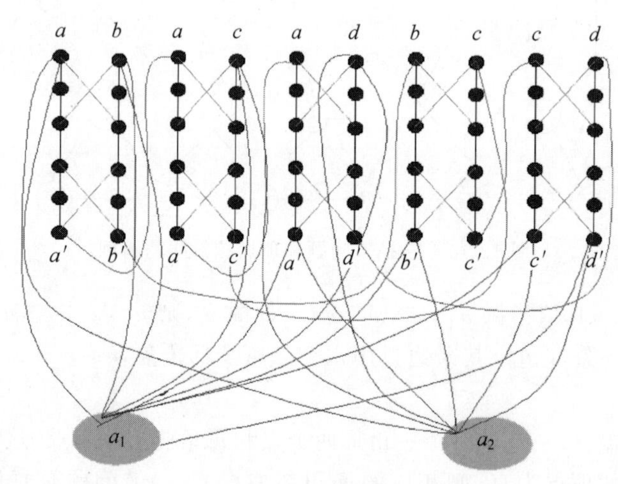

图 12-12　哈密顿圈示例

增加 k 个顶点 a_i，$1\leqslant i\leqslant k$，a_i 与每条通路的首和尾相连，形成 kn 个圈，例如，a_i-a-a'-a-a'-a-a'-a_i。

G'中共有点的个数为$|V'|=12|E|+k$。G'中共有边的条数为$|E'|=14|E|+2|E|-|V|+2k|V|=16m+(2k-1)n=O(n^2)$，因此可以在多项式时间变换。

若 G 有顶点覆盖 $V'\subseteq V$，$|V'|=k$，如图 12-11 所示，$\{a,c\}$是顶点覆盖。则哈密顿圈为 a_1-a^*b-a^*-a^*d-a_2-$c*$-$c*b$-$c*d$-a_1。先通过 a_1 走完 a 覆盖的边，再通过 a_2 走完 c 覆盖的边，回到 a_1，走遍所有点一次且仅有一次，所以是哈密顿圈。其中边(a,b)、(a,d)、(b,c)、(c,d)都被单个顶点覆盖，因此一次走完相应的检测覆盖子图；边(a,c)被两个顶点覆盖，因此两次走完检测覆盖子图。

反之，若 G'存在哈密顿圈，$a_{k1}-a_{k2}\cdots-a_{ki}-\cdots-a_{k1}$，先后走过相应顶点覆盖的检测覆盖子图对应的通路，经历了 k 段，因此原图可被 k 个点覆盖所有边。

因此顶点覆盖$\leqslant_P$ 哈密顿圈，又顶点覆盖$\in$NPC，所以哈密顿圈$\in$NPC。

哈密顿圈问题的证明中，设计通路选择点和检验覆盖性的两种分支，然后添加边连接两种分支，关联哈密顿圈和顶点覆盖。相似地，有向图的哈密顿圈、哈密顿通路等问题都是NP-完全问题。

12.3.3　限制技术

限制技术将证明问题 X 施加限制变为子问题 X'，$X' \in$ NPC，则 $X \in$ NPC。X'是 X 的子问题，因此若 X 有多项式时间算法，则 X'也有多项式时间算法；若 X'没有多项式时间算法，则 X 也没有多项式时间算法。

1. 子图同构问题

子图同构问题：给定 $G=(V,E)$，$H=(V_1,E_1)$，是否存在 G 的子图与 H 同构？

定理：子图同构 $\in$ NPC。

证明：

限制 H 是完全图，$k=|V_1|$。则 G 中是否存在大小为 k 的完全子图，与 H 同构，变成 G 中是否存在大小为 k 的团(团问题)。由于团问题 $\in$ NPC，因此子图同构 $\in$ NPC。

注意：子问题 $\in$ NPC，必有原问题 $\in$ NPC。反之不一定成立，原问题 $\in$ NPC，子问题不一定属于 NPC。另外图的同构问题可以多项式时间解答，是密码学家做出来的，但是子图同构 $\in$ NPC。

2. 旅行商问题

旅行商问题(TSP)：给定图 $G=(V,E)$和各边的边权，是否存在长度和 $\leqslant D$ 的旅游回路(经过各个顶点一次且仅有一次)？

定理：TSP $\in$ NPC

证明：

给定一个城市的排列，可以多项式时间验证是否长度和 $\leqslant D$ 的旅游回路，因此 TSP $\in$ NP 问题类。

给定 HC 问题实例 $G=(V,E)$，构造 TSP 问题实例 G'：$V'=V$，如果 $(v_i,v_j)\in E$，则 $d(v_i,v_j)=1$，否则 $d(v_i,v_j)=2$。则 G 有哈密顿圈 iff G'存在长度和 $\leqslant n$ 的旅游回路，而 HC $\in$ NPC，因此 TSP $\in$ NPC。

实际上，限制各边的边权 $=1$，$D=n$，TSP 问题变为 HC 问题，而 HC $\in$ NPC，因此 TSP $\in$ NPC。

本节思考题

1. 已知 MAXLA 问题是 NPC。

实例：给定简单图 $G(V,E)$及整数 k。

询问：是否存在一一映射 p：$p\rightarrow\{1,2,\cdots,n\}$，使 $\sum\limits_{(u,v)\in e}|p(v)-p(u)|\geqslant k$？

证明 MINLA 问题 $\left(\sum\limits_{(u,v)\in e}|p(v)-p(u)|\leqslant k\right)\in$ NPC。

2. 证明 HC 通路问题 $\in$ NPC。

3. 证明最小击中问题 $\in$ NPC。

实例：给定集合 U,U 的子集 $S_1, S_2, \cdots, S_m$ 和整数 k。

询问：是否存在子集 $S' \subseteq S$,$|S'| \geqslant k$,使得 $\forall S_i$,$S_i \cap S' \neq \varnothing$？

视频讲解

12.4 NP 完全问题求解

12.4.1 求解策略

NP 完全问题有一种令人惊奇的性质，即如果一个 NP 完全问题能在多项式时间内得到解决，那么 NP 中的每个问题都可以在多项式时间内求解，即 P＝NP。迄今为止，所有的 NP 完全问题都还没有多项式时间算法。求解 NP 完全问题必须牺牲下面 3 个特性之一。

（1）求问题的最优解。

（2）多项式时间求解。

（3）求解问题的任意实例。

对于 NP 完全问题，通常可采取以下几种解题策略。

（1）只对问题的特殊实例(子问题)求解。

（2）只求解小实例。

（3）只求近似解。

（4）用随机算法求解。

（5）用启发式方法求解。

对于 NP-完全问题，可以使用第 11 章的随机算法求解，或使用第 13 章的近似算法求解，还可以使用启发式方法求解。在第 9 章学习的优先队列式分支限界中使用限界函数＝$C_p + r$ 或 $C_p + b$ 作为优先级进行搜索，限界函数实际就是启发式函数。其他算法还有局部搜索、蚁群算法、模拟退火、遗传算法、粒子群和神经网络等，属于智能计算和人工智能算法。

12.4.2 子问题求解

许多问题是 NP-完全问题，但子问题有多项式时间算法，例如，图上独立集∈NPC，而第 7 章讲的树上独立集∈P；SAT∈NPC，3-SAT∈NPC，而 2-SAT∈P。要找一条 P 与 NPC 之间的明确的分界线是不可能的。下面看一下先行约束排工问题。

先行约束排工问题：给定 m 台处理机和任务集合 $T=\{t_1, t_2, \cdots, t_n\}$,$T$ 中每个任务均可在单位时间内完成，$L(t_i)=1$,T 上有半序关系$\lessdot$，表达加工的先后顺序。完成任务的最后期限 $D \in \mathbf{Z}^+$。是否存在排工表 σ: $T \to \{0,1,2,\cdots,D-1\}$，满足如下要求：

（1）$|\{t_i \in T \mid \sigma(t_i)=k, 1 \leqslant k \leqslant D-1\}| \leqslant m$，同时最多加工 m 个任务；

（2）当 $t_i \lessdot t_j$，则 $\sigma(t_i) < \sigma(t_j)$，满足加工的先后顺序。

给定任务集合 $T=\{t_1, t_2, t_3, t_4, t_5, t_6, t_7, t_8, t_9, t_{10}, t_{11}\}$，先序关系使用有向边表示，如图 12-13 所示。

（1）当 $m=1$ 时，该问题是多项式时间可解的。

（2）当 $m=2$ 时，也是多项式时间可解的，总是同时安排两个任务。

（3）半序关系为无，肯定是多项式时间可解的，因为加工长度均为 1。

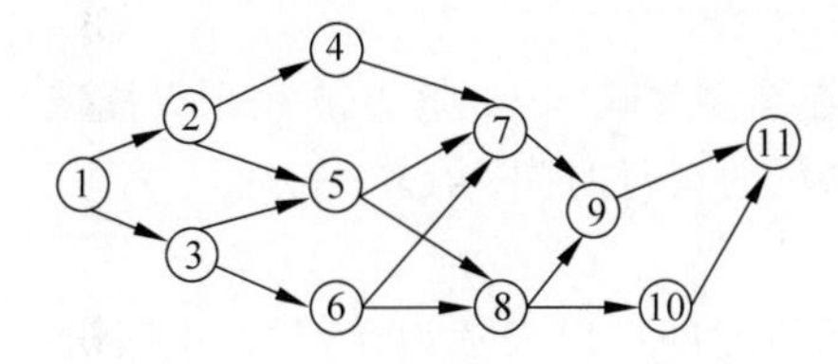

图 12-13 先行约束排工问题示例

(4) 半序关系为树,问题还是多项式时间可解的。

(5) 半序关系任意,m 任意。1975 年,J. D. Ullman 证明了先行约束排工问题∈NPC。

(6) $m\leqslant 3, m\leqslant 4, m\leqslant 5, m\leqslant 6, m\leqslant 7, m\leqslant 100$,半序关系任意;这些问题的难度怎样?目前还尚未确定。

12.4.3 参数化算法

下面看一下对 NP-完全问题的小实例求解的有效算法——参数化算法。参数化算法的输入中存在一个参数 k,算法的运行时间为 $O(n^c f(k))$,$f(k)$与 n 无关,c 是与 n 和 k 都无关的常数。当 k 为常数时,算法是多项式时间算法;如果 $f(k)$比较小,算法通常是有效的。

顶点覆盖问题 VC∈NPC。如果 k 较小,是否可解?

顶点覆盖问题有两个参数:n 和 k。如果 k 是固定的常数,顶点覆盖问题可以使用枚举算法解决:对大小为 k 的子集,逐一验证该子集是否为顶点覆盖。

验证 k 大小子集是否为顶点覆盖,需要逐一验证 k 个顶点关联的边。由于每个顶点的度≤$(n-1)$,因此需要 $O(nk)$时间进行验证。所有 k 大小的子集有 $C(n,k)=O(n^k)$个,因此枚举算法的时间复杂度为 $O(kn^{k+1})$。当 $n=1000, k=10$ 时,$O(kn^{k+1})\approx 10^{34}$,虽然是多项式时间,但不可行。

顶点覆盖的子集算法时间复杂度为 $O(2^k kn)$,是指数时间算法。当 $n=1000, k=10$ 时,$O(2^k kn)\approx 10^7$,当 k 很小时,子集算法不再是指数时间算法,反而是可行的。

定理:如果 u-v 是图 G 的一条边,则 G 有小于或等于 k 的顶点覆盖 iff G-$\{u\}$和 G-$\{v\}$至少其一有小于或等于 $k-1$ 的顶点覆盖。

证明:

假定 G 有小于或等于 k 的顶点覆盖 S,则 S 包含 u 或 v (或两者),否则不能覆盖边(u, v)。假定包含 u,则 S-$\{u\}$是图 G-$\{u\}$的一个顶点覆盖。反之,假定 S 是图 G-$\{u\}$的小于或等于 $k-1$ 的顶点覆盖,那么 $S\cup\{u\}$是 G 的小于或等于 k 的顶点覆盖。

根据上述定理,设计顶点覆盖的子集算法。

```
boolean Vertex - Cover(G,k) {
1.  if (G 的边数为 0)   then return true          //空集是一个顶点覆盖
2.  if (G 的边数> = kn) then return false
3.  任取 G 的边(u,v)
4.  a = Vertex - Cover(G - {u},k - 1)
5.  b = Vertex - Cover(G - {v},k - 1)
6.  return a OR b
}
```

定理:如果 G 有大小为 k 的顶点覆盖,则 G 的边数小于或等于 $k(n-1)$。

证明：

G 有 n 个顶点，每个顶点至多关联 $n-1$ 条边，k 个顶点覆盖的边数小于或等于 $k(n-1)$。

定理：顶点覆盖子集算法的运行时间为 $O(2^k kn)$。

证明：

顶点覆盖子集算法的运行时间可以表示为递归树，递归树有 $2^0+2^1+\cdots+2^k=2^{k+1}$ 个节点，每次调用需要的时间为 $O(kn)$，因此算法的运行时间为 $O(2^k kn)$。

12.4.4 图着色问题

图的 k 可着色判定问题：给定无向连通图 $G=(V,E)$ 和 k 种不同的颜色。每个顶点着一种颜色，是否有一种着色法使 G 中每条边的两个顶点着不同颜色？

图的可着色优化问题：给定无向连通图 $G=(V,E)$，最少需要多少种颜色才能使图 G 中每条边连接的两个顶点着不同颜色？最少的颜色数称为该图的色数。

1. 图着色问题的复杂度

图着色问题的复杂度如下。

(1) 对于有 n 个顶点的完全图必须着 n 种颜色，因此不存在常数 k，使 k 着色成立。

(2) 二分图是 2 可着色的。

引理：图 G 是 2 可着色的，当且仅当 G 为二分图。

根据二分图的定义可证。

(3) 图的 3 可着色问题∈NPC。

(4) 如果对图中顶点的度加以限制，图的 3 可着色问题也有多项式时间算法，对于哈密顿圈和顶点覆盖问题亦然，如表 12-2 所示。

表 12-2　限制度的 NPC 问题

问　　题	顶点覆盖	哈密顿圈	图的 3 可着色
P 类　顶点度数上界 $D\leqslant$	2	2	3
NPC 类　顶点度数上界 $D\geqslant$	3	3	4

如果限制图为平面图(一个图的所有顶点和边都能以某种方式画在平面上且没有任何两条边相交)，平面图 3 可着色问题∈NPC，而平面图的 4 可着色问题有四色猜想。

四色猜想：1852 年，刚从伦敦大学毕业的制图员 Francis Guthrie 提出，在一个平面或球面的任何地图能够只用 4 种颜色着色，使相邻国家在地图上着不同颜色。要求每个国家在地图上是单连通域；两个国家相邻是指这两个国家有一段长度不为零的公共边界，而不仅仅有一个公共点。

数学家 Heawood 花费了毕生的精力研究，于 1890 年证明了五色定理(任何连通的简单平面图是 5 可着色的)。1976 年 6 月，美国数学家 K. Appel 与 W. Haken，分成 2000 多种复杂情况，在 3 台不同的电子计算机上，用了 1200 小时，终于完成了“四色猜想”的证明，从而使“四色猜想”成为了四色定理。

四色猜想可用平面图表示，一个区域对应平面一个顶点。两个区域在地图上相邻，在平面图中相应的两个顶点之间有边相连。这样四色猜想变为连通的简单平面图 4 可着色问题。

2. 圆弧着色

波分复用(WDM)是常用的通信技术，允许 n 个通话共用一条光纤，使用不同的波长通信。现给定 k 个波长和 n 个通话的起点与终点(路径)，请给出安排方案。

如果每个波长着一种颜色，问题变为 k 可着色问题(n 条路径着 k 种颜色，同色路径不重叠)。

(1) 如果限制路径为直线，则问题的 k 可着色问题变为区间着色问题：给定 n 个区间，k 条不同颜色的直线，是否可以将 n 个区间安排到 k 条直线上，并且使同一直线上的区间不重叠？区间着色问题可以调用第 4 章中的区间划分问题的贪心算法求解，着色数 k = 区间深度，如图 12-14 所示。因此区间着色问题∈P 类问题。

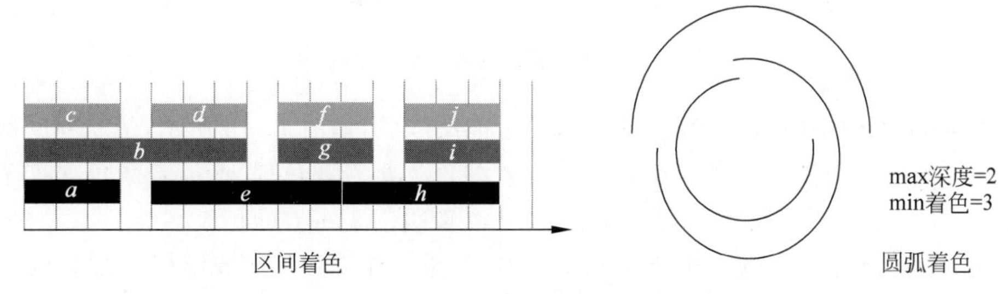

图 12-14　区间着色和圆弧着色示例

(2) 如果限制路径为圆弧，图为环状拓扑，图着色问题的复杂度如何？

定理：圆弧 k 着色问题∈NPC。

给定圆弧着色问题的一个着色方案，可以多项式时间验证是否是小于或等于 k 种颜色着色，因此圆弧着色问题∈NP。可以通过复杂的归约证明圆弧 k 着色∈NPC。

给定圆弧 k 着色问题的实例 G：n 条弧和整数 k。将每条弧变为顶点，两条弧重叠变为边连接两个顶点，圆弧 k 着色问题的实例可以多项式时间转化为图 k 着色问题的实例 G'，G 有解 iff G' 有解，因此圆弧 k 着色问题 $\leqslant_p$ 图 k 着色问题。

圆弧 k 着色问题有蛮力算法，时间复杂度为 $O(k^n)$。当 $k=10$，$m=40$ 时 $k^n \approx 10^{40}$，虽然是多项式时间，但不可行。

圆弧着色问题具有弱对偶性：着色数 $k \geqslant$ 区间深度。如图 12-14 所示，圆弧着色示例中区间深度为 2，圆弧着色数为 3。

下面把圆弧着色问题变换为区间着色问题进行求解。如图 12-15 所示，在顶点 V_1 和 V_n 间切割，弧 x 切断后变为两条弧 x' 和 x''，则圆弧 k 着色 iff 区间 k 着色，且切断的弧着同色，即 a'，b'，c' 的颜色分别和 a''，b''，c'' 相同。

现在设计算法求解切割后的区间着色问题，如图 12-15 所示。

首先，在顶点 V_1 和 V_n 间切割，从切割点 v_0 开始的所有区间着不同的颜色，如图 12-15 所示区间 a'、b' 和 c' 分别着颜色 1、2 和 3。

然后选择剩余区间中起点最靠前的区间着可能的颜色，如图 12-15 所示，最靠前的区间 d 和 e 着色。b' 仍然占据颜色 2，因此有两种方案：d 着颜色 1，e 着颜色 3；d 着颜色 3，e 着颜色 1。

再选最靠前的区间 f 着色，颜色 1 和 3 仍然被 d 和 e 占据，因此 f 只能着颜色 2。再选最靠前的区间 c'' 着色，c'' 只能着与 d 相同的颜色。

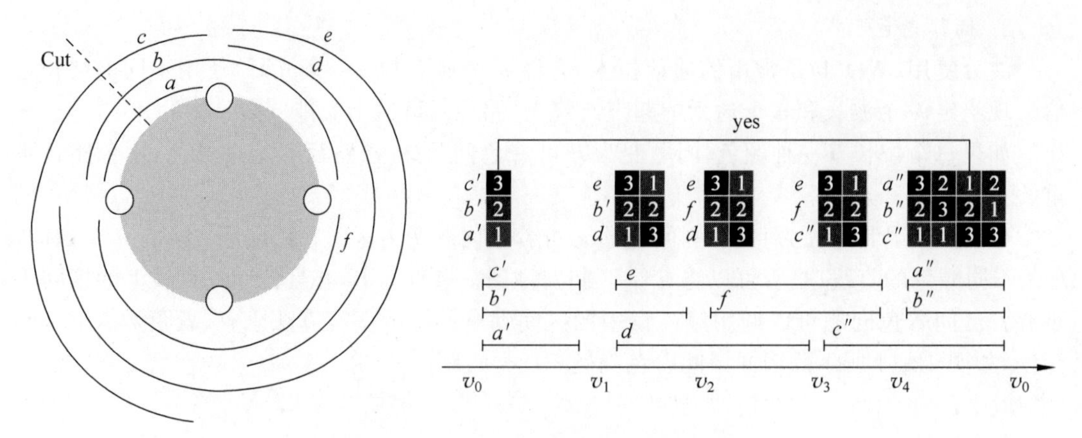

图 12-15　圆弧着色动态规划算法示例

继续选剩余区间中起点最靠前的区间着可能的颜色，如图 12-15 所示，最靠前的区间 a'' 和 b'' 着色。有 4 种方案：d 和 c'' 着颜色 1，a'' 着颜色 2，b'' 着颜色 3，或 a'' 着颜色 3，b'' 着颜色 2；d 和 c'' 着颜色 3，a'' 着颜色 1，b'' 着颜色 2，或 a'' 着颜色 2，b'' 着颜色 1。

因为 a'，b'，c' 分别着颜色 1，2，3，因此选择 d 和 c'' 着颜色 3，a'' 着颜色 1，b'' 着颜色 2，保证切断的弧同色。

算法最多有 n 个阶段，每个阶段选择一个区间放入。每个阶段至多可以放入 k 个区间，至多枚举 $k!$ 种颜色，因此算法的时间复杂度为 $O(nk!)$。如果 k 比较小，例如 $k=10$，$n=10^6$，$O(nk!)<O(10^6\times10^8)$。即使 n 比较大，算法仍然有效。

12.5　co-NP 和 PSPACE

一个计算问题的输入可以编码成有穷的二进制串 s，s 的长度为 $|s|$。判定问题 X 可以等同于回答 yes 的输入串集合。判定问题 X 的算法 A 接受串 s，并返回值 yes 或 no，这个返回值表示为 $A(s)$。如果对所有的串 s，$A(s)=\text{yes}$ iff $s\in X$，则称 A 解决 X。

给定判定问题 X 的补问题 $\overline{X}$：对所有的输入串 s，$s\in\overline{X}$ iff $s\notin X$。

定理：判定问题 $X\in P$，则 $\overline{X}\in P$。

证明：

若 $X\in P$ 则 X 存在多项式时间算法 A，如果 $s\in X$ 则 $A(s)=\text{yes}$。同理对于 $\overline{X}$，可以调用算法 A，如果 $s\in X$ 则 $A(s)=\text{no}$，否则 $A(s)=\text{yes}$。因此 $\overline{X}\in \text{P}$，P 类问题在补运算下是封闭的。

例如，X＝合数问题，$\overline{X}$＝素数问题。对于 X，$A(s)$算法对于每个证书 t，$1<t<n$，要验证 t 是否整除 n，回答 yes，则 n 为合数。反之，如果 t 整除 n，回答 no，则 n 不是素数。

12.5.1　co-NP

如果 $X\in\text{NP}$ 则 $\overline{X}\in\text{NP}$? 使用 co-NP 表示这个关系：问题 $X\in\text{co-NP}$ iff $\overline{X}\in\text{NP}$。因此 co-NP 类是所有 NP 问题的补问题类。

是否有 NP=co-NP？目前尚不明确，但普遍相信 NP≠co-NP。例如，对于哈密顿圈问题，给定一个顶点序列，可以多项式时间验证是否是哈密顿圈。但对于哈密顿圈的补问题，如何验证给定图没有哈密顿圈？因此 NP 和 co-NP 是不对称的。

定理：如果 NP≠co-NP，则 P≠NP。

证明：

只需证明 P=NP 则 NP=co-NP 成立，则原命题成立。

如果 P=NP，则 $X\in \mathrm{NP}\Rightarrow X\in \mathrm{P}\Rightarrow \overline{X}\in \mathrm{P}\Rightarrow \overline{X}\in \mathrm{NP}\Rightarrow X\in \text{co-NP}$，即 NP⊆co-NP。又 $X\in \text{co-NP}\Rightarrow \overline{X}\in \mathrm{NP}\Rightarrow \overline{X}\in \mathrm{P}\Rightarrow X\in \mathrm{P}\Rightarrow X\in \mathrm{NP}$，即 co-NP⊆NP。因此 NP=co-NP。

如果 $X\in \mathrm{P}\Rightarrow X\in \mathrm{NP}$ 和 $X\in \mathrm{P}\Rightarrow X\in \text{co-NP}$，因此 P⊆NP∩co-NP。$X\in \mathrm{NP}\cap\text{co-NP}$ 有一个好的特性：$A(s)=\text{yes}$ 时有证书，$A(s)=\text{no}$ 时也有证书。例如，网络流问题：给定网络 N，是否存在 $v(f)\geqslant k$ 的流？当 $v(f)\geqslant k$ 时，$A(s)=\text{yes}$。当有割集的容量 $<k$ 时，$A(s)=\text{no}$。最大流和最小割的对偶性是关键。同样，给定二分图是否存在完美匹配？当有匹配 $|M|=n$ 时，$A(s)=\text{yes}$。当 $|N(S)|<|S|$ 时，$A(s)=\text{yes}$。

网络流问题和二分图完美匹配问题都是 P 问题，因此 P=NP∩co-NP？目前尚不明确，但有许多问题，当证明问题∈NP∩co-NP 后，多年以后发现了它的多项式时间算法，例如，线性规划和素数检测。因此问题∈NP∩co-NP 是查找其多项式时间算法的重要指引。

定理：如果 $X\in \mathrm{NPC}$，$\overline{X}\in \mathrm{NP}$，则 NP=co-NP。

证明：

因为 $X\in \mathrm{NPC}$，$\forall$ NP 问题 Y，$Y\leqslant_P X$，$\overline{X}\in \mathrm{NP}$，同样 $\overline{Y}\leqslant_P \overline{X}$，$\overline{X}\in \mathrm{NP}$，因此 $\overline{Y}\in \mathrm{NP}$，故 NP=co-NP。

12.5.2 PSPACE

PSPACE 问题类是具有多项式空间复杂度算法的问题类。

定理：P⊆PSPACE。

由于 $S(n)=O(T(n))$，因此 P⊆PSPACE。考虑一个算法以二进制表示 $0\sim2^n-1$，只需要 n 位计数器，循环加 1 即可实现。空间复杂度为 $O(n)$，时间复杂度为 $O(2^n)$。计算过程中空间可以重复使用，而时间不可重复使用，这是空间的重要特性。

对于 3-SAT 问题，使用 n 位计数器表示布尔变量的赋值，如 101，表示 $x_1=1,x_2=0,x_3=1$，然后调用多项式时间验证算法可以验证这个赋值是否是真值指派。因此 3-SAT 问题存在多项式空间算法，3-SAT∈PSPACE。

定理：NP⊆PSPACE。

证明：

因为 3-SAT 问题∈NPC，因此 $\forall$ NP 问题 Y，$Y\leqslant_P$ 3-SAT，而 3-SAT 问题存在多项式空间算法，因此 Y 通过多项式时间变换和多项式次调用 3-SAT 算法，可以在多项式空间求解。故 NP⊆PSPACE。

同样 co-NP⊆PSPACE。它们之间的关系如图 12-16 所示。

如果问题 $X\in$ PSPACE，且 $\forall$ PSPACE 问题 $Y\leqslant_P X$，则 $X\in$ PSPACE-完全类，记为 PSPACE-C。人工智能中一些基本问题都是 PSPACE 完全问题，如规划问题、迷宫问题、博弈问题等。

Stockmeyer 和 Meyer 于 1973 年证明了 QSAT∈PSPACE-C。$X \in$ PSPACE-C 的证明与 NP-完全的证明类似：$X \in$ PSPACE，$Y \in$ PSPACE-C，如果 $Y \leqslant_P X$，则 $X \in$ PSPACE-C。

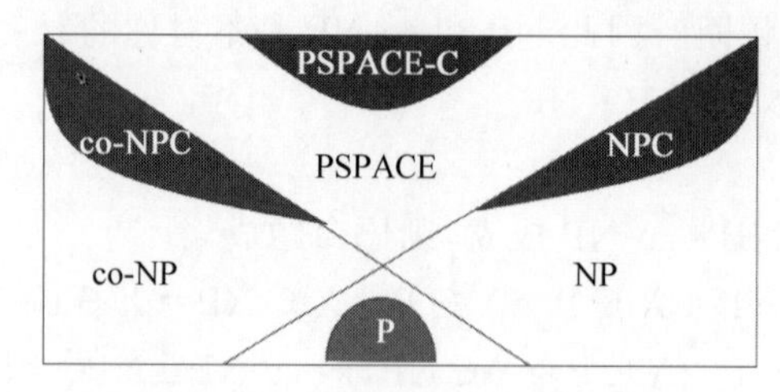

图 12-16 复杂度类之间的关系

本章习题

1．编程实现图着色问题(POJ 1129、POJ 1419)。

2．证明最小生成树$\leqslant_P$ 最大生成树。

3．给定下述问题的多项式时间变换。

(1) 独立集问题到团问题。

(2) 顶点覆盖问题到团问题。

(3) 团问题到 0-1 整数规划问题。

4．区间调度问题$\leqslant_P$ 顶点覆盖问题是否正确?

5．顶点覆盖问题$\leqslant_P$ 区间调度问题是否正确?

6．证明 0-1 背包问题∈NPC。

7．证明三着色问题∈NPC。

8．证明有向哈密顿通路∈NPC。

9．证明整数线性规划问题∈NPC。

10．最长通路问题：给定图 G，是否存在长度$\geqslant k$ 的通路? 证明最长通路问题∈NPC。

11．子集和问题：给定正整数集合 $X=\{x_1, x_2, \cdots, x_n\}$和整数 k，是否存在 X 的子集 T，使得 T 中元素和$=k$? 证明子集和问题∈NPC。

12．讲座问题：每个项目对应一个讲座集合，需要至少从集合中选择一个讲座才能进行项目。每周对应一个可以做报告的讲座人集合。每周安排一个讲座，共 l 个讲座，p 个项目，n 个讲座人。安排一个讲座表，使每周有讲座，每个项目对应的集合至少选择一个讲座，每个讲座人的讲座时间符合可选的讲座时间。证明讲座问题∈NPC。

13．记录软件记录每个使用者每分钟访问的 IP 地址，并规定每个人每分钟至多访问一个 IP。现在发现有人对远程站点发动攻击，连续 t 的时间访问 t 个不同的 IP 地址。检查记录，发现没有一个使用者的访问记录与此相同。

猜测：有 k 人参加攻击? 每分钟 k 人中至少有 1 人的 IP 与攻击者的 IP 相同，称为可疑集团。给定 $I(u,m)$表示人与 IP 的记录，给定整数 k，存在不超过 k 人的可疑集团吗?

14．证明对顶点度数不超过 4 的图，其 3 可着色问题属于 NPC。

15．3 元素严格覆盖问题(X3C)：给定有限集合 X，$|X|=3q$，X 的 3 元素子集记为 C。

是否存在 C 的子集 C',C'严格覆盖 X。证明 X3C∈NPC。

16. 3 对集问题(3DM):给定集合 $W,X,Y,M\subseteq W\times X\times Y,|W|=|X|=|Y|=q$。是否存在 M 的子集 $M'\subseteq M$,使 $|M'|=q$,M' 中没有任意两个 3 元组有相同的分量。证明 3DM∈NPC。

17. 给定 3-SAT 实例,n 个变量正好都出现在 3 个子句中,证明这样的实例都可以满足,并且给出多项式时间算法。

18. 给出哈密顿圈问题 HC 的补问题? 给出 HC 的补问题的证据? 是否有 HC 的补问题∈NP?

19. 试证明 QSAT∈PSPACE,QSAT∈PSPACE-C。

20. 简述 2-SAT 问题的多项式时间算法。

21. 竞争便利店选址问题:给定图和每个顶点的权值,两个人轮流选择顶点,如果一个顶点被选择了,则其相邻顶点不能再被选择。如何选择一个最大权的顶点子集? 证明竞争便利店选址问题∈PSPACE-C。

22. 划分三角形问题:给定 $G=(V,E)$,$|V|=3q,q\in\mathbf{Z}^{+}$。是否存在 V 的划分:$V=V_1\cup V_2\cup\cdots\cup V_q$,满足任意$|V_i|=3$,且 $V_i=\{v_i[1],v_i[2],v_i[3]\}$中的 3 个顶点在 G 中形成三角形。证明划分三角形问题属于 NPC 类。

23. 给定矩阵 $\boldsymbol{A}_{n\times m}$,$n$ 维列向量 $\boldsymbol{c}$,m 维列向量 $\boldsymbol{b}$ 和整数 D,是否存在 n 维 0-1 列向量 $\boldsymbol{x}$,使得 $\boldsymbol{Ax}\leqslant\boldsymbol{b}$ 且 $\boldsymbol{c}^{\mathrm{T}}\boldsymbol{x}\geqslant D$。

第13章

近似算法

近似算法是求解 NP-完全问题的重要方法。一般来说，如果一个问题有确定的近似性能比上界的近似算法，在实际计算中往往能求得一个比较理想的结果。衡量近似算法的好坏在于算法的运行时间和近似性能。本章介绍绝对近似算法、相对近似算法、多项式时间近似方案及其证明方法。

13.1 绝对近似算法

给定优化问题 π，其实例集合为 D_π。若有算法 A，存在一个常数 $K \geqslant 0$，使得对所有实例 $I \in D_\pi$，总有 $|A(I)-\mathrm{OPT}(I)| \leqslant K$，$A(I)$为算法 A 的解值，$\mathrm{OPT}(I)$为最优解的解值，则称算法 A 为解答问题π 的绝对近似算法。若 A 为多项式时间算法，则称 A 为解答问题π 的多项式时间绝对近似算法。

当 $\mathrm{P} \neq \mathrm{NP}$ 时，NP-hard 优化问题不存在多项式时间算法，但其中有些问题存在多项式时间绝对近似算法。绝大多数 NP-hard 问题不存在多项式时间绝对近似算法。

存储最多程序问题：给定 n 个程序，每个程序的存储容量分别为 L_i，$1 \leqslant i \leqslant n$；有两个磁盘，存储容量都是 L。若不允许一个程序同时存在于两个磁盘内，求两个磁盘最多能存储程序的个数。

设计算法 A：

Step1：n 个程序按其存储容量非降顺序排序，使 $L_1 \leqslant L_2 \leqslant \cdots \leqslant L_n$。

Step2：将排序后的程序从 1 到 n 编号，依次存放于磁盘 1，直到磁盘 1 放不下为止；再转向存储于磁盘 2，直到磁盘 2 不能存放为止。

Step1 排序的时间复杂度是 $O(n\log n)$，Step2 的时间复杂度是 $O(n)$，因此算法 A 的时间复杂度为$O(n\log n)$。

定理：设 I 是存储最多程序问题的任意实例，$\mathrm{OPT}(I)$为其最优解的解值，$A(I)$为算法 A 的解值，则有$|\mathrm{OPT}(I)-A(I)| \leqslant 1$。即算法 A 为多项式时间绝对近似算法。

证明：

考虑一个容量为 $2L$ 的磁盘，程序按照 $L_1, L_2, \cdots, L_n$ 的顺序存入磁盘，可以存 p 个程序，即 $\sum_{i=1}^{p} L_i \leqslant 2L$，则 $\mathrm{OPT}(I) \leqslant p$。两个磁盘按照算法 A 最少可以存储 $p-1$ 个程序，如图 13-1 所示。所以：$|A(I)-\mathrm{OPT}(I)| \leqslant 1$。

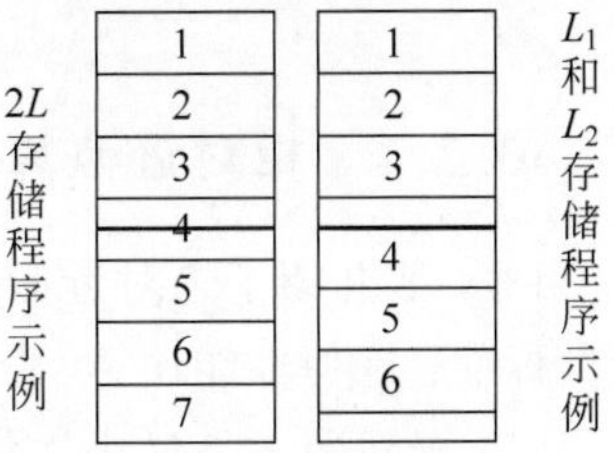

图 13-1　存储程序问题示例

定理：当 $\mathrm{P} \neq \mathrm{NP}$ 时，0-1 背包问题没有多项式时间绝对近似算法。

证明：

0-1 背包问题的优化形式为

$$\begin{cases} \max \sum_{j=1}^{n} v_j x_j \\ \sum_{j=1}^{n} w_j x_j \leqslant W \end{cases}, \quad x_j \in \{0,1\}, 1 \leqslant j \leqslant n$$

设 0-1 背包问题存在多项式时间绝对近似算法 A，则存在常数 K，使对 0-1 背包问题的任意实例 I，有 $|A(I)-\mathrm{OPT}(I)| \leqslant K$。

令 $v_{1i}=(K+1)v_i$，将背包问题的实例 I 变换为另一问题的实例 I_1：

$$\begin{cases} \max \sum_{i=1}^{n} v_{1i} x_i \\ \sum_{i=1}^{n} w_i x_i \leqslant W \end{cases}, \quad x_j \in \{0,1\}, 1 \leqslant i \leqslant n$$

根据假设，有 $|A(I_1)-\mathrm{OPT}(I_1)| \leqslant K$。又有 $\mathrm{OPT}(I_1)=(K+1)\mathrm{OPT}(I)$，所以，有 $|A(I_1)/(K+1)-\mathrm{OPT}(I)| \leqslant K/(K+1) < 1$。

由于 0-1 背包问题的实例中，每个元素的价值均为正整数，所以 $\mathrm{OPT}(I)=A(I_1)/(K+1)$，由此可以得到最优解值，这样 0-1 背包判定问题就可以解决了，这与 $\mathrm{P} \neq \mathrm{NP}$ 相矛盾。

定理：若 $\mathrm{P} \neq \mathrm{NP}$，则最大独立集问题不存在多项式时间绝对近似算法。

证明：

设最大独立集问题的实例为 G，有绝对近似算法 A，使得 $|A(G)-\mathrm{OPT}(G)| \leqslant K$。构造最大独立集问题另一实例 G'：G' 由图 G 复制 $K+1$ 个副本组成。显然有 $\mathrm{OPT}(G')=(K+1)\mathrm{OPT}(G)$。

对于 G' 调用算法 A，得到 $|A(G')-\mathrm{OPT}(G')| \leqslant K$，得到 $|A(G')/(K+1)-\mathrm{OPT}(G)| \leqslant K/(K+1) < 1$。独立集中的顶点个数为整数，因此 $\mathrm{OPT}(G)=\lfloor A(G')/(K+1) \rfloor$，可以求到 G 的最优解值，这与 $\mathrm{P} \neq \mathrm{NP}$ 相矛盾。

视频讲解

13.2　相对近似算法

视频讲解

13.2.1　相对近似算法概述

13.1 节介绍了绝对近似算法，本节介绍相对近似算法，首先介绍相对近似算法性能的度量标准：近似性能比。

(1) 若问题 π 是最小优化问题，给定实例 I，解答 π 的近似算法为 A，则算法 A 对实例 I 的近似性能比定义为 $R_{A(I)}=A(I)/\mathrm{OPT}(I)$，基本假设：$A(I)\geqslant \mathrm{OPT}(I)$。

(2) 若问题 π 为最大优化问题，给定实例 I，解答 π 的近似算法为 A，则算法 A 对实例 I 的近似性能比定义为：$R_{A(I)}=\mathrm{OPT}(I)/A(I)$，基本假设：$A(I)\leqslant \mathrm{OPT}(I)$。

算法 A 称为近似性能比为 $R_{A(I)}$ 的相对近似算法。显然这样定义后，不论最大优化问题还是最小优化问题，近似性能比总是大于或等于 1。近似性能比越接近 1 说明算法越好，近似算法的解越接近最优解。

证明相对近似算法的好坏，要找到一个界 C，使得 $R_A\leqslant C$，通常找不到比 C 更小的数，就说算法 A 的近似比为 C。

(1) 若 C 是一个常数，算法 A 称为常数近似算法，此时称问题 π 是可近似的。

(2) 对于任意小的 $\varepsilon>0$，都存在 $(1+\varepsilon)$ 的相对近似算法，此时称问题 π 是完全可近似的。

(3) 若已证明不存在 $R_A<C$，除非 P=NP，此时称问题 π 是不可近似的。

相对近似算法常用的设计方法有以下几种。

(1) 贪心技术——贪心算法的局部最优解作为近似解。

(2) 组合技术——利用问题自身性质设计算法。

(3) 定价法——原始对偶技术。

(4) 线性规划和舍入——整数规划问题的近似算法。

(5) 输入舍入和动态规划方法。

(6) 局部搜索技术。

(7) 随机近似算法。

13.2.2　贪心近似

负载平衡问题：给定 m 台机器和 n 个任务，任务 j 的处理时间为 t_j，任务 j 必须在一台机器上连续加工完成，$1\leqslant j\leqslant n$。一台机器同一时间至多加工一个任务。给定一个任务安排，使工期最短。

设 $J(i)$ 为安排在机器 i 上的任务集合，则机器 i 的负载是 $L_i=\sum\limits_{j\in J(i)} t_j$。工期 L 是所有机器上的最大负载，即 $L=\max(L_i)$。

负载平衡问题∈NP-hard，有多种近似算法。

1. LS 算法

负载平衡的 LS(List-Scheduling)算法：

```
List-Scheduling(m,n,t) {
1.   for i=1 to m  do                              //初始化
2.        Li=0
3.        J(i)=∅
4.   for j=1 to n
5.        i=mink(Lk)                               //机器 i 的负载最小
6.        J(i)=J(i)∪{j}                            //安排任务 j 给机器 i
7.        Li=Li+tj                                 //更新机器 i 的负载
}
```

LS 算法将任务编号，并顺序安排到负载最小的机器，如图 13-2 所示，首先 3 台机器分别安排任务 A、B 和 C，然后安排 D 到负载最小的机器 2，再安排 E、F 到负载最小的机器 1 和 3……LS 算法可以作为在线算法使用，任务随时到达顺序安排。

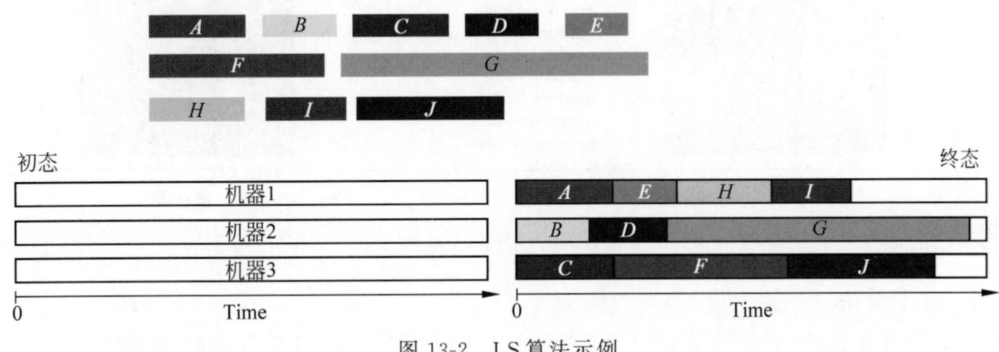

图 13-2　LS 算法示例

选择负载最小的机器，如果使用优先队列表示，则时间复杂度为 $O(\log m)$，因此 LS 算法的时间复杂度为 $O(n\log m)=O(n\log n)$。

首先，如果存在加工时间超长的任务的特殊情况。设最优工期为 L^*，因为必须有机器处理超长的任务，因此 $L^*\geqslant\max_j(t_j)$，$1\leqslant j\leqslant n$。然后考虑平均情况，有如下引理。

引理：最优工期 $L^*\geqslant\frac{1}{m}\sum_{j=1}^{n}t_j$。

证明：

处理全部任务需要的时间为 $\sum_{j=1}^{n}t_j$。即使 m 台机器平均分配这些时间，每台机器处理任务至少需要 $1/m$ 时间，因此最优工期 $L^*\geqslant\frac{1}{m}\sum_{j=1}^{n}t_j$。

定理：LS 算法是 2 近似算法。

证明：

考虑 LS 算法的工期对应负载为 L_i 的机器 i，设 j 是机器 i 上加工的最后任务。当任务 j 安排给机器 i 时，i 负载最小，因此安排任务 j 前的负载为 $L_i-t_j\Rightarrow L_i-t_j\leqslant L_k$，$1\leqslant k\leqslant m$。由上述 k 个公式，均除以 m，得 $L_i-t_j\leqslant\frac{1}{m}\sum_{k=1}^{m}L_k\leqslant\frac{1}{m}\sum_{j=1}^{n}t_j\leqslant L^*$，如图 13-3 所示。因此 $L_i\leqslant L^*+t_j\leqslant L^*+\max_j(t_j)\leqslant 2L^*$。故 $L_i/L^*\leqslant 2$，即 $R_{A(I)}\leqslant 2$。

下面分析近似性能比为 2 是否是紧界。例如，给定实例：m 台机器，$m(m-1)$ 个长度

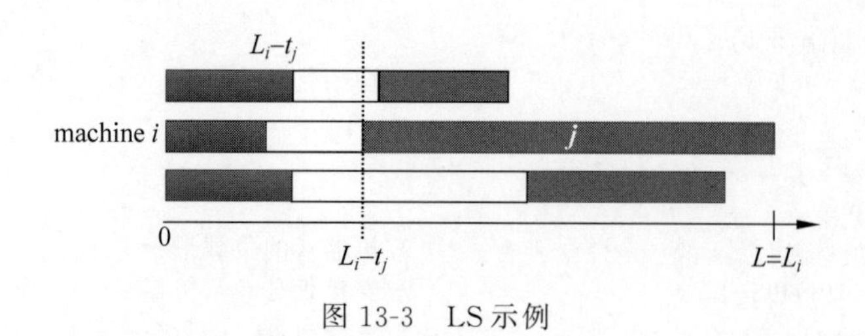

图 13-3 LS示例

为 1 的任务,1 个长度为 m 的任务,则贪心算法的解为 $2m-1$,而最优解为 m,如图 13-4 所示。

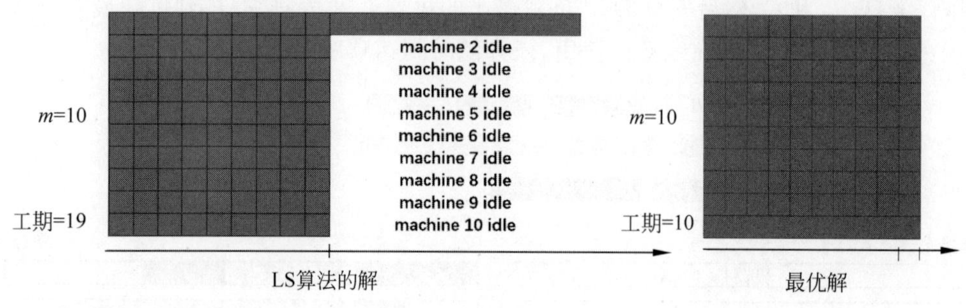

图 13-4 LS 算法示例

2. LPT 算法

如果按降序排序 n 个任务,然后调用 LS 算法,称为 LPT(最长处理时间)算法。

负载平衡的 LPT 算法:

```
LPT - List - Scheduling(m,n,t) {
1.  Sort(t)                              //使 t1 >= t2 >= … >= tn
2.  for i = 1 to m do
3.      Li = 0
4.      J(i) = ∅
5.  for j = 1 to n do
6.      i = mink(Lk)                     //机器 i 的负载最小
7.      J(i) = J(i) ∪ {j}                //安排任务 j 给机器 i
8.      Li = Li + tj                     //更新机器 i 的负载
}
```

如果至多有 m 个任务,那么每台机器加工一个任务,LPT 算法得到最优解。

引理:如果任务数$>m$,则最优解 $L^*\geqslant 2t_{m+1}$。

证明:

考虑开始的 $m+1$ 个任务 $t_1,t_2,\cdots,t_{m+1}$。因为 t_i 按降序排序,因此每个任务至少需要 t_{m+1} 时间。$m+1$ 个任务 m 台机器,由鸽笼原理,至少有一台机器加工了两个任务,则 $L^*\geqslant 2t_{m+1}$。

定理:LPT 算法是 3/2 近似算法。

证明:

考虑 LPT 算法的工期对应负载为 L_i 的机器 i,设 j 是机器 i 上加工的最后任务。当任务 j 安排给机器 i 时,i 负载最小,因此安排任务 j 前的负载为 $L_i-t_j\Rightarrow L_i-t_j\leqslant L_k$,$1\leqslant$

$k \leqslant m$。由上述 m 个公式,均除以 m,得 $L_i - t_j \leqslant \frac{1}{m}\sum_{k=1}^{m} L_k \leqslant \frac{1}{m}\sum_{j=1}^{n} t_j \leqslant L^*$,因此 $L_i \leqslant L^* + t_j \leqslant L^* + t_{m+1} \leqslant (3/2)L^*$,故 $L_i / L^* \leqslant \frac{3}{2}$,即 $R_{A(I)} \leqslant \frac{3}{2}$。

定理:LPT 算法是 4/3 近似算法。

证明(略)。

下面分析近似性能比为 4/3 是否是紧界。例如,给定实例:m 台机器,$n=2m+1$ 个任务,长度分别为 $m+1, m+2, \cdots, 2m$ 的任务各有两个,长度为 m 的任务各有 1 个。则贪心算法的解为 $4m+1$,而最优解为 $3m+2$,如图 13-5 所示。

LPT解	机器	最优解
2m, m+1, m	机器1	m, m+1, m+1
2m, m+1	机器2	m+2, 2m
2m−1, m+2	机器3	m+2, 2m
2m−1, m+2	机器4	m+3, 2m−1
2m−2, m+3	机器5	m+3, 2m−1
2m−2, m+3	机器6	m+4, 2m−2
2m−3, m+4	机器7	m+4, 2m−2
2m−3, m+4	机器8	m+5, 2m−3
2m−4, m+5	机器9	m+5, 2m−3
2m−4, m+5	机器10	m+6, m+6

图 13-5 LPT 算法示例

13.2.3 组合技术

组合技术利用问题自身性质,设计算法。利用不同的规律,可以设计不同的近似算法。

1. 满足三角不等式的旅行商问题

旅行商问题:给定无向完全图 $G=(V,E)$,每一条边 (u,v) 的非负整数费用为 $c(u,v)$。找出 G 的最小费用哈密顿圈。

特殊性质:费用函数 c 往往具有三角不等式性质,即对任意的 3 个顶点 $u,v,w \in V$,有 $c(u,w) \leqslant c(u,v) + c(v,w)$。例如,当图 G 中的顶点为平面上的点,任意 2 顶点间的费用就是这 2 点间的欧氏距离时,费用函数 c 就具有三角不等式性质。

满足三角不等式的旅行商问题有简单的最近邻贪心算法。从任意城市出发,每一步取离当前城市最近的尚未访问的城市作为下一个要访问的城市(如果有多个城市与当前城市距离相同,任意选取其中一个),直至走遍所有城市回到起点。但该方法不但不能保证得到最优解,而且近似性能也不好。

对于给定的无向图 G,可以利用图 G 的最小生成树算法和三角不等式的性质,设计找近似最优的旅游回路的算法。

满足三角不等式的旅行商问题的最小生成树算法 MST-TSP(G)如下。

Step1:选择 G 的任一顶点 r。

Step2:用 Prim 算法找出图 G 的一棵以 r 为根的最小生成树 T。

Step3:前序遍历树 T 得到顶点表 L。

Step4:将 r 加到表 L 的末尾,按表 L 中顶点次序组成回路 H,作为计算结果返回。

定理:满足三角不等式的旅行商问题的 MST-TSP 算法的近似性能比为 2。

证明：

设最小生成树 T 的长度为 MST(I)，复制最小生成树的边，如图 13-6(b)所示，完全遍历 $abcbhbadefegeda$ 正好是 T 的两倍。删除重复的顶点 b、a、d、e 和 g，以相邻顶点的连边代替，例如，以边(c,h)代替(c,b)和(b,h)，(a,h)代替(a,b)和(b,h)，(h,d)代替(a,h)和(a,d)，(a,e)代替(a,d)和(d,e)，(a,g)代替(a,e)和(e,g)，(f,g)代替(f,e)和(e,g)，得到的回路正好是 H，如图 13.6(d)所示，即贪心算法的解 $A(I)$。

近似算法 $A(I) \leqslant 2\text{MST}(I)$，$\text{MST}(I) \leqslant \text{OPT}(I)$，则 $A(I) \leqslant 2\text{MST}(I) \leqslant 2\text{OPT}(I)$。因此，$A(I)/\text{OPT}(I) \leqslant 2$。

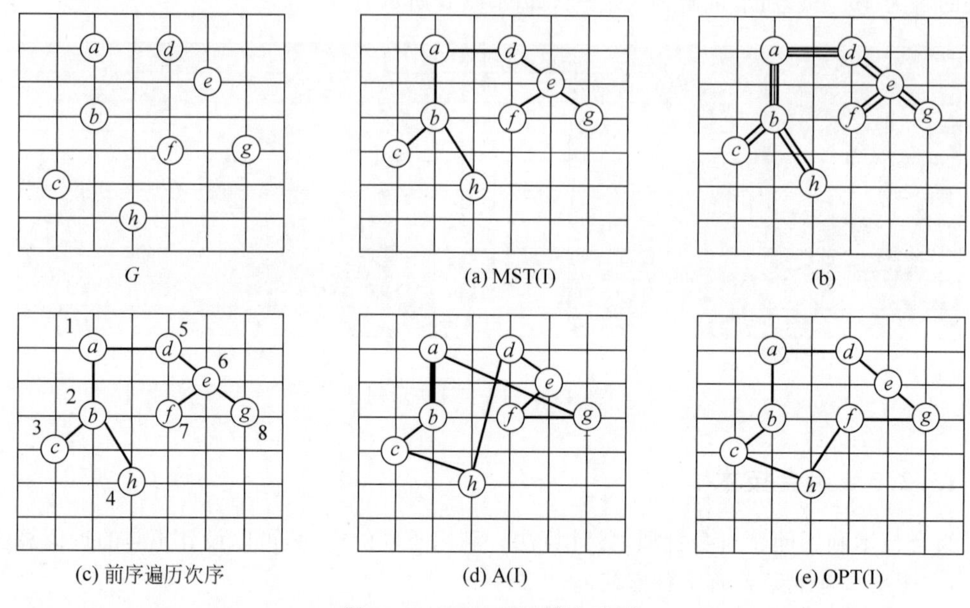

图 13-6　MST-TSP 算法示例

满足三角不等式的旅行商问题的最小权匹配算法 MM-TSP(G)如下。

Step1：选择 G 的任一顶点 r。

Step2：用 Prim 算法找出图 G 的一棵以 r 为根的最小生成树 T。

Step3：对 T 中奇度的顶点求最小权匹配 M，加入 T，变为欧拉图。

Step4：抄近路，得欧拉回路 H，作为计算结果返回。

在图 13-6(a)所示的 MST 中查找奇度顶点$\{b,c,h,e,f,g\}$，求得最小权匹配$\{(c,b),(h,f),(e,g)\}$，加入 T 中。然后抄近路以(h,c)代替(b,c)和(b,h)，(f,g)代替(e,f)和(e,g)，正好得到图 13-6(e)，即最优解。

定理：对满足三角不等式的货郎问题任意实例 I，有 $\text{MM}(I)/\text{OPT}(I) < 3/2$。

证明：

设最小生成树 T 的长度为 MST(I)，$\text{MST}(I) \leqslant \text{OPT}(I)$。最小生成树 T 中奇度顶点的个数为偶数，经过这些点的旅游回路的长度$\leqslant \text{MST}(I)$，经过这些点的旅游回路的边数为偶数，则这些顶点的最小权匹配的边长之和$\leqslant 1/2(L) \leqslant 1/2(\text{MST}(I)) \leqslant \text{OPT}(I)/2$，其中 L 为经过这些点的旅游回路的长度。因此 $\text{MM}(I) \leqslant \text{MST}(I) + 1/2(\text{MST}(I)) = 3/2(\text{MST}(I))$。

旅行商问题在费用函数不一定满足三角不等式的一般情况下，不存在具有常数性能比的多项式时间近似算法，除非 P＝NP。即：若 P≠NP，则对任意常数 $\rho>1$，不存在性能比为 ρ 的解旅行商问题的多项式时间近似算法。

2. 顶点覆盖问题的近似算法

顶点覆盖问题(VC)：给定无向图 $G=(V,E)$，$V' \subseteq V$，若对于 $\forall e\in E$，$\exists v\in V'$，使得 v 与 e 相关联，则称 v 覆盖 e，并称 V'为 G 的顶点覆盖。顶点数最少的顶点覆盖，就是最小顶点覆盖。

顶点覆盖问题的近似算法 approxVertexCover(G)：

```
1.  cset = ∅
2.  e1 = G.E                                    //图 G 的边集
3.  while (e1 <>∅) do
4.      从 e1 中任取一条边(u,v)
5.      cset = cset∪{u,v}
6.      从 e1 中删去与 u 和 v 相关联的所有边
7.  return cset
```

cset 用来存储顶点覆盖中的各顶点，初始为空。不断从边集 e_1 中选取一条边(u,v)，将边的端点加入 cset 中，并将 e_1 中已被 u 和 v 覆盖的边删去，直至 cset 已覆盖所有边，即 e_1 为空。算法删除所有边后终止。因此算法的时间复杂度为 $O(m)$。如图 13-7 所示，先后选择边(b,c)、(e,f)和(d,g)，近似算法的顶点覆盖包含 6 个顶点，如图 13-7(e)所示。最优解包含 3 个顶点 b、e 和 d，如图 13-7(f)所示。

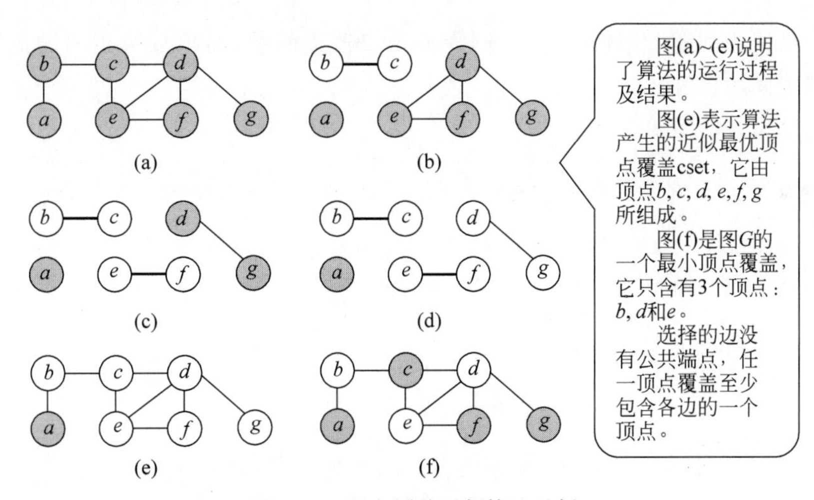

图 13-7　顶点覆盖近似算法示例

定理：算法 approxVertexCover 的近似性能比为 2。

证明：

选择的边没有公共端点，任一顶点覆盖至少包含各条边的一个顶点。因此 $A(I)/\mathrm{OPT}(I)\leqslant 2$。

顶点覆盖问题与独立集问题等价，独立集问题$\leqslant_p$ 顶点覆盖问题。顶点覆盖问题有近似性能比为 2 的近似算法，是否独立集问题也有近似性能比为 2 的近似算法？

设顶点覆盖问题的最优解包含 $n/2$ 个顶点，则独立集问题的最优解也包含 $n-n/2=n/2$ 个顶点。顶点覆盖问题近似性能比为 2 的近似算法的解包含 n 个顶点，则独立集问题的近似算法的解为空集。因此 $X\leqslant_p Y$,Y 有近似算法,X 不一定有近似算法;但有些情况下,$X\leqslant_p Y$,Y 有近似算法,则 X 有近似算法。

13.2.4 定价法

赋权顶点覆盖问题:给定图 $G=(V,E)$和各顶点的权值,找最小权顶点覆盖。

定价法,又称为原始-对偶法。受经济观点的启发,对于赋权顶点覆盖问题,把顶点的权值看作覆盖该顶点的费用,每条边为覆盖它的顶点支付一定的费用。如果对每一个顶点 i,所有与 i 关联的边不必支付多于顶点 i 的费用,即,对于顶点 i,$\sum_{e=(i,j)} p_e \leqslant w_i$,则称价格 p_e 是公平的。

引理:对于任意的顶点覆盖 S^* 和任意的非负的公平价格 p_e,有 $\sum_{e\in E} p_e \leqslant W(S^*)$。

证明:

根据公平性定义,对于顶点 i,$\sum_{e=(i,j)} p_e \leqslant w_i$,每条边 e 至少被 S^* 中的一个顶点覆盖,因此对于 S^* 中所有顶点,有

$$\sum_{e\in E} p_e \leqslant \sum_{i\in S^*}\sum_{e=(i,j)} p_e \leqslant \sum_{i\in S^*} w_i = W(S^*)$$

定理:赋权顶点覆盖问题∈NPC。

证明:

赋权顶点覆盖问题若限制 $w_i=1$ 则变成顶点覆盖问题,而顶点覆盖问题∈NPC,因此赋权顶点覆盖问题∈NPC。

赋权顶点覆盖的定价算法:

```
Weighted-Vertex-Cover-Approx(G,w) {
1.  for each e ∈ E
2.       pe = 0
3.  while (∃边(i,j) 使关联的顶点 i 和 j 都不是紧的) do
4.       选择 e,增加 pe 而不破坏公平性.
5.  S = 所有紧顶点的集合
6.  return S
}
```

图 13-8 给出了定价法的示例,初始边权=0,首先选择边(a,b),定价 $p_{(a,b)}=\min(w_a, w_b)=\min(3,4)=3$,如图 13-8(b)所示。然后选择边$(a,d)$,定价 $p_{(a,d)}=\min(w_a-3, w_d)=\min(1,3)=1$,如图 13-8(c)所示。再选择边$(c,d)$,定价 $p_{(c,d)}=\min(w_d-1, w_c)=\min(2,5)=2$,如图 13-8(d)所示。边$(a,c)$和$(b,c)$都有一端是紧的,因此算法结束。顶点覆盖 $S=\{a,b,d\}$,顶点覆盖的权值$=3+4+3=10$。

定理:赋权顶点覆盖问题的定价算法是 2 近似算法。

证明:

算法每次迭代,至少有一个新顶点变成紧的,因此算法至多运行 n 次。

设 S 是算法终止时紧顶点的集合,则 S 是顶点覆盖,如果任意边(i,j)没有被覆盖,那么 i 和 j 都不是紧的,算法不会终止。

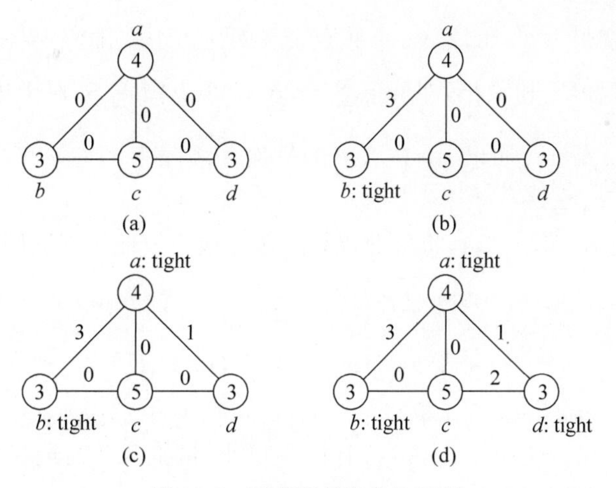

图 13-8 顶点覆盖定价法示例

设 S^* 是最优顶点覆盖,S 中的顶点都是紧的,因此 $w(S)=\sum\limits_{i\in S}w_i=\sum\limits_{i\in S}\sum\limits_{e=(i,j)}p_e\leqslant\sum\limits_{i\in V}\sum\limits_{e=(i,j)}p_e=2\sum\limits_{e\in E}p_e\leqslant 2w(S^*)$。

13.2.5 线性规划与舍入

线性规划问题(LP)是多项式时间可解的。线性规划问题的一般形式为

$$\max \sum_{j=1}^{n} c_j x_j$$

$$\text{s.t.} \quad \sum_{j=1}^{n} a_{ij} x_j \geqslant b_i, \quad 1 \leqslant i \leqslant n$$

$$x_j \geqslant 0, \quad 1 \leqslant j \leqslant n$$

线性方程组 $\boldsymbol{Ax}=\boldsymbol{b}$ 可以使用高斯消元法解决,LP 模仿线性方程组的求解,使用不等式代替等式。1947 年,Dantzig 提出 Simplex 算法,实际可解决 LP。1979 年,Khachian 提出 Ellipsoid 算法,多项式时间可解决 LP。目前实用的内点法是 Narendra Karmarkar 于 1984 年提出的。

整数规划问题是 NP-完全问题。将整数规划问题松弛为线性规划问题,其解值可以作为整数规划问题最优解的界值。线性规划问题近似算法的一般步骤如下。

(1) 将一个优化问题形式化为整数规划问题。

(2) 将整数规划问题松弛为线性规划问题,求解线性规划问题。

(3) 利用线性规划问题的分数解得到整数规划问题的近似解。

由线性规划问题的分数解得到整数解的方法称为舍入,舍入是算法设计的关键。下面使用线性规划问题求解赋权顶点覆盖问题。

首先将赋权顶点覆盖问题形式化为整数规划问题(ILP):

$$\min \sum_{i\in V} w_i x_i$$

$$\text{s.t.} \quad x_i + x_j \geqslant 1, \quad (i,j)\in E$$

$$x_i \in \{0,1\}, \quad i \in V$$

每个顶点使用变量 $x_i \in \{0,1\}$表示，顶点覆盖对应 0-1 安排：$S=\{i \in V | x_i=1\}$。目标函数是顶点覆盖的权值之和最小，即 $\min\sum_{i \in V} w_i x_i$。顶点覆盖 S，对于边(i,j)必须满足 $i \in S$ 或 $j \in S$，即 $x_i+x_j \geqslant 1$。如果 $x^{\#}$ 是 ILP 的最优解，则 $S=\{i \in V | x_i^{\#}=1\}$是最小权顶点覆盖。

$x_i=\{0,1\}$松弛为 $0 \leqslant x_i \leqslant 1$，将整数规划问题变换为线性规划问题：

$$
\begin{aligned}
&\min \sum_{i \in V} w_i x_i \\
&\text{s.t. } x_i + x_j \geqslant 1, (i,j) \in E \\
&\qquad 0 \leqslant x_i \leqslant 1, \quad i \in V
\end{aligned}
$$

因为 $x_i=\{0,1\}$松弛为 $0 \leqslant x_i \leqslant 1$，LP 限制更小，因此 LP 的最优值$\leqslant$ILP 的最优值。LP 的解是近似算法的界。

将 LP 的解 x^* 四舍五入，取 $S=\{i \in V | x_i{}^* \geqslant 1/2\}$为整数规划问题的解，则有如下定理。

定理：如果 x^* 是 LP 的最优解，则 $S=\{i \in V: x_i^* \geqslant 1/2\}$ 是一个顶点覆盖，其权值至多是最优解的两倍。

证明：

首先 S 是一个顶点覆盖。对于边$(i,j) \in E$，因为 $x_i^*+x_j^* \geqslant 1$，则 $x_i^* \geqslant 1/2$ 或者 $x_j^* \geqslant 1/2 \Rightarrow i \in S$ 或 $j \in S \Rightarrow (i,j)$被覆盖。

然后证明 $w(S)/w(S^*) \leqslant 2$。因为 x^* 是 LP 的最优解，则有 $\sum_{i \in S^*} w_i \geqslant \sum_{i \in S} w_i x_i^* \geqslant \frac{1}{2}\sum_{i \in S} w_i$。故近似算法的解值$\leqslant 2\times$LP 的最优值$\leqslant 2\times$ILP 的最优值。

定理：赋权顶点覆盖问题的线性规划近似算法是 2 近似算法。

定理：如果 $\text{P} \neq \text{NP}$，即使对于单位权值，赋权顶点覆盖问题也没有近似性能比 $R<1.3607$ 的近似算法。

本节思考题

设计集合覆盖问题的近似算法。给定 n 个元素的集合 U 和 U 的子集 $S_1, S_2, \cdots, S_n$，是否存在部分 S_i，其并集等于 U。

视频讲解

13.3 多项式时间近似方案

问题 π 的近似算法 $A(\varepsilon)$若满足对任意实例 I 任意 $\varepsilon>0$，有 $R_{A(\varepsilon)}<1+\varepsilon$ 且 $A(\varepsilon)$的时间复杂度是 I 输入长度的多项式函数，则 $A(\varepsilon)$称为求解问题 π 的多项式时间近似方案(PTAS)。例如，负载均衡问题的多项式时间近似方案，欧氏 TSP 问题的多项式时间近似方案。

多项式近似方案中没有确定 ε 大小，代表一簇算法，只有程序运行时才能确定 ε。PTAS 可以产生任意高质量的解，但时间也会变得很高，时间与 ε 有关。

问题 π 的近似算法 $A(\varepsilon)$ 若满足对任意实例 I 任意 $\varepsilon>0$，有 $R_{A(\varepsilon)}<1+\varepsilon$ 且 $A(\varepsilon)$ 的时间复杂度是 I 输入长度和 $1/\varepsilon$ 的多项式函数 $P(n,1/\varepsilon)$，则 $A(\varepsilon)$ 称为求解问题 π 的完全多项式时间近似方案(FPTAS)。

13.3.1　0-1 背包问题的近似算法

0-1 背包问题的一般形式为

$$\begin{cases}\max\left\{\sum_{i=1}^{n} x_i v_i\right\} \\ \sum_{i=1}^{n} x_i w_i \leqslant W\end{cases}, \quad x_i \in \{0,1\}$$

定理：0-1 背包问题有多项式时间近似算法，近似性能比 $R_{A(I)}\leqslant 2$。

证明：

设计 0-1 背包问题的近似算法 knapApprox 如下。

输入：$A(v_i,w_i)$，W，$1\leqslant i\leqslant n$。

输出：$A(I)$。

Step1：将 A 中的元素按照单位价值排序，满足 $v_1/w_1\geqslant v_2/w_2\geqslant\cdots\geqslant v_n/w_n$。

Step2：按照排序后的顺序装入背包，直到装不下为止，得到可行解 GA(I)。

Step3：$A(I)=\max\{\mathrm{GA}(I),\max\{P_i\mid 1\leqslant i\leqslant n\}\}$，此时需考虑单个物品价值大的特殊情况。

Step4：return $A(I)$。

设正整数 r 满足 $\sum_{i=1}^{r} w_i \leqslant W$，$\sum_{i=1}^{r+1} w_i > W$，显然 $a_1,a_2,\cdots,a_r$ 是装入背包的物体。则有

$$\mathrm{OPT}(I) < \sum_{i=1}^{r+1} v_i \leqslant \sum_{i=1}^{r} v_i + \max_{1\leqslant i\leqslant n} v_i \leqslant 2A(I)$$

所以 $R_{A(I)}=\mathrm{OPT}(I)/A(I)\leqslant 2$。

例如，给定四个物品 $(w_i,v_i)=\{(3,7),(4,9),(2,2),(5,10)\}$，$W=6$。

(1) 按照单位价值排序，得$(w_i,v_i)=\{(3,7),(4,9),(5,10),(2,2)\}$。

(2) 放入(3,7)和(2,2)，GA(I)=9。

(3) $\max v_i=10$，$A(I)=\max\{9,10\}=10$，装入物品(5,10)。而最优值为 11，装入(4,9)和(2,2)。

13.3.2　0-1 背包问题的多项式时间近似方案

背包问题的多项式时间近似方案的思想是首先按照单位价值排序物品，然后选择任意一种 k 个元素的组合放入背包进行尝试，然后调用近似算法 knapApprox 求解，全部 k 个元素的组合尝试完后，选择最好的作为最后结果。

背包问题的多项式时间近似方案 ε-knapApprox：

输入：W，k，(v_i,w_i)，$1\leqslant i\leqslant n$。

输出：$V_{\max}$。

```
1.   V_max = 0
2.   for 每个元素数小于或等于 k 且重量和小于或等于 W 的集合 I do  //不超过 k 个元素的所有组合
3.       V_I = ∑(i∈I) v_i
4.       V_max = max{V_max, V_I + L(剩余背包容量和物品按近似算法 knapApprox 求解的解值)}
5.   return V_max
```

示例如表 13-1 所示，示例已经按照单位价值排好序。

(1) $K=0$ 时，直接将前 5 个物品装入背包。$V_{\max}=11+21+31+33+43=139$，$w=1+11+21+23+33=89$。

(2) $K=1$ 时，先装入 1 个物品，再按近似算法 knapApprox 装入其他物品，得到解{1,2,3,4,7}最好。$V_{\max}=11+21+31+33+45=151$，$w=1+11+21+23+45=101$。

(3) $K=2$ 时，先装入 2 个物品，再按近似算法 knapApprox 装入其他物口，得到解{1,2,3,5,6}最好。$V_{\max}=11+21+31+43+53=159$，$w=1+11+21+33+43=109$。这是最优解。

表 13-1　背包问题示例($n=8$,$W=110$)

	V_1	V_2	V_3	V_4	V_5	V_6	V_7	V_8
价值	11	21	31	33	43	53	55	65
重量	1	11	21	23	33	43	45	55

定理：设 0-1 背包问题最优解为 V^*，$V_{\max}$ 是 ε-knapApprox 算法的解，则 $R_{A(I)}\leqslant 1+1/(k+1)$。

证明：

设最优解为$\{x_1,x_2,\cdots,x_p\}$，其中前 k 个是这里面价值最大的 k 个，剩余的按照单位价值排序。

如果 $k\geqslant p$，肯定能找到最优解。

如果 $k<p$，肯定存在解$(x_1,x_2,\cdots,x_k,y_1,y_2,\cdots,y_z)$，其中前 k 个取值 V_I = 最优解的前 k 个，后面按照单位价值装入 L，则算法的解 $V_{\max}\geqslant V_I+L$。设 m 是第一个装不进去的最优解的元素，则 $Vx_m\leqslant V_{\max}/(k+1)$，因此 $V^*\leqslant V_I+L+Vx_m\leqslant(1+1/(k+1))V_{\max}$。

因此，$R_{A(I)}\leqslant(1+1/(k+1))=(1+\varepsilon)$，$\varepsilon=1/(k+1)$；时间复杂度为 $O(n^{k+1})=O(n^{1/\varepsilon})$。

因此 ε-knapApprox 算法是 0-1 背包问题的多项式时间近似方案。随着 k 的增大，ε 减小，近似性能比减小，计算的时间复杂度增大。

13.3.3　0-1 背包问题的完全多项式时间近似方案

前面学过 0-1 背包问题的动态规划算法 A：设 $\mathrm{OPT}(i,w)$是容量为 w 时物品 $1\sim i$ 所构成的背包的最大价值。

(1) OPT 不选择物品 i，$\mathrm{OPT}(i,w)=\mathrm{OPT}(i-1,w)$。

(2) OPT 选择物品 i，新容量 $=w-w_i$，则有

$$\mathrm{OPT}(i,w)=\begin{cases}0, & i=0\\ \mathrm{OPT}(i-1,w), & w_i>w\\ \max(v_i+\mathrm{OPT}(i-1,w-w_i),\mathrm{OPT}(i-1,w)), & 其他\end{cases}$$

算法的运行时间为$O(nW)$，W为背包容量，因此是伪多项式时间算法。算法A适应于重量较小且重量为整数的情况。如果重量较大，而价值较小且价值为整数时，可以使用背包问题的动态规划算法B：设$\mathrm{OPT}(i,v)$是物品$1\sim i$产生价值v时的最小重量。

(1) OPT不选择物品i，$\mathrm{OPT}(i,v)=\mathrm{OPT}(i-1,v)$。

(2) OPT选择物品i，新价值为$v-v_i$，则有

$$\mathrm{OPT}(i,v)=\begin{cases}0, & v=0\\ \infty, & i=0,v>0\\ \mathrm{OPT}(i-1,v), & v_i>v\\ \max(w_i+\mathrm{OPT}(i-1,v-v_i),\mathrm{OPT}(i-1,v)), & \text{其他}\end{cases}$$

算法的运行时间为$O(nV^*)=O(n^2v_{\max})$，$V^*\leqslant nv_{\max}=n\times\max(v_i)$，最优值$V^*$是$\mathrm{OPT}(n,v)\leqslant W$时的$v$的最大值，同样是伪多项式时间算法。

0-1背包问题的完全多项式时间近似方案knapFPTAS如下。

Step1：计算$\lceil v/\Theta\rceil$，把所有价值舍入小的范围。

Step2：在舍入实例上运行动态规划算法B。

Step3：返回舍入实例的最优解对应物品的价值之和为近似算法的解值。

设$\Theta=100\,000$，$\lceil v/\Theta\rceil$的计算示例如图13-9所示。在舍入示例上运行动态规划算法B，返回最优解(物品3和4)作为原问题的近似解，本例中也是原问题的最优解。

原示例

编号	价值	权重
1	134 221	1
2	656 342	2
3	1 810 013	5
4	2 217 800	6
5	2 843 199	7

$\lceil v/\theta\rceil$　$\theta=100\,000$　$W=11$

舍入后的示例

编号	价值	权重
1	2	1
2	7	2
3	19	5
4	23	6
5	29	7

图13-9　0-1背包问题的完全多项式时间近似方案示例

定理：假设S是算法knapFPTAS的解值，S^*是最优解值，则$S^*/S\leqslant 1+\varepsilon$。

证明：

设0-1背包问题的输入实例Ⅰ，通过$\lceil v/\Theta\rceil\theta$变换为输入实例Ⅱ，通过$\lceil v/\Theta\rceil$变换为输入实例Ⅲ，相应地对应输入价值$v_i$，$\bar{v}_i=\lceil v_i/\theta\rceil\theta$，$\hat{v}_i=\lceil v_i/\theta\rceil$，$\hat{v}_{\max}=v_{\max}/\theta=\lceil n/\varepsilon\rceil$，$\theta=\varepsilon v_{\max}/n$，$\varepsilon$为任意小的参数，$\Theta$为缩放因子。因为$\bar{v}_i$和$\hat{v}_i$相差一个系数，因此对应实例Ⅱ和实例Ⅲ的最优解选择的物品相同。$\hat{v}_i$比$\bar{v}_i$小并且是整数，可以使用动态规划算法B解决实例Ⅲ，求得的解值乘以Θ，从而得到实例Ⅱ的解值，这个解值作为近似算法的解值，接近实例I的最优解值。则有

$$\sum_{i\in S^*}v_i\leqslant\sum_{i\in S^*}\bar{v}_i\leqslant\sum_{i\in S}\bar{v}_i\leqslant\sum_{i\in S}(v_i+\theta)\leqslant\sum_{i\in S}v_i+n\theta\leqslant(1+\varepsilon)\sum_{i\in S}v_i$$

$$n\theta=\varepsilon v_{\max}\leqslant\varepsilon\sum_{i\in S}v_i$$

所以，

$$\sum_{i\in S^*}v_i\leqslant(1+\varepsilon)\sum_{i\in S}v_i$$

动态规划算法 B 的运行时间是 $O(n^2\hat{v}_{max})$，因此算法的运行时间为 $O(n^3/\varepsilon)$。

例如，给定 $n=5, v_i=w_i=\{1,2,10,100,1000\}, W=1112$。动态规划算法的最优解值为 1112，选择的物品为(0,1,1,1,1)。若取 $\varepsilon=0.1$，则 $v_{max}=\max(v_i)=1000, \Theta=20$。变换为实例Ⅲ：$v_i=\{0,0,1,5,50\}, w_i=\{1,2,10,100,1000\}, W=1112$，求得最优解为(0,0,1,1,1)，最优解对应原问题的解值为 1110，$S^*/S=1112/1110=1.002<1.01=1+\varepsilon$。

本节思考题

设计集合覆盖问题的完全多项式时间近似方案。给定 n 个元素的集合 U 和 U 的子集 $S_1, S_2, \cdots, S_m$，是否存在部分 S_i，使其并集等于 U。

本章习题

1. 编程实现图着色算法(POJ 1129、POJ 1419)。

2. 装箱问题：给定容量为 C 的箱子和 n 个物体的集合 $S=\{a_1, a_2, \cdots, a_n\}$，物体 a_i 的体积为 $w(a_i)$。最少需要多少个箱子，才能将 S 中物体都装入箱子内？每个箱子装入物体的体积和不超过 C。试证明：

(1) 装箱问题存在 2 近似算法。

(2) 装箱问题存在 11/9 近似算法。

3. 多任务排工问题：给定 m 个相同的处理器 $p_1, p_2, \cdots, p_m$。要在处理器上加工的任务为 $t_1, t_2, \cdots, t_n$，任务 t_i 的加工时间为 $\mu(t_i)$，任务之间的半序关系为 $\prec$。给出加工任务排工表 $\sigma(t_i)$，使在最短时间内完成全部任务，且满足下述条件：

(1) 每台处理机不能同时加工两个或两个以上任务。

(2) 每个任务可以安排在任意处理机上加工，必须在一台处理机上连续加工完成。

(3) 若任务 t_i 和 t_j 满足：$t_i \prec t_j$，则 $\sigma(t_i)+\mu(t_i)\leqslant\sigma(t_j)$，只有 t_i 加工完成后才能开始加工 t_j。

试证明：多任务排工问题存在 2 近似算法。

4. 装箱问题：给定大小分别为 $\{s_1, s_2, \cdots, s_n\}$ 的物品集合 $\{u_1, u_2, \cdots, u_n\}$，$0\leqslant s_j\leqslant 1$，把这些物品装入单位容量的箱子中，最少需要多少个箱子？证明装箱问题存在 2 近似算法。

5. 子集和问题：给定大小为 $\{s_1, s_2, \cdots, s_n\}$ 的 n 个整数集合 S 和正整数 C，找 S 的一个子集，使子集和不超过 C 且最大。给出子集和问题的完全多项式时间近似方案。

6. 给出图着色问题的近似算法。

7. 独立任务排工问题：给定任务集合 $T=\{T_1, T_2, \cdots, T_n\}$，加工长度分别为 $L(T_i)=t_i\in\mathbf{Z}^+$，处理机为 $P_1, P_2, \cdots, P_m$。求任务划分 $T=T[P_1]\cup T[P_2]\cup\cdots\cup T[P_m]$，使 $\min\limits_{T}\max\limits_{1\leqslant j\leqslant m}\sum\limits_{T_i\in T[P_j]}L(T_i)$。试证明：

(1) 独立任务排工问题有近似性能比为 4/3 的近似算法。

(2) 独立任务排工问题有多项式时间近似方案。

第14章

图 算 法

在古城哥尼斯堡，普瑞格尔河横贯其境，河中有两个美丽的小岛。普瑞格尔河的两岸有七座桥。市民们喜欢四处散步，于是产生了著名的"哥尼斯堡七桥问题"，即是否可以设计一种方案，使得人们从自己家里出发，经过每座桥恰好一次，最后回到家里？1736 年，欧拉递交了名为《哥尼斯堡的七座桥》的论文，不仅解决了这一难题，而且引发了一门新的数学分支——图论的诞生。20 世纪 70 年代以后，高性能计算机的出现使图论问题的求解成为可能，并广泛应用在计算机科学、电子学、信息论、运筹学、控制论、网络理论、经济管理等领域。本章介绍图的基本概念、图的可图性、连通性、行遍性和常用的图算法。

14.1 基本概念

14.1.1 无向图与有向图

图是一种重要的数据结构，通常用来描述两两对象的相互关系，顶点代表事物，边表示两个事物间的关系。图通常用 $G=(V,E)$ 表示，V 代表顶点集合，$n=|V|$；E 代表边的集合，$m=|E|$，如图 14-1 所示，$V=\{1,2,3,4,5,6,7,8\}$，$E=\{(1,2),(1,3),(2,3),(2,4),(2,5),(3,5),(3,7),(3,8),(4,5),(5,6)\}$，$n=8$，$m=11$。$E$ 中每个元素 $e=(u,v)$ 表示顶点 u 和 v 关联的一条无向边，因此 (u,v) 与 (v,u) 是同一条边，顶点 u 和顶点 v 互为邻接顶点。有一个共同顶点的两条不同边互为邻接边。如果图中所有的边都是无向边，这种图称为无向图。

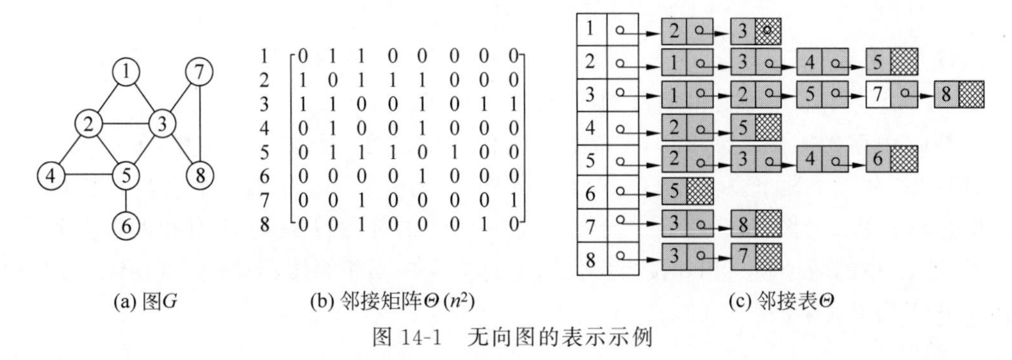

(a) 图G　(b) 邻接矩阵$\Theta(n^2)$　(c) 邻接表Θ

图 14-1　无向图的表示示例

图 14-2 所示为有向图 $G=(V,E)$，$V=\{1,2,3,4\}$，$E=\{<1,2>,<1,3>,<3,4>,<4,1>\}$，$n=4$，$m=4$。$E$ 中每个元素 $e=<u,v>$表示从顶点 u 到顶点 v 的有向边，u 为起点，v 为终点，顶点 u 邻接到顶点 v，顶点 v 邻接自顶点 u，边 e 与顶点 u 和 v 相关联。因此$<u,v>$与$<v,u>$是两条不同的边。图的有向性非常重要，Web 网页中超链接表示从一个网页链接到另一个网页，搜索引擎搜索链接结构以评价网页的重要性等级。

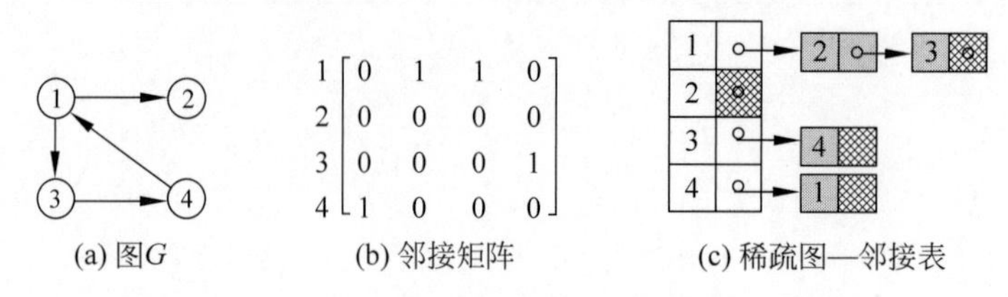

(a) 图G　(b) 邻接矩阵　(c) 稀疏图—邻接表

图 14-2　有向图的表示示例

图 G 的每一对顶点之间均有一条边相连的图，称为完全图，n 个顶点的完全图以 K_n 表示，K_n 中有 $m=n(n-1)/2$ 条边，如图 14-3 所示，K_4 有 6 条边。当一个图的边数接近完全图时，称为稠密图；当一个图有较少的边数($m\approx O(n)\ll n(n-1)/2$)时，称为稀疏图，如图 14-3 所示。$n=1$ 的图称为平凡图。$n>1$ 的图称为非平凡图。$|E|=0$ 的图称为零图，$|V|=0$ 的图称为空图。

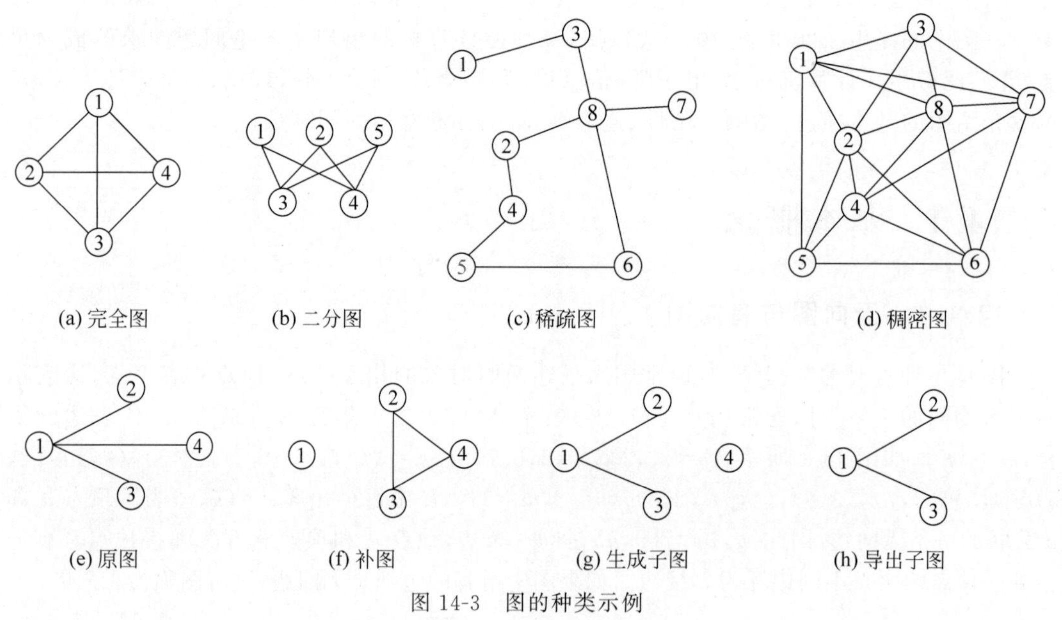

(a) 完全图　(b) 二分图　(c) 稀疏图　(d) 稠密图

(e) 原图　(f) 补图　(g) 生成子图　(h) 导出子图

图 14-3　图的种类示例

图 G 中，连接同一对顶点的边数大于 1，这样的边称为重边。起点和终点都是同一个顶点的边，称为自环。没有重边和自环的图，称为简单图。

若图 G 中存在一个二划分(L,R)，使得 G 的每条边的一个端点在 L 中，另一个端点在 R 中，则称之为二分图，记为 $G=(L,R,E)$，如图 14-3 所示。L 中的每个点与 R 中的每个点都相连的简单二分图，称为完全二分图。简单图 G 的补图 G' 是与 G 有相同顶点集合的简单图，且 G' 中的两个顶点相邻接当且仅当它们在 G 中不相邻接，如图 14-3 所示。原图 G 和其补图 G' 构成完全图。

给定图 $G=(V,E)$，图 $G'=(V',E')$，$E'\subseteq E$ 且 $V'\subseteq V$，称 G' 为 G 的子图。完全子图称为团。若图 $G'=(V,E')$，$E'\subseteq E$，则称 G' 为 G 的生成子图，如图 14-3 所示。

图 $G'=(V',E')$，$V'\subseteq V$ 且 $V'\neq\varnothing$，G 中两个端点都属于 V' 的所有边构成 $E'\subseteq E$，称为 G 的 V' 导出子图，记为 $G[V']$，如图 14-3 所示。图 $G'=(V',E')$，$E'\subseteq E$ 且 $E'\neq\varnothing$，G 中 E' 关联的所有端点构成 $V'\subseteq V$，称为 G 的 E' 导出子图，记为 $G[E']$。

14.1.2　握手定理

图 G 中以顶点 $v\in V$ 为端点的边数(有环时计算两次)称为顶点 v 的度数，简称度，记为 $\deg(v)$。有向图 $G=<V,E>$ 中以顶点 v 为起点的边数称为 v 的出度，记为 $\deg^{+}(v)$；以顶点 v 为终点的边数称为 v 的入度，记为 $\deg^{-}(v)$。显然，$\deg(v)=\deg^{+}(v)+\deg^{-}(v)$。

定理：无向图和有向图中，所有顶点的度之和等于 $2m$，即 $\sum\limits_{v\in V}\deg(v)=2m$。

这是图论的第一个定理，由欧拉于 1736 年最先给出。欧拉对此定理给出了一个形象论断：如果许多人在见面时握了手，两只手握在一起，被握过手的总次数为偶数。故此定理称为图论的基本定理或握手定理。在无向图中，一条边在两个端点各计算一次；在有向图中一条边在起点计算一次，在终点计算一次，因此每条边被计算两次，故 $\sum\limits_{v\in V}\deg(v)=2m$。

定理：有向图的入度等于出度。

度数为偶数的顶点称为偶点，度数为奇数的顶点称为奇点。度数为 0 的顶点称为孤立顶点。度数为 1 的顶点称为叶子顶点，其他顶点称为非叶顶点。图 G 中所有顶点的最小的度数，记为 $\delta(G)$。图 G 中所有顶点的最大的度数，记为 $\Delta(G)$。

推论：奇点的个数是偶数。

推论：$\delta(G)\leqslant 2m/n\leqslant\Delta(G)$，$2m/n$ 为图 G 的平均度数。

14.1.3　图的表示

图 $G=(V,E)$ 有两种数据结构表示：邻接矩阵和邻接表。

1. 邻接矩阵

图 G 的邻接矩阵是具有如下性质的 n 阶方阵：

$$A[i,j]=\begin{cases}1, & \text{如果}(v_i,v_j)\text{或}<v_i,v_j>\in E\\ 0, & \text{如果}(v_i,v_j)\text{或}<v_i,v_j>\in E\end{cases}$$

邻接矩阵的示例如图 14-1 和图 14-2 所示。无向图的邻接矩阵沿主对角线对称，而且主对角线一定为 0。因此无向图的邻接矩阵仅需要存储上三角形或下三角形的数据即可，因此仅需要 $n(n-1)/2$ 个空间。

无向图中任一顶点 i 的度为第 i 列(或第 i 行)所有非 0 元素的个数。有向图中顶点 i 的出度为第 i 行所有非 0 元素的个数，而入度为第 i 列所有非 0 元素的个数。

图 G 使用邻接矩阵表示，需要的空间为 $O(n^2)$。检查 (u,v) 是否为边的时间为 $\Theta(1)$，检查所有边需要遍历邻接矩阵，因此时间为 $\Theta(n^2)$。检查某顶点邻接的所有边的时间为 $\Theta(n)$。

注意：如果图中存在环和重边的情形，不能用邻接矩阵存储。

2. 邻接表

图 G 的邻接表由 n 个顶点的索引表和边表表示。邻接表的示例如图 14-1 和图 14-2 所示。

无向图中每条边在邻接表里出现 2 次，因此需要的空间为 $O(n+2m)$。有向图的边表使用入边表或出边表表示，需要的空间为 $O(n+m)$，如图 14-2 所示为出边表。邻接表存储图，可以表示重边和环。

无向图中任一顶点 i 的度为从索引 i 出发的顶点个数。有向图中顶点 i 的出度为出边表中从索引 i 出发的顶点个数，而入度为入边表中从索引 i 出发的顶点个数。

图 G 使用邻接表表示，检查 (u,v) 是否为边需要沿着索引 i 出发进行查找，因此需要的时间为 $O(\deg(u))=O(n)$。检查某顶点邻接的所有边需要遍历从索引 i 出发的顶点，同样需要的时间为 $O(\deg(u))=O(n)$。检查所有边需要遍历邻接表，因此时间为 $\Theta(m+n)$。

14.1.4 路径

无向图 $G=(V,E)$ 中的一个点边交替的序列 $v_0e_1v_1e_2\cdots e_kv_k$ 为从顶点 v_0 到顶点 v_k 的一条路径（通路），其中 e_i 的两个端点为 v_{i-1} 和 v_i。如果 G 是有向图，则 $<v_{i-1},v_i>$ 为图 G 的有向边。对于简单图可以直接使用顶点序列 $v_0v_1\cdots v_k$ 或 $v_0-v_1-\cdots-v_k$ 表示路径。序列中的边数称为路径的长度。例如，在图 14-4 所示的无向图 G 中，顶点序列 1254 是从顶点 1 到顶点 4 的路径，路径长度为 3，其中 (1,2)，(2,5)，(5,4) 都是图 G 的边。而从顶点 7 到顶点 9 没有路径。

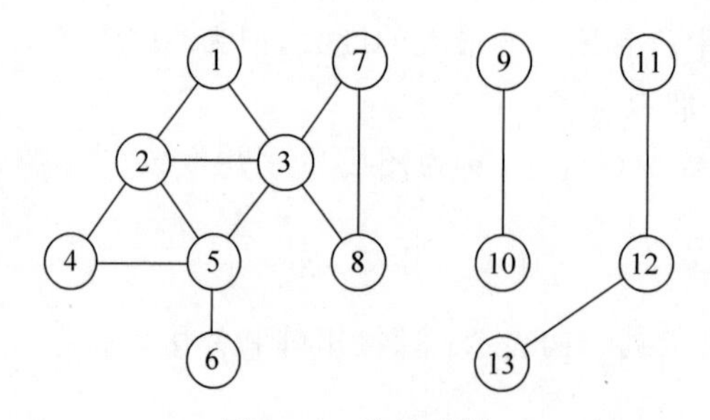

图 14-4　路径示例

简单路径：若路径上各顶点均不相同，则这样的路径称为简单路径。例如，图 14-4 中 (1,2,5,4) 就是一条简单路径。

回路（环）：若路径上第一个顶点 v_i 与最后一个顶点 v_j 重合，则称这样的路径为回路。例如，图 14-4 中路径 124531 和 1378321 是回路。

简单回路（圈）：除第一个和最后一个顶点外，没有顶点相同的回路称为简单回路。例如，图 14-4 中路径 124531 是简单回路。长度为奇数的圈称为奇圈，长度为偶数的圈称为偶圈。

14.1.5 赋权图

给定图 G，给图的每条边赋一个权值，可以表示距离、花费、时间等，则图 G 称为赋权图或网络。对于网络问题，第 10 章讲过最大流和最小割算法，最小费用最大流算法，二分匹配算法和最佳匹配算法。

路径问题：给定两个顶点 s 和 t，s 和 t 间是否存在一条路径？可以使用 DFS 或 BFS 求解。

最短路问题：给定两个顶点 s 和 t，s 和 t 间的最短路的长度是多少？

确定起点的最短路即单源最短路问题。在 4.2 节中讲过针对非负边权的 Dijkstra 算法，在 7.6.1 节中讲过针对负边权的 Bellman-Ford 算法和 SPFA 算法。

确定终点的最短路问题：对于无向图来说，和单源最短路问题相同；对于有向图来说，可以将所有边反向，利用单源最短路算法求解。

多源最短路问题：求解任意两点间最短路问题，在 7.6.2 节讲过 Floyd-Warshall 算法以及 4 种算法的比较。

赋权图的权值可以表示长度或时间等，其运算特征是“串联求和，并联求最值”，即一条路径的权由这条路径上每条边的权相加得到，求解目标往往是求图中或两点之间所有路径权值的最优值。

赋权图的权值可以表示容量或流量，其运算特征是“串联求最值，并联求和”，即一条路径上最大或是最小的权决定了整条路径的权，而求解目标则是求图中或两点之间所有路径权值之和。

赋权图会产生一些变形，例如，权的运算由简单的相加、求最值扩展到相乘，或是更复杂的函数计算等。

14.2　可图性

14.2.1　可图性概述

若把图 G 所有顶点的度数排成一个序列 s，则称 s 为图 G 的度序列，如图 14-5(a)所示，无向图 G 度数按度数非减序排列的度序列为 1,2,3,3,4,5；按度数非增序排列的度序列为 5,4,3,3,2,1。

一个非负整数组成的有限序列如果是某个无向图的度序列，则称该序列是可图的。Havel-Hakimi 定理可判定一个序列是否是可图的。

Havel-Hakimi 定理：由非负整数组成的非增序列 s：$d_1,d_2,\cdots,d_n(n\geqslant 2,d_1\geqslant 1)$是可图的，当且仅当序列 s_1：$d_2-1,d_3-1,\cdots,d_{d_1+1}-1,d_{d_1+2},\cdots,d_n$ 是可图的。

序列 s_1 中有 $n-1$ 个非负整数，s 序列中 d_1 后的前 d_1 个度数(即 $d_2\sim d_{d_{1+1}}$)减 1 后构成 s_1 的前 d_1 个数。例如，判断序列 s：5,4,3,3,2,2,2,1,1,1 是否可图。删除序列 s 的首项 5，对其后的 5 项每项减 1，得到序列：3,2,2,1,1,2,1,1,1，重新排序后为 3,2,2,2,1,1,1,1,1。继续删除序列的首项 3，对其后的 3 项每项减 1，得到序列：1,1,1,1,1,1,1,1。如此陆续得到序列：1,1,1,1,1,1,0；1,1,1,1,0,0；1,1,0,0,0；0,0,0,0。由此可判定该序列是可图的，如图 14-5(b)所示。

例如，判断序列 s：7,7,4,3,3,3,2,1 是否是可图的。删除序列 s 的首项 7，对其后的 7 项每项减 1，得到序列：6,3,2,2,2,1,0。继续删除序列的首项 6，对其后的 6 项每项减 1，得

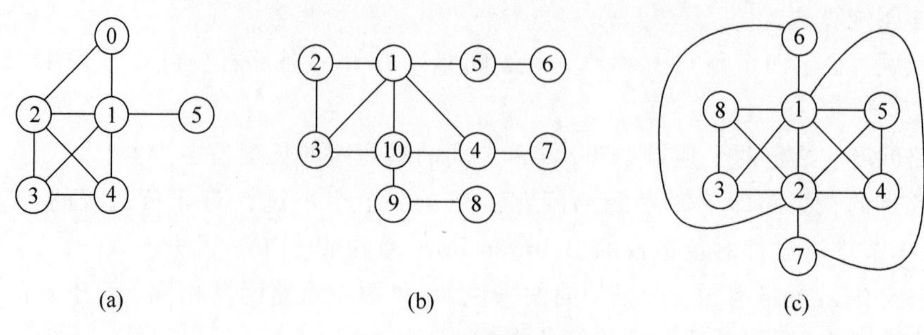

图 14-5　图序列示例

到：2,1,1,1,0,−1,出现了负数。由于图中不可能存在负度数的顶点,因此该序列不是可图的,如图 14-5(c)所示。s 序列有 8 个顶点,两个顶点的度数为 7,说明其他顶点都与这两个顶点邻接,其他顶点的度至少为 2,不存在度为 1 的顶点。

Havel-Hakimi 定理给出了根据序列 s 构造图(或判定 s 不可图)的方法如下。

Step1：把序列 s 按照非递增的顺序排序为 $d_1,d_2,\cdots,d_n$。

Step2：度数最大的顶点(设为 v_1),将它与度数次大的前 d_1 个顶点连边,然后在序列中删除首项 d_1,并把后面的 d_1 个度数减 1。

Step3：剩下的序列重新按非递增顺序排序,转 Step2,直到构造完整的图,或出现负度数等明显不合理的情况为止。

给定度序列,构造图并不唯一。例如,对序列 s：3,3,2,2,1,1 构造图,设度数从大到小的 6 个顶点为 $v_1 \sim v_6$。首先 v_1 与 v_2、v_3、v_4 连一条边,如图 14-6(a)所示；剩下的序列为 2,1,1,1,1。如果后面 4 个 1 对应顶点 v_3、v_4、v_5、v_6,则可以在 v_2 与 v_3、v_2 与 v_4 之间连边,最后在 v_5 与 v_6 之间连边,如图 14.6(b)所示；也可以在 v_2 与 v_5、v_2 与 v_6 之间连边,最后在 v_3 与 v_4 之间连边,如图 14.6(c)所示。

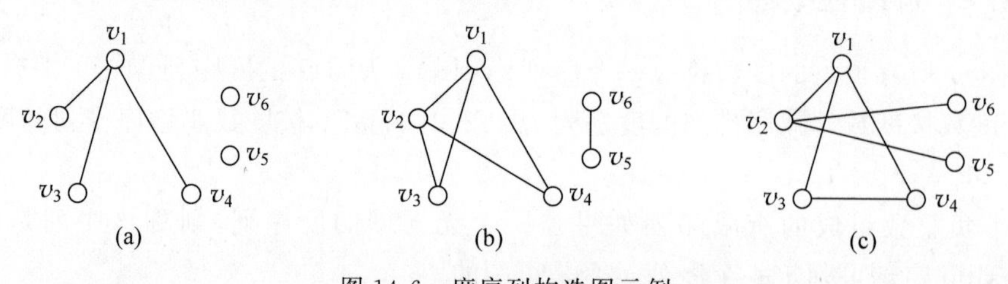

图 14-6　度序列构造图示例

推论：非负整数序列 s：$d_1,d_2,\cdots,d_n(n \geqslant 2,d_1 \geqslant 1)$是图的度序列,当且仅当 $\sum_{i=1}^{n} d_i$ 为偶数。

根据奇点的个数为偶数可以得证,因此可以据此构造图。方法如下。

Step1：偶点 i 构造 $d_i/2$ 个自环。

Step2：奇点 j 构造 $(d_j-1)/2$ 个自环,然后奇点两两配对连一条边。

14.2.2　图的同构

设有两个图 G_1 和 G_2,如果这两个图的区别仅在于图的画法与(或)顶点的标号方式,则称它们是同构的，即这两个图是同一个图，如图 14-7 所示。

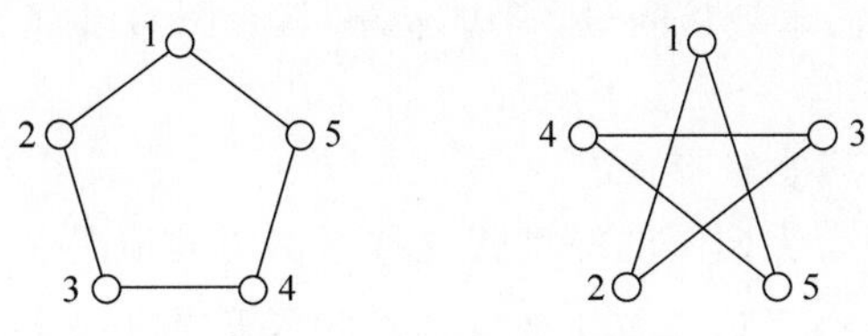

图 14-7　图的同构示例

同构的两个图，具有相同的顶点数，相同的边数，相同的度序列。不满足这些条件肯定不同构，满足这些条件也不一定同构。

14.3　图的遍历

图的遍历是指从图中的任一顶点出发，对图中的所有顶点访问一次且只访问一次。图的遍历有深度优先搜索(DFS)和广度优先搜索(BFS)两种方法。两种方法都可以使用邻接矩阵和邻接表表示，相当于遍历邻接矩阵和邻接表，因此时间复杂度分别是 $O(n^2)$ 和 $O(n+m)$。DFS 一般使用递归或堆栈实现，常用于连通性和割点问题；BFS 一般使用队列实现，常用于连通性和层次网络问题。

14.3.1　深度优先搜索

John E. Hopcroft 和 Robert E. Tarjan 于 1972 年提出深度优先搜索算法，并于 1986 年获得图灵奖。深度优先搜索类似于树的前序遍历。

```
深度优先搜索算法 DFS(G) {
1.  time = 0
2.  for each v∈V do
3.      color[v] = white                          //标记为未访问
4.      pre[v] = NIL
5.  for each v∈V do
6.      if color[v] == white then dfs(G,v)
}
dfs(G,v) {
1.  color[v] = gray                               //标记已访问但未扩展，活顶点
2.  time = time + 1
3.  d[v] = time                                   //访问并标记进入顶点 v 的次序
4.  for each w∈adj[v] do                         //遍历顶点 v 的邻接顶点
5.      if (color[w] == white) then
6.          dfs(G,w)
7.          pre[w] = v
8.  color[v] = black                              //标记已访问并扩展完毕，死顶点
9.  time = time + 1
10. f[v] = time                                   //标记离开顶点 v 的次序
    }
```

如果 G 是无向图，则边集 E 中的边，根据遍历的结果，可划分为两种类型。

(1) 树边：深度优先搜索生成树中的边。如果在搜索时，边$(u,v)\in E$是从顶点u出发进行搜索的边，而顶点v尚未被访问过，则边(u,v)就是图G中的树边，它是生成树中的一条边。

(2) 后向边(回边)：其他的所有边。

例如，图14-8表示一个无向图的深度优先搜索遍历的情况。从顶点0开始搜索，按顺序访问0,1,2,3,4,5,6,7,8,9时生成了深度优先搜索生成树，实线表示树边，虚线表示后向边。在生成树顶点旁边的两个数字，分别表示该顶点的进入次序和离开次序。

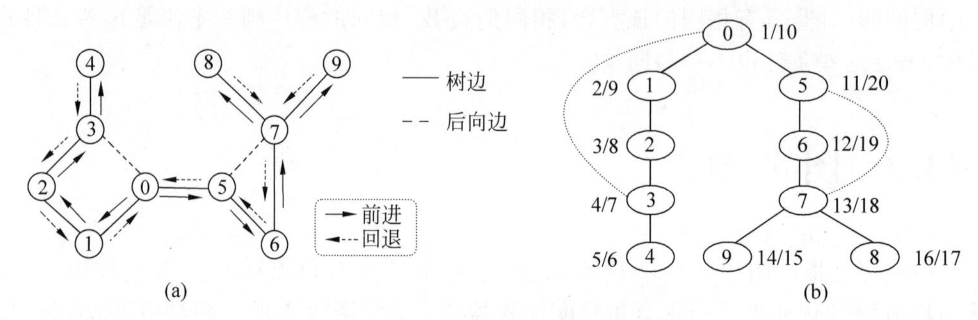

图14-8 无向图的深度优先搜索遍历示例

嵌套区间定理：DFS森林中v是u的后代 iff $d[u]<d[v]<f[v]<f[u]$，即区间包含关系。$d[u]$为顶点u进入的次序，$f[u]$为顶点u离开的次序。如图14-8所示，顶点1是0的后代，$d[0]=1<d[1]=2<f[1]=9<f[0]=10$。

白色路径定理：DFS森林中v是u的后代 iff u刚被发现时，由u出发，只经过白色(未访问)顶点到达v。如图14-8所示，顶点4是0的后代，从顶点0只经过树边到达4。

定理：图G有环 iff DFS森林中存在回边。

如果图G是有向图，则边集E中的边，可以划分为4种类型。

(1) 树边：深度优先搜索生成树中的边。在搜索时，边$<u,v>\in E$是从顶点u出发进行搜索的边，而顶点v尚未被访问过，则边$<u,v>$就是树边，是生成树中的一条边。

(2) 后向边(回边)：与边$<u,v>$相关联的顶点u和v，在深度优先搜索树中，v是u的祖先；在从u出发沿着边$<u,v>$进行搜索时，v已标记为访问过。

(3) 前向边：与边$<u,v>$相关联的顶点u和v，在深度优先搜索树中，u是v的祖先；在从u出发沿着边$<u,v>$进行搜索时，v已标记为访问过。

(4) 交叉边：其他的所有边。

例如，图14-9表示一个有向图的深度优先搜索按顺序访问0,2,1,3,5,7,4,6,8,9的情况。在生成森林顶点的两个数字，分别表示该顶点的进入次序和离开次序。

14.3.2 广度优先搜索

BFS的基本思想是$L_0=\{s\}$，从s出发访问所有邻接顶点，$L_1=\{L_0$的所有邻接顶点$\}$。从L_1层出发访问L_1层的所有邻接顶点，$L_2=\{$与L_1有边相连，并且是不属于前面层的顶点$\}$，……，直至访问完所有顶点为止，如图14-10所示，

定理：设T是$G=(V,E)$的BFS树，对于任意i，L_i由与s距离为i的顶点组成；从s到t有一条路径 iff t在某一层上。

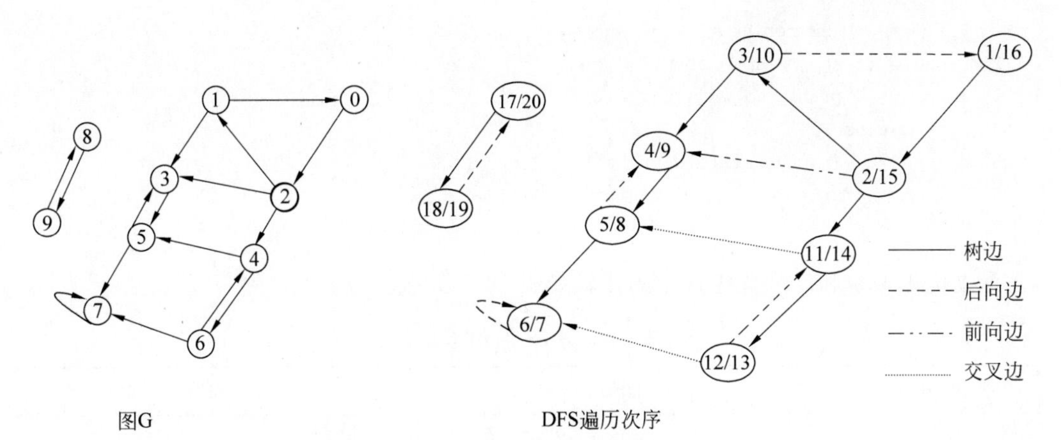

图 14-9　有向图的深度优先搜索遍历示例

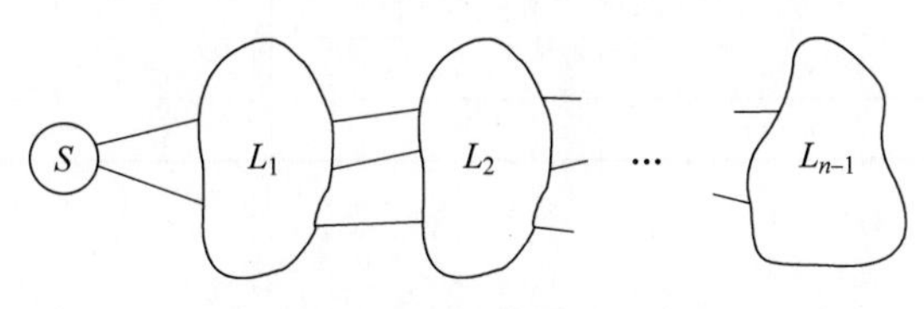

图 14-10　BFS 的层次

推论：设 T 是 $G=(V,E)$ 的 BFS 树，$(x,y)\in E$，则 x 和 y 所在的层至多相差 1。

Edward F. Moore 提出了广度优先搜索算法，也提出了 Bellman-Ford-Moore 最短路算法。

```
广度优先搜索算法 BFS(G, s){
1.  for each v∈V - s do
2.      level[v] = ∞                        //初始化 v 的层次
3.      color[v] = white                    //标记为未访问
4.      pre[v] = NIL
5.  Initialize - Queue(Q)
6.  level[s] = 0                            //标记顶点 s 的层次
7.  color[s] = gray                         //标记顶点 s 已访问但未扩展
8.  pre[s] = NIL
9.  Insert(Q,s)                             //顶点 s 入队列
10. while (NOT IsEmpty(Q)) do
11.     v = Delete(Q)                       //选取队列 Q 的第一个顶点
12.     for each w∈adj[v] do                //w 是 v 的邻接顶点
13.         if (color[w] == white) then
14.             color[w] = gray
15.             level[w] = level[v] + 1
16.             pre[w] = v
17.             Insert(Q,w)
18.     color[v] = black                    //标记为已访问并扩展完毕
  }
```

根据前缀数组 pre，输出从 s 到 v 路径。

```
Print - Path(G,s,v) {                       //打印从 s 到 v 的最短路
```

```
1.  if (v == s) then print s
2.  else if (pre[v] == NIL) then
3.              print "no path from s to v"
4.          else
5.              Print - Path(G,s,pre[v])
6.              print v
7.  }
```

深度优先搜索和广度优先搜索的比较如表14-1所示。

表14-1 DFS和BFS比较

搜索方式	DFS	BFS
数据结构	栈	队列
边(无向图)	树边和回边	树边和交叉边
边(有向图)	树边,回边,前向边和交叉边	树边,回边,前向边和交叉边
邻接矩阵复杂度	$\Theta(n^2)$	$\Theta(n^2)$
邻接表复杂度	$\Theta(n+m)$	$\Theta(n+m)$

14.4 无向连通图

14.4.1 无向连通图概述

无向图G中,若从顶点u到v有路径,则称顶点u和v是连通的。如果无向图G中任意一对顶点都是连通的,则称此图是连通图;否则称为非连通图。

如果一个无向图G是非连通图,则其极大连通子图称为连通分量(分支),所谓的极大是指子图中包含的顶点个数极大。连通分量的个数,记为$\omega(G)$。

例如,图14-8所示的无向图就是一个连通图,如果去掉边(0,5),则剩下的图就是非连通的,且包含两个连通分量,一个是由顶点子集{1,2,3,4}组成的连通分量,另一个是由顶点子集{6,7,8,9}构成的连通分量。

无向图G的连通分量数,可以使用subnets计数,调用DFS或BFS求解。如果连通分量数等于1,则G为连通图。

无向图连通分量算法:

输入:G。

输出:连通分量数。

```
1.  subnets = 0
2.  for each v∈V do
3.      color[v] = white                    //标记为未访问
4.  for each v∈V do                         //依次从每个未访问过的顶点出发调用DFS
5.      if (color[v] == white) then
6.          dfs(G,v)
7.          subnets++
8.  return  subnets
```

定理：无向图 G 是连通图，则 $m \geqslant n-1$。

证明：

$n=2$ 时连通图至少有一条边，故 $m \geqslant n-1$ 成立。每加入一个顶点，至少加一条边 G 才能保持连通，因此 $m \geqslant n-1$。

定理：$n \geqslant 2$ 的连通图 G 中 $m > n-1$，G 中至少有一个圈。

定理：无向图 G 的每对顶点的度之和 $\geqslant n-1$，则 G 是连通图。

证明：

使用反证法。假设 $G=(V,E)$ 是非连通图，至少有两个连通分支 G_1 和 G_2，顶点分别是 n_1 和 n_2，$n_1+n_2 \leqslant n$。任取 $v_1 \in G_1$，$v_2 \in G_2$，则 $\deg(v_1) \leqslant n_1-1$，$\deg(v_2) \leqslant n_2-1$，$\deg(v_1)+\deg(v_2) \leqslant n_1-1+n_2-1 \leqslant n-2$，这与假设相矛盾，因此定理成立。

定理：给定简单图 G，$m > (n-1)(n-2)/2$，则 G 是连通图。

证明：

使用反证法。设 G 的补图为 G'，则 $m+m'=n(n-1)/2$。G 不连通，则 G' 连通 $m' \geqslant n-1$。$m \leqslant n(n-1)/2-(n-1)=(n-1)(n-2)/2$，这与假设矛盾，因此定理成立。

定理：G 是简单图，图中仅有两个奇度顶点，则这两个顶点连通。

证明：

使用反证法。假如两个顶点不连通，处于不同连通分支，则该连通分支只有一个奇度顶点。连通分支本身是一个图，这与图中奇度顶点的个数为偶数相矛盾。因此定理成立。

定理：无向图 G 的连通分支数记为 $\omega(G)$，满足 $n-\omega(G) \leqslant m \leqslant (n-\omega(G))(n-\omega(G)+1)/2$。

证明：

(1) 若 G 为线段，满足 $n-1=m$。删一条边，则分支数加 1，边数减 1。因此 $n-\omega(G) \leqslant m$。

(2) G 只有一个分支时，$m \leqslant (n-1)n/2$。假设 G 有 k 个分支时成立，$m \leqslant (n-k)(n-k+1)/2$。当 G 变成 $k+1$ 个分支时，至少删除一条边，因此边数 $\leqslant m-1$。除了新增加的分支，原有 k 个分支：顶点数 $\leqslant n-1$，边数 $\leqslant m-1$，$m-1 \leqslant (n-1-k)(n-k)/2=(n-(k+1))(n-(k+1)+1)/2=(n-\omega(G))(n-\omega(G)+1)/2$。因此定理成立。

14.4.2　生成树

如果一个无向连通图 G 中无环，则 G 称为树，因此树是一种特殊的图。

定理：无向连通图 G 无环 iff G 是树，无向连通图 G 无环 iff $m=n-1$。

无向连通图 G 的一个生成子图，如果是一棵包含 G 的所有顶点的树，则该子图称为 G 的生成树。生成树是连通图的极小连通子图。所谓极小是指：若在树中任意增加一条边，则将出现一个环；若去掉一条边，将会变成非连通图。按照生成树的定义，包含 n 个顶点的连通图，其生成树有 n 个顶点和 $n-1$ 条边。

最小生成树问题（MST）：给定赋权无向连通图，寻找一棵生成树，使得各边的权值总和达到最小。在 4.4 节讲过最小生成树问题的 Prim 算法、Kruskal 算法、Solim 算法和逆删除算法。

14.4.3 图的连通度

给定一个铁路网，若该铁路网目前完全被敌方占领。

（1）至少破坏该铁路网的哪几个站点，才能摧毁整个铁路网？

（2）至少破坏该铁路网的哪几条铁路线，才能摧毁整个铁路网？

这两个问题涉及图的连通度问题。

1. 点连通度

设 V' 是连通图 $G=(V,E)$ 的一个顶点子集，删去 V' 及与 V' 相关联的边后 G 变成非连通图，则称 V' 是 G 的顶点割集。最小顶点割集中顶点的个数称为点连通度，即把图 G 变成非连通图所需删除的最少顶点数，记做 $\kappa(G)$。图 14-11 中 G_1 至少删除 3 个顶点，例如 V_3、V_6 和 V_9，则图 G_1 变成非连通图。

设图 $G=(V,E)$ 的顶点数为 n，去掉 G 的任意 $k-1$ 个顶点及相关联的边后（$1\leqslant k\leqslant n$），所得到的子图仍然连通；而去掉某 k 个顶点及所关联的边后，所得到的子图不连通，则 G 称为 k 连通图，$\kappa(G)=k$，如图 14-11(a)所示，$\kappa(G)=3$。若 $\kappa(G)=1$，顶点割集中只有一个顶点，称为割点或关节点，如图 14-11(b)所示，G_2 中顶点 5 和 6 为割点。删除割点及其邻接边，图 G 分成 2 个及以上的连通分支。对于树 T，v 是割点 iff $\deg(v)>1$。

$\kappa(G)$ 的特殊取值如下。

（1）κ(完全图)$=n-1$。

（2）κ(不连通图)$=0$。

（3）κ(平凡图)$=0$。

（4）κ(割点)$=1$。

无向连通图 G 中没有割点，或 $\kappa(G)>1$，则 G 称为双连通图（重连通图）。重连通图中任何一对顶点之间至少存在 2 条无公共中间节点的路径，在删去某个顶点及其所关联的边时，也不破坏图的连通性，这一特点在通信网络中具有重要意义。如图 14-11(a)所示，G_1 中 v_1 和 v_4 间有 3 条无公共中间节点的路径：$v_1v_2v_3v_4$，$v_1v_5v_6v_7v_4$ 和 $v_1v_8v_9v_{10}v_4$。

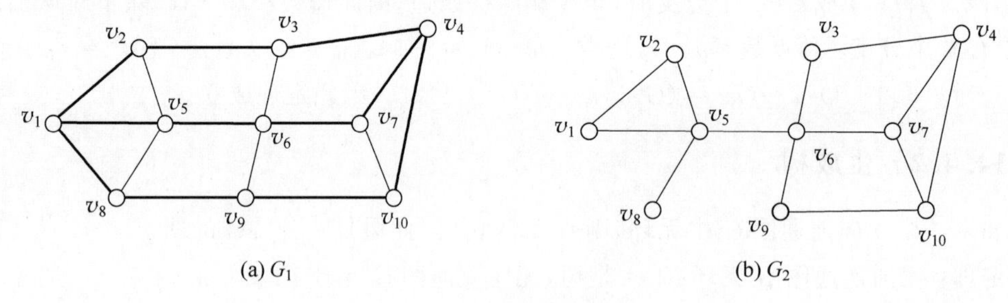

图 14-11 点连通度示例

如果连通图 G 不是重连通图，那么 G 可以包括几个重连通分量。一个连通图的重连通分量是该图的极大重连通子图（块），重连通分量中无割点。如图 14-12 所示，原图 G 中有割点 0,3,5,7，分成 6 个重连通分量。原图 G 中的割点属于多个重连通分量，其余顶点属于且只属于一个重连通分量。

2. 边连通度

设 E' 是连通图 $G=(V,E)$ 中 E 的子集，删去 E' 后 G 不再连通，则 E' 称为 G 的边割集

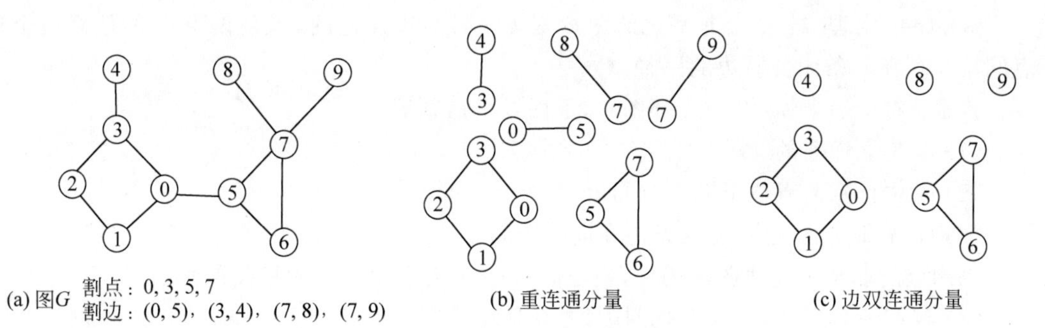

图 14-12 割点和重连通分量

（桥集）。最小桥集中边的个数，称为边连通度，记做$\lambda(G)$，即把图变成非连通图所需删除的最小边数。图 14-11 中 G_1 至少删除 3 条边，例如(V_2,V_3)、(V_5,V_6)和(V_8,V_9)，则图 G_1 变成非连通图。

去掉连通图 G 的任意 $k-1$ 条边后$(1\leqslant k\leqslant|E|)$，子图仍然连通，而去掉某 k 条边后的子图不连通，则 G 称为k 边连通图，即$\lambda(G)=k$。桥集中只有一条边，该边称为桥或割边，如图 14-12(a)所示，(0,5)、(3,4)、(7,8)、(7,9)均是桥。桥不在环中，删除桥后，图分割为 2 个及以上连通分支。树 T 的每条边都是桥。

k 连通图一定是k 边连通图，k 边连通图不一定是k 连通图。

$\lambda(G)$的特殊取值如下。

(1) λ(完全图)$=n-1$。

(2) λ(不连通图)$=0$。

(3) λ(平凡图)$=0$。

(4) λ(桥)$=1$。

无向连通图 G 没有桥，或$\lambda(G)>1$，则 G 称为边双连通图。边双连通图中任何一对顶点之间至少存在 2 条无公共边的路径，如图 14-11 所示，G_1 中 v_1 和 v_4 间有 3 条无公共边的路径，删去某条边后，也不破坏图的连通性。

如果连通图 G 不是边双连通图，那么它可以包括几个边双连通分量。边双连通分量中无桥。一个连通图的边双连通分量是该图的极大边双连通子图，如图 14-12 所示，图 G 删除桥后分成 5 个边双连通分量。将图 G 中的桥删除，则图 G 变成多个边双连通分量，其余边属于且只属于一个边双连通分量。

Whitney 定理一：给定无向连通图 G，$\kappa(G)\leqslant\lambda(G)\leqslant\delta(G)$，$\delta(G)$为 G 中顶点的最小度。

证明：

对于非连通图 G，$\kappa(G)=0$，$\lambda(G)=0$，$\delta(G)\geqslant 0$。对于完全图，$\kappa(G)=n-1$，$\lambda(G)=n-1$，$\delta(G)=n-1$。

对于一般图 $G=(V,E)$，边割集 E'中每条边选取一个顶点，构成顶点割集 V'，故 $\kappa(G)\leqslant\lambda(G)$。设 $\deg(v)=\delta(G)$，删除 v 关联的δ 条边，v 成为孤立顶点，因此$\lambda(G)\leqslant\delta(G)$。

定理：无向连通图 G，设 v 是 G 中与桥关联的顶点，则 v 是 G 的割点当且仅当 $\deg(v)\geqslant 2$。

删除割点后图 G 分成多个连通分支，一个割点 v 属于多个重连通分支，因此 $\deg(v)\geqslant 2$。

Whitney 定理二：一个非平凡的图 G 是 $k(k\geqslant 2)$ 边连通的，当且仅当 G 的任意两个顶点间至少存在 k 条无公共边的路径。

推论：对于一个 $n\geqslant 3$ 的无环图 G，下面 3 个命题等价。

(1) G 是 2 连通的。

(2) G 中任意两点位于同一个圈上。

(3) G 无孤立点，且任意两条边在同一个圈上。

无割点的非平凡连通图称为块，块是图 G 的极大子图。块的相关性质如下。

(1) 仅有一条边的块，要么是割边，要么是环。

(2) 仅有一个点的块，不是孤立点就是自环。

(3) $n\geqslant 3$ 的块无割边。

(4) $n\geqslant 3$ 的块中的任意两点都位于同一个圈上。

(5) $n\geqslant 3$ 的块中的任意两条边都在同一个圈上。

14.4.4 割点与桥

求无向图的割点有朴素方法和 Tarjan 方法。

1. *朴素方法*

求解割点的一种朴素方法是从割点的定义出发，依次去掉每个顶点及其关联的边，然后用 DFS 去搜索整个图，可得到该图的连通分量个数，如果个数大于或等于 2，则该顶点是割点。DFS 的时间复杂度为 $O(n^2)$，需要检查 n 个顶点，因此朴素方法的时间复杂度为 $O(n^3)$。

2. Tarjan *算法*

Tarjan 算法只需从某个顶点出发进行一次遍历，就可以求得图中所有的割点和桥，其时间复杂度为 $O(n^2)$。

图 14-13 中，从图 G 的顶点 0 出发进行 DFS 搜索，实线表示搜索前进方向，虚线表示回退方向。进行 DFS 搜索后得到深度优先生成树，顶点旁的数字标明了深度优先搜索时各顶点的访问次序，即深度优先数。在 DFS 搜索过程中，将各顶点的深度优先数记录在数组 dfn 中。虚线属于图 G 的边，但不属于生成树的边，即(3,0)和(7,5)是后向边。

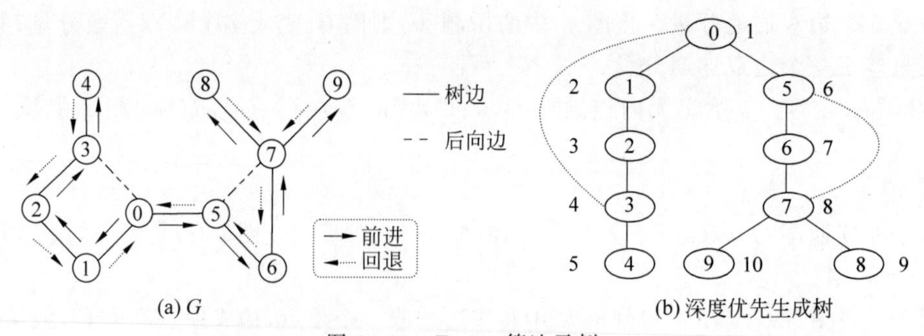

图 14-13 Tarjan 算法示例

割点的充要条件如下。

(1) 如果顶点 u 是深度优先生成树的根，则 u 至少有 2 个子女；因为删除 u，它的子女所在的子树就断开了(不存在交叉边)，如图 14-13 所示顶点 0。

(2) 如果 u 不是生成树的根，则它至少有一个子女 w，从 w 出发，不可能通过 w、w 的子孙以及一条回边组成的路径到达 u 的祖先。删去顶点 u 及其关联的边，则以顶点 w 为根的子树就从搜索树中脱离了。如图 14-13 所示，删除顶点 3 及其关联的边，顶点 4 成为一个连通分支，因此顶点 3 是割点；但删除顶点 2，顶点 3 和 4 通过回边(3,0)可以访问其他顶点，仍然连通，因此顶点 2 不是割点。

对图 G 的每个顶点 u 定义一个 low 值，low[u]是从 u 或 u 的子孙出发通过回边可以到达的最低深度优先数。low[u]=min{dfn[u],min{low[w]|w 是 u 的一个子女},min{dfn[v]|(u,v)是一条回边}}。

如图 14-13 所示，low[4]=min{dfn[4]=5}=5，low[3]=min{dfn[3]=4，low[4]=5，dfn[0]=1}=1，low[2]=min{dfn[2]=3，low[3]=1}=1。

因此，顶点 u 是割点的充要条件是：u 或者是具有至少两个子女的一个生成树的根，或者不是一个根，但它有一个子女 w，使 low[w]≥dfn[u]，这时 w 及其子孙不存在指向顶点 u 的祖先的回边。

边(u,w)是桥的充要条件：low[w]>dfn[u]，w 为 u 的儿子。如图 14-13 所示，low[4]=5>dfn[3]=4，w 为 u 的儿子，删除边(3,4)，顶点 4 成为一个连通分支，因此边(3,4)是桥。

表 14-2 是 Tarjan 算法的计算过程，首先访问 0-1-2-3，dfn[0]=low[0]=1，dfn[1]=low[1]=2，dfn[2]=low[2]==3，访问顶点 3 时出现回边，因此 dfn[3]=4，low[3]=1。访问顶点 4 时，dfn[4]=low[4]=5。回退检查，因为 low[4]=5≥dfn[3]=4，因此顶点 3 是割点。因为 low[4]=5>dfn[3]=4，因此边(3,4)是桥。

回退更新 low[2]=1，low[1]=1，回到顶点 0。访问 5-6-7-8，dfn[5]=low[5]=6，dfn[6]=low[6]=7，dfn[7]=8，访问顶点 7 时出现回边(7,5)，因此 low[7]=min{dfn[7]=8，dfn[5]=6}=6。继续访问顶点 8 和 9，dfn[8]=low[8]=9，因为 low[8]=9>dfn[7]=8，因此顶点 7 是割点，边(8,7)是桥。继续访问顶点 9，dfn[9]=low[9]=10。回退检查，因为 low[9]=10>dfn[7]=8，因此边(9,7)是桥。

回退更新 low[6]=6，回到顶点 5，因为 low[6]=6≥dfn[5]=6，因此顶点 5 是割点。回退到顶点 0，顶点 0 是根且有两个分支，因此顶点 0 是割点。因为 low[5]=6>dfn[0]=1，因此边(0,5)是桥。

表 14-2　Tarjan 算法示例

顶点	0	1	2	3	4	5	6	7	8	9
dfn	1	2	3	4	5	6	7	8	9	10
low	1					6				
low		2					7			
low			3					6		
low				1					9	
low					5					10
low			1				6			
low		1								
第一棵子树，回退顺序：4,3,2,1,0					第二棵子树，回退顺序：8,9,7,6,5					

无向图 Tarjan 算法：

输入：G。

输出：割点和桥。

```
1.  for i = 0 to n - 1 do
2.       visitd[i] == 0                                   //初始化未访问
3.  for x = 0 to n - 1 do
4.       if (visitd[x] == 0) then                         //未访问,则 DFS 该连通分支
5.           call cutBridge(x, - 1,1)
6.  return bridge and cut
cutBridge(cur,father,dep) {
1.  visit[cur] = 1
2.  dfn[cur] = low[cur] = dep
3.  children = 0
4.  for i = 0 to n - 1 do
5.       if edge[cur][i] then
6.           if(i <> father and 1 == visit[i]) then       //回边
7.               if (dfn[i]< low[cur]) then low[cur] = dfn[i]
8.           if (visit[i] == 0) then                      //未访问,则 DFS
9.               cutBridge(i,cur,dep + 1)
10.              children++
11.              if(low[i]< low[cur]) then low[cur] = low[i]              //修改 low[父亲]
12.              if(father == - 1 and children > 1) then cut[cur] = true  //根为割点
13.              if(father <> - 1 and low[i]> = dfn[cur]) then cut[cur] = true      //cur 为割点
14.              if(low[i]> dfn[cur]) then bridge[cur][i] = bridge[i][cur] = true //桥
15. visit[cur] = 2                                                        //已访问所有子女
}
```

14.4.5 双连通分量

1. 重连通分量求解

割点可以属于多个重连通分量，其余顶点和边属于且只属于一个重连通分量。边唯一属于一个重连通分量，因此使用边集描述重连通分量。在求解割点的过程中可以把每个重连通分量求出。建立一个栈，存储当前的重连通分量。在 DFS 过程中，每找到一条生成树的边或回边，就把这条边加入栈中。如果遇到某个顶点 u 的子女顶点 w 满足 $\mathrm{low}[w] \geqslant \mathrm{dfn}[u]$，说明 u 是一个割点，同时把边从栈顶一条条取出，直到遇到边 (u, w)，取出的这些边与其关联的顶点，组成一个重连通分量。

图 14-14 给出重连通分量的计算过程。首先访问顶点 0-1-2-3-4，将边(0,1)，(1,2)，(2,3)，(3,0)，(3,4)压栈，如图 14-14(a)所示。回退中检查 $\mathrm{low}[4]=5 \geqslant \mathrm{dfn}[3]=4$，因此顶点 3 是割点。将边(3,4)出栈，边(3,4)和关联的顶点构成一个重连通分支。继续回退，检查 $\mathrm{low}[1]=1 \geqslant \mathrm{dfn}[0]=1$，将边(0,1)，(1,2)，(2,3)，(3,0)出栈，构成一个重连通分量，如图 14-14(b)所示。

继续访问顶点 0-5-6-7-8，将边(0,5)、(5,6)、(6,7)、(7,5)和(7,8)压栈，如图 14-14(c)所示。回退检查 $\mathrm{low}[8]=9 \geqslant \mathrm{dfn}[7]=8$，将边(7,8)出栈，构成一个重连通分支。继续将边(7,9)压栈，如图 14-14(d)所示。回退检查 $\mathrm{low}[9]=10 > \mathrm{dfn}[7]=8$，将边(7,9)出栈，构成

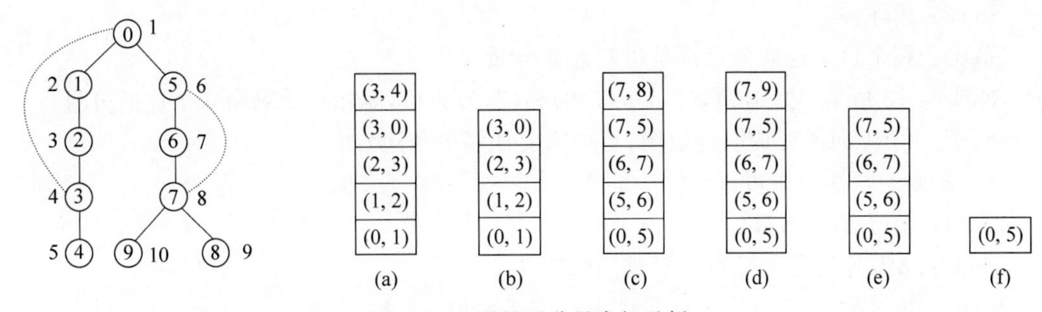

图 14-14 重连通分量求解示例

一个重连通分支。继续回退检查 low[6]=6≥dfn[5]=6,将(5,6)、(6,7)和(7,5)出栈,构成一个分支。继续回退检查 low[5]=6>dfn[0]=1,将边(0,5)出栈,构成一个分支。

重连通分量算法:

输入:G。

输出:重连通分量。

```
1.   dep = 0
2.   for i = 0 to n - 1 do
3.        dfn[i] = -1
4.   for x = 0 to n - 1 do
5.        if (dfn[x] == -1) then call biconnect(x)
biconnect(cur) {
1.   dfn[cur] = low[cur] = ++dep                              //设置访问次序
2.   for each succ∈adj[cur] do                                //枚举每条边
3.        if(dfn[succ] == -1) then
4.             Stack.push(edge[cur][succ])
5.             biconnect(succ)                                //未访问,则 DFS[succ]
6.             low[cur] = min(low[cur],low[succ])             //修改父亲的 low 值
7.             if (low[succ]> = dfn[cur]) then                //割点
8.                  cnt++                                     //分量+1,输出分量
9.                  len = 0
10.                 list[len++] = Stack.top().u
11.                 seq[Stack.top().u] = cnt
12.                 while(1) do
13.                      seq[S.top().v] = cnt                 //所属分量
14.                      list[len++] = Stack.top().v
15.                      if (Stack.top() == edge[cur][succ]) then
16.                           Stack.pop()
17.                           break
18.                      else Stack.pop()
19.                 print(list)
20.       else low[cur] = min(low[cur],dfn[succ])             //回边
21.            Stack.push(edge[edge][succ])
}
```

2. 边双连通分量求解

求出桥后可以把每个边双连通分量求出,算法如下。

Step1:使用 Tarjan 算法求解桥。

Step2：删除桥。

Step3：剩余每个连通分量都是边双连通分量。

如图 14-15 所示，边(0,5)，(3,4)，(7,8)和(7,9)为桥，删除桥后剩余 5 个连通分量。

Q：把一个无向图变成双连通图，至少需要加多少条边？

A：需要$(s+1)/2$条边。

Step1：运行 Tarjan 算法。

Step2：边双连通分量缩点后形成一棵树 T。

Step3：统计树 T 的叶子顶点数目为 s，需要增加$(s+1)/2$条边。

如图 14-15 所示，运行 Tarjan 算法形成 5 个边双连通分量，边双连通分量缩点后形成一棵树 T，树 T 有 3 个叶子顶点，需要增加$(3+1)/2=2$条边，例如，增加边(4,8)和(8,9)形成双连通图。

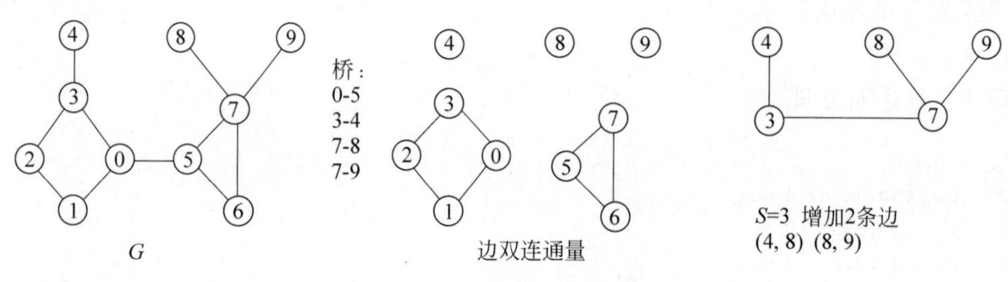

图 14-15 边双连通求解示例

14.4.6 点连通度

给定一个无向连通图，求其点连通度 $\kappa(G)$，有定义法和网络流法两种方法。

1. 定义法

根据点连通度的定义，删除任意 1 个顶点及所关联的边，检查剩下的子图的连通性；删除任意两个顶点及所关联的边，检查剩下的子图的连通性；……；直至 G 变成非连通图为止。

2. 网络流法

设 A、B 是无向图 G 的两个顶点，从 A 到 B 的两条没有公共内部顶点的路径，互称为独立轨。独立轨又称为点不交路径。A 到 B 独立轨的最大条数，记作 $P(A\ B)$。例如，如图 14-11 所示，v_1 和 v_4 之间有 3 条独立轨。

设 A、B 是无向连通图 G 的两个不相邻的顶点，最少删除 $n(A,B)$ 个顶点可使得 A 和 B 不再连通。

定理：$n(A,B)=P(A,B)$。

例如，在图 14-11 中，要使得 v_1 和 v_4 不再连通，可以在这两个顶点的 3 条独立轨上各选择一个顶点，如 v_2、v_5 和 v_8，删除这 3 个顶点后，v_1 和 v_4 不再连通了。注意，并不是在每条独立轨上删除任意一个顶点就可以达到目的，例如，在图 14-11 中，如果删除 v_2、v_5 和 v_{10}，则 v_1 和 v_4 仍然连通。

Menger 定理一：无向图 G 的点连通度 $\kappa(G)$ 和顶点间最大独立轨数目 $P(A,B)$ 之间存在如下关系式：

$$\kappa(G)=\begin{cases}|V(G)|-1, & G\text{ 是完全图}\\ \min\limits_{(A,B)\notin E}\{P(A,B)\}, & \text{其他}\end{cases}$$

$(A,B)\notin E$ 表示顶点 A 和 B 不相邻。如果 A 和 B 相邻，则删除所有的其他顶点，A 和 B 还是连通的。完全图中的任意两个顶点相邻，删除所有其他顶点，还是连通的。

求解 $P(A,B)$ 最大流算法如下。

Step1：构造一个网络 N：原图 G 中的每个顶点 v 变成网络 N 中的 2 个顶点 v' 和 v''，顶点 v' 到 v'' 有 1 条边连接，即 $\langle v',v''\rangle$，其容量为 1；原图 G 中的每条边 $e=(u,v)$，在网络 N 中有两条边 $e'=\langle u'',v'\rangle$ 和 $e''=\langle v'',u'\rangle$，$e'$ 和 e'' 的容量均为∞；A'' 为源点，B' 为汇点，如图 14-16(a)所示。

Step2：求从 A'' 到 B' 的最大流 F。

Step3：流出 A'' 的一切边的流量和 $\sum f(e),e\in(A'',V)$，即为 $P(A,B)$。所有具有流量 1 的边 (v',v'') 对应的顶点 v 构成了一个顶点集，在图 G 中去掉这些顶点后则 A 和 B 不再连通了。

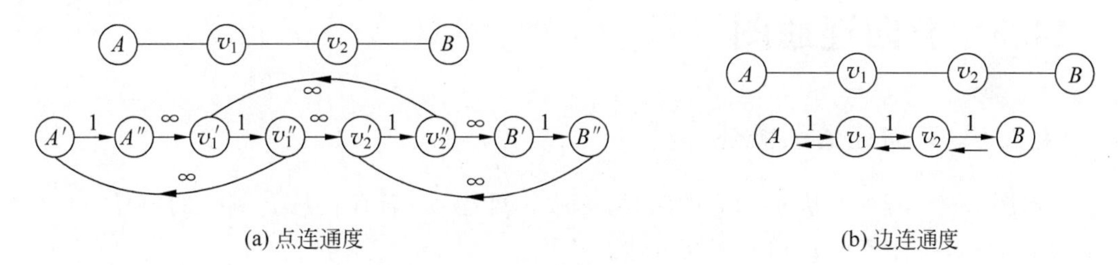

(a) 点连通度　　(b) 边连通度

图 14-16　连通度求解变换

点连通度算法如下。

Step1：设 $\kappa(G)$ 的初始值为∞。

Step2：分析图 G 中的每一对不相邻顶点 A、B，求出 $P(A,B)$ 以及对应的点割集。

Step3：如果 $P(A,B)$ 小于 $\kappa(G)$，则 $\kappa(G)=P(A,B)$，并保存其点割集。

Step4：重复执行 Step2 和 Step3，直至所有不相邻顶点对分析完为止，即可求出图的顶点连通度 $\kappa(G)$ 和最小顶点割集。

14.4.7　边连通度

设 A、B 是无向图 G 的两个顶点，从 A 到 B 的两条没有公共边的路径，互称为弱独立轨。弱独立轨又称为边不交路径。A 到 B 弱独立轨的最大条数，记作 $P'(A,B)$。例如，如图 14-11 所示，v_1 和 v_4 之间有 3 条弱独立轨。

设 A、B 是无向连通图 G 的两个顶点，最少删除 $m(A,B)$ 条边可使得 A 和 B 不再连通。

定理：$m(A,B)=P'(A,B)$。

Menger 定理二：无向图 G 的边连通度 $\lambda(G)$ 和顶点间最大弱独立轨数目 $P'(A,B)$ 之间存在如下关系式：

$$\lambda(G)=\begin{cases}|V(G)|-1, & G\text{ 是完全图}\\ \min\limits_{A,B\in V(G)}\{P'(A,B)\}, & \text{其他}\end{cases}$$

求解 $P'(A,B)$的最大流算法如下。

Step1：构造网络 N：原图 G 中的每条边 $e=(V_i,V_j)$变成重边，互为反向，即变成两条弧 $e'=(V_i,V_j)$，$e''=(V_j,V_i)$，e'和 e''的弧容量均为 1。以 A 为源点，B 为汇点，如图 14-16(b)所示。

Step2：求从 A 到 B 的最大流 F。

Step3：流出 A 的一切弧的容量和，即为 $P'(A,B)$。流出 A 的流量为 1 的弧(V_i,V_j)组成了一个桥集。在图 G 中删除对应的边，则 A 和 B 不再连通了。

边连通度算法如下。

Step1：设 $\lambda(G)$的初始值为∞。

Step2：分析图 G 中的每一对不相邻顶点，求出 $P'(A,B)$以及对应的桥集。

Step3：如果 $P'(A,B)$小于 $\lambda(G)$，则 $\lambda(G)=P'(A,B)$，并保存其桥集。

Step4：重复执行 Step2 和 Step3，直至所有不相邻顶点对分析完为止，即可求出图的边连通度 $\lambda(G)$和最小桥集。

14.5 有向连通图

14.5.1 有向连通图概述

有向图 G 中，若存在从 u 到 v 的路径，称从 u 可达 v。若存在从 u 到 v 的路径，也存在从 v 到 u 的路径，称节点 u 和 v 相互可达。

给定有向图 G，若 G 中任意两个顶点 u 和 v 相互可达，则称 G 为强连通图。例如，图 14-17 示出了强连通图和非强连通图。对于非强连通图，其极大强连通子图称为其强连通分量。

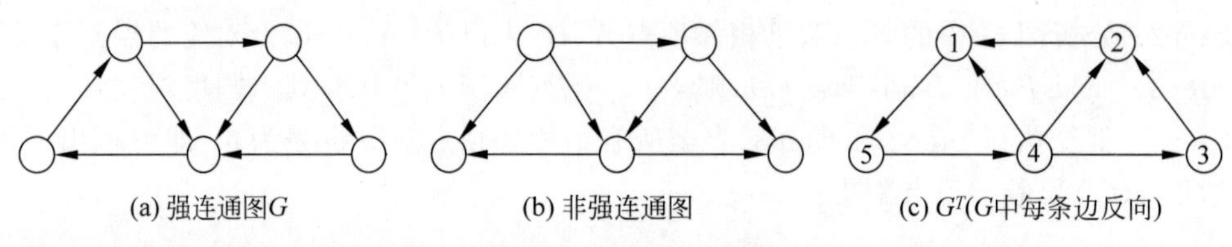

图 14-17　强连通图示例

给定有向图 G，若 G 中任意两个顶点 u 和 v，存在从 u 到 v 的路径或从 v 到 u 的路径，则称 G 为单连通图；如果忽略图 G 中每条有向边的方向，得到的无向图是连通图，则称 G 为弱连通图。强连通图一定也是单连通图和弱连通图，单连通图一定也是弱连通图。

定理：有向图 G 是强连通图的充分必要条件是 G 中存在一条经过所有顶点的回路。

证明：

先证必要性：如果 G 中存在一条经过所有顶点的回路 C，则 G 中任意两个顶点均在回路 C 上，所以 G 中任意两个顶点都是相互可达的，因而 G 是强连通图。

再证充分性：设 G 是强连通图，那么 G 中任意两个顶点均是相互可达的。不妨设 G 中的顶点分别为 $v_1,v_2,\cdots,v_n$，因为 v_i 到 v_{i+1} 是可达的，$1\leqslant i\leqslant n-1$，且 v_n 到 v_1 是可达的，所以 v_i 到 v_{i+1} 存在通路，$1\leqslant i\leqslant n-1$，且 v_n 到 v_1 存在通路。让这些通路首尾相接，则得

一回路 C。显然所有顶点均在该回路中出现。

引理：设 s 是图 G 中任意一个顶点，G 是强连通图 iff 每一个顶点都可达 s，并且从 s 可达每一个顶点。

证明：

先证必要性：由定义可知成立。

再证充分性：任取两个顶点 u 和 v，从 u 到 v，存在路径 u-s 和 s-v，因此 u 可达 v。从 v 到 u，存在路径 v-s 和 s-u，因此 v 可达 u，如图 14-18 所示。由于 G 中任意两个顶点相互可达，故 G 是强连通图。

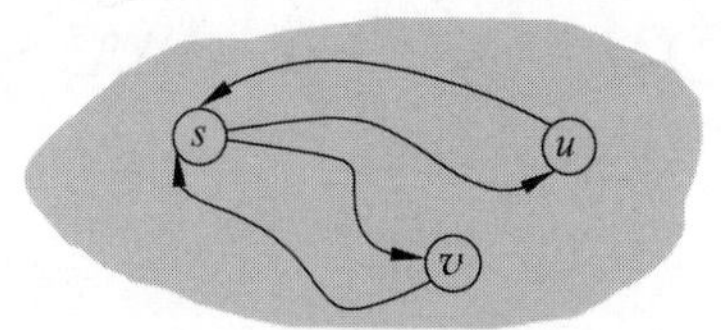

图 14-18 强连通图示例

定理：判定图 G 是强连通图的时间是 $O(m+n)$。

证明：

图 G 中选择任意一个顶点 s，从 s 开始运行 BFS，时间为 $O(m+n)$。对于逆图 G^T（各边反向得到的有向图，如图 14-17(c)所示），从 s 开始运行 BFS，时间为 $O(m+n)$。图 G 是强连通图 iff 两次 BFS 中 s 可达所有顶点，根据上述引理可知成立。

14.5.2 强连通分量

求解有向图强连通分量主要有 3 个算法：Kosaraju 算法、Tarjan 算法和 Gabow 算法。

1. Kosaraju 算法

Kosaraju 算法是基于对有向图 G 及其逆图 G^T 进行两次 DFS 的方法，其时间复杂度是 $O(n+m)$。如果有向图 G 的一个子图 G' 是强连通子图，那么各边反向后没有任何影响，G' 内各顶点间仍然连通，G' 仍然是强连通子图。但如果子图 G' 是单向连通的，那么各边反向后可能某些顶点间就不连通了，因此，各边的反向处理是对非强连通子图的过滤。

Kosaraju 算法如下。

Step1：对原图 G 进行深度优先搜索，并记录每个顶点离开的 dfn 值(后序遍历)。

Step2：将图 G 的各边反向，得到其逆图 G^T。

Step3：选择从当前 dfn 值最大的顶点出发，对逆图 G^T 进行 DFS 搜索，删除能够遍历到的顶点，这些顶点构成一个强连通分量。

Step4：如果还有顶点没有删除，继续执行 Step3，否则算法结束。

对逆图进行 DFS 搜索，顶点的访问次序不是按照顶点标号的大小，而是按照各顶点 dfn 值由大到小的顺序。逆图 DFS 所得到的森林对应其连通分量。

Kosaraju 算法的计算如图 14-19 所示，对图 G 进行 DFS 搜索，图 14-19 所示图形中顶点中两个数字，前者是进入次序，后者是离开次序。对 G^T 进行 DFS 搜索，从 dfn 最大值 20 开始，搜索到顶点 8 和 9 构成一个分量。再从 dfn 最大值 16 开始，搜索到顶点 0、2 和 1，构成一个分量。再从 dfn 最大值 14 开始，搜索到顶点 4 和 6 构成一个分量。再从 dfn 最大值 9 开始，搜索到顶点 3 和 5 构成一个分量。最后从 dfn 最大值 7 开始，搜索到顶点 7 构成一个分量。

2. Tarjan 算法

1972 年，Hopcroft 和 Tarjan 设计了 Tarjan 算法。Tarjan 算法基于 DFS，每个强连通分量为搜索树中的一棵子树。在搜索过程中将顶点不断压入堆栈中，并在回溯时判断堆栈

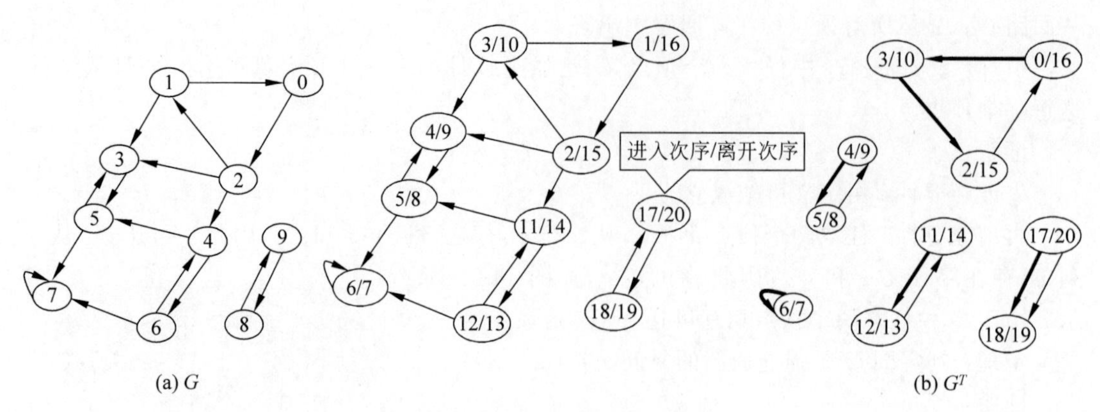

图 14-19 Kosaraju 算法示例

中顶点是否在同一连通分支。借助两个辅助数组 dfn 和 low(定义同无向图 Tarjan 算法)，当 dfn[u]=low[u]时，弹出栈中顶点，以 u 为根的搜索子树上所有顶点是一个强连通分量。

图 14-20 给出了 Tarjan 算法的计算示例。首先使用 DFS 访问顶点 0-2-1-3-5-7，low[7]=dfn[7]=6，弹出顶点 7，构成一个分量。回退 low[3]=dfn[3]=4，弹出顶点 5 和 3，构成一个分量。回退 1-2，访问顶点 4 和 6，low[4]=dfn[4]=7，弹出顶点 4 和 6，构成一个分量。回退 low[0]=dfn[0]=1，弹出顶点 1、2 和 0，构成一个分量。继续访问顶点 8 和 9，回退 low[8]=dfn[8]=9，弹出顶点 8 和 9，构成一个分量。

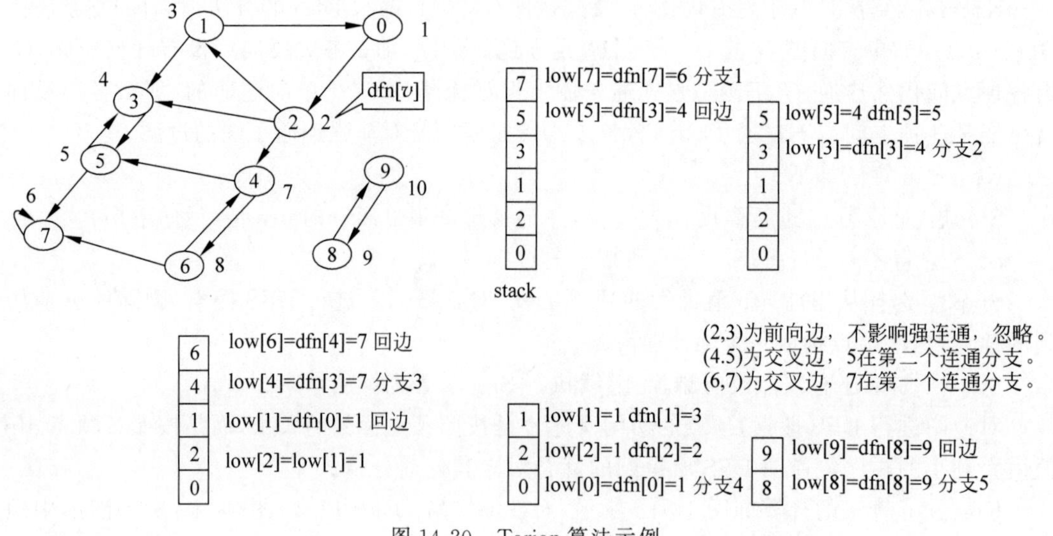

图 14-20 Tarjan 算法示例

有向图 Tarjan 算法：

```
1.  for i = 0 to n - 1 do
2.      visited[v] = 0                          //标记未访问
3.  dep = 0
4.  Tarjan(0)
Tarjan(u) {
1.  dfn[u] = low[u] = ++dep                     //为节点 u 设定次序编号和 low 初值
2.  S.push(u)                                   //将节点 u 压入栈中
```

```
3.  for each v∈adj[u] do                        //枚举每一条边
4.      if (visited[v] == 0) then               //如果节点 v 未被访问过——树边
5.          Tarjan(v)                           //继续向下找
6.          low[u] = min(low[u],low[v])
7.      else if (v∈S) then                      //如果节点 v 还在栈内——回边
8.              low[u] = min(low[u],dfn[v])
9.      /* if (visted[v] = 1 and v∉S)——(u,v)是交叉边或前向边 */
10.  if (dfn[u] == low[u]) then                 //节点 u 是强连通分量的根
11.      repeat
12.          w = S.pop                          //将 w 退栈,为该强连通分量中一个顶点
13.          print w
14.      until (u == w)
}
```

Kosaraju 算法和 Tarjan 算法的时间复杂度都是 $O(n+m)$。Kosaraju 算法的流程简单,需要两次 DFS 搜索,而且反向图的 DFS 搜索中顶点的访问顺序有特定的限制。Tarjan 算法更为简洁,只需要执行一次 DFS,并且不需要计算反向图。

3. Gabow 算法

Gabow 算法使用一个栈 S 保持树的访问顺序,另一个栈 P 开始同样按顺序压顶点。一旦出现后向边(u,v)后,P 不断出栈,只保留 v,再通过第一个栈 S 将所有的该强连通子图的点标记。

Gabow 算法:

```
1.  for i = 0 to n - 1 do
2.      dfn[v] = - 1                            //访问次序
3.      id[v] = - 1                             //分量编号
4.  cnt = 0                                     //分量数目
5.  dep = 0
6.  for i = 0 to n - 1 do
7.      if (pre[v] == - 1) then gabowDFS(i)
8.  return scnt
gabowDFS(u) {
1.  dfn[u] = dep++
2.  S.push(u)
3.  P.push(u)
4.  for each v∈adj[u] do
5.      if (dfn[v] == - 1) then gabowDFS(v)     //未访问
6.      else if (id[v] == - 1) then             //后向边
7.              while (dfn[P.top()]> dfn[v]) do
8.                  P.pop()                     //P 出栈
9.  if (P.top() == u) then P.pop()
10. else return
11. do
12.     id[v = S.pop()] = cnt                   //S 出栈,标记连通分量.
13. while (v<> u)
14. cnt++
}
```

图 14-21 给出 Gabow 算法的计算示例,图 G 中的标号表示 dfn$[v]/v$。初始设置

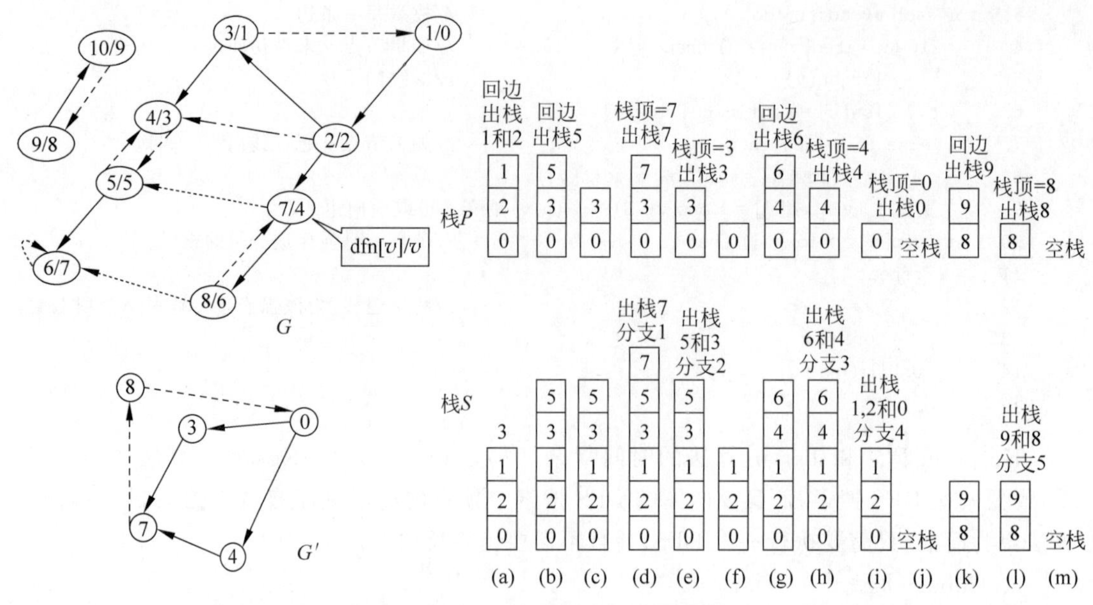

图 14-21 Gabow 算法的计算示例

dfn[v]=−1 表示顶点 v 未访问，先后访问顶点 0、2 和 1 并入栈，如图 14-21(a)所示。从顶点 1 访问到顶点 0 为回边，dfn[0]=1，dfn[2]=2>dfn[0]，dfn[1]=3>dfn[0]，因此栈 P 弹出顶点 1 和顶点 2；然后访问顶点 3 和 5 并入栈，如图 14-21(b)所示。从顶点 5 访问到顶点 3 为回边，因此栈 P 弹出顶点 5，如图 14-21(c)所示。然后访问顶点 7 并入栈，如图 14-21(d)所示。由于栈顶=u=7，因此栈 P 和 S 弹出顶点 7，构成强连通分支 1，如图 14-21(e)所示。由于栈顶=u=3，因此栈 P 弹出顶点 3，栈 S 弹出 5 和 3，构成强连通分支 2，如图 14-21(f)所示。继续回溯，从顶点 2 访问顶点 4 和 6 并入栈，如图 14-21(g)所示。从顶点 6 访问到顶点 4 为回边，因此栈 P 弹出顶点 6，如图 14-21(h)所示。回溯，由于栈顶=u=4，因此栈 P 弹出顶点 4，栈 S 弹出 6 和 4，构成强连通分支 3，如图 14-21(i)所示。继续回溯，由于栈顶=u=0，因此栈 P 弹出顶点 0，栈 S 弹出顶点 1，2 和 0，构成强连通分支 4，如图 14-21(j)所示。

此时栈为空，先后访问顶点 8 和 9 并入栈，如图 14-21(k)所示。从顶点 9 访问到顶点 8 为回边，因此栈 P 弹出顶点 9，如图 14-21(l)所示。回溯，由于栈顶=u=8，因此栈 P 弹出顶点 8，栈 S 弹出顶点 9 和顶点 8，构成强连通分支 5，如图 14-21(m)所示，算法结束。

Q：给定有向图 G，G 变成强连通图，至少需要增加多少条边？

A：G 求得强连通分量后，把每个分量缩成一个点，加上 G 中分量间的边，构成一个有向无环图 DAG，如图 14-21 中 G'所示。在 DAG 中统计入度为 0 的顶点数 s_1 和出度为 0 的顶点数 s_2，则 G 变成强连通图至少需要增加 $\max(s_1, s_2)=\max(2,2)=2$ 条边，如图 14-21 中 G'所示，增加<7,8>和<8,0>两条边，变成强连通图。

证明：

不妨设 $s_2<s_1$，两组顶点编号分别为 $I[1,2,\cdots,s_1]$和 $D[1,2,\cdots,s_2]$。$D[1]$连接 $I[2]$，$D[2]$连接 $I[3]$，……，$D[s_2]$ 连接 $I[s_2+1]$，然后 $I[s_2+1]$ 连接 $I[s_2+2]$，$I[s_2+2]$连接 $I[s_2+3]$，……，$I[s_1]$连接 $I[1]$，构成一个环。这样连接后出度和入度都不再为 0，任意两点可达，因此构成强连通图。

4. 应用示例

最受欢迎的牛：给定 n 头牛和牛之间的关系 E，例如，1 仰慕 2，2 仰慕 3，等等。设这种仰慕关系是可以传递的，如果 1 仰慕 2，那么 1 也会同时仰慕 2 仰慕的那些牛。如果一头牛被所有的牛都仰慕，那么它将是最受欢迎的牛。请问有多少牛是"最受欢迎的"。

问题分析：对于无环图，不存在一条仰慕路线，可以从一头牛出发，再回到该牛，即不存在牛互相仰慕的情况。如果有最受欢迎的牛存在，则该牛被所有的牛都仰慕，这个有向图将是连通图。最受欢迎的牛不会仰慕其他牛，即它的出度为 0。出度为 0 的顶点应有且仅有一个。

因此对于无环图，首先统计图中出度为 0 的顶点，然后从该顶点出发反向使用 DFS 遍历图。如果可以遍历所有顶点，则出度为 0 的顶点就是问题的解。算法的时间复杂度为 $O(n+m)$。

对于有环图，因为牛是可以互相仰慕的，所以最受欢迎的牛与其他牛互相仰慕，这些牛都是最受欢迎的牛。这样，满足条件的顶点的出度可能不为 0，也不止一个。一组互相仰慕的牛就构成了一个强连通分量。

因此对于有环图，首先求强连通分量，然后每一个强连通分量缩成一个点，最后查找出度为 0 的顶点。出度为 0 的顶点代表的连通分量中包含的顶点就是最受欢迎的牛。

图 14-22 给出了算法的示例，求出强连通分量后，强连通分量 A-B-C 压缩成点 S_1，强连通分量 F-G 压缩成点 S_2，强连通分量 D-E 压缩成点 S_3。S_3 出度为 0，因此 S_3 代表的顶点 D 和 E 就是问题的解。

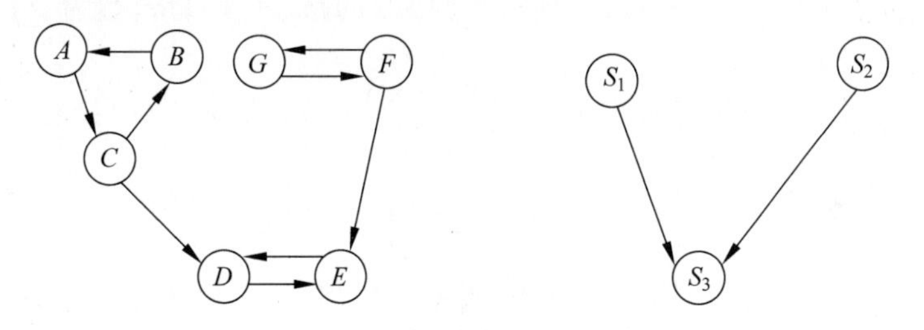

图 14-22 最受欢迎的牛示例

14.5.3 拓扑排序

给定有向连通图 G，若 G 中无环，称为有向无环图(DAG)。判断有向无环图的方法是对 图 G 构造它的拓扑有序序列，即将各个顶点排列成一个线性有序的序列，使得 G 中所有存在的前驱和后继关系都能得到满足。这种构造 G 的全部顶点的拓扑有序序列的运算称为拓扑排序。如果通过拓扑排序能将 G 的所有顶点都排入一个拓扑有序的序列中，则 G 中必定不存在有向环；相反，如果得不到所有顶点的拓扑有序序列，则说明 G 中存在有向环。

在 7.5 节 中介绍过拓扑排序，拓扑排序实质上就是一种广度优先搜索，在算法执行过程中，通过栈顶顶点访问它的每个邻接点，整个算法执行过程中，每个顶点访问一次且仅一次，每条边扫描一次且仅一次。BFS 算法在扫描每条边时，如果边的终点没有访问过，则入队列；而拓扑排序算法在扫描每条边时，终点的入度要减 1，当减至 0 时才将该终点入栈。

14.5.4 传递闭包

给定图 $G=(V,E)$，G 的传递闭包为矩阵 $\boldsymbol{T}_{n\times n}$，如果从 V_i 可达 V_j，则 $t_{ij}=1$，否则 $t_{ij}=0$。如图 14-23 所示，$\boldsymbol{A}$ 为图 G 的邻接矩阵，$\boldsymbol{B}$ 为其传递闭包。

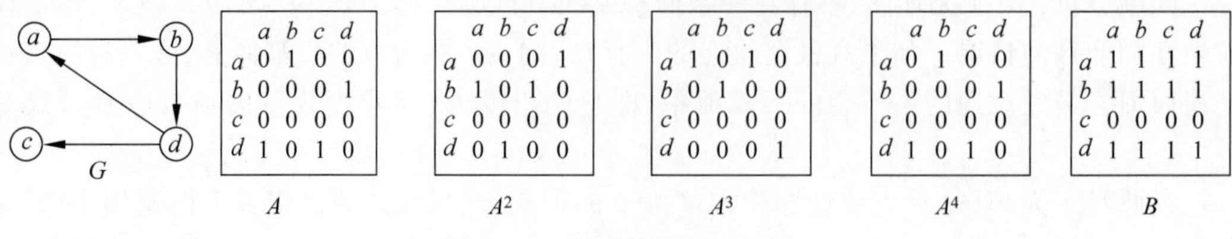

图 14-23　图的传递闭包示例

给定图 $G=(V,E)$，$\boldsymbol{A}=(a_{ij})_{n\times n}$ 为 G 的邻接矩阵，$a_{ij}=1$ 表示 V_i 与 V_j 有边，$a_{ii}=1$ 表示 V_i 有自环，这样 a_{ij} 表示从顶点 v_i 到顶点 v_j 长度为 1 的路径数(含自环)。$\boldsymbol{A}$ 中所有元素之和 $\sum_{i=1}^{n}\sum_{j=1}^{n}a_{ij}$ 表示 $\boldsymbol{A}$ 中长度为 1 的总路径数(含自环)。若 G 是有向图，它也是边的数目；若 G 是无向图，它是边的数目的 2 倍加上 G 中自环的数目。

从 v_i 到 v_j 长度为 2 的路径，中间必经过某个顶点 v_k。对于任意的 $k(1\leqslant k\leqslant n)$，若存在路径 $v_iv_kv_j$，必有 $a_{ik}=1$ 且 $a_{kj}=1$，即 $a_{ik}\times a_{kj}=1$。反之，若不存在路径 $v_iv_kv_j$，则必有 $a_{ik}=0$ 或 $a_{kj}=0$，即 $a_{ik}\times a_{kj}=0$。于是从顶点 v_i 到 v_j 长度为 2 的路径总数为 $a_{i1}a_{1j}+a_{i2}a_{2j}+\cdots+a_{in}a_{nj}=\sum_{k=1}^{n}a_{ik}a_{kj}$。$\boldsymbol{A}$ 中所有长度为 2 的路径(含回路)数为 $\sum_{i=1}^{n}\sum_{j=1}^{n}\sum_{k=1}^{n}a_{ik}a_{kj}$。$\sum_{k=1}^{n}a_{ik}a_{kj}$ 恰为 $\boldsymbol{A}^2$ 中第 i 行第 j 列的元素，$\sum_{i=1}^{n}\sum_{j=1}^{n}\sum_{k=1}^{n}a_{ik}a_{kj}$ 恰为 $\boldsymbol{A}^2$ 中长度为 2 的路径总数，主对角线上元素之和 $\sum_{i=1}^{n}a_{ii}^{(2)}$ 为 G 中长度为 2 的回路总数。

定理：若 $\boldsymbol{A}^m=(a_{ij}^{(m)})_{n\times n}$，则 $a_{ij}^{(m)}$ 为从顶点 v_i 到顶点 v_j 长度为 m 的路径数目，$a_{ii}^{(m)}$ 为顶点 v_i 到自身的长度为 m 的回路数目，$\sum_{i=1}^{n}\sum_{j=1}^{n}a_{ij}^{(m)}$ 为 G 中长度为 m 的路径(含回路)总数。

证明：

使用数学归纳法证明。当 $m=1$ 时，显然成立。设 $m=k$ 时，定理成立。现在证明 $m=k+1$ 时定理成立。因为 $(a_{ij}^{(k+1)})_{n\times n}=\boldsymbol{A}^{k+1}=\boldsymbol{A}\boldsymbol{A}^k=\left(\sum_{p=1}^{n}a_{ip}a_{pj}^{(k)}\right)_{n\times n}$，故 $a_{ij}^{(k+1)}=\sum_{p=1}^{n}a_{ip}a_{pj}^{(k)}$。而 a_{ip} 是顶点 v_i 到 v_p 长度为 1 的路径数目，$a_{pj}^{(k)}$ 是顶点 v_p 到 v_j 长度为 k 的路径数目，故 $a_{ip}a_{pj}^{(k)}$ 是从顶点 v_i 经过 v_p 到顶点 v_j 的长度为 $k+1$ 的路径数目，那么 $\sum_{p=1}^{n}a_{ip}a_{pj}^{(k)}$ 是从顶点 v_i 到顶点 v_j 的长度为 $k+1$ 的路径数目。因此定理得证。

定理：设图 $G=\langle V,E\rangle$，$\boldsymbol{A}=(a_{ij})_{n\times n}$ 为 G 的邻接矩阵，$\boldsymbol{A}^m=(a_{ij}^{(m)})_{n\times n}$，$1\leqslant m\leqslant n$；$\boldsymbol{B}^n=(b_{ij}^{(n)})_{n\times n}=\boldsymbol{A}+\boldsymbol{A}^2+\boldsymbol{A}^3+\cdots+\boldsymbol{A}^n$。则有：如果 $b_{ij}^{(n)}>0$，那么从 v_i 到 v_j 可达，否则不可达；并且 v_i 到 v_j 的路径长度为

$$d(v_i,v_j)=\begin{cases}\infty, & a_{ij}^{(1)},a_{ij}^{(2)},\cdots,a_{ij}^{(n)}=0\\ k, & k=\min\{m \mid a_{ij}^{(m)}\neq 0,1\leqslant m\leqslant n \text{ 其他}\end{cases}$$

定理：如果 $n\geqslant 3$，G 为连通图 iff $\boldsymbol{B}^n$ 的每一个元素都不为 0。

根据上述定理求传递闭包的 Floyd 算法，需要 $n-1$ 次循环，循环体中矩阵乘法的时间为 $O(n^3)$，因此算法的时间为 $O(n^4)$。

求解传递闭包的另一种算法是 Warshall 算法。Warshall 算法通过动态规划构建一个有向图的传递闭包，通过一次加入一个点的方式（一共 n 次，加入 n 个点）来构造最终的传递闭包时间复杂度为 $O(n^3)$。

用 $\boldsymbol{D}^0$ 表示邻接矩阵。然后每次加入一个顶点来构造 $\boldsymbol{D}^1,\boldsymbol{D}^2,\cdots,\boldsymbol{D}^n$。如果 $d(i,j)$ 在 $\boldsymbol{D}^{k-1}$ 中为 1，那么加入顶点 k 作为中间顶点后，$d(i,j)$ 在 $\boldsymbol{D}^k$ 中的值仍为 1；如果 $d(i,j)$ 在 $\boldsymbol{D}^{k-1}$ 中不为 1，仅当 $d(i,k)=1$ 且 $d(k,j)=1$ 时，$d(i,j)$ 在 $\boldsymbol{D}^k$ 中才为 1。$\boldsymbol{D}^k$ 中从顶点 i 到 j 存在一条有效的有向路径，且路径的每一个中间顶点的编号不大于 k 时，矩阵值 $\boldsymbol{D}^k(i,j)$ 为 1，否则为 0。

Warshall 算法：

输入：$\boldsymbol{A}$。

输出：传递闭包。

```
1.  d = A
2.  for k = 1 to n do
3.      for i = 1 to n do
4.          for j = 1 to n do
5.              d[i,j] = d[i,j] OR (d[i,k] and d[k,j])
6.  return d
```

传递闭包的计算示例如图 14-24 所示。首先计算经过顶点 a 的路径，$d^{(0)}[d,a]=d^{(0)}[a,b]=1$，因此 $d^{(1)}[d,b]=1$。然后计算经过顶点 b 的路径，$d^{(1)}[a,b]=d^{(1)}[b,d]=1$，因此 $d^{(2)}[a,d]=1$。$d^{(1)}[d,b]=d^{(1)}[b,d]=1$，因此 $d^{(2)}[d,d]=1$……最后计算经过顶点 d 的路径，得到传递闭包 $\boldsymbol{D}^{(4)}$。

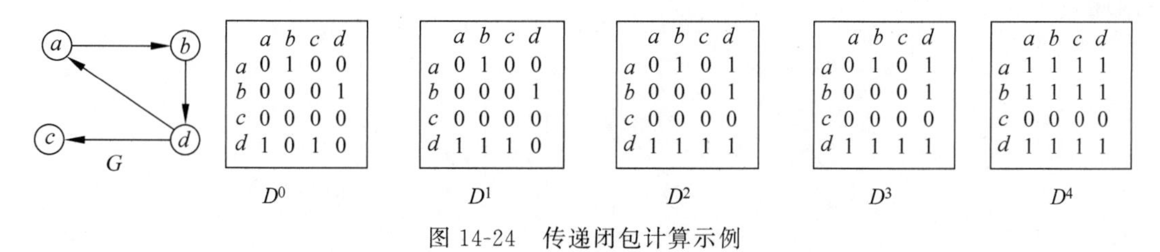

图 14-24　传递闭包计算示例

14.6　可行遍性

判定一个图 G 是否可以一笔画出，有两种情况。

(1) 从图 G 中某个顶点出发，经过图 G 的每条边一次且仅一次到达另一个顶点。这是欧拉回路问题。

(2) 从 G 的某个顶点出发,经过 G 的每个顶点一次且仅一次再回到该顶点。这是哈密顿回路问题。

14.6.1 无向欧拉图

通过无向连通图 G 的每条边一次且仅有一次的回路称为欧拉回路。欧拉回路中允许顶点重复出现。通过无向连通图 G 的每条边一次且仅一次的通路称为欧拉通路。具有欧拉回路的无向图称为欧拉图。

定理: $G=(V,E)$ 是简单图且 $\delta(G)\geqslant 2$,则 G 中有环。

证明:

设 G 中最长路为 $P=v_0v_1\cdots v_k$,$\delta(v_0)\geqslant 2$,肯定存在不是 v_1 的顶点与 v_0 关联。如果与 v_0 关联的顶点不在 P 中,路变长,与 P 是最长路矛盾。如果与 v_0 关联的顶点在 P 中,则 G 中有环。

定理: 一个非空连通图 G 是欧拉图 iff G 中没有奇点。

证明:

先证必要性: 设 G 是欧拉图,C 是欧拉回路,任意顶点 v 必在 C 上。因 C 每经过一次 v,就有两条与 v 关联的边被使用。设经过 v 共 k 次,则 $\deg(v)=2k$。因此 G 是欧拉图,则 G 中无奇度顶点。

再证充分性: 即证若 G 中无奇度顶点,则连通图 G 是欧拉图。

设 $n>1$,G 连通,故 G 至少有一条边。下面采用数学归纳法进行证明。当 $n=2$ 时,任取两点 u、v,其间必有偶数条边,必构成欧拉回路。假设 $n=k$ 时成立。当 $n=k+1$ 时,任取顶点 v,令 $S=\{v$ 的所有关联边 $e_1,e_2,\cdots,e_k\}$ $\quad k=\deg(v)$ 为偶数。S 中任取 $e_i=(v_i,v)$,$e_j=(v_j,v)$,将边 e_{ij} 加入 G 变为 G',$S=S-\{e_i,e_j\}$,继续执行相同的操作直至 S 为空。如图 14-25 所示,G 增加边(5,7),删除边(5,9)、(7,9)和顶点 9,变成 G'-v。

G'-v 和 G 顶点的度相同,$n=k$,则 G'-v 存在欧拉回路,如图 14-25 所示。在 G'-v 基础上,将上面加入的每条边 e_{ij} 替换为 e_i 和 e_j,则欧拉回路仍然是欧拉回路,图 G'-v 变为 G。因此 G 有欧拉回路。

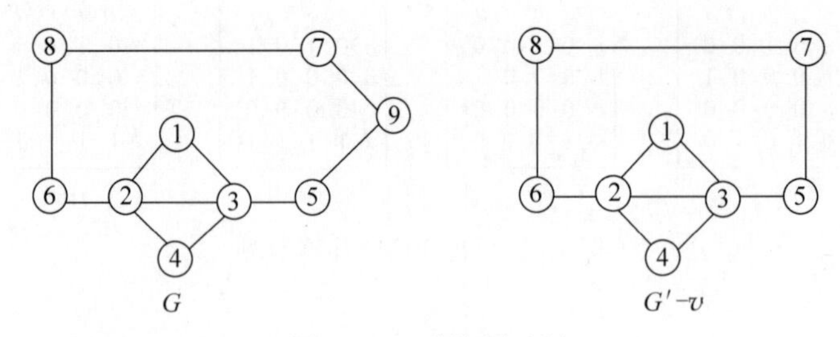

图 14-25 欧拉图示例

定理: 无向图 G 存在欧拉通路的充要条件是 G 为连通图且 G 仅有两个奇度顶点或者无奇度顶点。

推论 1: 当 G 是仅有两个奇度顶点的连通图时,G 的欧拉通路必以此两个顶点为端点。

推论 2: 连通图 G 可以 k 笔画,iff 图 G 最多有 $2k$ 个奇度顶点。

14.6.2　有向欧拉图

设 D 是有向连通图，则称经过 D 的每条边一次并且仅一次的有向通路为有向欧拉通路；如果有向欧拉通路是有向回路，则称此有向回路为有向欧拉回路；具有有向欧拉回路的有向图 D 称为有向欧拉图。

定理：有向图 D 存在欧拉通路的充要条件是 D 为连通图并且所有顶点的出度与入度都相等；或者除两个顶点外，其余顶点的出度与入度都相等，而这两个顶点中一个的出度与入度之差为 1，另一个的出度与入度之差为 -1。

推论一：当 D 除出度与入度之差为 1 和 -1 的两个顶点之外，其余顶点的出度与入度都相等时，D 的有向欧拉通路必以出度与入度之差是 1 的顶点为始点，以出度与入度之差是 -1 的顶点为终点。

推论二：当 D 的所有顶点的出度与入度都相等时，D 中存在有向欧拉回路。

推论三：有向图 D 为有向欧拉图的充要条件是 D 为连通图并且所有节点的出度与入度都相等。

定理：一个非平凡连通图 G 是欧拉图 iff 图 G 的每条边在奇数个圈上。

1973 年，Toida 发现欧拉图 G 的每条边在奇数个圈上，1984 年，Mckee 证明了其充分性。

14.6.3　欧拉图判定

根据上述定理，可以判定图 G 是否是欧拉图。根据图的不同存储方式，欧拉图的判定有不同的算法。

1. 邻接矩阵存储图

对于无向图，第 i 个顶点的度数为邻接矩阵中第 i 行或第 i 列中元素值为 1 的个数，求得度数为奇数的顶点个数，然后根据定理来判断。

无向欧拉图判定算法：

输入：G。

输出：G 是否有欧拉回路或通路。

```
1.  JDNum = 0                                       //奇度顶点个数
2.  for i = 0 to n - 1 do
3.      DNum = 0
4.      for j = 0 to n - 1  do                      //统计顶点 i 的度数
5.          if(Edge[i][j] == 1) then DNum++
6.      if(DNum % 2 <> 0) then JDNum++
7.  if(JDNum == 0) then return 1                    //无向图有欧拉回路
8.  else if(JDNum == 2) then return 2               //无向图有欧拉通路
9.  else return 3                                   //无向图没有欧拉通路
```

对于有向图，第 i 行中元素值为 1 的个数为第 i 个顶点的出度，第 i 列中元素值为 1 的个数为第 i 个顶点的入度，统计 n 个顶点的出度和入度情况，然后根据定理来判断。

有向欧拉图判定算法：

输入：G。

输出：G 是否有欧拉回路或通路。

```
1.  RD = CD = 0                                   //入度比出度多 1 的顶点数,出度比入度多 1 的顶点数
2.  CR = 0                                         //出度与入度相差大于 1 的顶点数
3.  for i = 0 to n - 1 do
4.       RDNum = CDNum = 0
5.       for j = 0 to n - 1 do                     //统计顶点 i 的出度和入度
6.            if(Edge[i][j] == 1) then CDNum++     //第 i 行,顶点 i 的出度
7.            if(Edge[j][i] == 1) then RDNum++     //第 i 列,顶点 i 的入度
8.       if(CDNum <> RDNum) then
9.            if(CDNum == RDNum + 1)then CD++
10.           else if(RDNum == CDNum + 1) then RD++
11.                else CR++
12. if(CR == 0 and CD == 0 and RD == 0) then return 1        //有向图有欧拉回路
13. else if(CR == 0 and CD == 1 and RD == 1) then return 2   //有向图有欧拉通路
14.      else return 3                                        //有向图无欧拉通路
}
```

2. 邻接表存储图

对于无向图，顶点的度数为对应的边链表里顶点的个数，可以将顶点数组元素里增加一个域，存储边顶点个数的信息。求得度数为奇数的顶点个数，然后根据定理来判断。

对于有向图，出边表的边链表里的边顶点个数为顶点的出度，入边表的边链表里的边顶点个数为顶点的入度。统计 n 个顶点的出度和入度情况，然后根据定理来判断。

14.6.4 欧拉回路

求解欧拉回路的方法有 Hierholzer 算法和 Fleury 算法。

1. Hierholzer 算法

Hierholzer 算法思想是在满足欧拉路径性质的子图中，加入一个环然后可一笔画完成。

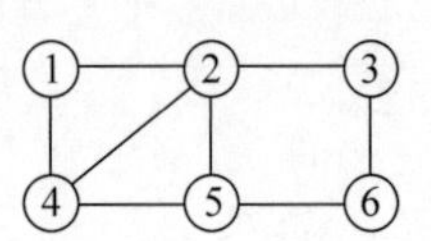

图 14-26 Hierholzer 算法示例

如图 14-26 所示，从顶点 4 开始，一笔画形成路径 4-5-2-3-6-5。删除这条路径的边，剩下三条边，可以一笔画出。这两条路径在点 2 有交接处，可以在一笔画出 4-5-2，然后一笔画 2-4-1-2，回到点 2，再画 2-3-6-5。这样遍历每条边，构成欧拉回路。

利用欧拉定理判断存在欧拉回路或通路后，Hierholzer 算法选择一个正确的起始顶点 v（欧拉通路选择奇度顶点），使用 DFS 搜索关联边，删除其关联边(v,w)。从 w 开始继续搜索，……，直至 v 的关联边都删除后将 v 加入栈。最后倒序输出，就是欧拉路径。Hierholzer 算法可以使用邻接表存储图 G，遍历每条边，因此时间复杂度为 $O(n+m)$。

如图 14-26 所示，从顶点 4 出发，走路径 4-5-2-3-6-5，删除边(4,5)，(5,2)，(2,3)，(3,6)，(6,5)，然后回溯入栈顶点 5、6 和 3，从顶点 2 出发，走路径 2-4-1-2，然后回溯入栈顶点 2、1、4、2、5 和 4，则 4-5-2-4-1-2-3-6-5 就是欧拉回路。

Hierholzer 欧拉路径算法：

输入：G。

输出：欧拉回路或通路。

```
1.  Call Hierholzer(0)
2.  return S
Hierholzer(curv){
1.  for each w∈adj[curv] do
2.      remove (curv,w) and (w,curv)
3.      Hierholzer(w)
4.  S.push(curv)
    }
```

2. Fleury 算法

Step1：任取 G 中一顶点 v_0，令 $P_0=v_0$。

Step2：假设搜索到 $P_i=v_0e_1v_1e_2\cdots e_iv_i$，按下面方法从 $E(G)$-$\{e_1,e_2,\cdots,e_i\}$ 中选 e_{i+1}。

(1) e_{i+1} 与 v_i 相关联。

(2) 除非无别的边可以搜索，否则 e_{i+1} 不应该是 G-$\{e_1,e_2,\cdots,e_i\}$ 中的桥。

Step3：当 Step2 不能再进行时算法停止。

算法终止时得到的简单回路就是欧拉回路。Fleury 算法使用 DFS 搜索和邻接矩阵，时间复杂度为 $O(n^2)$。

给定图 14-27 所示的欧拉图 G，用 Fleury 算法求 G 中的欧拉回路时，走了简单回路 $v_2e_2v_3e_3v_4e_{14}v_9e_{10}v_2e_1v_1e_8v_8e_9v_2$ 之后，无法行遍了。因为行遍 v_8 时犯了能不走桥就不走桥的错误。如图 14-27 所示，走到 v_8 时，e_9 为该图中的桥，因而没有行遍出欧拉回路。从 v_8 出发，e_7、e_{11} 均不是桥，因此一条正确的路径是 $v_8e_7v_7e_6v_6e_5v_5e_4v_4e_{13}v_6e_{12}v_9e_{11}v_8e_9v_2$。

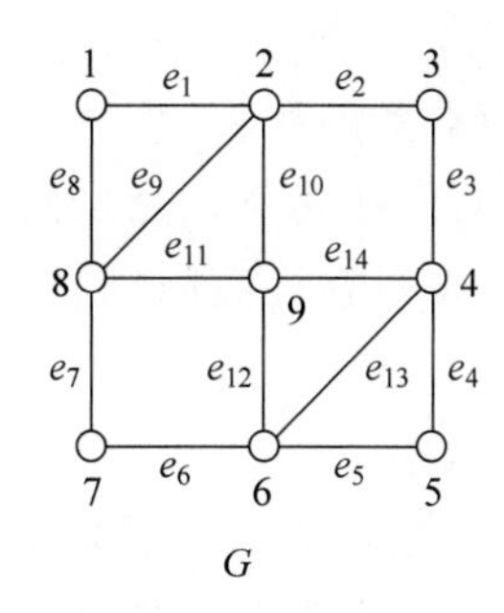

G

$v_2e_2v_3e_3v_4e_{14}v_9e_{10}v_2e_1v_1e_8v_8e_9v_2$

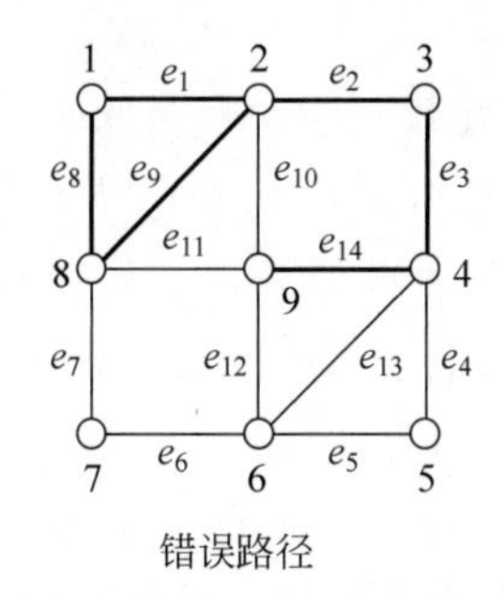

错误路径

$e_8v_8e_7v_7e_6v_6e_5v_5e_4v_4e_{13}v_6e_{12}v_9e_{11}v_8e_9v_2$

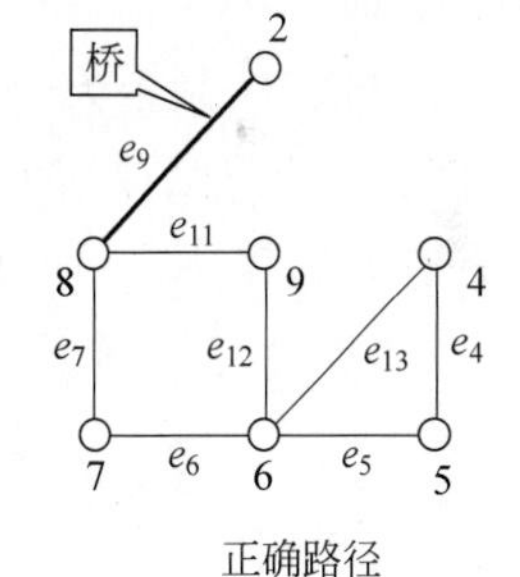

正确路径

图 14-27 Fleury 算法示例

注意：v_3 遇到过桥 e_3，v_1 遇到过桥 e_8，但除桥外无别的边可走，没有犯错误。

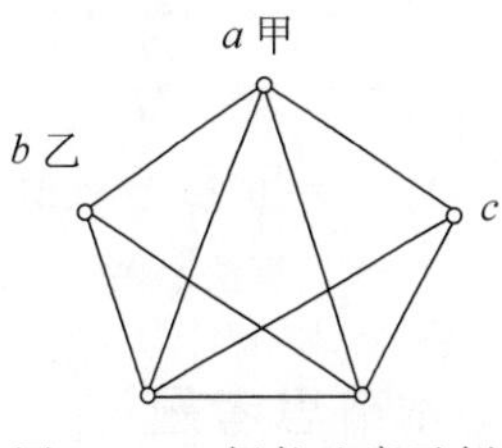

图 14-28 蚂蚁比赛示例

蚂蚁比赛问题：甲、乙两只蚂蚁分别位于图 14-28 中的顶点 a，b 处，并假设每只蚂蚁走图中的每条边所花的时间都是相等的。甲、乙进行比赛，从它们所在的节点出发，要求走过图中的所有边最后到达节点 c 处。问哪只蚂蚁先到达目的地？

问题分析：图中仅有两个度数为奇数的顶点 b，c，因而存在从 b 到 c 的欧拉通路，蚂蚁乙走到 c 只要走一条欧拉通路，边数为 9 条。而蚂蚁甲要想走完所有的边到达 c，至少要先走一条边到达 b，再走一条欧拉通路，因而它至少要走 10 条边才能到达 c，所以乙必胜。

14.6.5 哈密顿图

哈密顿图是于1859年被发明的一种游戏。在一个实心的正十二面体的20个顶点上，标上世界著名大城市的名字，要求游戏者从某一城市出发，遍历各城市一次，最后回到原地。这就是"绕行世界"问题。即找一条经过所有顶点(城市)的圈。

给定图G，若存在一条路径经过图中的每个顶点一次且仅一次，则称这条路径为哈密顿路(H路)。若存在一个圈，经过图中的每个顶点一次且仅一次，则称这个圈为哈密顿圈(H圈)。

欧拉通路未必是哈密顿路，因为欧拉通路可以经过同一顶点多次。哈密顿路未必是欧拉通路，因为哈密顿路不一定要经过E中所有边。

定理：设G是具有n个顶点的简单图，如果G中每一对顶点度数之和大于或等于$n-1$，则G中存在一条哈密顿路；如果G中每一对顶点度数之和大于或等于n，则G中存在一条哈密顿圈。

定理：如果G为简单图，$n\geqslant 3$，$\delta\geqslant n/2$，则G是H图。

上述定理都是充分条件而非必要条件，例如正六边形是一个哈密顿圈，但每个顶点的度都是2，一对顶点的度数之和为4，但顶点数为6。

定理：无向连通图G具有哈密顿圈，则有连通分量数$\omega(G-S)\leqslant|S|$，S是V的任意非空子集。

证明：

G中有H圈，满足$\omega(H-S)\leqslant|S|$。$H-S$是$G-S$的生成子图，故满足$\omega(G-S)\leqslant\omega(H-S)\leqslant|S|$。

给定图G，判断G是否为哈密顿图并找到哈密顿路或圈，目前没有有效的方法。

旅行商问题：给定赋权图G，求解具有最小权和的H圈。旅行商问题是NP-完全问题，目前没有有效的算法，一般使用最邻近近似算法。满足三角不等式的旅行商问题，在13.2节中讲过有最小生成树近似算法和最小权匹配近似算法。

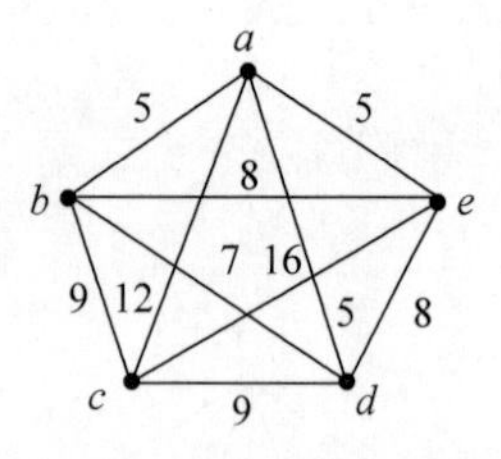

图14-29 邻近点法近似算法示例

最邻近近似算法如下。

Step1：任取一个顶点v_1，选取v_1关联的最短边e_1(e_1关联的另一个顶点未访问过)，重复选取，直至找到n个顶点的路P。

Step2：设$P=v_1v_2\cdots v_n$，则$v_1v_2\cdots v_nv_1$为H圈。

图14-29给出了算法的示例，从顶点a出发，找到$H=abdeca$，路径长度为48；$H=aedbca$，路径长度为41。而最优解为$H=abcdea$和$H=adcbea$，路径长度为36。

本节思考题

中国邮递员问题：以街道为边，以街道交叉点为节点，以街道的长度为边上的权，找出一个经过所有街道至少一次的回路，并使得该回路的权和达到最小。

14.7　平面图

14.7.1　平面图概述

给定图 G 可画在平面上，任意边互不交叉，G 称为平面图。重边和环不影响平面性，因此一般考虑平面图是简单图。

定理：若图 G 是平面图，则 G 的任何子图仍然是平面图。

定理：若图 G 是平面图，则 G 添加重边和自环得到的图仍然是平面图。

平面图 G 的边包围的平面区域称为面。面积无限的是无限面或外部面，面积有限的是有限面或内部面。包围面的长度最短的圈称为边界，一个面 R 的边界的边数称为度数，记为 $\deg(R)$，割边按两次计算。

定理：平面图 G 中所有面的度数之和等于 G 的边数的两倍，即 $\sum \deg(R_i)=2m, 1\leqslant i\leqslant r, R_1, R_2, \cdots, R_r$ 是 G 的所有面。

如图 14-30 所示，图 G 有 1 个无限面、3 个有限面和 11 条边，面的度数为 $8+3+3+8=22$，因此 $\sum \deg(R_i)=2m$。

下面对上述定理进行证明。根据面的度数的定义，G 中每条非割边恰好位于两个面的边界，各计算一次；每一条割边计算两次，因此 $\sum \deg(R_i)=2m$。

如图 14-30 所示，G' 有 3 个面、非割边 6 条和割边 4 条，因此面的度数为 $4+3+5+8=2\times 6+2\times 4=20$，因此 $\sum \deg(R_i)=2m$。

欧拉定理：给定平面连通图 G，则 $n-m+r=2$，n 为顶点数，m 为边数，r 为面数。

证明：

利用数学归纳法证明。当 $m=1$ 时，$n=2, r=1, n-m+r=2$ 成立。设 $m=k$ 时成立，当 $m=k+1$ 时：如果 G 是树，至少有两个叶子顶点。设 v 是叶子顶点，$G-V$ 满足 $(n-1)-(m-1)+r=2$，故 $n-m+r=2$。如果 G 不是树，则有环。删除环上的边 e，$n-(m-1)+(r-1)=2$ 故 $n-m+r=2$。如图 14-30 所示，图 G 有 4 个面、9 个顶点和 11 条边，因此 $n-m+r=2$。删除边(7,8)，G 有 3 个面、9 个顶点和 10 条边，满足 $n-m+r=2$。因此定理成立。

定理(欧拉定理推广)：给定平面图 G，则 $n-m+r=w+1$，w 为分支数。

如图 14-30 所示，图 G 有 1 个分支，有 4 个面、9 个顶点和 11 条边，故 $n-m+r=w+1=2$。图 G' 有 2 个分支，有 3 个面、10 个顶点和 10 条边，故 $n-m+r=w+1=3$。

下面对上述定理进行证明。对于连通图 G，$w=1$，根据欧拉定理，$n-m+r=2=w+1$。设 G 有 w 个连通分支，各连通分支的无限面相同，因此 $\sum_{i=1}^{w}(r_i-1)+1=r$，$\sum_{i=1}^{w}(n_i-m_i+r_i-1)+1=n-m+r$。又 $n_i-m_i+r_i=2$，因此 $\sum_{i=1}^{w}(n_i-m_i+r_i)=2w$。$n-m+r=\sum_{i=1}^{w}(n_i-m_i+r_i-1)+1)=\sum_{i=1}^{w}(n_i-m_i+r_i)-w+1=2w-w+1=w+1$。如

图 14-30 所示，G 中删除一条边，面数减 1，$r-m$ 不变，w 不变；删除两条边(7,8)和(5,9)，分支变为 2，面数减 1，边数减 2，$r-m$ 增加 1。

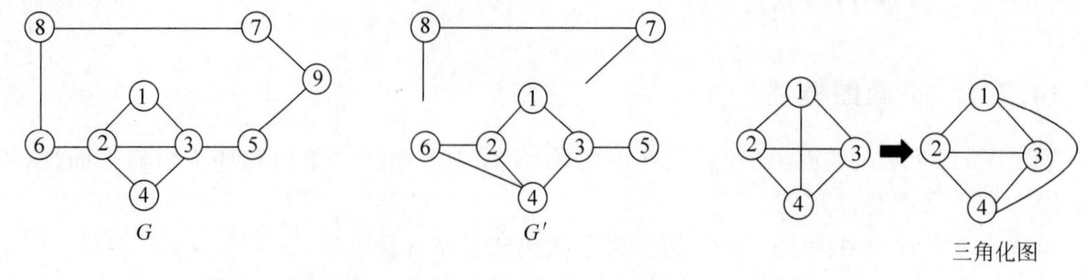

图 14-30　平面图示例

定理：设 G 是平面连通图，且每个面的度数至少为 $p(p\geqslant 3)$，则 G 的边数 m 与顶点数 n 有如下关系：$m\leqslant p(n-2)/(p-2)$。

设 G 为简单平面图，若在 G 的任意不相邻的两个顶点 u 和 v 之间增加边 (u,v) 后，所得之图成为非平面图，则称 G 是极大平面图。

定理：n 阶 $(n\geqslant 3)$ 简单的平面连通图 G 是极大平面图当且仅当 G 的每个面的度数都为 3。

如图 14-31 所示，易见 K_1,K_2,K_3,K_4,K_5-e 都是极大平面图。n 阶 $(n\geqslant 3)$ 极大平面图中没有割边和割点。n 阶 $(n\geqslant 4)$ 极大平面图中，$\delta(G)\geqslant 3$。

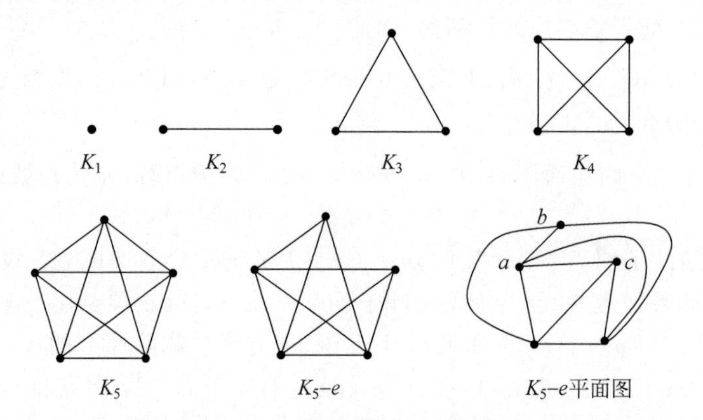

图 14-31　极大和极小平面图

非平面图中任意删除一条边，若所得图为平面图，则 G 为极小非平面图。如图 14-31 所示，K_5 任意删除一条边，变为平面图，因此 K_5 是极小非平面图。

定理：设 G 是具有 m 条边 r 个面的 $n(n\geqslant 3)$ 阶极大平面图，则 $m=3n-6$，$2m=3r$，$r=2n-4$。

定理：如果 G 是 n 阶 $(n\geqslant 3)$ 的平面图，则 $m\leqslant 3n-6$。

如图 14-30 所示，三角化图 $n=4$，$m=6$，$m=3n-6$，等号成立；G 有 9 个顶点和 11 条边，$m\leqslant 3n-6$。

这是平面图的必要条件，非充分条件。$m\leqslant 3n-6$ 的图不一定是平面图。

根据上述定理，$m=O(n)$，因此存储平面图只需 $\Theta(n)$ 空间。

推论：如果 G 是 n 阶 $(n\geqslant 3)$ 且 $m>3n-6$ 的图，则 G 是非平面图。

例如,非平面图 K_5 有 10 条边,5 个顶点和 $m>3n-6$。

推论:每个简单的平面连通图含一个度小于或等于 5 的顶点。

14.7.2 图着色问题

1. 顶点着色

图的可着色问题:一个图最少需要多少种颜色才能使图中每条边关联的两个顶点着不同颜色?最少的颜色数为该图的色数,记为 $\chi(G)$。

定理:色数 $\chi(G)$满足如下性质。

(1) $\chi(G)=1$,当且仅当 G 为零图(边集为空)。

(2) $\chi(G)=2$,当且仅当 G 为非空二分图。

(3) $\chi(Kn)=n$,n 阶完全图 n 着色。

(4) $\chi(G)=3$,奇数环的色数为 3。

(5) G 不存在自身环,则 $\chi(G)\leqslant\Delta(G)+1$,$\Delta(G)$为图 G 的最大度。

(6) G 不是完全图,也不是奇数环,则简单连通图 G 有 $\chi(G)\leqslant\Delta(G)$。

定理:图 G 的色数$\geqslant$3 iff G 含有奇数环。

定理:图 G 的色数+独立数$\leqslant n+1$,色数×独立数$\geqslant n$。独立集着一种颜色,其余顶点颜色各异。

定理:图 G 色数$\geqslant$团数=最大团顶点数。最大团每个顶点着不同色。

图的 k 可着色问题:给定 n 个顶点的无向连通图 G 和 k 种不同的颜色。每个顶点着一种颜色,是否有一种着色法使 G 中每条边的两个顶点着不同颜色?对于 n 个顶点的完全图必须着 n 色,因此不存在常数 k,使 k 着色成立。

平面图的面可着色问题:给定平面图,最少需要多少种颜色,使有公共边界的面着不同颜色?

定理:简单的平面连通图是 4 可着色的。

以面为顶点,有公共边界的面连边,平面图的面可着色问题变为顶点的可着色问题。在 12.4.4 节讨论过 2 可着色、3 可着色、4 可着色、5 可着色问题、区间着色和圆弧着色问题。

Q:某学校有 n 门选修课,一个学生一天只能参加一门选修课考试。给定学生选修的课表,问至少需要安排几天?

A:以选修课为顶点构造图 G。如果某两门选修课有学生同时选修,就增加一条边连接这两门选修课;如果同一天考试的课程着同色,显然有边关联的两门课不能同时安排,也就不能着同色。因此图 G 增加所有符合要求的边后,图 G 的色数就是需要安排的天数。

2. 边着色

边可着色问题:一个图最少需要多少种颜色才能使图中邻接边着不同颜色?最少的颜色数为该图的边色数,记为 $\chi'(G)$。边着色实际是对边集的划分,$\chi'(G)$=最小边不交匹配数。

边 k 可着色问题:给定 n 个顶点的无向连通图 G 和 k 种不同的颜色,是否有一种着色法使 G 中邻接边都着不同的颜色?

Vizing 定理:非空简单图 G,$\chi'(G)=\Delta(G)+1$ 或 $\Delta(G)$。

(1) 对于二分图，$\chi'(G)=\Delta(G)$。

(2) 对于完全图，n 为偶数时 $\chi'(G)=\Delta(G)=n-1$，n 为奇数时 $\chi'(G)=\Delta(G)+1=n$。

(3) 对于长度大于或等于 3 的奇环，$\chi'(G)=\Delta(G)+1=3$。

(4) 对于长度大于或等于 2 的偶环，$\chi'(G)=\Delta(G)=2$。

Q：M 个教师给 n 个班级上课。同一课时内一位教师只能给一个班级上课，一个班级也只能由一位教师上课。给出每个教师给每个班级上课的课时，安排一个课表使占用的周课时最少，最少的周课时是多少？

A：以教师为 L 集合，班级为 R 集合，构造二分图。如果教师 L_i 给班级 R_j 上 p 课时，则在 L_i 和 R_j 间连 p 条边。如果同一课时着同色，L_i 和 R_j 间的边不能同时安排，也就是不能着同色。因此二分图的边色数就是需要占用的周课时。对于二分图，边色数等于顶点的最大度，因此求出二分图顶点的最大度就是问题的解。

14.7.3 图着色算法

图着色求解一般使用顺序着色近似算法。算法如下：

Step1：$i=1$ //顶点序号，从顶点 1 开始

Step2：$c=1$ //顶点 i 着第 c 种颜色。

Step3：邻接顶点都没有使用 c 颜色，则顶点 i 着 c 颜色，goto Step5；否则 goto Step4。

Step4：$c=c+1$，转 Step3。

Step5：若还有顶点未着色，$i=i+1$，goto Step2；否则算法结束。

这是一个贪心算法，贪心准则是给顶点着邻接顶点未用的编号最小的颜色，但不一定有效。

14.7.4 图的转化

图在应用中经常需要进行模型的转化，常用转化如下。

(1) 拆点转化：把一个点拆成若干点，用于把一个点拥有的好几个不同的性质分离开，分别赋给几个新的点，使每个点的性质单一，再通过改造来统一处理它们。

(2) 拆边转化：把一条边拆成若干条边，用于因素分离。

(3) 边与点互相转化，使问题得到简化。例如，有权值的顶点，拆分成两个顶点一条边，点权变为边权。

(4) 补集转化：例如二分图中匹配、覆盖与独立集的转化。

本节思考题

1. 已知一个城市交通网，包括 N 个路口和 M 条道路，每条道路最多只有一块限速标志。如果没有标志，则要保持原有的速度。车速不能超过当前的速度限制。开始位于 0 点，速度为 70，求到 k 点的最快路线。

2. 由 $x_i-x_j\leqslant k$ 这样两个未知数的差小于或等于某个常数的不等式组称作差分约束系统。最短路常用三角形不等式进行松弛操作。差分约束系统能否转化为最短路问题求解？

本章习题

1. 编程实现 DFS 算法(POJ 1562、POJ 1753)。
2. 编程实现 BFS 算法(POJ 2935、POJ 1465)。
3. 编程实现最短路算法(POJ 1135、POJ 1122)。
4. 编程实现可图性算法(POJ 1659)。
5. 编程实现顶点连通度算法(POJ 1966)。
6. 编程实现割点算法(POJ 1523、POJ 1144)。
7. 编程实现双连通算法(POJ 3177、POJ 1515)。
8. 编程实现割边算法(POJ 3352、POJ 3694)。
9. 编程实现传递闭包算法(POJ 3660、POJ 3275)。
10. 编程实现强连通算法(POJ 2186、POJ 2762、POJ 2553、POJ 1236、POJ 1904)。
11. 编程实现欧拉图算法(POJ 1300、POJ 1386、POJ 1780、POJ 1392、POJ 2337)。
12. 编程实现哈密顿图算法(POJ 2438、POJ 1776)。
13. 编程实现旅行商算法(POJ 3311)。
14. 编程实现平面图算法(POJ 2284)。
15. 编程实现图着色算法(POJ 1129)。
16. 求解七桥问题。
17. 求解中国邮递员问题。
18. 求解差分约束问题。
19. 用尽量少的不相交简单路径覆盖有向无环图 G 的所有顶点。
20. 给定连通图 $G=(V,E)$,使用 DFS 判定 G 是否是双连通图。如果连通图 G 不是双连通图,使用 DFS 求 G 的双连通分量。
21. 给定海洋网格图,图中有几个小岛,请找出这些小岛并分别着不同颜色。
22. 给定图画,实现魔术棒或油漆桶染色功能。

参考文献

[1] ALSUWAIYEL M H. 算法设计技巧与分析[M]. 吴伟昶，方世昌，译. 北京：电子工业出版社，2010.

[2] ANANY L. 算法设计与分析基础[M]. 潘彦，译. 3版. 北京：清华大学出版社，2015.

[3] ANDERBERG M. Cluster analysis for applications[M]. Pittsburgh：Academic Press，1973.

[4] BAR-YEHUDA R，EVEN S. A linear time approximation algorithm for the weighted vertex cover problem[J]. Journal of Algorithms，1981，2(2)：198-203.

[5] BELLMAN R E. Dynamic programming[M]. Princeton：Princeton University Press，1957.

[6] BELLMAN R E. On the approximation of curves by line segments using dynamic programming[J]. Communications of the ACM，1961，4 (6) ：284.

[7] BERGE C. Graphs and hypergraphs[M]. Oxford：Elsevier Science Ltd，1985.

[8] BOLLOBAS. Modern graph theory[M]. Heidelberg：Springer-Verlag，1998.

[9] WILLIAM J C，WILLIAM H C，WILLIAM R P，et al. Combinational optimization[M]. New York：Wiley，1998.

[10] COOK S. The complexity of theorem-proving procedures[C]//Proceedings of the 3rd Annual ACM Symposium on Theory of Computing，Shaker Heights：ACM Press，1971：151-158.

[11] CORMEN T H，LEISERSON C E，RIVEST R L，et al. Introduction to algorithms [M]. Cambridge：The MIT Press，2009.

[12] DIESTEL R. Graph theory [M]. Heidelberg：Springer-Verlag，2000.

[13] DIJKSTRA W. A note on two problems in connexion with graphs[J]. Numerische Matematik，1959，1：269-271.

[14] DOWNEY R，FELLOWS M. Parametrized complexity[M]. Heidelberg：Springer-Verlag，1999.

[15] EDMONDS J. Minimum partition of a matroid into independent subsets[J]. Journal of Research of the National Bureau of Standards，1965，69(3)：67-72.

[16] FORD LR，FULKERSON D R. Flows in Networks [M]. Princeton：Princeton University Press. 1962.

[17] FORD L R. Network flow theory[R/OL]. Santa Monica：The Rand Corporation，1956：923.

[18] GALE D，SHAPLEY L. College admissions and the stability of marriage [J]. American Mathematical Monthly，1962，69(5)：9-15.

[19] GALE D. The two-sided matching problem：origin，development and currents issues [J]. International Game Theory Review，2001，3(2/3)：237-252.

[20] GAREY M R，JOHNSON D S. Computers and intractability：a guide to the theory of NP-completeness[M]. San Francisco：Freeman，1979.

[21] GAREY M，OHNSON D，MILLER G，et al. The complexity of coloring circular arcs and chords[J]. SIAM Journal on Algebraic and Discrete Methods，1980，1(2)：218-227.

[22] GOLDBERG A V，Tarjan R E. A new approach to the maximum-flow problem[J]. Journal of the Association for Computing Machinery，1988，35(4)：921-940.

[23] GOLUMBIC M C. Algorithmic graph theory and perfect graph [M]. Pittsburgh：Academic Press，1980.

[24] GRAHAM R L. Bounds for certain multiprocessing anomalies[J]. Bell System Technical Journal，

1966,45(9): 1563-1581.

[25] GRAHAM R L. Bounds for multiprocessing timing anomalies[J]. SIAM Journal on Applied Mathematics,1969,17(2): 263-269.

[26] HALL P. On represent of subsets[J]. Journal of London Mathematical Society,1935,10(2): 26-30.

[27] HOCHBAUM D S. Approximation algorithms for NP hard problems[M]. Boston: PWS Publishing,1996.

[28] HUFFMAN A. A method for the construction of minimum-redundancy codes[J]. Proceedings of the IRE,1952,40(9): 1098-1101.

[29] 刘汝佳. 算法竞赛入门经典[M]. 北京: 清华大学出版社,2014.

[30] 吕国英. 算法设计与分析[M]. 北京: 清华大学出版社,2006.

[31] KARP R M. Reducibility among combinatorial problems, in complexity of computer computations [J]. Journal of Symbolic Logic,1975,40(4): 618-619.

[32] KLEINBERG J, TARDOS E. 算法设计[M]. 北京: 清华大学出版社,2006.

[33] KNUTH D E. The Art of computer programming[M]. New Jersey: Addison Wesley, 1997.

[34] KÖNIG D. ber graphen und ihre anwendungen auf determinantentheorie und mengenlehre[J]. Mathematische Annalen, 1916, 77(4):453-465.

[35] MARTELLO S,TOTH P. Knapsack problems: algorithms and computer implementations [M]. New York: Wiley,1990.

[36] MENGER K. On the origin of the n-arc theorem[J]. Journal of Graph Theory, 1981, 5(4): 341-350.

[37] MENGER K. Zur allgemeinen kurventheorie[J]. Fundam Math, 1927,10(1): 96-115.

[38] NESETRIL J. A few remarks on the history of MST-problem[J]. Archivum Mathematicum Brno, 1997,33(1): 15-22.

[39] PAPADIMITRIOU C H,STEIGLITZ K. 组合最优化: 算法和复杂性[M]. 刘振宏,蔡茂诚,译. 北京: 清华大学出版社,1988.

[40] PAPADIMITRIOU C H. Computational complexity[M]. New Jersey: Addison-Wesley,1995.

[41] 秋叶拓哉,岩田阳一,北川宜稔. 挑战程序设计竞赛[M]. 巫泽俊,庄俊元,李津羽,译. 2 版. 北京: 人民邮电出版社,2013.

[42] 屈婉玲. 算法设计与分析[M]. 2 版. 北京: 清华大学出版社,2017.

[43] SANKOFF D. The early introduction of dynamic programming into computational biology[J]. Bioinformatics,2000,16(1): 41-47.

[44] SHAMOS M L, HOEY D. Closest-point problems[C]//Proceedings 16th Annual Symposium on Foundations of Computer Science. New York: IEEE Computer Society,1975: 151-162.

[45] SIPSER M. The history and status of the P versus NP question[C]// Proceedings 24th ACM Symposium on the Theory of Computing. Shaker Heights: ACM Press, 1992: 603-618.

[46] STOCKMEYER L,MEYER A. Word problems requiring exponential time[C]// Proceedings 5th Annual ACM Symposium on Theory of Computing. Shaker Heights: ACM Press,1973: 1-9.

[47] TARJAN R E. Algorithmic design[J]. Communications of the ACM,1987,30(3): 204-212.

[48] TARJAN R E. Data structures and network algorithms[M]. Cambridge: Cambridge University Press,1984.

[49] WILLIAMS J W J. Algorithm 232: Heapsort[J]. Communications of the ACM, 1964, 7(4): 347-348.

[50] 王桂平,王衎,任嘉辰. 图论算法理论、实现及应用[M]. 北京: 北京大学出版社,2012.

[51] 王晓东. 计算机算法设计与分析[M]. 北京: 电子工业出版社,2018.

[52] 朱大铭,马绍汉. 算法设计与分析[M]. 北京: 高等教育出版社,2009.

图书资源支持

感谢您一直以来对清华版图书的支持和爱护。为了配合本书的使用，本书提供配套的资源，有需求的读者请扫描下方的“书圈”微信公众号二维码，在图书专区下载，也可以拨打电话或发送电子邮件咨询。

如果您在使用本书的过程中遇到了什么问题，或者有相关图书出版计划，也请您发邮件告诉我们，以便我们更好地为您服务。

我们的联系方式：

地　　址：北京市海淀区双清路学研大厦 A 座 714

邮　　编：100084

电　　话：010-83470236　010-83470237

客服邮箱：2301891038@qq.com

QQ：2301891038（请写明您的单位和姓名）

资源下载：关注公众号“书圈”下载配套资源。

资源下载、样书申请

书圈

获取最新书目

观看课程直播